"十二五"职业教育国家规划教材
经全国职业教育教材审定委员会审定
（高职高专）

过程装备管理

第三版

王灵果 主编　　冯素霞 王勇 副主编

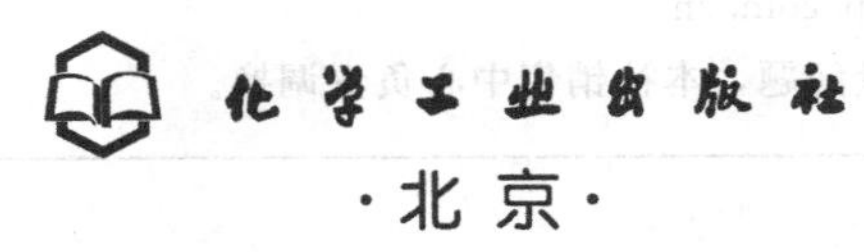

·北京·

本书主要内容包括过程装备管理综述，过程装备的前期管理、资产管理、使用与维护管理、故障诊断和事故管理、检修管理、备件管理、改造与更新管理以及特种设备管理、动力与能源管理等。在内容选取与处理上，以培养高素质技能型人才为目标，结合职业岗位的要求，将知识需求、能力培养和素质要求有机结合，同时加强了特种设备管理、动力与能源管理等方面的内容，将过程装备管理的最新理念、新标准、新方法融入教材，并注重教材内容的实用性。

本书可供高等职业院校化工设备与机械、化工设备维修技术等同类专业作为教材使用，也可供其他相关专业的师生和工程技术人员参考，还可作为化工医药、石油化工等企业装备管理人员的参考书或职工培训教材。

图书在版编目（CIP）数据

过程装备管理/王灵果主编. —3版. —北京：化学工业出版社，2014.6（2025.2重印）
“十二五”职业教育国家规划教材
ISBN 978-7-122-20321-2

Ⅰ.①过… Ⅱ.①王… Ⅲ.①化工过程-化工设备-设备管理-高等职业教育-教材 Ⅳ.①TQ051

中国版本图书馆CIP数据核字（2014）第070407号

责任编辑：高 钰　　文字编辑：杨 帆
责任校对：宋 夏　　装帧设计：史利平

出版发行：化学工业出版社（北京市东城区青年湖南街13号 邮政编码100011）
印　　装：北京盛通数码印刷有限公司
787mm×1092mm 1/16 印张18 字数447千字 2025年2月北京第3版第6次印刷

购书咨询：010-64518888　　售后服务：010-64518899
网　　址：http://www.cip.com.cn
凡购买本书，如有缺损质量问题，本社销售中心负责调换。

定　　价：49.00元

前　言

近年来，随着装备管理新理念、新模式的不断应用，装备管理的内容和方法也发生了很大变化，国家和行业有关标准、规章制度、规范也进行了更新。《过程装备管理》自第一版、第二版出版以来，被许多高职院校化工设备与机械及同类专业选作设备管理教材，受到不少读者和同行的支持，并提出了宝贵意见。因此，我们根据教材使用过程中兄弟院校反馈的意见以及企业长期从事设备管理技术人员的建议，对第二版教材进行了修订、更新和完善，以满足广大师生和企业设备管理者的需要。

本次修订的主要内容如下：

1. 对章节顺序和内容进行了较大调整与删减，并对某些章节的文字适当修改。

2. 根据需要增加“特种设备管理”和“动力与能源管理”两章内容，将原“过程装备安全管理”一章去掉。

3. 将原“过程装备管理综述”与“过程装备管理的组织体系与信息管理”两章内容进行了删减，合并为一章“过程装备管理综述”。

4. 原“过程装备检修管理”一章从内容与章节顺序上进行了调整与修改。

5. 原“过程装备使用与维护管理”一章中对装备的维护保养、设备点检管理体系两节内容进行了修改、补充。

6. 将原附录内容去掉，修订为“化工企业设备管理制度实例”，包括企业设备管理流程实例及典型设备管理制度实例等。

7. 本书的内容已制作成用于多媒体教学课件，并将免费提供给采用本书作为教材的院校使用。如有需要，请发电子邮件至 cipedu@163.com 获取，或登录 www.cipedu.com.cn 免费下载。

本书可供高等职业院校化工设备与机械、化工设备维修技术等同类专业作为教材使用，也可供其他相关专业的师生和工程技术人员参考，还可作为化工医药、石油化工等企业装备管理人员的参考书或职工培训教材。

本教材的编写由王灵果、冯素霞、王勇、贾如磊、解利芹、宗俊华、任世君完成。全书由王灵果主编，冯素霞、王勇担任副主编，尹洪福教授担任主审。马秉骞教授对本书提出了宝贵意见。本书修订过程中得到了宋永斌、姜凤华、范喜频等的大力帮助，在此对全体编写修订人员以及所有对本书出版给予支持和帮助的同志，表示衷心的感谢！

限于编者水平所限，书中疏漏和不足之处请同行专家及广大读者批评指正。

编　者

2015 年 3 月

第一版前言

本书是根据教育部《关于加强高职高专教育人才培养工作的意见》以及教材建设的有关精神，由全国化工高职高专教学指导委员会组织，以培养生产、管理一线的高级应用性技术人才为目标，根据高职高专过程装备及控制专业的课程体系而编写。

本书以中国现行的设备管理法规、政策、制度为依据，强化学生在装备管理中的法规意识；体现了现代企业设备管理思想；强调了在装备管理工作中的技术经济分析；积极引入现代先进的管理方法；注重装备对节能、环保的要求，增强学生的节能、环保意识。

本书突出应用性、实践性的原则，在内容上注重科学性、教学性、适用性，以过程装备的状态管理、检修管理、安全管理为重点，符合专业教学计划的要求。

本书由尹洪福主编，王原梅主审。绪论、第一章、第四章由尹洪福编写；第二章、第三章由孙勇编写；第五章、第六章由王灵果编写；第七章、第八章由王勇编写。在编写过程中得到了全国化工高职高专教学指导委员会机械组和各位编者所在单位的关怀和支持，在此对他们表示衷心的感谢。本书所引用的资料的原著均已列入参考文献，在此向原著作者致谢。

限于编者的学术水平、教学经验以及对高职教育教改的理解，书中难免存在疏漏和错误，恳请专家和读者批评指正，不胜感谢。

编　者

2004年8月

第二版前言

本书根据教育部《关于加强高职高专教育人才培养工作的意见》以及教材建设的有关精神，紧密结合最新装备管理法规、政策、制度以及目前装备管理工程发展的新理念、新方法，积极引入点检体系和管理模式，注重装备管理节能减排的要求，增强学生环保的意识。书后以附录形式将化工企业设备管理案例及节能、环保管理等进行分析，以便汲取经验。

本书由王灵果担任主编，冯素霞、王勇担任副主编。第1、5章和附录由王灵果编写，第2章由赵良勤编写，第3、8章由贾如磊编写，第4、10章由王勇编写，第6、7章由冯素霞编写，第9章由朱财编写。为了便于教学，每章开始以学习指导形式给出应达到的能力目标和知识目标，每章结束结合实际需要给出了相关练习题目。本书可供化工设备与机械专业作为教材使用，也可作为企业职工培训教材以及工程技术人员和其他相关专业师生参考。

本书还有河北金牛化工股份有限公司树脂分公司及鹤壁煤电股份公司化工筹建处参加了编写。

本书承蒙尹洪福教授主审。尹教授对本书进行了仔细审阅，提出了很好的意见。孙爱萍副教授、许彦春高级工程师、严永江高级工程师、范喜频副教授、李艳平副教授、姜凤华高级工程师等参加了提纲审定，对提纲编写和本书内容编写提出了许多宝贵意见。在此对全体审稿人员以及所有对本书出版给予支持和帮助的同志，表示衷心的感谢！

由于编者水平所限，书中疏漏和不足之处恳请同行专家及广大读者批评指正。

编　者

2011年5月

目　录

1 过程装备管理综述

学习指导

【能力目标】

- 能正确运用现行设备管理规章制度和考核指标进行设备考核指标的统计与管理；
- 能够进行设备管理组织体系的规划和管理人员配置规划；
- 能够制订设备目标管理方案。

【知识目标】

- 理解过程装备与装备管理的含义，了解设备管理体制与管理模式；
- 熟悉设备管理规章制度和考核指标；
- 熟悉现代企业设备管理的组织体系和人员设置构成；熟悉有关设备信息化管理的基本知识。

每一个企业在进行生产、辅助生产、试验、交通运输、生活与服务的过程中都需要设备。设备是提高生产率，提高产品质量与服务质量，提高经济效益的重要工具。设备是企业固定资产的主要组成部分，是企业生产中能供长期使用并在使用中基本保持其实物形态的物质资料的总称。它是企业进行现代化生产必不可少的物质技术基础，是企业生产效能的决定性因素之一。

1.1 过程装备与装备管理

1.1.1 过程装备及其特点

在流程性工业企业中的生产设备称为过程装备，它包括仪器、炉窑、车辆、施工机械、工业设施等，其中最有代表性的是动设备和静设备。动设备即设备的构件产生运动或相对运动的机器设备，如泵、压缩机等；而设备的构件不产生运动或相对运动的设备成为静设备，如塔器、换热器等。

随着科学技术的迅速发展，新成果不断地应用在设备上，使设备的现代化水平迅速提高，正在朝着大型化、高速化、精密化、电子化、自动化等方向发展。

(1) 大型化

指设备的容量、规模和能力越来越大。例如，我国石油化学工业中合成氨生产装置的最大规模，20 世纪 50 年代年产只有 6 万吨，现已建成的大型装置年产量已达 60 万吨；最大规模的乙烯装置，20 世纪 50 年代为年产 10 万吨，而 2005 年投产的中海壳牌乙烯项目铭牌产能达 80 万吨，实际产能可达 100 万吨/年。设备的大型化带来了明显的经济效益。

(2) 高速化

指设备的运转速度、运行速度、运算速度以及化学反应速度等大大加快，从而使生产效率显著提高。例如，纺织工业中国产气流纺纱机的转速达 6×10^4 r/min，国外可达 10×10^4 r/min 以上。

(3) 精密化

设备的精密化决定零件使用性能的最终加工精度和表面质量越来越高。例如，机械制造工业中的金属切削加工设备，20 世纪 50 年代精密加工的精度为 1mm，20 世纪 80 年代提高到了 0.05mm。到 21 世纪初，加工精度又比 20 世纪 80 年代提高了 4～5 倍。现在，主轴的回转精度达 0.02～0.05mm，加工零件圆度误差小于 0.1mm，表面粗糙度 Ra 小于 0.003mm 的精密机床已在生产中得到使用。

(4) 电子化

由于微电子科学、自动控制与计算机科学的高度发展，已引起了机器设备的巨大变革。以机电一体化为特色的崭新一代设备，如数控机床、加工中心、机器人、柔性制造系统等已广泛用于生产实践。

(5) 自动化

自动化不仅可以实现各生产线工序的自动顺序进行，还能实现对产品的自动控制、清理、包装、设备工作状态的实时监测、报警、反馈处理。

以上情况表明，现代装备为了适应现代经济发展的需要，广泛地应用了现代科学技术成果，正在向着性能更加高级、技术更加综合、结构更加复杂、作业更加连续、工作更加可靠的方向发展。

1.1.2 现代过程装备带来全新问题

现代过程装备的出现，给企业和社会带来了很多好处，如提高产品质量，增加产量和品种，减少原材料消耗，充分利用生产资源，减轻工人劳动强度等，从而创造了巨大的财富，取得了良好的经济效益。但是，现代设备也给企业和社会带来了一系列新问题。

(1) 购置设备需要大量投资

由于现代设备技术先进、性能高级、结构复杂、设计和制造费用很高，故设备投资费用的数额巨大。因此建设一个现代化工厂所需的设备投资相当可观。在现代企业里，设备投资一般要占固定资产总额的 60%～70%，成为企业建设投资的主要开支项目。

(2) 维持设备正常运转也需要大量投资

购置设备后，为了维持设备正常运转，发挥设备效能，在设备的长期使用过程中还需要继续不断地投入大量资金。首先是现代设备的能源、资源消耗量大，支出的能耗费用高。其次，进行必要的设备维护保养、检查修理也需要支出一笔为数不小的费用。据统计，日本钢铁企业的维修费用约占生产成本的 12%；德国钢铁企业的维修费用约占生产成本的 10%；我国冶金企业的维修费一般也占生产成本的 8%～10%，我国许多大型企业每年的设备维修费都在几千万元以上。

(3) 发生故障停机，经济损失巨大

由于现代设备的工作容量大、生产效率高、作业连续性强，一旦发生故障停机，造成生产中断，就会带来巨额的经济损失。如鞍钢的半连续热轧板厂，停产一天损失利润 100 万元；武钢的热连轧厂，停产一天损失产量 1 万吨板材，产值 2000 万元；北京燕山石化公司乙烯设备停产一天，损失 400 万元。

(4) 一旦发生事故，将会带来严重后果

现代设备往往是在高速、高负荷、高温、高压状态下运行，设备承受的应力大，设备的磨损、腐蚀也大大增加。一旦发生事故，极易造成设备损坏、人员伤亡、环境污染，甚至导致灾难性的后果。

(5) 设备的社会化程度越来越高

由于现代设备融汇的科学技术成果越来越多，涉及的科学知识门类越来越广，单靠某一学科的知识无法解决现代设备的重大技术问题，而且设备技术先进、结构复杂，零部件的品种、数量繁多，设备从研究、设计、制造、安装调试到使用、维修、改造、报废，各个环节往往要涉及不同行业的许多单位、企业。这就是说，现代设备的社会化程度越来越高了。改善设备性能，提高素质，优化设备效能，发挥设备投资效益，不仅需要企业内部有关部门的共同努力，而且也需要社会上有关行业、企业的协作配合。设备工程已经成为一项社会系统工程。

1.1.3 现代装备管理

1.1.3.1 现代装备管理的概念及其特点

现代装备（设备）管理就是以装备为研究对象，以提高装备综合效率、追求装备寿命周期经济性，实现企业生产经营目标为目的，运用现代科学技术、管理理论和管理方法，对装备一生全过程的综合管理。即根据企业的生产经营方针，从设备的调查、技术开发入手，对主要生产设备的规划、研究、方案论证、选型、设计、制造、安装、调试、使用、维修、改造、更新、直至报废的全过程对应地进行一系列的技术、经济和组织管理的总称。通过对装备的物质运动形态和价值运动状态两方面的管理，以保持设备良好状态并不断提高设备的技术素质，保证设备的有效使用和获得最大的经济效益。

现代设备管理的核心在于正确处理可靠性、维修性与经济性的关系，保证可靠性，正确确定维修方案，提高设备有效利用率，发挥设备的高效能，以获取最大的经济效益。现代装备管理具有以下的特点。

(1) 系统工程特点

系统是由具有特定功能的、相互作用和相互依赖的许多要素所构成的一个有机整体，它具有整体性、相互性、目的性和环境的适应性等特征。现代设备管理以设备的一生为研究对象，企业通过对设备实行自上而下的纵向管理以及各个有关部门之间的横向管理，体现了系统工程特征。

现代装备管理就是从装备的一生出发，运用运筹学、网络技术、决策论、预测技术等，对系统进行分析、评价和综合，从而建立一个以寿命周期费用最经济为目标的系统，并进行控制和管理，保证用最有效的手段达到系统的预定目标，从而改变了传统设备管理只管使用与维修管理的狭义概念。

(2) 装备管理进入全员生产维修阶段

“全员生产维修制”（TPM）是日本最早推行的一种以使用者为中心的设备管理和维修制度，其中心思想是“三全”，即“全效率、全系统、全员参加”。

(3) 设备维修专业化和协作化

随着生产的发展，“大而全”或“小而全”的企业组织形式已不适应生产发展的需要，组织机械修理的专业化是现代化发展的必然趋势。实行维修工作专业化，可以减少许多“重复”的机修厂和车间，节省大量设备，提高设备的利用率，减少固定资产占用额，降低备品配件积压资金，合理利用人力，从而提高设备管理工作的经济效益。但是发展专业化必须以协作化为前提。在工业发达国家的企业中，全厂各种设备的维修工作大部分由协作单位承包。尤其是在大城市的企业，通常本厂设备部门只承担一小部分维修工作量。例如，某钢铁公司下属一个钢铁厂，所用设备修理人员共 4313 人，其中直属本厂的仅有 1564 人，占

36%，修理协作单位有2749人，占64%，这些协作单位大部分有专业特长。在这种情况下，企业内的设备部门除了只承担厂内部分修理工作以及老设备的改进和专用设备的制造之外，工作重点则逐步放到设备技术改造的研究以及专用设备的设计方面。自行研究、设计、制造专用设备，可以较快地吸取科学技术的新成果，使设备的技术性能适应生产的发展需要。

(4) 装备管理计算机化

随着电子技术的发展及其应用推广，在生产过程越来越复杂、对管理要求越来越高的现代化企业中，为了提高管理效率和质量，企业已采取了自动控制的生产管理系统，并逐渐在设备管理与维修部门中应用计算机信息系统。

(5) 装备的可靠性、维修性管理

对装备的要求，首要的是装备必须能长期可靠地工作，不出故障、不损坏，在此前提下，才谈得上高效能、高效率和高效益。所谓长期稳定可靠，就是可靠性科学的概念。设备不可靠就会发生故障，故障可能导致事故，进而就会造成损失。但故障及其维修时间的长短、维修工作量的大小都是随机事件，为了对故障和寿命进行预测和控制，引入了概率和统计的规律以及随机计量的方法。这套方法的指标如MTBF（平均无故障工作时间）、MTTF（平均寿命）、MTTR（平均维修时间）、可靠度、故障率、维修率、设备综合效率（OEE）、设备完全有效生产率（TEEP）等已普遍推广和使用，对于故障的控制和管理起到积极作用。

此外，设备维修中的监测和诊断技术也在飞速发展。设备状态监测和故障诊断技术是对设备故障的预报和故障的部位进行检查诊断的技术，它运用了检测技术和信号处理技术等，对运行中的设备进行监测和诊断，根据其实际状态进行相应的维修。监测和诊断技术运用了对振动、温度、噪声、光、油液分析等方法，它可以准确地判断故障部位和原因，以减少维修时间和费用。

(6) 加快设备更新改造，提高设备技术素质

设备的经营决策问题是企业管理的中心，也是设备管理中的重中之重。其主要内容为合理的设备配置、合理的设备选购、自制以及合理的设备折旧、技术改造和更新等。

设备更新与改造是提高生产技术水平的重要途径。设备长期使用，磨损严重，必然带来生产率低，消耗高，产品质量差，各项经济指标不高等问题。因此，企业的现代化发展必须有计划地进行设备更新改造，同时要加快设备的更新改造，提高设备技术素质。

(7) 节约能源成为设备管理中的主要环节

现代世界中，能源已影响或危及政治、经济、文化等各个方面，许多企业在能源危机中倒闭。低能耗是设备设计和制造的主要指标之一，能源的消耗对象主要是设备，因此在现代设备管理中，节约能源这一特点也越来越明显和重要了。

1.1.3.2 现代装备管理在企业中的地位

现代装备管理在企业管理中占有十分重要的地位。企业中的计划、质量、生产、技术、物资、能源和财务管理，都与设备管理有着密切关联。

(1) 装备管理是工业企业生产顺利进行的前提

机器设备是工业生产的物质技术基础，其技术状态直接影响企业生产过程各环节之间的协调配合，如果不重视设备管理，设备保养不及时，短期内就能使设备生产效率降低或故障停机增加损失；长期失修，就会因设备的损耗得不到及时补偿，引起事故或提前报废，破坏生产的连续性和均衡性。尤其是现代工业企业，自动化程度高，生产连续性强，一台关键设备停机就可以使整个企业停产。所以设备管理是工业企业生产顺利进行的前提。

(2) 装备管理是提高企业经济效益的重要条件

随着生产的现代化发展，企业在设备方面的费用（如能源费、维修费、固定资产占用费、保险费等）越来越多，搞好设备的经济管理，提高设备技术水平和利用率，对降低成本意义也就越大。另外，设备的技术状态影响企业的能耗、停产损失、产品质量、原材料消耗、产品工时消耗等，设备管理工作的成效通过设备的技术状态而影响产品成本。

(3) 装备管理是工业企业安全生产和环境保护的保证

工业生产中意外的设备和人身事故，不仅扰乱了企业的生产秩序，同时也使国家和企业遭受重大的经济损失，因此在实际生产中怎样更加有效地预防设备事故，保证安全生产，减少人身伤亡，已成为现代设备管理的一大课题。可以说一个工业企业发生的设备事故和人身事故的性质和次数能反映其设备管理工作的好坏。同时管理好处理三废的设备是搞好环境保护的先决条件，对其他设备的管理工作（如锅炉排烟、机床噪声等）也与环境保护直接有关。

(4) 装备管理对技术进步起促进作用

科学技术进步往往迅速地应用在设备上，如现代计算机技术在设备控制上的应用等。所以从某种意义上讲，设备是科学技术的结晶。另一方面，新型劳动手段的出现又进一步促进了科学技术的发展，新工艺、新材料的应用，新产品的发展都靠新设备来保证。可见提高设备管理的科学性，加强在用设备的技术改造和更新，力求每次修理和更新都使设备在技术上有不同程度的进步，对促进技术进步具有重要作用。

(5) 装备管理是保证产品质量的基础工作

设备是影响产品质量的主要因素之一，产品质量直接受设备精度、性能、可靠性和耐久性的影响，高质量的产品靠高质量的设备来获得。所以搞好设备管理，保证设备处于良好技术状态，也就是为生产出优质产品提供了物质上的必要条件。

由于技术进步，工业企业中直接参加生产操作的人员减少，而从事维修的人员比例越来越大，设备管理在企业中的地位日益突出。

1.2 设备管理体制

1.2.1 设备管理的发展

1.2.1.1 设备管理发展的几个阶段

自人类使用机械以来，就伴随有设备管理工作，只是当时设备简单，设备管理工作往往凭操作者个人的经验行事。随着工业生产的发展和科学技术的进步，设备的现代化水平不断提高，设备管理工作得到重视和发展，逐步成为一门独立的设备管理学科。

设备管理发展主要经历了事后维修、预防维修、设备系统管理、设备综合管理几个阶段。

① 事后维修阶段。就是企业的机器设备发生了损坏或事故以后才进行修理。由于设备简陋，一般都是在设备使用到出现故障时才进行修理，并且是由有经验的操作工人自行修复，这就是事后维修制度。随着工业生产的发展，设备的数量和复杂化程度增加，设备修理的技术要求越来越高，修理难度越来越大，原有操作工人兼做修理工人已不能满足要求，因此，逐渐从操作人员中分离出一部分人去专门从事设备的维修管理工作，随之也产生了较简单的设备管理。

② 预防维修阶段。随着机器复杂性的不断提高以及社会化大生产的出现，机器设备的故障对生产的影响越来越大，特别是经济上的损失已不容忽视，20 世纪初美国首先提出了预防维修的概念，设备管理开始进入防止故障、减少损失的预防维修阶段。

预防维修就是采取“预防为主”、“防患于未然”的措施，在设备使用时加强维护保养，预防发生故障，尽可能在设备发生故障前做预防维修，以降低停工损失费用和维修费用。主要做法是以日常检查和定期检查为基础，从日常及定期检查中，了解设备实际状况，以设备状况为依据进行修理工作，以避免突然事故发生。

在美国提出预防维修的概念后不久，前苏联二十世纪三四十年代也开始推行设备预防维修制度，称为“计划预防维修制度”，这是以修理复杂系数和修理周期结构为基础的一种维修制度，按待修设备的复杂程度制订出各种修理定额作为编制预防性检修计划的依据，除了对设备进行定期检查和计划修理外，还强调设备的日常维护。

③ 设备系统管理阶段。随着科学技术的发展以及系统理论的普遍应用，美国通用电器公司提出了“生产维修”的概念，强调要系统地管理设备，对关键设备采取重点维护政策，以提高企业的综合经济效益。

20 世纪 60 年代，美国企业界又提出了设备管理“后勤学”的观点。它是从“后勤支援”的要求出发，强调对设备的系统管理。设备出厂后，要在图纸资料、技术参数和检测手段、备件供应以及人员培训方面为用户提供良好的、周到的服务，以使用户达到设备寿命周期费用最经济的目标。至此，设备管理从传统的维修管理转为重视先天设计和制造的系统管理，设备管理进入了一个新的阶段。

④ 设备综合管理阶段。设备综合管理就是根据企业生产经营的宏观目标，通过采取一系列技术、经济、管理措施，对设备的规划、研究、制造（或选型、购置）、安装、调试、使用、维修、改造、更新直到报废的一生全过程进行管理，以保持设备良好状态并不断提高设备的技术素质，保证设备的有效使用和获得最佳的经济效益。

体现设备综合管理思想的两个典型代表是英国的“设备综合工程学”和日本的“全员生产维修制”。

1.2.1.2 国际设备管理的发展

设备管理在国外通称维修管理，基本是用维修管理覆盖设备管理的全部内容。

（1）前苏联的计划预修制

前苏联是以“计划预修制”为主导的设备管理体制。计划预修制规定设备在经过规定的开动时间以后，要进行预防性的定期检查、调整和各类计划修理。在计划预修制中，各种不同设备的保养、修理周期、周期结构和间隔期是确定的。在这个规定的基础上，组织实施预防性的定期检查、保养和修理。计划预修制包含以下三种类型：

① 检查后修理制度。这是以检查获得的状态资料或统计资料为基础的计划维修制。它是通过定期的设备检查，确定设备的状态，根据设备状态拟定维修时间周期和修理类别（级别），然后再编制设备修理计划。这种修理制度可以使修理工作纳入计划的轨道，并有可能预防设备的机构磨损。这种体制把定期检查作为制订计划的先决条件，比传统的事后维修前进了一大步。

② 标准修理制度。这是一种以经验为根据的计划修理制度。根据经验制订的修理计划，计划一旦制订，就须按规定时间周期对设备进行强制性修理，即在规定的期限强制更换零件；按事先编制的维修内容、工作量和工艺路线及维修标准进行强制性修理。这种靠经验的方法，可能包含了许多不科学的因素，对计划的准确性影响很大，往往造成维修过剩，增加

维修费用和停机时间损失。但是，对于那些因为磨损导致的故障停机，可能产生重大事故、人身伤害及经济损失的情况，这种制度仍有积极的意义。

③ 定期修理制度。这是以磨损规律为依据，以时间周期为基础的计划预防维修体制。该制度要求根据不同设备的特点、工作条件，研究其磨损规律，分析其开动台时和修理工作量之间的关系；然后对设备使用周期、维修工作量和内容做出明确的规定。以此保证设备处于经常性的正常状态。“计划预修制”就是在这个制度基础上逐渐发展完善的。

(2) 美国的维修管理体制

① 预防维修与生产维修。美国于1925年提出预防维修，其英文表达为Preventive Maintenance，简称PM。预防维修基本上是以检查为主的维修体制，其出发点是改变原有的事后维修法，防患于未然，减少故障和事故，减少停机损失，提高生产效益。

在原有预防维修体制的基础上，1954年美国又提出生产维修思想。其英文名称为Productive Maintenance，简称也是PM。生产维修体制是以生产为中心，为生产服务的一种维修体制，它由四种具体的维修方式构成。

a. 预防维修。提倡在设计制造阶段就认真考虑设备的可靠性和维修性问题，从设计、制造上提高设备素质，从根本上防止故障和事故的发生，减少和避免维修。

b. 事后维修。是最早期的维修方式，即出了故障再修，不坏不修。这种维修方式比较经济，对于简单或不重要的设备比较适宜。

c. 改善维修。是不断利用先进的工艺方法和技术，对设备进行改造。通过维修，同时对设备进行改造，使之更完善，是一种事半功倍的好方法。

d. 预防维修。以检查为基础，包括定期维修和预知维修两方面。预知维修是利用检查、状态监测和诊断技术等，对设备状态进行预测，有针对性地安排维修，事先对故障加以排除，从而避免和减少故障停机损失。

② 后勤工程学。它是吸取了寿命周期费用和可靠性、维修性等现代理论而形成的。后勤工程学认为，一个系统应包括基本设备和相应的后勤支援两部分，而后勤支援的主要内容有测试和辅助设备、备件和修理更换件、人员和培训、器材储运管理、辅助设施和技术资料等。

(3) 英国的设备综合工程学

设备综合工程学是英国人丹尼斯·巴克斯提出的。设备工程学的英文原名为terotechnology，原意为“具有使用价值或工业用途的科学技术”，它作为现代管理的一门新兴学科在不断发展。

设备综合工程学的主要内容有：

① 寻求设备寿命周期费用最经济。所谓设备寿命周期费用（Life Cycle Cost，简称LCC）是指设备一生所花费的总费用，即：设备寿命周期费用＝设备设置费＋设备维持费。

研究表明，有些设备的设置费较高，但维持费却较低；而另一些设备，设置费虽然较低，但维持费却较高。因此，应对设备一生设置费和维持费做综合的研究权衡，以寿命周期最为经济为目标进行综合管理。

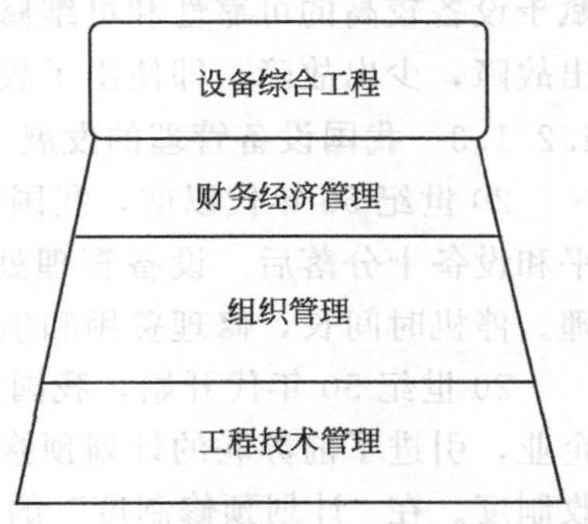

图1-1 设备综合工程的三个方面

② 设备综合管理。设备综合管理包含工程技术管理、组织管理和财务经济管理三个方面的内容，其关系如图1-1所示。

a. 技术是基础。设备是科学技术的产物，涉及科学技术的各个领域。涉及的学科很多，随着科学技术的不断深入发展，设备综合管理将越来越依赖于技术和管理科学。

b. 管理是手段。近年来不断涌现和发展起来的管理科学，如系统论、运筹学、信息论、行为科学及作为管理工具的计算机系统，无疑也是设备综合管理的手段。设备从引进到报废的全过程都应运用科学的管理手段，也只有应用科学才能搞好设备综合管理。

c. 经济是目的。企业的经营目标是提高经济效益，设备管理也应为这个目标服务。设备综合管理工程就是以最经济的设备寿命周期费用，创造最好的经济效益。一方面，要从设备整个寿命周期综合管理，降低费用；另一方面，要努力提高设备利用率和工作效率。

③ 把可靠性和维修性设计放到重要位置。设备工程包括设备的设计、制造、管理与维修，其结构如图 1-2 所示。

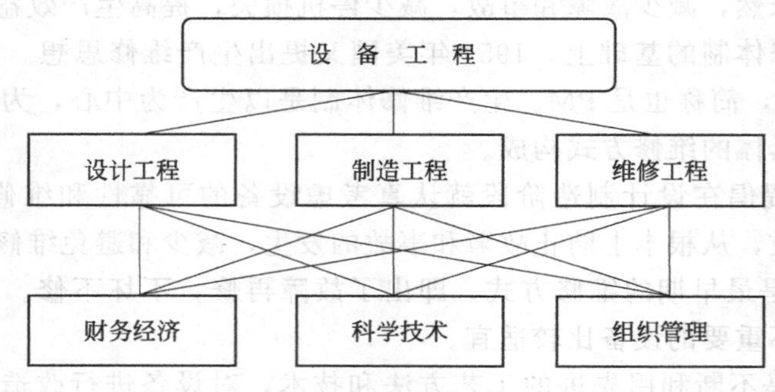

图 1-2 设备工程结构

设备综合工程学是在维修工程的基础上形成的。它把设备可靠性和维修性问题贯穿到设备设计、制造和使用的全过程。一般来讲，除了力学性能（如加工精度、效率），设备综合工程学重点考虑可靠性与可维修性问题。

狭义地讲，可靠性是在规定时间内，设备保持其规定性能的性质；广义上讲，可靠性就是设备力学性能、工艺性能、效率指标等的保证。可维修性是指设备易于维修的性能，如设计结构简单合理、易于检查、易于排除故障，设备易接近性、易拆卸性、零配件互换性好、标准化程度高等特点。现代设备甚至都带有计算机自检系统、数字显示的故障自检等，进一步提高了设备的可维修性。

设备综合工程学把研究重点放在可维修性和可靠性设计上，即在设计、制造阶段就争取赋予设备较高的可靠性和可维修性，使设备在后期使用中，长期可靠地发挥其功能，做到不出故障，少出故障，即使出了故障也便于维修。

1.2.1.3 我国设备管理的发展

20 世纪 50 年代以前，我国工业生产水平极端低下，工厂规模小，经营管理差，技术水平和设备十分落后。设备管理处于事后修理阶段，致使设备坏了才被迫中断生产，进行修理。停机时间长，修理费用和生产损失大，不能适应企业生产与运营的要求。

20 世纪 50 年代开始，我国工业生产迅速发展，建成了一批技术装备先进的现代化大型企业，引进了前苏联的计划预修制度，各重点企业开始建立了设备的档案、台账、管理和验收制度。在“计划预修制度”的基础上，结合我国自己的特点，创造出“专群结合、专管成线、群管成网”、“三级保养”、“四项纪律”、“五项要求”、“包机制”等许多好方法、好制度。严重失修和损坏的设备，很快得到了整顿和修复，对国民经济的恢复和发展起了积极作用。

改革开放以后，在经济管理体制的改革、调整和企业整顿的过程中，设备管理得到了恢复、巩固和提高，开始大量引进国外设备管理的新方法。1987 年 7 月 28 日国务院以国发（1987）68 号文发布了《全民所有制工业交通企业设备管理条例》（以下简称《设备管理条例》）文件，进一步保证了我国企业设备管理的发展，我国设备管理工作开始出现新局面，这是设备管理和维修工作走向正规化、科学化、理论系统化的一个良好开端。

同时，随着我国对外交流的增多，相应的国外设备管理模式和思想也很快为我国设备管理领域人员吸收和理解。从预防维修到预知状态维修、以可靠性为中心的维修（RCM）、以宝钢为代表的点检定修制、全员生产维修（TPM）理论和全面规范化生产维护（TnPM）体系等，都在我国的制造业得到广泛应用。

与此同时，计算机信息化系统在设备管理领域也得到了长足发展，由早期的计算机辅助设备维修管理系统（CMMS）逐步向网络化、集团多组织化的企业资产管理信息系统（EAM）发展。

1.2.2　TPM 与 TnPM 管理体系

1.2.2.1　TPM 管理体系

TPM（Total Productive Maintenance），又称为“全员生产维修体制”，是日本前设备管理协会在美国生产维修体制之后于 1971 年正式提出的。TPM 可称为“全员参与的生产维修”。其理论基础如图 1-3 所示。

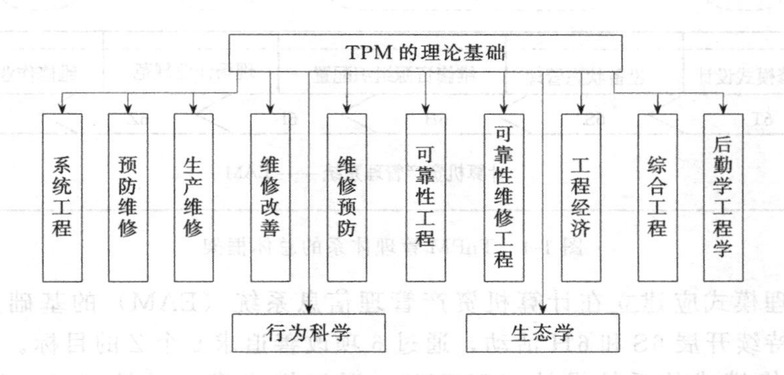

图 1-3　TPM 管理体系的理论基础

（1）全员生产维修 TMP 的特点

日本的全员生产维修与原来的生产维修相比，主要突出一个“全”字。“全”有三个含义，即全效率、全系统、全员参加。三个“全”之间的关系是：全员是基础，全系统是载体，全效率是目标。还可以用一个顺口溜来概括：TPM 大行动，空间、时间、全系统。设备管理靠全员，提高效率才成功。

有了这三个“全”，使生产维修更加得到彻底地贯彻执行，使生产维修的目标得到更有力的保障。这也是日本全员生产维修的独特之处。

随着 TPM 的不断发展，日本把这一从上到下、全系统参与的设备管理系统的目标提高到更高水平，又提出“停机为零！废品为零！事故为零！”的奋斗目标。

TPM 的主要目标体现在“全效率”上，“全效率”在于限制和降低六大损失，即①设备停机时间损失；②设置与调整停机损失；③闲置、空转与暂短停机损失；④速度降低（速度损失）；⑤残、次、废品损失，边角料损失（缺陷损失）；⑥产量损失（由安装到稳定生产间隔）。

（2）TPM 中的“5S”

5S 也是全员生产维修（TPM）的特征之一。所谓 5S 是五个日语词汇的拼音字头，这五个词是：整理、整顿、清洁、清扫、素养。这些看起来有些重复、繁琐的单词，恰恰是TPM的基础和精华的体现。①整理——取舍分开，去留舍弃；②整顿——条例摆放，取用快捷；③清扫——清扫垃圾，不留污物；④清洁——清除污染，美化环境；⑤素养——形成制度，养成习惯。

1.2.2.2 TnPM管理体系

全面规范化生产维护（Total Normalized Productive Maintenance），简称TnPM，这是规范化的TPM，是全员参与的、步步深入的、通过制定规范、执行规范、评估效果、不断改善来推进的TPM。TnPM是以设备综合效率和完全有效生产率为目标，以全系统的预防维修为载体，以员工的行为规范为过程，全体人员参与为基础的生产和设备保养维修体制。TnPM管理体系的总体框架，如图1-4所示。

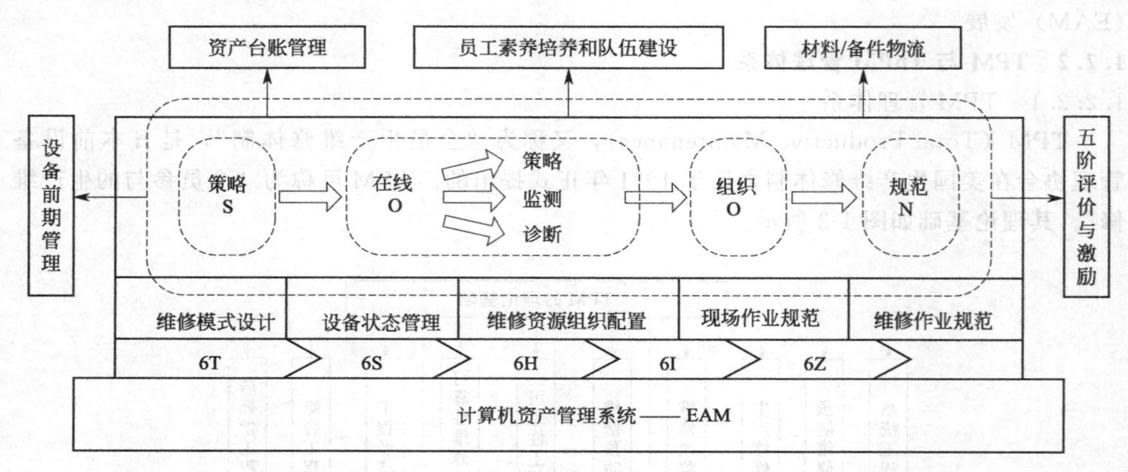

图1-4 TnPM管理体系的总体框架

TnPM管理模式应建立在计算机资产管理信息系统（EAM）的基础上，运用6大工具（6T），持续开展6S和6H活动，通过6项改善追求6个Z的目标。管理模式的核心是设备检维修模式的系统设计（SOON），通过维修模式设计（S）、设备状态管理（O），进行设备维修资源组织的优化设计和配置（O），建立现场作业规范和维修作业规范（N）；TnPM在理论体系中还涵盖设备前期管理和设备资产台账管理，提出设备健康管理的概念；设计员工与企业同步成长的FROG模型，对材料物流和备件进行管理优化和规范化。建立五阶六维的评价指标体系和激励机制，引导企业不断向世界级制造业企业迈进。

（1）TnPM八个要素

TnPM的成功推行，离不开八个方面要素的相互配合和协力支持，这八个要素分别是：

①以最高的设备综合效率（OEE）和完全有效生产率（TEEP）为目标；②以全系统的预防维修体系为载体；③全公司所有部门都参与其中；④从最高领导到每个员工全体参加；⑤小组自主管理和团队合作；⑥合理化建议与现场持续改善相结合；⑦变革与规范交替进行，变革之后，马上规范化；⑧建立检查、评估体系和激励机制。

（2）TnPM四个“全”

所谓TnPM的四个“全”，是指：①以设备综合效率和完全有效生产率为目标；②以全系统的预防维修体制为载体；③以员工的行为全规范化为过程；④以全体人员参与为基础。TnPM的四个“全”的示意图如图1-5所示。

(3) TnPM 的五个“六”

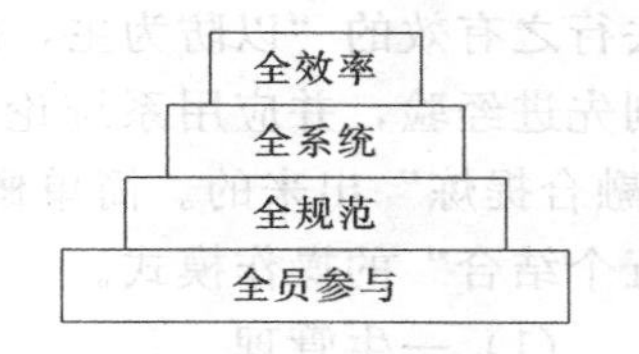

图 1-5 TnPM 的四个“全”

6S：整理、整顿、清扫、清洁、安全、素养。

6I：即 6 个 Improvement，又称 6 项改善。其内容是：①改善影响生产效率和设备效率的环节；②改善影响产品质量和服务质量的细微之处；③改善影响制造、维护成本之处；④改善造成员工疲劳状况；⑤改善造成灾害的不安全之处；⑥改善工作和服务态度。

6Z：即 6 个 Zero，又称六个“零”的活动。其内容是：①追求质量零缺陷（Zero Defect）；②追求材料零库存（Zero Inventory）；③追求安全零事故（Zero Accident）；④追求工作零差错（Zero Mistake）；⑤追求设备零故障（Zero Fault）；⑥追求生产零浪费(Zero Waste)。

6T：即 6 个 Tool，又称 6 大工具。其内容是：①单点课程 OPL 体系；②可视化管理；③目标管理；④绩效管理；⑤团队合作；⑥项目管理。

6H：即清除 6 个 Headstream，6 个源头是：①污染源；②清扫困难源；③故障源；④浪费源；⑤缺陷源；⑥事故危险源。

(4) TnPM体系中的 SOON 流程

在 TnPM体系里，除了生产现场操作员工参与的规范化活动之外，精心设计的预防维修体系仍具有重要的实践意义。这个体系我们称为 SOON 流程，即“Strategy→On-site-information→Organizing→Normalizing”，意思为“策略→场信息→组织→规范”流程。详细展开为图 1-6 所示具体化流程。

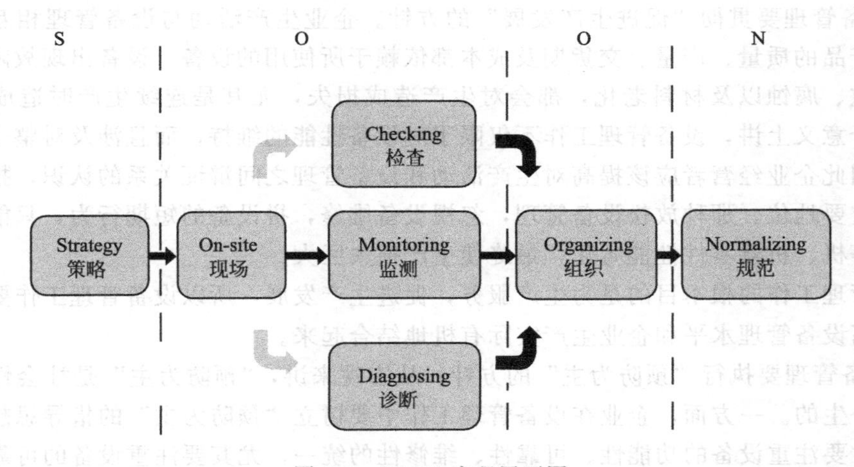

图 1-6 SOON 流程展开图

这是一套比较严密的设备防护体系设计。首先，根据不同设备类型及设备的不同役龄，选择不同的维修策略；然后通过现场的信息收集，包括依赖人类五感的点巡检、依靠仪器仪表的状态检测以及依赖诊断工具箱的逻辑推理，以此对设备状况和故障倾向进行管理；下一步是维修活动的组织，包括维修组织结构设计、维修资源的配置等；最后是维修行为的规范和维修质量的评价。

1.2.3 我国现行的设备管理体制

我国现行设备管理的理论体系与管理模式是设备综合管理，是以英国设备综合工程学的理论为基础，吸取日本“TPM”的体制与做法，接受美国后勤学的先进理念，继承我国过去行之有效的“以防为主，修养并重，三级保养，三好四会，润滑五定，十字作业”等一系列先进经验，并应用系统论、信息论、控制论、可靠性工程与工程经济学等现代管理科学“融合提炼”出来的。简单概括为“一生管理、两个目标、三个基本方针、四项主要任务、五个结合”的操作模式。

(1) 一生管理

一生管理就是依据设备综合管理理论，从设备规划直至报废的全过程对其功能运动、物质运动与价值运动进行全系统、全效率、全员的“三全”管理，这是英国综合工程学的基本要求。

(2) 两个目标

两个目标就是既要提高设备的综合效率或系统效率，又要降低设备的寿命周期费用，这也是综合工程学的先进思路。

企业进行设备综合管理的目标是充分发挥设备效能和投资效益，追求设备寿命周期费用最经济和设备综合效率最高。

(3) 三个基本方针

就是坚持依靠技术进步的方针，贯彻预防为主的方针，执行促进生产发展的方针，这是我们自己总结出来的先进经验和要求。

① 设备管理要坚持“依靠技术进步”的方针。企业生产设备只有具备良好的技术素质，才能保证企业生产经营目标的实现。所以企业设备管理必须坚持“依靠技术进步”方针。一方面对技术落后的陈旧设备进行技术更新；另一方面，采用先进技术对现有设备进行技术改造，全面提高技术装备素质。同时积极采用先进的维修技术和状态监测、故障诊断技术，不断提高设备管理和维修的现代化水平。

② 设备管理要贯彻“促进生产发展”的方针。企业生产活动与设备管理相互依赖，相互制约，产品的质量、产量、交货期及成本都依赖于所使用的设备。设备出现故障停机、零件磨损严重、腐蚀以及材料老化，都会对生产造成损失，尤其是连续生产时造成的损失更大。从这个意义上讲，设备管理工作不仅限于对设备性能的维持，而且涉及对整个生产系统的维持。因此企业经营者应该提高对生产活动和设备管理之间辩证关系的认识，把设备管理工作放在重要地位。那种放松设备管理，忽视设备维修，拼设备的短期行为，只能加速设备发生故障停机、机器零件性能劣化，最终使生产损失巨大。

设备管理工作的根本目的是为生产服务，促进生产发展，所以设备管理工作要急生产所急，把提高设备管理水平和企业生产实际有机地结合起来。

③ 设备管理要执行“预防为主”的方针。从宏观来讲，“预防为主”是社会性的，是贯穿于设备一生的。一方面，企业在设备管理工作中要树立“预防为主”的指导思想。在选型购置设备时要注重设备的功能性、可靠性、维修性的统一，尤其要注重设备的可靠性和维修性；在使用时要加强维护保养工作，加强设备故障管理，掌握设备故障征兆和发展趋势，开展针对性、预防性修理，使故障停机尽可能减少。另一方面，设备的设计制造部门应充分研究设备的可靠性和维修性要求，并加强与使用设备的企业进行信息交流和反馈，以不断改进设备的设计和制造质量。

(4) 四项任务

保持设备完好，不断改善和提高企业技术装备素质，充分发挥设备效能，取得良好的经济效益。这就明确了企业设备管理的主要任务是推行综合管理，即把综合管理思想和方法、手段落实到设备管理一生的各个阶段。

① 保持设备完好。设备只有保持完好状态，随时可以投入正常运行，才能保证企业生

产系统的正常活动，这是设备管理最基本的任务和要求。设备完好可以通过正确使用设备，精心维护设备，适时修理和改造来实现。

② 不断改善和提高企业技术装备素质。在社会主义市场经济条件下，企业的生存与其技术装备的素质有很大关系，不断改善和提高企业技术装备素质成为企业首要任务，尤其用新技术（特别是微电子技术）改造现有设备，更是企业优先考虑的方式。

③ 充分发挥设备效能。对高性能（指自动化、连续化等）的设备投入了大量的资本，希望设备有较高的利用率和高的投资回报率。企业可以通过提高生产率，减少故障停机和修理停歇时间，综合平衡生产计划和维修计划等途径来充分发挥设备效能。

④ 取得良好的投资效益。设备投资效益是设备管理的出发点和落脚点，是设备管理出效益的具体体现。这一主要任务通过设备一生中技术管理和经济管理有机结合来实现。

（5）五个结合

就是设计、制造与使用相结合，日常维护与点检定修管理相结合，修理、改造与更新相结合，专业管理与群众管理相结合，技术管理与经济管理相结合。它融合了国外的先进理论与经验，包括综合工程学、后勤学、TPM，甚至前苏联的计划预修制的先进部分，也继承了自己的先进传统经验，从而得出这五个结合的操作模式与准则。

① 设计、制造与使用相结合。设计、制造与使用相结合的原则，是应用系统论对设备进行一生管理的基本要求。设计、制造阶段决定了设备的性能、结构、可靠、维修性等，这一阶段的费用占设备寿命周期费用的相当比例，对设备一生来讲，它关系到在使用阶段设备效能的充分发挥和设备创造经济效益的实现。因此，设计、制造必须与使用相结合，设计、制造单位应从用户要求出发，为用户提供先进、高效、经济、可靠的设备，而用户单位应按设备的操作规程合理使用设备、维修设备，并及时向设计、制造单位反馈信息，帮助设计制造单位提高设备质量。

② 日常维护与点检定修管理相结合。这是贯彻“预防为主”、保持设备良好技术状态的主要手段。加强日常维护，引入点检体系和管理模式，建立企业自己的设备管理体系，在日常点检的基础上进行设备定修，对修理工程实行标准化程序管理，有效防止“过维修”和“欠维修”，保证设备系统安全稳定运行，实现设备“零故障”，降低其维修费用。

③ 修理、改造与更新相结合。这是提高企业装备素质的有效途径，也是依靠技术进步方针的体现。在一定条件下，修理能够恢复设备在使用中局部丧失的功能或补偿设备的有形磨损，它具有时间短、费用省、比较经济合理的优点。设备技术改造是采用新技术、新工艺、新材料来提高现有设备的技术水平，设备更新则是用技术先进的新设备替换原有的陈旧设备。企业设备管理工作不能只搞修理，而应坚持修理与改造更新相结合，有计划地对设备进行技术改造与更新，不断提高设备的技术装备素质。

④ 专业管理与群众管理相结合。专业管理与群众管理相结合是我国设备管理的成功经验。由于设备管理是一项综合管理，涉及技术、经济和管理三个方面，涉及企业部门多、人员广。同时设备管理又是一项专业性很强的工作，所以必须既有合理分工的专业管理，又有广大职工积极参与的群众管理，两者相辅相成，才能做好此项工作。

⑤ 技术管理与经济管理相结合。设备存在物质形态与价值形态两种运动，因此相应的有技术管理与经济管理，它们是设备管理不可分割的两个方面。技术管理旨在保持设备技术状态完好，不断提高设备技术素质，从而保证设备高的输出（指高产量、高质量、低成本、按时交货等）；经济管理旨在对设备一生中价值形态进行控制，以达到经济的寿命周期费用和高的综合效率。技术管理与经济管理两者相辅相成、有机结合，使设备投资效益最佳。

1.3　装备管理的组织体系

1.3.1　装备管理组织机构的设置

一般企业设备管理的组织机构包括负责企业设备管理工作的职能管理科和生产车间的设备管理组（员），以及负责维修作业（包括设备改造及更新设备的安装）的修理车间和各生产车间的维修工段（组）等，由总机械动力师（或副厂长、总工程师）直接领导。

1.3.1.1　设备管理组织

企业的设备管理组织机构一般有以下三种基本形式。

（1）直线型管理组织

即从厂长到生产工人逐级直线指导。原则上命令指示必须来自上级，任何一级职务的人员都不接受同级人员的有关业务决定（实际上，横向业务联系和协商是不可避免的）。因此，处于某种职位的领导者应具有多方面的业务知识和组织能力，才能履行所承担的职责。这种组织形式多用于小型企业。企业设备管理的基本组织形式如图 1-7 所示。其主要优点是：由副厂长统一领导生产车间和设备管理部门，统一安排生产和维修计划，可减少生产与维修的矛盾；由设备管理部门的领导者直接制订各种业务工作计划并组织实施，可减少工作中的矛盾和脱节，效率高。但在企业生产设备类型较多的情况下，若采用此种组织形式，由于随机性工作较多，管理复杂，设备管理部门的领导者往往难以全面深入地调查研究和提出优化方案，甚至有时在工作中顾此失彼。

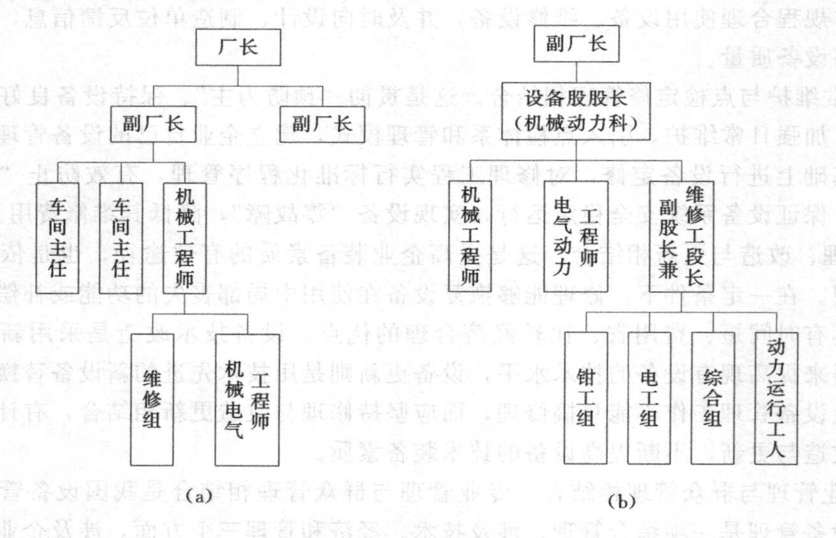

图 1-7　直线型设备管理组织

（2）职能型管理组织

即在厂长以下按职能分工设若干副厂长和总工程师，领导下一级职能管理部门。职能管理部门就其所主管业务，对生产车间进行业务指导并有权检查督促。各职能部门之间按制度规定建立横向联系，避免产生矛盾或脱节。在职能管理部门内部，也按专业分工设置若干职能组，按规定工作流程开展工作。职能型设备管理组织的基本形式如图 1-8 所示。职能型管理组织的主要优点是：能够充分发挥专业职能人员的特长，有利于专业系统步调一致地实现统一目标。但职能管理部门多头接受上级领导的指示和命令，容易产生相互矛盾或抵触；同时各职能管理部门之间也容易产生横向脱节现象。

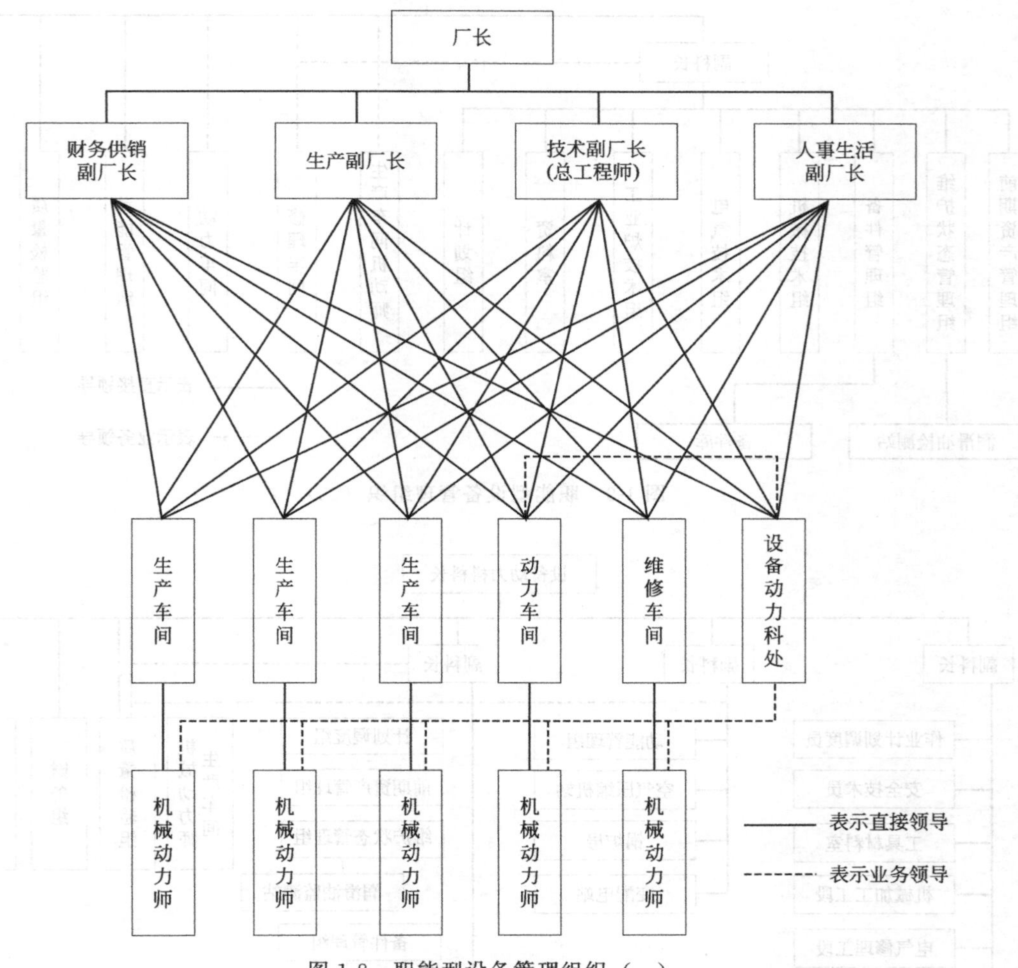

图 1-8 职能型设备管理组织（一）

图 1-9 及图 1-10 是职能型设备动力科（处）的两种组织机构形式：前者为修理车间和动力车间，由副厂长领导；后者由设备动力科（处）领导，其优点是可以减少工作环节和矛盾，工作效率较高，并可减少人员配备。但如果设备动力科（处）的领导者工作处理不当，把大量精力放在本部门负责的维修任务方面，有可能削弱面向全企业的设备管理工作，企业领导对此应予以重视。

（3）直线参谋型管理组织

所谓直线参谋型管理组织形式，是从上述两种管理组织形式中取长避短而发展起来的。它的特点是：有关某方面的职能管理工作的命令指示必须发自于企业主管领导者，这是取直线管理组织的长处；另一方面，使具有专业特长的专家在职能管理部门充分发挥作用，当好主管厂领导的参谋，这是取自职能管理组织的长处。因此，把这种组织形式称为直线参谋型管理组织。至于各职能部门之间，也是按规定管理制度和工作流程建立横向联系，如发生矛盾，属于本部系统由部长裁决，属于外部系统则由部长们协商解决。图 1-11 所示为直线参谋型设备管理组织的实例。

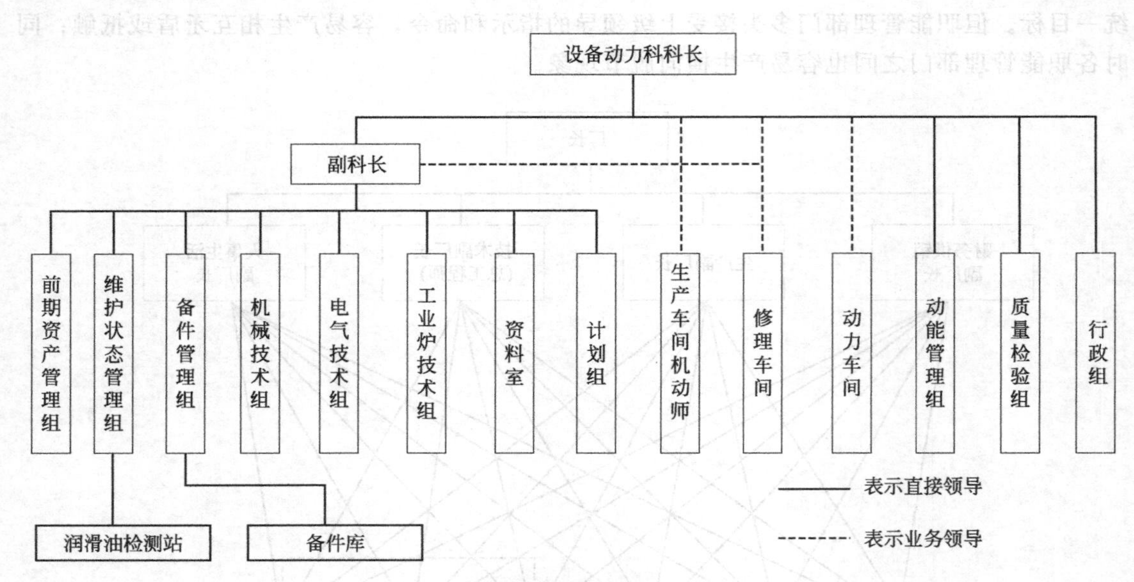

图 1-9 职能型设备管理组织（二）

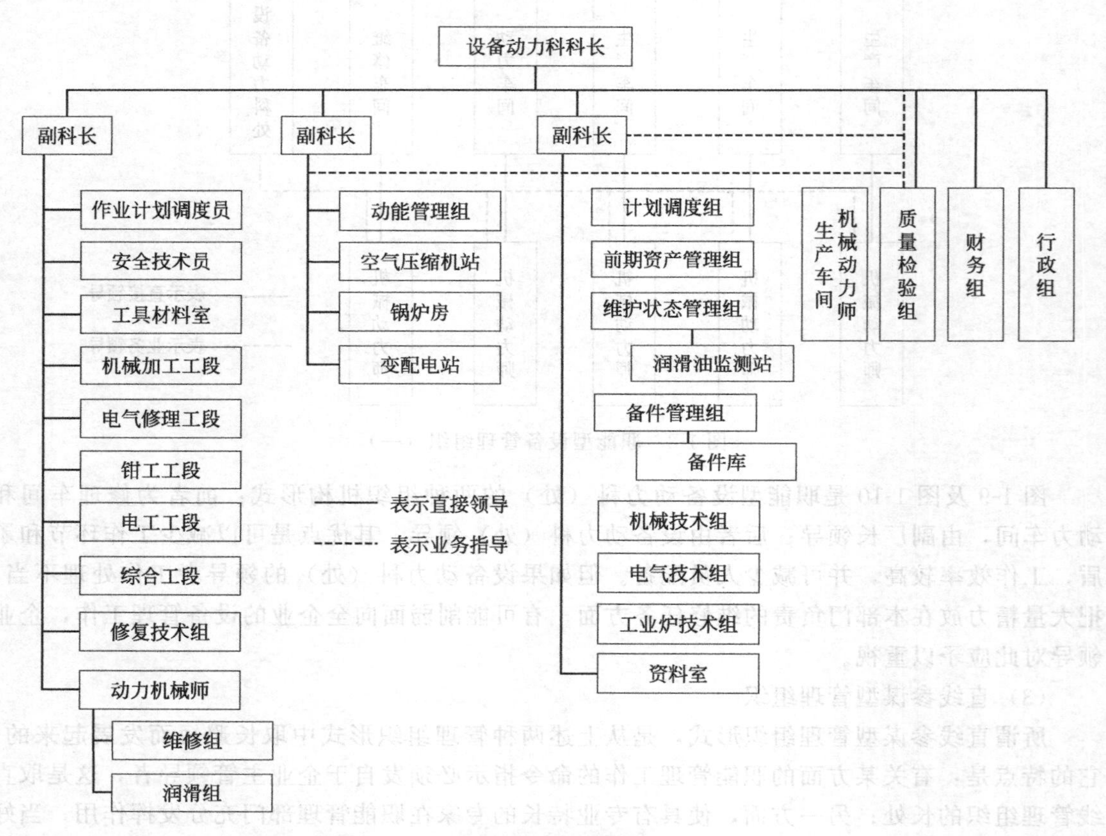

图 1-10 职能型设备管理组织（三）

1.3.1.2 企业设备管理组织结构的人员设置

企业设备管理组织机构的形式确定后，应按照对设备从规划开始直至报废的全过程实行综合管理的要求，配备相应的各种业务管理人员及维修人员，并明确各种管理人员的职责和权限，把全过程各个环节有机地联系起来，形成管理系统。

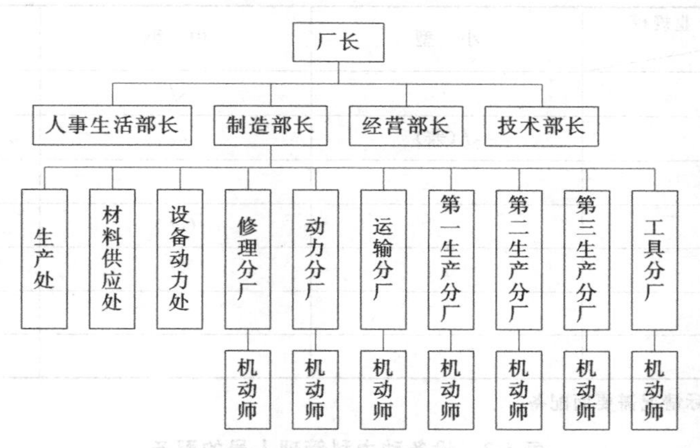

图 1-11 直线参谋型设备管理组织

(1) 管理人员

表 1-1 、表 1-2 及表 1-3 中，按大、中、小型企业分别列出了企业厂级、主要生产车间和设备动力科（处、股）宜配备的领导人员及业务管理人员，可供参考。在上述表中，对小型企业的人员配备是按照直线型管理组织和集中制维修考虑的；对大、中型企业的人员配备是按照职能型管理组织和混合制维修以及维修车间和各动力站由设备动力科领导考虑的。在表 1-3 中，对设备动力科内各种业务管理人员的分工较细，其主要目的在于说明设备全过程管理的工作繁多、设备类型较多且维修时需要多种专业技术人员。至于所需各类人员的多少，则视业务工作量的大小多少而定。对需要量较多的同业务人员，如机械、电气维修工程师，可按设备类型分工，以利于技术上能熟练掌握和向深度发展。在设备管理人员总数中，工程技术人员应占 60%以上，并有一定数量企业管理专业毕业的人员。

(2) 维修人员（维修工人）

按照混合制维修组织，生产车间的维修工段（组）主要应配比钳工、电工及润滑工等。在修理车间应配备钳工、电工、各种机工、管道工、油漆工、电气焊工、起重工等。维修人员的数量视企业维修工作量而定。生产车间维修工段的钳工、电工人数，可按企业规定的每一维修工人应负责的设备修理复杂系数计算，再加上利用维修窗口进行修理和连续生产车间需轮流休息等因素确定；由于生产车间不负责大修，其维修工人数量是相对稳定的。修理车间的维修钳工、电工人数，宜按照年度设备修理计划规定的工时定额进行测算，如设备大修工作量超过现有能力较多，应适当增加维修钳工、电工人数或将部分项目外委修理。一般来说，企业维修工人的总数应占企业工人总数的 8%～15%。

表 1-1 厂级设备管理人员的配备

职务＼企业规模	小型	中型	大型
副总工程师或总机械动力师	√		√
机械动力师			√
主管副厂长或总工程师		√	√
总动力师			√
总机械师	√		

表 1-2 主要生产车间设备管理人员的配备

企业规模 职务(职称)	小 型	中 型	大 型
主管副主任	√	√	√
机械动力师(员)	√(兼)	√	√
机械工程师			√
电气、动力工程师		(√)	√
维修工段(组)长		√	√
统计兼资料管理员			√
备件技术员			(√)

注：(√) 表示视实际情况需要而配备。

表 1-3 设备动力科管理人员的配备

企业规模 职务(职称)	小型	中型	大型	企业规模 职务(职称)	小型	中型	大型
科(股、处)长	√	√	√	电气维修工程师	√	√	√
副科(股、处)长	√	√	√	工业炉维修工程师		(√)	√
设备前期管理工程师		(√)	√	动能管理工程师		√	√
设备固定资产管理员		√	√	备件技术工程师		√	√
使用维护管理工程师		√	√	质量检验工程师			√
状态检测诊断工程师		(√)	√	修理作业计划调度员		√	√
润滑技术工程师		√	√	各动力站站长		√	√
预修计划员		√	√	机加工段(组)长	(√)	√	√
备件加工计划员			√	电器修理工段(组)长			√
定制、预算员		√	√	钳工工段(组)长	√	√	√
统计员	(√)	√	√	电工工段(组)长	√	√	√
机加工艺工程师		√	√	区域维修组组长		√	
机械维修工程师	√	√	√	财务管理人员		√	√

1.3.2 设备部的组织结构与职能职责实例

现代企业的设备管理，其内部专职机构多设置为设备部（或称为设备动力部），这里就设备部这一企业管理分支机构的组织、职能、人员岗位职责等的设计设置进行示例介绍。

1.3.2.1 设备部职能

为有效发挥所有设备效能，提高企业生产效率和经济效益，设备部应在以下方面发挥作用。

① 企业设备前期管理。负责对前期工作的各个环节进行有效管理，为设备投入使用与后期的维修、更新、改造等管理工作提供良好的条件。

② 企业设备资产管理。负责所有设备的安装验收、移交生产、移装调拨、闲置封存、借用租赁、报废处理等管理工作。

③ 企业设备使用与维护管理。负责制订并组织执行设备使用和维护的规章制度，做好设备使用者的培训教育，做好设备使用过程中的维护保养与润滑管理等工作，保证设备在较长时期内保持良好的技术状态，充分发挥设备的效率，延长其使用寿命。

④ 企业设备技术状态与故障管理。负责建立设备技术状态的原始依据，制订设备技术状态管理的工作标准，加强设备状态的检测与检查工作，了解并掌握设备故障征兆，采取消除和控制隐患的措施，积极处理设备故障和事故等。

⑤ 企业设备维修管理。负责对故障设备及时组织更换或修复已磨损、失效的零部件，并对修复后的设备进行检查、调试和验收，确保能投入生产，不影响产品质量。

⑥ 设备备品备件管理。负责备品备件的计划、生产、采购、入库保管与领用、库存管控等事项的组织与管理。

⑦ 设备改造与更新管理。负责根据设备磨损情况、行业发展技术水平等，经充分分析、论证，有针对性地对企业设备进行技术改造或更新工作，并做好对改造或更新后的设备进行安装、调试、试运行等方面的组织协调事宜。

⑧ 设备动力管理。除了做好企业所有主体设备的上述管理工作外，还需做好水、电、气及其附属设备（如锅炉、煤气管道、压缩空气站、配变电站等）的运行管理工作。

⑨ 设备管理费用控制。负责设备全过程管理中所发生的费用，严格执行费用预算管理，并参照预算额度严格控制实际发生各项费用，主动分析、查找超支或节约的原因。

1.3.2.2　设备部组织结构

设备部组织结构的设计可依据设备部内部职能分工、企业所属行业、企业规模大小、企业内部协作程度、生产类型等因素的不同而选择不同的结构模式，从而设置不同的管理层次、职能组及人员配置。

（1）按职能分工设计的设备部组织结构

按设备采购、安装调试、维护保养、检修维修、动力供应与管理等职能分工不同，设备部组织结构设计如图 1-12 所示。在该图中，设备综合管理办公室的人员设置如图 1-13 所示。

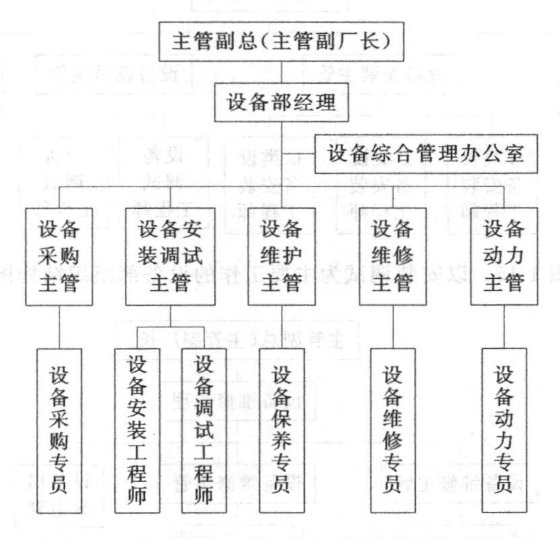

图 1-12　按职能分工设计的设备部组织结构图

（2）按企业内部专业协作程序设计的设备部组织结构

① 按机械设备的专业分工设计的设备部组织结构。按机械设备的专业分工设计的设备部组织结构如图 1-14 所示。

② 以安装调试为主要工作的设备部组织结构。企业在建设初期，其设备的安装与调试工作量很大，可设置如图 1-15 所示的设备部组织结构。

③ 以维护维修为主要工作的设备部组织结构。企业在正式开展生产作业活动后，设备投资与安装工作量已大大减少，而需要经常开展的是设备日常维护与保养、点检定修及故障处理等工作，其设备部组织结构图可在图 1-15 基础上做出变化，具体如图 1-16 所示。

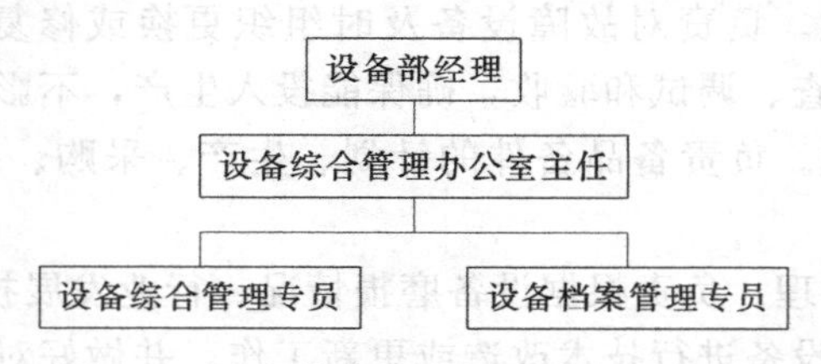

图 1-13　设备综合管理办公室人员设置图

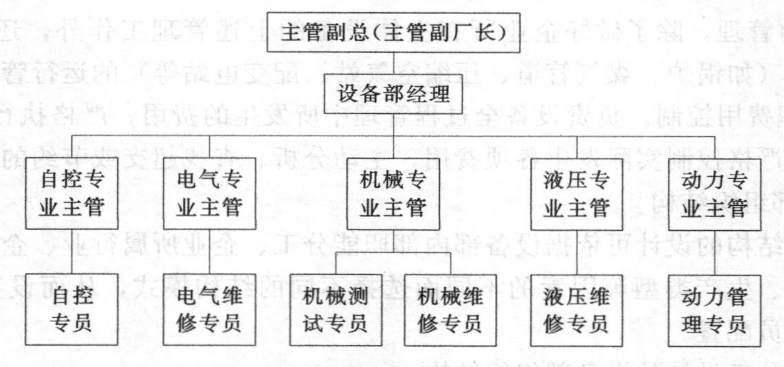

图 1-14　按专业分工不同设计的设备部组织结构图

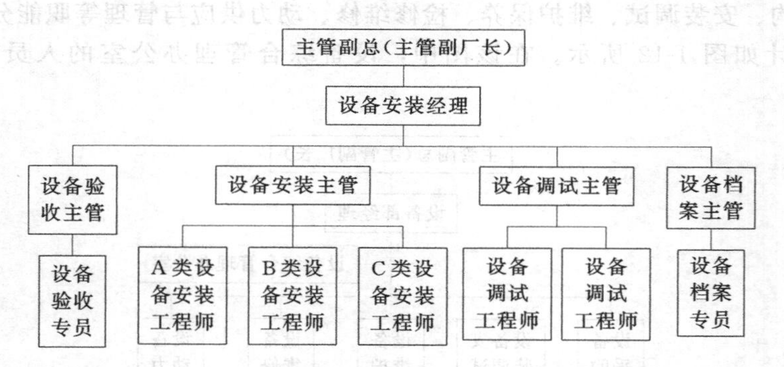

图 1-15　以安装调试为主要工作的设备部组织结构图

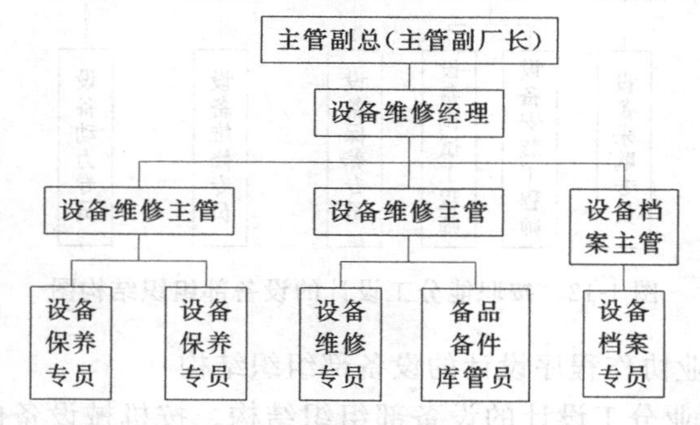

图 1-16　以维护维修为主要工作的设备部组织结构图

④ 设备动力管理组织的结构设置。企业各种设备在运行过程中，少不了能源动力的持续、安全、可靠的供应，其设备动力部的组织结构如图 1-17 所示。

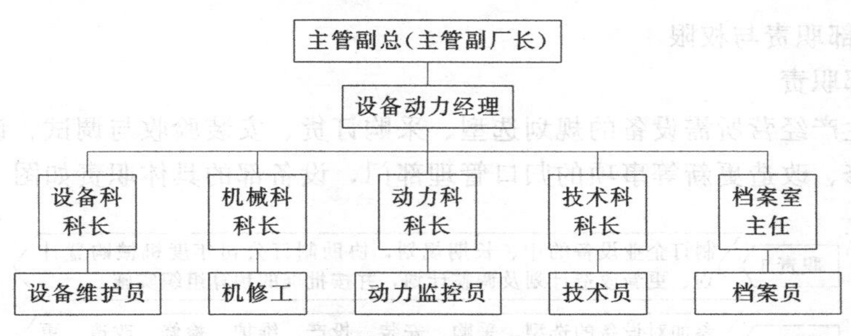

图 1-17　设备动力部组织结构图

(3) 不同规模生产制造企业的设备部组织结构

① 中小型生产制造企业的设备部组织结构。对于生产规模不大的中小型生产制造企业而言，可在分管副总（或厂长）领导下，设立设备部，设备的规划选型、采购订货、安装验收与调试、设备台账、维护保养、检修维修、改造更新等均由设备部归口管理。在设备部内部可设若干专员负责具体事宜，具体设置如图 1-18 所示。

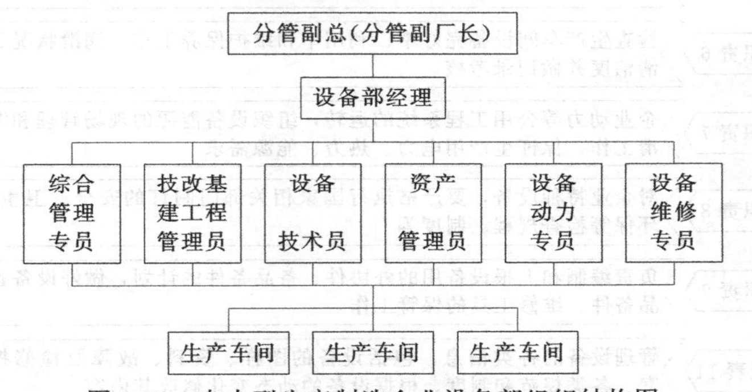

图 1-18　中小型生产制造企业设备部组织结构图

② 大型生产制造企业的设备部组织结构。对于生产规模较大的大型生产制造企业而言，一般会设置二级设备管理机构，即总公司（或总厂）设备部与分公司（或分厂）设备办公室，具体结构如图 1-19 所示。

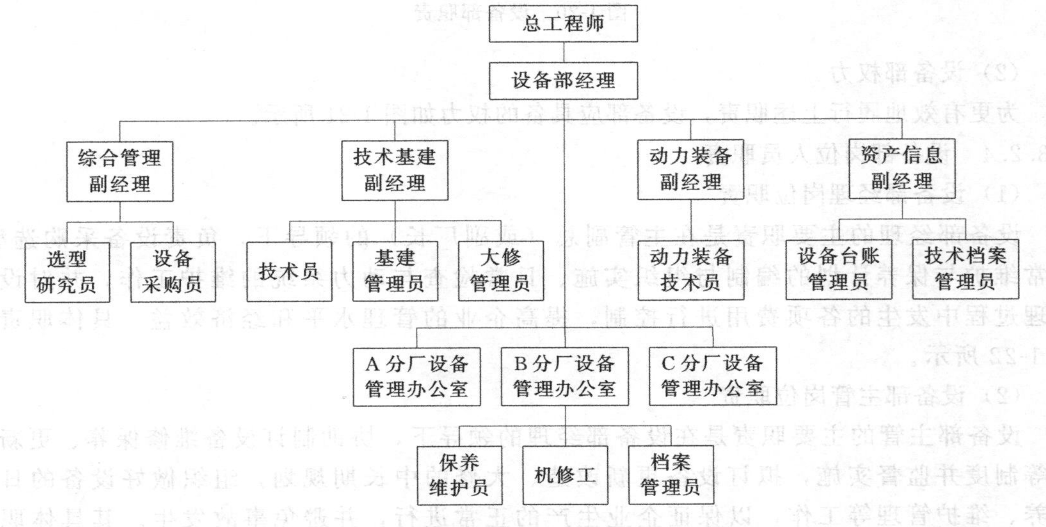

图 1-19　大型生产制造企业设备部组织结构图

1.3.2.3　设备部职责与权限

(1) 设备部职责

作为企业生产经营所需设备的规划选型、采购订货、安装验收与调试、设备台账、维护保养、检修维修、改造更新等事项的归口管理部门，设备部的具体职责如图 1-20 所示。

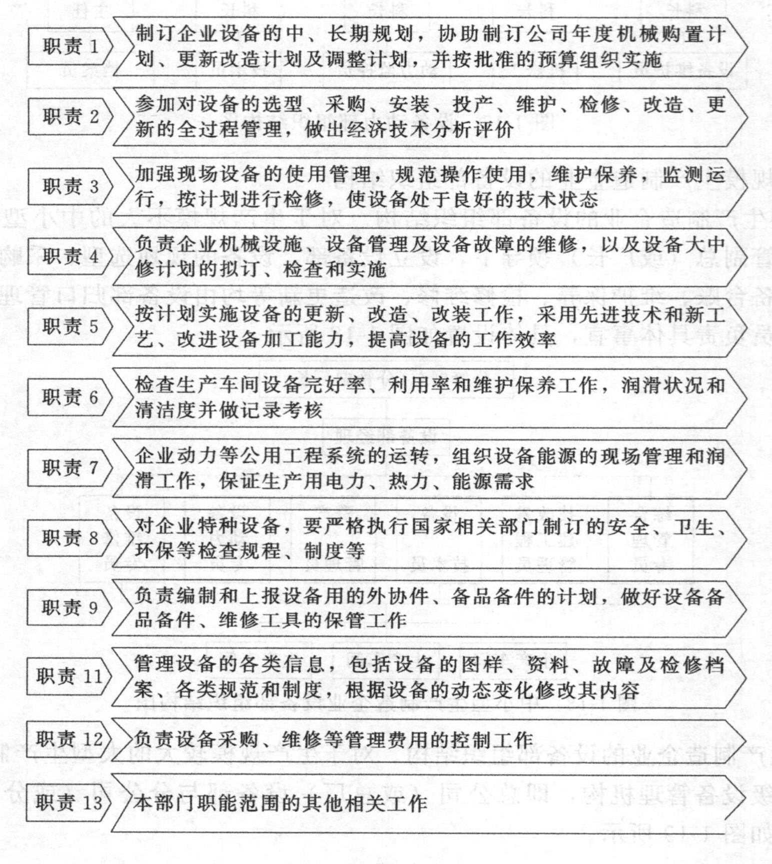

职责 1
制订企业设备的中、长期规划，协助制订公司年度机械购置计划、更新改造计划及调整计划，并按批准的预算组织实施
职责 2
参加对设备的选型、采购、安装、投产、维护、检修、改造、更新的全过程管理，做出经济技术分析评价
职责 3
加强现场设备的使用管理，规范操作使用，维护保养，监测运行，按计划进行检修，使设备处于良好的技术状态
职责 4
负责企业机械设施、设备管理及设备故障的维修，以及设备大中修计划的拟订、检查和实施
职责 5
按计划实施设备的更新、改造、改装工作，采用先进技术和新工艺、改进设备加工能力，提高设备的工作效率
职责 6
检查生产车间设备完好率、利用率和维护保养工作，润滑状况和清洁度并做记录考核
职责 7
企业动力等公用工程系统的运转，组织设备能源的现场管理和润滑工作，保证生产用电力、热力、能源需求
职责 8
对企业特种设备，要严格执行国家相关部门制订的安全、卫生、环保等检查规程、制度等
职责 9
负责编制和上报设备用的外协件、备品备件的计划，做好设备备品备件、维修工具的保管工作
职责 11
管理设备的各类信息，包括设备的图样、资料、故障及检修档案、各类规范和制度，根据设备的动态变化修改其内容
职责 12
负责设备采购、维修等管理费用的控制工作
职责 13
本部门职能范围的其他相关工作

图 1-20　设备部职责

(2) 设备部权力

为更有效地履行上述职责，设备部应具备的权力如图 1-21 所示。

1.3.2.4　设备部岗位人员职责

(1) 设备部经理岗位职责

设备部经理的主要职责是在主管副总（或副厂长）的领导下，负责设备采购选型、日常维护与保养计划的编制与组织实施、日常检查与动力系统的维护工作，并对设备管理过程中发生的各项费用进行控制，提高企业的管理水平和经济效益。具体职责如图 1-22 所示。

(2) 设备部主管岗位职责

设备部主管的主要职责是在设备部经理的领导下，协助制订设备维修保养、更新报废等制度并监督实施，拟订设备更新改造、大修的中长期规划，组织做好设备的日常保养、维护管理等工作，以保证企业生产的正常进行，并避免事故发生。其具体职责如图 1-23 所示。

- 权力1　有参与编制企业生产经营政策的权力
- 权力2　有权参与企业生产能力核定工作，并提出有效的建议或意见
- 权力3　有对各种设备购置申请进行审核的权力
- 权力4　有对各种设备使用过程进行监督检查的权力
- 权力5　有对关键技术设备引进、改造、更新的建议权
- 权力6　设备部员工聘任、合理调配、解聘的建议权
- 权力7　有对部门内员工进行考核的权力
- 权力8　其他相关职责范围的权力

图1-21　设备部权力

- 职责1　在分管副总（或副厂长）领导下，认真贯彻执行上级有关设备动力管理和维修工作的方针、政策、法令
- 职责2　组织安排机修动力车间搞好设备修理和维护工作，确保设备完好率达标，努力降低设备、动力事故频率和修理成本
- 职责3　负责编制年、季度全厂设备和动力管线的预检计划，设备大中修、项修、二保计划，备件制造和供应计划；动力供应计划
- 职责4　根据厂部的技改计划及要求，负责各道工序设备的申请、订货、催交、验收，并参加自制设备的验收交接工作
- 职责5　建立、健全设备管理制度，做好设备技术资料的建立、整理、立卷、归档工作
- 职责6　负责设备大修的计划和协调，并进行技术监督，主持修理后的试车验收工作
- 职责7　组织编制设备操作规程，做好对有关工人的技术操作考核，签发操作合格证
- 职责8　负责设备自制和维修机械备件的供应工作，做到及时购置和计划加工储备，确保及时供应，不误生产
- 职责9　加强对备件库的管理，做到合理储备，账、卡、物相符
- 职责10　加强对全厂水、电、气、汽的技术管理，负责基建自营项目中的动力设计工作，保障全厂水、电、气、汽的正常供应
- 职责11　组织做好对各车间的维修组、机械员进行业务指导、监督，加强设备的润滑管理，督促做好设备维护保养工作
- 职责12　在全厂范围内开展“三好”、“四会”活动，推行三级保养制，拟定预防事故的措施，定期组织全厂设备大检查，做好记录及评比考核工作
- 职责13　组织处理重大设备事故，参加一般事故的分析，提出处理意见，对重大事故应及时报告厂部和上级主管部门，按时准确填报有关统计报表
- 职责14　贯彻执行上级有关能源的方针政策，组织做好节能管理和节能技术改造工作
- 职责15　根据厂部方针目标要求，负责设备部方针目标的展开、检查、诊断和落实工作
- 职责16　负责完成厂部领导临时布置的各项任务

图1-22　设备部经理岗位职责

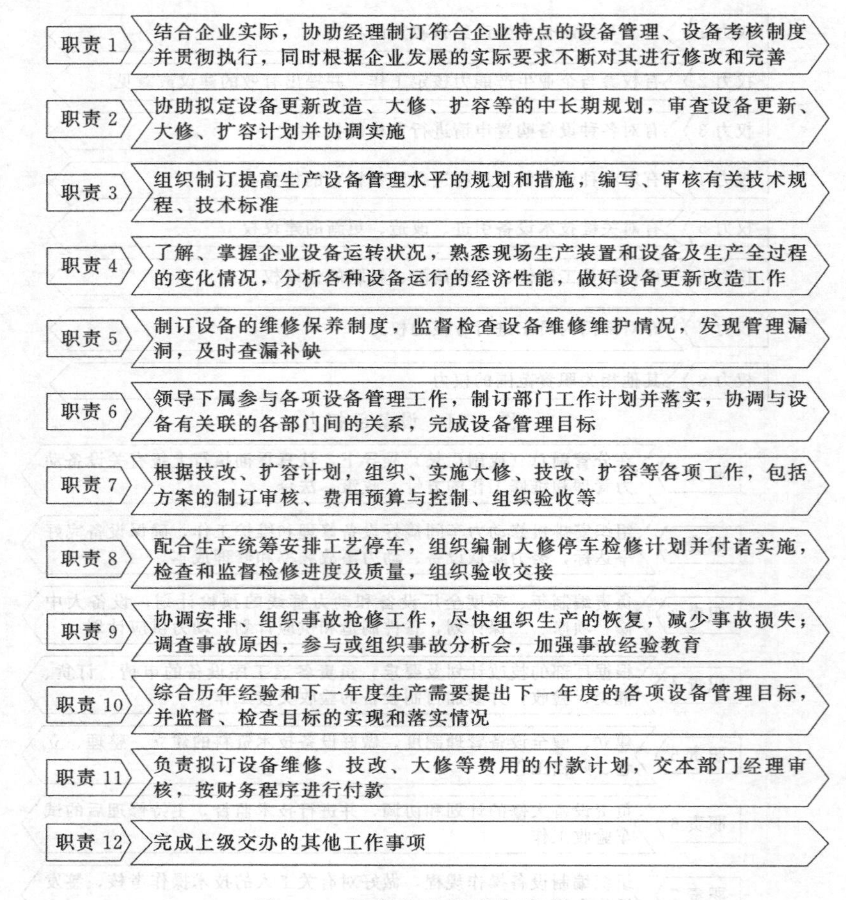

职责1
结合企业实际，协助经理制订符合企业特点的设备管理、设备考核制度并贯彻执行，同时根据企业发展的实际要求不断对其进行修改和完善
职责2
协助拟定设备更新改造、大修、扩容等的中长期规划，审查设备更新、大修、扩容计划并协调实施
职责3
组织制订提高生产设备管理水平的规划和措施，编写、审核有关技术规程、技术标准
职责4
了解、掌握企业设备运转状况，熟悉现场生产装置和设备及生产全过程的变化情况，分析各种设备运行的经济性能，做好设备更新改造工作
职责5
制订设备的维修保养制度，监督检查设备维修维护情况，发现管理漏洞，及时查漏补缺
职责6
领导下属参与各项设备管理工作，制订部门工作计划并落实，协调与设备有关联的各部门间的关系，完成设备管理目标
职责7
根据技改、扩容计划，组织、实施大修、技改、扩容等各项工作，包括方案的制订审核、费用预算与控制、组织验收等
职责8
配合生产统筹安排工艺停车，组织编制大修停车检修计划并付诸实施，检查和监督检修进度及质量，组织验收交接
职责9
协调安排、组织事故抢修工作，尽快组织生产的恢复，减少事故损失；调查事故原因，参与或组织事故分析会，加强事故经验教育
职责10
综合历年经验和下一年度生产需要提出下一年度的各项设备管理目标，并监督、检查目标的实现和落实情况
职责11
负责拟订设备维修、技改、大修等费用的付款计划，交本部门经理审核，按财务程序进行付款
职责12
完成上级交办的其他工作事项

图 1-23　设备部主管岗位职责

(3) 设备专员岗位职责

设备专员即在设备部主管的领导下，贯彻执行企业设备管理制度，负责设备的日常检查、维修、保养等工作，保证设备的正常运行，防止事故的发生。其具体职责如图 1-24 所示。

职责 1　协助制订设备管理的各项制度，为制度的科学性提供数据和资料支持

职责 2　认真贯彻执行企业的各项设备管理制度，保证各项设备的正常运行

职责 3　收集国内外相关生产设备资料信息并存档，为设备引进、更新改造提供决策依据

职责 4　负责企业所有设备的档案资料整理及保管工作，建立设备台账

职责 5　负责设备运行的日常检查，发现问题及时处理，防患于未然

职责 6　负责设备维护的检查，协调处理维修工作，主持和推动各类维修任务的实现

职责 7　组织生产事故的抢修，尽快恢复生产，尽量减少损失

职责 8　协助制订设备大修、技改、扩容等项工作方案，并参与各项工作的协调实施

职责 9　按照各类设备的情况按时组织设备的保养工作

职责 10　完成设备部主管及其他上级交办的工作事项

图 1-24　设备专员岗位职责

设备管理系统是企业的一个子系统，必须加强与企业规划部门、计划部门、生产管理部门、材料供应部门、工艺技术部门、质量检验部门、工具管理部门、财务部等有关职能管理部门的横向联系，互相协调，才能顺利开展设备动力管理工作。

1.4 装备管理规章制度和考核指标

1.4.1 装备管理规章制度

装备管理规章制度是指企业有关装备管理的各种规定、章程、制度、办法、标准、定额等，是管好、用好、修好设备的依据和标准。

装备管理规章制度包括责任制度、标准和规程，以及经济管理方面的内容。制订时应遵循国家有关规定的精神，结合企业实际。规章制度必须有书面材料，内容完整，切实可行。

1.4.1.1 企业必须具备的各项基本制度、办法

① 装备前期管理制度。

② 装备资产管理制度。

③ 装备使用与维护保养制度。

④ 装备检修管理制度。

⑤ 装备安装、调试、改造、更新和自制设备设计、制造管理制度。

⑥ 装备档案和技术资料管理制度。

⑦ 装备备品配件管理制度。

⑧ 装备事故与故障管理制度。

⑨ 锅炉压力容器、仪器仪表等特种设备管理制度。

⑩ 装备管理工作考核及奖罚办法。

1.4.1.2 企业必须具备的规程、标准和定额

① 主要生产设备的操作、使用、维护和检修规程。

② 主要生产设备的检修工时、资金和消耗定额。

③ 主要生产设备的投产验收、完好、保养和检修等技术标准。

另外，企业还可根据实际，再制定一些与本企业相关的规章制度，如：进口设备、重点设备管理制度，设备管理与维修的财务管理制度等。

认真地贯彻执行这些制度，必将有效地保证生产设备的正常安全运行，保持其技术状况的完好并不断改善和提高企业装备素质。另外，贯彻设备管理规章制，应同设备岗位责任制、经济责任制结合起来。

1.4.2 装备管理中的统计工作

装备统计就是指按一定要求原则和方法，对设备进行数量上汇集整理、计算分析、研究和总结。装备管理的统计工作是一项基础工作。要做好设备技术管理和经济管理，就必须有各种数据资料，而这些资料的来源就是装备管理和维修统计。

1.4.2.1 设备统计的主要任务

① 为设备管理工作提供数据信息资料，为各级领导决策提供可靠依据。

② 研究生产设备的数量、构成、使用程度，以便挖掘设备的潜力。

③ 研究生产设备的技术素质、故障和维修情况，为编制设备的维修计划提供依据。

④ 反映设备维修费用情况以及固定资产效益情况，以实现对设备的经济管理。

1.4.2.2　设备统计工作主要内容

设备统计工作分为设备物质形态统计和价值形态统计两个方面。

设备物质形态统计包括：设备数量统计、设备技术素质统计、设备利用程度统计、设备维修情况统计及设备故障情况统计等。

设备价值形态统计包括：固定资产投资占用情况统计、固定资产增减变动情况统计、万元固定资产创利税率情况统计、设备折旧提用情况统计、备件资金占用及周转情况统计等。

1.4.2.3　设备统计报表

统计报表是搞好设备统计工作的主要方法，是实现设备管理与维修现代化的基础资料，也是实现计算机管理的基础。设备统计报表种类很多，其中主要有：

① 设备台账是记录设备资产的总表，它是企业或车间的设备原始情况汇总表；

② 企业设备分类台账，它是按设备类别统一编号登记设备资产的台账；

③ 设备情况年报，这是企业设备统计工作的基本报表之一，是反映企业设备拥有量、构成比、利用程度和设备精度变化情况的综合资料，由专职设备统计员按期填报；

④ 新购、新制设备资产交接验收单；

⑤ 设备安装质量和精度检验记录单；

⑥ 设备利用情况月报，主要反映设备的数量利用、时间利用和能力利用的程度；

⑦ 设备初期管理鉴定卡；

⑧ 重点设备管理卡；

⑨ 设备试运转记录卡；

⑩ 设备故障处理单；

⑪ 设备事故处理单；

⑫ 设备重大事故处理单；

⑬ 设备维修工作月报、季报、年报，主要反映设备计划修理和定期保养完成情况、设备完好状态、经济指标完成水平和事故情况；

⑭ 年度设备大修理统计分析汇总表；

⑮ 年度设备维修经济核算汇总表；

⑯ 年度设备大检查汇总表。

统计资料应完整、可靠、及时、科学。目前，全国还没有制订出科学统一的统计报表、卡、单等，这给统一指标计算和统计工作带来很大困难。从国内企业调查来看，大型企业的设备管理与维修部门的报表在200种以上，中型企业也有100多种。因此，设置科学的、行业统一的报表亟待解决，是具有标准化意义的一项重要工作。

1.4.3　装备管理与维修的指标体系

1.4.3.1　装备管理与维修的指标体系

由于装备管理工作涉及物资、财务、劳动组织、技术、经济和生产计划等诸方面，要检验和衡量各个环节的管理水平和经济效益就必须建立和健全设备管理的技术经济指标和指标体系，并设置一系列具体的技术经济指标，以便于对设备管理和维修工作进行控制、监督、显示、评价和考核。

设备管理与维修指标体系由技术指标和经济指标两大部分构成。

技术指标包含设备完好指标、利用指标、新度指标、精度指标、故障控制指标、构成指标、维修质量指标、维修计划完成指标、维修效率指标、更新改造指标、备件使用指标。

经济指标包括设备折旧基金指标、设备维修费用指标、备件资金指标、设备维修定额指标、设备能源利用指标、设备效益指标、设备投资评价指标。

(1) 技术指标

① 设备完好指标：主要有主要生产设备完好率和设备泄漏率。

② 设备利用指标：主要有反映设备数量利用的指标，如实有设备安装率；反映设备时间利用的指标，如设备利用率、设备可利用率等；反映设备能力利用的指标，如设备负荷率。

③ 设备新度指标：主要有设备有形、无形以及综合磨损系数，设备新度系数。

④ 设备精度指标：主要指设备精度指数。

⑤ 设备故障控制指标：主要有设备故障率、故障停机率、平均故障间隔期，以及事故频率。

⑥ 设备构成指标：包括设备数量构成百分数和设备价值构成百分数。

⑦ 设备维修质量指标：主要有大修理设备返修率、新制备件废品率、一次交验合格品率，以及单位停修时间。

⑧ 设备维修计划完成指标：主要有设备大修理计划完成率、设备大（小）修理任务完成率等。

⑨ 设备维修效率指标：如钳工年修复杂系数。

⑩ 设备更新改造指标：如设备数量更新率、设备资产更新率、设备资产增长率等。

⑪ 备件适用指标：如备件品种适用率、备件数量适用率、备件图册满足率等。

(2) 设备管理与维修的经济指标

① 设备折旧基金指标：如设备折旧率。

② 设备维修费用指标：如净产值设备维修费用率、设备平均大修理成本、单位产品维修费用等。

③ 备件资金指标：主要有备件资金占用率、备件资金周转率、备件资金周转天数等。

④ 设备维修定额指标：如工时定额、费用定额、停修定额、材料消耗定额等。

⑤ 设备能源利用指标：如产值耗能率、成本耗能率、单位能耗、综合能耗等。

⑥ 设备效益指标：如设备资产产值率、设备资产利税率、设备资产利润率。

⑦ 设备投资评价指标：如投资回收期、投资效果系数等。

1.4.3.2 装备管理的考核指标

企业装备管理的主要经济技术考核指标，应当列入厂长任期责任目标，并将其承担的主要考核指标分解落实到专业科室和生产车间。从我国当前企业设备管理的情况看，为了克服企业短期行为和拼设备、以包代管的现象，必须建立按指标考核的制度。

(1) 考核企业的指标

① 主要生产设备完好率：要求机械设备达到90%以上，动力设备达到95%以上。

② 设备可利用率：要求达到95%以上。

③ 设备故障停机率：控制在1%以内。

④ 设备大修理成本：控制在300元/F～350元/F.

⑤ 万元产值维修费用：要求逐年下降，达到同行业先进水平。

⑥ 大修理停修天数：平均在3天/F以内。

⑦ 大修理设备返修率：要求控制在1%以内。

(以上为机电行业部分考核指标)

⑧ 生产设备闲置率。

⑨ 设备大修理计划完成率。
⑩ 主要生产设备事故频率。
⑪ 设备固定资产利税率。
⑫ 备件资金周转率。
⑬ 企业能源利用率。

(2) 考核使用部门的指标

① 主要生产设备完好率。
② 设备事故频率。
③ 定期保养完成率。
④ 设备故障停机率。
⑤ 设备利用率。

(3) 考核装备管理和维修部门的指标

① 大修理计划完成率。
② 维修成本费用。
③ 大修理质量返修率。
④ 主要生产设备完好率。
⑤ 重大设备事故。

(4) 设备综合效率的计算

实际工作中，对设备的时间利用、性能发挥和产品质量情况往往是统一起来进行分析，即设备的利用，应从时间利用、性能发挥、产品合格率三方面综合加以分析，目前国际上通行的做法是采用设备综合效率（OEE）和完全有效生产率（TEEP）两个指标对设备进行综合考核。

OEE（Overall Equipment Effectiveness），即设备综合效率，相应的计算公式如下：

OEE＝时间开动率×性能开动率×合格品率×100％

在OEE计算公式中，时间开动率反映了设备的时间利用情况；性能开动率反映了设备的性能发挥情况；而合格品率则反映了设备的有效工作情况。也就是说：一条生产线的可用时间只占运行时间的一部分，在此期间可能只发挥部分的性能，而且可能只有部分产品是合格产品。

时间开动率＝开动时间/负荷时间

其中：

负荷时间＝日历工作时间－计划停机时间－设备外部因素停机时间

开动时间＝负荷时间－故障停机时间－设备调整初始化时间(包括更换产品规格、更换工装模具等活动所用时间)

性能开动率＝净开动率×速度开动率

净开动率＝加工数量×实际加工周期/开动时间

速度开动率＝理论加工周期/实际加工周期

合格品率＝合格品数量/加工数量

性能开动率反映了实际加工产品所用时间与开动时间的比例，它的高低反映了生产中的设备空转和无法统计的小停机损失。净开动率是不大于100％的统计量。净开动率计算公式中，开动时间可由时间开动率计算得出；加工数量即计算周期内的产量；实际加工周期是指在稳定不间断状态，生产单位产量上述产品所用的时间。其实，由于实际加工周期在计算速度开动率时做分母，会和净开动率中的分子约去，故该参数也可忽略，直接使用“理论加工周期×加工数量/开动时间”来获得性能开动率。

OEE 的本质内涵，其实就是计算周期内用于加工的理论时间和负荷时间的百分比。

OEE =（理论加工周期×合格产量）/负荷时间

=合格产品的理论加工总时间/负荷时间

这也就是实际产量与负荷时间内理论产量的比值。

TEEP（Total Effective Efficiency of Production），即完全有效生产率，也有资料表述为产能利用率，即把所有与设备有关和无关的因素都考虑在内来全面反映企业设备效率。

TEEP=设备利用率×OEE

其中：设备利用率=（日历工作时间－计划停机时间－非设备因素停机时间）/日历工作时间

图 1-25 所示是钢铁企业轧钢线设备的 OEE 和 TEEP 时间折算扣除的柱形图表示。

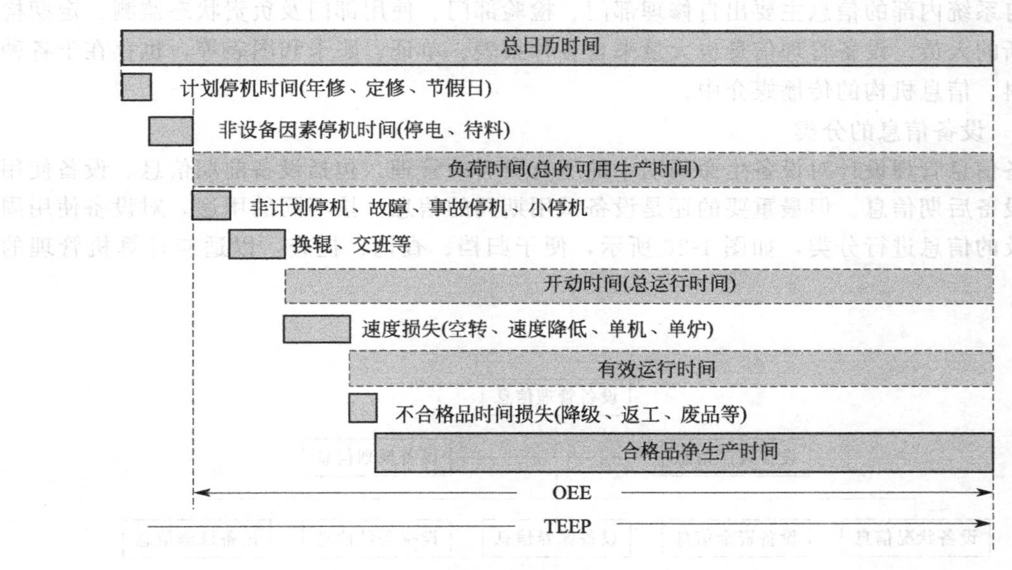

图 1-25　钢铁企业轧钢线设备的 OEE 和 TEEP 时间折算扣除的柱形图

【例 1-1】 设某设备 1 天工作时间为 8h，班前计划停机 20min，故障停机 20min，更换产品型号设备调整 40min，产品的理论加工周期为 0.5min/件，实际加工周期为 0.8min/件，一天共加工产品 400 件，有 8 件次品，求这台设备的 OEE。

负荷时间=480－20=460(min)

开动时间=460－20－40=400(min)

时间开动率=400/460×100%=87%

速度开动率=0.5/0.8×100%=62.5%

净开动率=400×0.8/400×100%=80%

性能开动率=62.5%×80%=50%

合格品率=(400－8)/400×100%=98%

OEE=87%×50%×98%=42.6%

1.5 装备的信息化管理系统

1.5.1 过程装备信息管理

1.5.1.1 设备信息的来源

设备信息的来源有两个：一是来自设备管理系统的内部；二是来自管理系统的外部。在一个时期内，政府的法规、政策、条例是不变的，它是设备管理的固定信息。而来自外部的信息，如市场信息、制造厂信息、产品使用者的反馈信息，通过信息公司、咨询机构及学术交流活动获取的信息，以及产品说明书、样本、广告和有关杂志、资料等提供的信息等都是设备管理的非固定信息。外部信息对设备的规划、购置关系重大，它是做出设备决策的依据。

来自系统内部的信息主要出自修理部门、检验部门、使用部门及负责状态监测、定期检查、诊断的人员。设备管理信息也大量来自各种报表、单证、账卡和图表等，也存在于各种技术资料、信息机构的传播媒介中。

1.5.1.2 设备信息的分类

设备信息管理设计对设备生命周期中的所有资料的管理，包括设备前期信息、设备使用信息和设备后期信息。但最重要的还是设备试用期间的信息。按不同的用途，对设备使用周期所涉及的信息进行分类，如图 1-26 所示，便于归档、查询、检查，以适应计算机管理的需求。

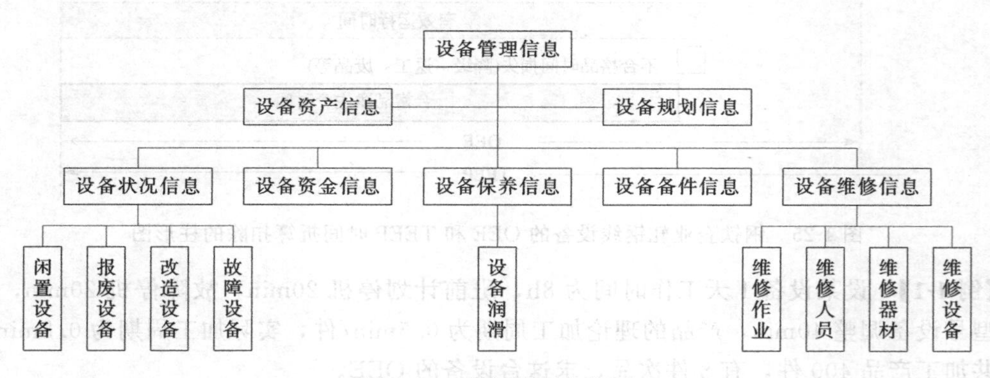

图 1-26 设备信息分类图

1.5.1.3 设备管理信息流程

设备管理的内部信息是企业信息流的一部分，设备管理信息在企业内各部门之间传递，同时也源源不断地流向设备管理部门，通过对设备管理信息进行分析处理，才能使信息发挥更大的作用。

设备信息流一定伴随物流的流动，设备信息的流程一般包括信息的获取、加工、存储、传输、使用、反馈等基本环节。因此，设备信息管理的主要任务是：有计划有组织地疏通各种信息渠道，尽可能直接从信息源收集信息和数据；对收集到的信息和数据进行分析、处理和储存；编制报表；作业调度；提供决策信息等。图 1-27 和图 1-28 分别是设备实物流动和设备信息流动对比示意图。

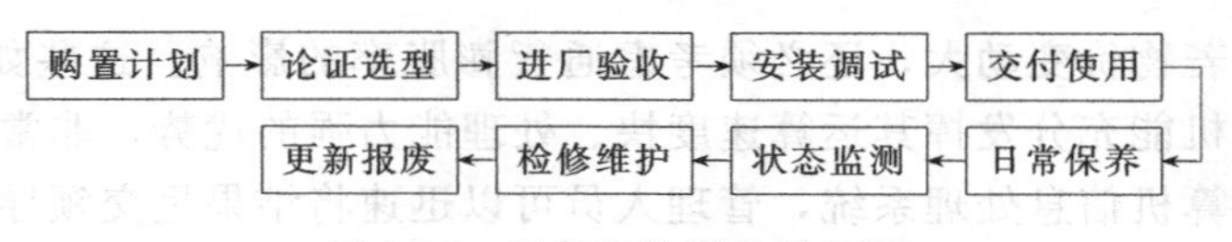

图 1-27 设备实物流动示意图

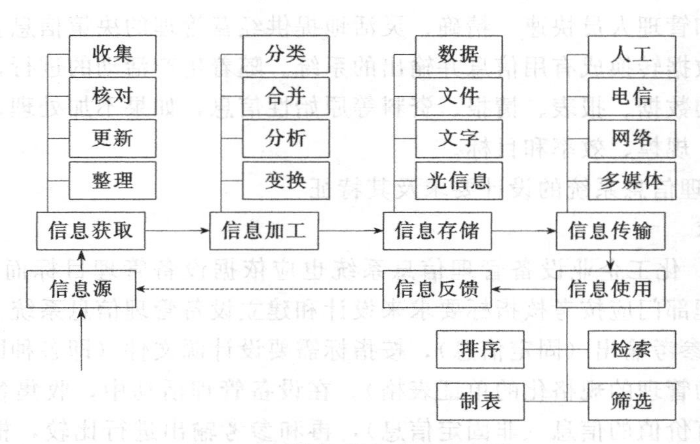

图 1-28 设备信息流动示意图

1.5.1.4 设备管理信息基本应用形式

(1) 数据处理

化工设备管理需要处理大量数据，如每台设备的技术状态管理、折旧费用计算、备件库存管理、设备运转台时计算、维修费用统计、维修工时统计等。工作量大，项目繁杂。建立了设备管理信息系统后，数据的收集、分类、分析、统计等作业，就可以有计划有步骤地进行；如采用计算机来处理数据，效率可大大提高且费用减少，精确度也得以提高。

(2) 编制报表

将管理信息分析处理后，便可以编制各种业务报表，如设备完好率报表、设备利用率报表、备件补充订货清单、设备役龄统计表等。及时向有关管理部门提供这类报表和详细情况，有助于管理部门采取有效措施，为达到管理目标而改善管理。例如，从故障停机率报表发现其超过了管理指标允许值，就必须加强点检和巡回检查，修正定期维护和项目检修计划，发生故障后立即组织抢修等对策，以减少停机时间。又如，某些备件库存量低于订货点时，根据及时收到的补充订货清单，立即组织采购。如果采用计算机设备管理信息系统，可以更及时地完成各种管理报表，因而也就能更适时地采取控制措施。

(3) 作业调度

利用系统提供的信息，可以编制作业计划和维修作业进度表，应用网络技术组织设备大修和设备安装等作业的实施。如果使用计算机则可使工作人员从繁重的计算、抄写工作中解脱出来，使之有效地加强管理。计算机可以编制一系列可供选用的计划和进度表，还可把计划打印出来（以进度表形式或网络图形式）。

(4) 提供决策

对设备管理信息的分析结果，可以帮助各级管理部门作出决策。例如，利用设备新度和设备更新年限等信息，可安排设备更新投资计划；使用计算机协助投资决策，可以从若干可供选择的方案中，找出固定资产投资的最佳方案。这里，需要计算和比较几种可供选用的设备投资费用和使用费用，还要通过适当的利率把将来的现金流量贴现成“现值”，即要考虑资金的时间价值。若物价变动大，还必须考虑通货膨胀率的影响。这些如果通过人工计算，非常繁琐，而计算机能充分发挥其运算速度快、处理能力强的优势，非常适合这类任务的计算和处理。借助计算机信息处理系统，管理人员可以迅速将结果呈交领导部门进行决策。

1.5.2 过程装备管理信息系统及其应用

管理信息系统 MIS（Management Information System）是系统工程的一个分支，其目的是为企业领导和管理人员快速、精确、灵活地提供经营管理的决策信息。因此，信息系统是指能够将输入数据转换成有用信息并输出的系统。随着生产活动的进行，生产过程中相伴随地会出现大量的数据、报表、情报、资料等原始性信息，如果不加处理，必将影响生产过程中物流的方向、规模、效率和目标。

1.5.2.1 设备管理信息系统的设计要求及其特征

（1）设计要求

① 设计依据。化工企业设备管理信息系统也应依据设备管理目标而建立。一般地说，化工企业设备管理部门应按考核指标要求来设计和建立设备管理信息系统。把设备管理目标（考核指标）作为参考输出（固定信息），按指标需要设计源文件（即各种既适合人工管理又可用于计算机辅助管理的规格化的单证表格）。在设备管理活动中，收集各种有关数据，经过数据处理变为有价值的信息（非固定信息），再和参考输出进行比较，根据异常原则采取适当的控制措施，修改系统状态，直至达到预期的管理目标（考核指标）。

② 管理系统应满足的条件。a. 系统须考虑用户的职责和业务范围；b. 系统须提供有价值的预报；c. 系统需灵活多变，输入点数目和地点、事件中的各种数据、报告的内容和频率均能随需要而变化；d. 系统须迅速得出有价值的信息结果，及时回答用户查询，并能提供行动报告；e. 系统须有效地完成既定管理级别的决策所需数据的采集、汇总、比较和汇编，无需人工解释和判断。另外，管理系统是人机逻辑系统，应经常使用和不断完善。管理信息系统能够由计算机快速而可靠地完成常规决策程序，把人从繁冗的事务中解脱出来。

（2）设备管理信息系统特征

① 整体性。具有整体性思想和全局观念。各分系统设计时，既目标明确，又要考虑各系统间的统一协调。例如，名称统一，符号一致，数据共享等。

② 高效性。数据处理迅速而高效，反馈机制完善，能用于管理决策。具有一般系统的输入过程处理和输出的共同模式，输入的数据经过处理后能够得到有用的信息。

③ 方便性。面向使用者的计算机信息系统，有专门的应用程序软件用来完成信息的输入、加工和输出，人们只需考虑管理信息本身的事务，而无需为数据结构的组织而烦恼。

④ 机动性。程序设计应留有余地，以适应动态管理的需要。

1.5.2.2 设备管理信息系统的内容

一般来说，化工企业设备管理信息系统的主要内容应包括如下内容：

① 规划管理。规划管理的主要内容包括：工厂设备投资和技改的规划；投资经济分析；更新改造计划及其执行情况；自制设备及技改项目管理；合同管理；设备订购计划；制造厂商信息管理等。

② 资产管理。资产管理的主要内容包括：台账处理；折旧提取与处理；打印设备固定资产卡片；设备役龄和新度；查询设备各项指标；设备报废信息。

③ 备件管理。备件管理的主要内容包括：储存模式及库存控制；ABC 分类；库存积压情况及呆滞备件；备件资金占用等费用指标；查询、统计及打印备件库存情况等。

④ 维修管理。维修管理的主要内容包括：各类修理计划的编制；修理计划完成情况；有效利用率、修理时间、停机时间；修理费用管理；修理工时定额管理；修理消耗材料管理。

⑤ 状态管理。状态管理的主要内容包括：完好率、优等率；故障管理；事故管理；设备利用率；润滑管理等。

⑥ 人员管理。人员管理主要内容包括：主要设备操作人员管理；维修人员管理；设备管理和技术人员管理。

⑦ 资金管理。资金管理的主要内容包括：资金的计划、使用与核算等。

1.5.2.3　设备管理信息系统的软、硬件系统

设备管理信息系统是由硬件和软件两个系统构成的。在信息处理领域，数据模型从层次模型、网状模型向关系型模型转变，而数据管理从人工管理、文件管理被数据库管理取代，相应的应用软件更新部分更快，典型的数据处理软件经过 DBASEⅠ、DBASEⅡ、DBASEⅢ、FoxBASE、FoxPro、Visual FoxPro 等几次大的更新，功能更加完善。设计方法从面向过程到面向对象，再到基于可视化操作等几次大的转变。人们对信息处理的应用更加方便快捷，数据结构已有统一规范。只要符合规范，人们不再需要考虑数据文件管理的具体细节，这大大降低了使用者编程的劳动量。

在硬件结构方面设备信息系统的物理连接有下列几种方式：

① 单机使用。企业中各个部门单独使用各自的计算机，这种方式虽能解决各项单项业务，保密性强，互不干扰，但要进行许多重复计算。如财务部门进行了设备的净值计算，设备动力部门并不能直接使用这些数据，仍要自己重算，效率较低。随着计算机的普及，这种方式几乎淘汰。

② 联机使用。企业总部使用一台中心计算机，通过通信线路和许多终端相联，提供计算机利用效率。企业中的每个部门有一套设备与中心计算机相联，成为终端。简单的终端只有一台控制打字机，一个显示设备，处理问题完全依靠中心计算机。一般的终端可以带有主机，它处理不了的任务和问题才交给中心计算机，如图 1-29 所示。这种方式避免了重复计算，效果较好。

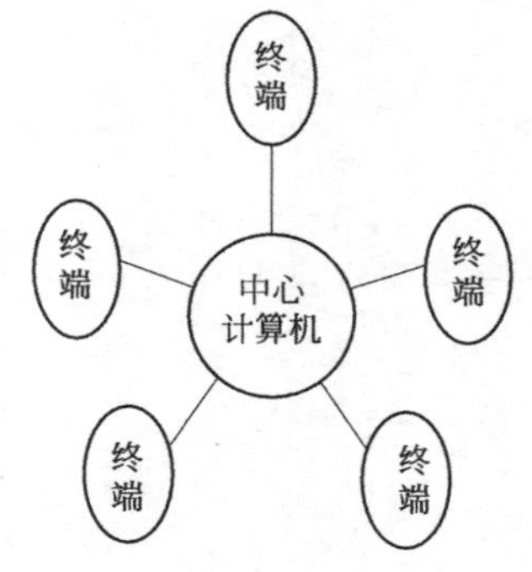

图 1-29　联机使用示意图

③ 利用网络。大型企业通过传输线把许多个中心计算机联成网，各基层单位使用一台中心计算机，用户只需联通计算机网络，借助于终端设备，按照约定的指定密码，提出解决有关经营管理和计算的各种问题，经过短时间就可得到答案。由于使用计算机网络可以共用网络内数据库、计算机软件等信息资源，因此效果很好。

④ 使用计算机局域网。计算机局域网是把分散在一个建筑物或相邻的几个建筑物中的计算机连接在一起，相互通信，共享资源。它可以介入大容量存储器、高速打印机，以及为连接其他网络而使用的网络连接器，以提高整个系统的性能。

思　考　题

1. 全员生产维修体制（TPM）的含义和主要特点是什么？调查一个企业生产过程中的 TPM 管理型式。

2. 全面规范化生产维护（TnPM）管理体系的主要内涵是什么？

3. 列出企业装备管理一般应具备的基本制度、办法。

4. 设备管理与维修的技术指标包括哪些？

5. 装备管理通常包含哪些考核指标？

6. 企业装备管理组织机构的三种主要形式是什么？各有何特点？

7. 作为现代企业装备管理专职部门的设备部，其组织结构可采用哪些模式？

8. 调查一个企业装备管理模式，并作出该企业装备的设备台账。

9. 设备管理信息系统通常应有哪些主要内容？

2 过程装备的前期管理

学习指导

【能力目标】

- 能够运用投资评价方法对设备投资决策进行经济性评价；
- 能够根据外购设备选型流程模拟组织设备选型；
- 能够进行设备验收、安装、调试运行的全程组织管理。

【知识目标】

- 熟悉设备投资规划程序和投资决策的方法，掌握有关资金时间价值的基本知识以及设备投资经济评价的方法；
- 熟悉外购设备的选型和购置流程，熟悉自制设备、进口设备的管理知识；
- 熟悉设备安装调试和验收的基本流程及其管理内容；
- 熟悉设备使用初期管理的内容及设备初期信息管理的方法。

2.1 过程装备前期管理的内容

2.1.1 装备前期管理的意义

过程装备前期管理是对装备从调研、规划、选型、购置（或设计制造），入、出库管理及安装调试、交工验收直至投产使用等这一阶段管理。过程装备前期管理的重点在于装备投资阶段的管理，企业投资的主要部分是装备资产的投资。过程装备投资阶段的费用占装备寿命周期费用相当大的一部分，影响产品成本；投资阶段决定了企业装备的技术水平和系统功能，它决定了装备的适用性、可靠性和维修性，影响企业装备的可利用性和效能发挥，因此，装备投资阶段管理是企业取得良好投资效益最关键的环节，各部门必须搞好横向联系，密切配合，互相协调，共同搞好装备前期管理。

2.1.2 装备前期管理的工作内容

企业对装备的投资主要有装备追加投资，装备更新改造投资，新建、扩建项目的装备投资等。针对不同工作单位和不同岗位，装备前期管理具体工作内容有所不同。对装备使用单位：工作内容是进行装备可行性调查，提出装备更新改造申请计划；参与和配合新装备的安装及试车验收；负责试车记录并提供装备有关信息。对企业机动处：编制装备更新改造计划；参加基建、技措项目的设计审查；组织或参加更新、零购装备的可行性调查，非定型装备的设计审查；做好装备通用化、系列化、标准化的审查；负责装备购置、验收入库、保管和出库；提供购置装备的有关图纸、资料；组织厂内施工单位施工项目的装备安装、调试、交工验收及装备投资效果分析等。对装备开发部：装备的设计及造型；装备图纸、资料移交；收集装备使用信息反馈等。对工程部：参加基建、措施项目的设计审查；参加装备安装调试、试车验收和移交等。

2.2 过程装备的投资规划

2.2.1 装备投资规划的工作范围与类型

装备投资规划是根据企业经营方针、目标，考虑到生产发展、科研、新产品开发、节能、安全、环保等方面的需要而制订的。它包括通过调查研究，技术经济的可行性分析，并结合现有装备能力、资金来源等进行综合平衡后，提出并按规定权限经上级审批认可的投资项目，以及根据企业更新、改造计划等而制订的企业中长期装备投资计划。它是企业生产发展的重要保证，是企业生产经营总体规划的组成部分。

2.2.1.1 装备投资规划的工作范围

企业的装备投资规划是企业生产经营发展总体规划的重要组成部分，其工作范围主要包括企业装备更新规划、企业装备现代化改造规划、企业新增装备规划。

（1）企业装备更新规划

企业装备更新规划是指用优质、高效、低耗、功能好的新型装备更换旧装备的规划。企业装备更新规划必须与产品换代、技术发展规划相结合。对更新项目必须进行可行性分析，适应相关技术发展、更新后经济效益明显的装备才能立项。

（2）企业装备现代化改造规划

企业装备现代化改造是用现代技术成果改变现有装备的部分结构，给旧装备装上新部件、新设置、新附件，改善现有装备的技术性能，使其达到或局部达到新型装备的水平。这种方法投资少、针对性强、见效快。

企业装备现代化改造规划，就是将生产发展需要、技术上可行、经济上合理的装备改造项目列入企业现代化改造计划。

（3）企业新增装备规划

即为了满足生产发展需要，在考虑了提高现有装备利用率、装备更新和改造措施后还需要增加装备的计划。

2.2.1.2 装备投资规划的类型

（1）按投资项目的划分

① 更换投资规划。又称替换投资规划，这是指同类装备的替换，也就是以先进的高效率、高效能、高精度的新装备，替换落后陈旧的装备。这类投资的目的在于提高效率和产品质量、降低消耗以及增加利润。

② 扩张投资规划。这类投资用于扩大生产规模，增加新装备。目的是使同类产品能以更大规模进行生产。

③ 产品开发投资规划。这是指用于发展新产品或改革老产品方面的装备投资规划。这种投资具有前面两种投资的综合效果。因为发展新产品或改革老产品，成本可能降低，生产规模可以扩大，因而企业利润也随着增加。

④ 综合性投资规划。这种装备投资的收益，往往不限于某一方面的收益，而涉及整个企业各方面或较长时期。例如，科研装备投资，福利设施装备投资，以及防止公害、改善环境方面的投资等。

这几种类别的装备投资规划，在实际工作中很难截然分开。如装备更换投资，既是装备替换，又可能同时是生产规模的扩大。

(2) 按投资方案之间的相互关系划分

① 相关性投资。这是指两个投资方案间具有相互影响的关系，而且又可进一步划分为：

a. 增补关系投资，即甲投资方案实施后，可使乙投资方案增加收益，则甲方案对乙方案具有增补关系；

b. 替代关系的投资，即甲乙两方案可以相互替代；

c. 排斥关系的投资，即甲乙两方案，取甲则不能取乙，两者具有不可兼得的关系。

② 独立性投资。这是指某一个投资方案实现以后，所得的利益，并不受另一个方案是否实现的影响的投资。如在同一工厂内生产两种互不相关的产品，制造这两种产品的装备更新、改造等，相互之间不发生关系。

2.2.1.3　装备投资规划的原则

装备投资必须遵循以下原则。

(1) 正确处理宏观投资与微观投资的关系

宏观投资是整个国家、地区、部门和行业内的投资，这是由各级国家有关部门负责进行的，它包括有关装备投资的方针、政策、规定、投向、规模等。微观投资是宏观投资的落实和补充，要贯彻宏观投资规定的方针、政策，符合宏观投资规定的方向和规模等。

(2) 正确处理“外延”与“内涵”两种扩大再生产方式的关系

外延式扩大再生产就是用增加装备、设施和厂房面积的办法来扩大生产规模；内涵式扩大再生产是靠装备的更新改造，来提高经济效益和扩大生产规模。当前应重点放在内涵式扩大再生产的方式上，它具有投资少、见效快、经济效益高的优点。

(3) 正确处理生产型装备投资和非生产型装备投资的关系

生产型装备投资是直接保证、提高现行的生产能力和技术水平的投资，应当放在首位。但是，非生产型装备投资是关系到职工物质文化生活的投资，直接影响着职工积极性的调动和发挥，也是应该重视的。

(4) 正确处理近期利益与长远利益的关系

在装备投资中，有的项目近期可取得利益，但收益期较短；有的项目近期不能得到收益，而要经过一段时间后才能取得收益，但收益期很长。应该既重视远期收益投资项目，又重视近期收益投资项目，把两者结合起来，合理进行安排。另外，在经济方面的因素中还应着重考虑以下几点：①新装备的净收益能力，在考虑新装备收益能力时，应充分注意，在货币的时间价值不断变化的过程中，正确掌握收益和支出费用的绝对额；②投资额和资金来源，投资额多少，资金来自何方，是国家拨款、企业更新改造资金还是银行贷款等；③周转资金，装备投资是否会影响周转资金，影响的程度如何；④装备的维持费用，即装备一生维持其运行的费用估算，以求寿命周期费用最经济。

(5) 正确处理投资的需要与可能的关系

有的装备虽然很需要，但基本的可能条件不具备，就不应轻率决定，仓促上马。所以，在装备投资中，一定要认真进行可行性研究。

(6) 正确处理装备的技术因素与经济因素的关系

装备投资还应考虑技术因素与经济因素两个方面，它们之间有密切关系，是相互制约和互相促进的。当研究投资方案时，不仅要从技术上考虑它的效果，而且还要从经济上评价它的效益。装备的技术方面因素（特性），包括装备生产率、可靠性、维修性、安全环保性、节能性、适应性和配套性等。

由于装备投资规划不仅关系到企业的发展，同时也是整个国民经济投资规划的组成部分，故必须按规定程序进行报批。

2.2.2 装备投资规划的编制与决策

2.2.2.1 装备投资规划的编制

(1) 装备投资规划的编制程序

装备投资规划的编制，应在分管设备副厂长或总工程师领导下，由设备规划部门负责，自上而下地进行编制。其程序如图 2-1 所示。

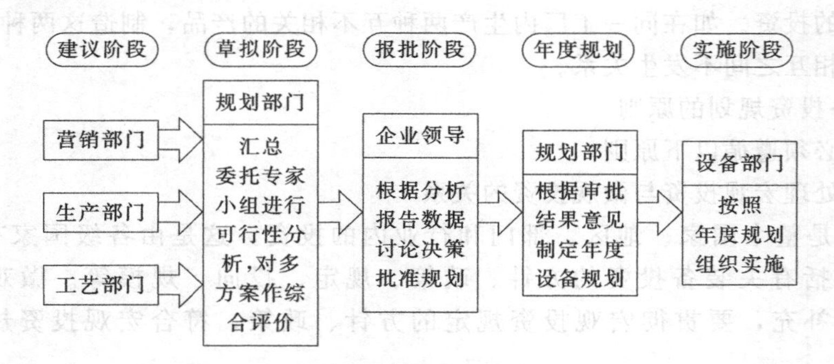

图 2-1 装备投资规划编制技术程序示意图

① 任务分解与投资项目的提出。将企业生产发展规划所列出的各项生产经营目标，分解给企业各有关单位。各单位根据所承担任务的需要，提出增加装备或改造装备的项目申请，交设备规划部门汇总。

② 项目的确认。设备规划部门将收到的申请汇总后，根据企业生产发展规划和各申请单位的装备能力，过滤掉明显不能成立的项目申请，对剩余项目申请进行研究或组织调查，结合资金、装备市场等方面的概况，提出初步的投资方案，会同工艺、财务等有关部门对投资方案项目进行评估。重大项目须进行可行性研究并按规定程序报批，一般装备项目由企业主要经营者做出决策，经批准确认才能成立。

③ 投资方案设计。将已确认成立的项目汇总。设备规划部门会同生产、财务、公用设施等部门，依据生产和项目进度要求、资金情况、配套工程情况等因素，设计出设备投资规划的实施方案，列出实施规划的顺序、进度、使用资金的日期和数量。经企业主要经营者批准后，成为企业生产经营规划的一个组成部分下达实施。

(2) 装备投资规划的编制依据

编制企业装备投资规划的主要依据有：企业生产经营发展的要求；装备技术状况；国家政策（如节能、节材）的要求；国家劳动安全和环境保护法规的要求；国内外新型装备的发展和科技信息；可筹集用于装备投资的资金等。具体而言，有以下方面。

① 生产发展要求。依据企业生产经营规划和发展战略、年度生产、科研、技改措施、新产品试制等计划大纲，围绕提高产品质量和产品的更新换代、扩大品种、质量升级或赶超世界先进水平、增强企业竞争和创汇能力等目的，提出技术引进和技术改造项目等对装备的要求。

② 装备技术现状要求。根据装备的有形磨损和无形磨损、维修费用、故障率和停工损失增高等原因提出的补偿、改善和更新要求。

③ 安全生产、改善劳动条件和环境的要求。

④ 提高装备可靠性、维修性的要求。

⑤ 国内外新型装备的发展信息。

2.2.2.2 装备投资规划的决策方法

根据装备投资规划所提出的若干方案进行系统分析，联系企业总体规划要求，进行技术经济性能的论证和经济效果的评估，通过分析比较，遵循技术先进、经济合理、生产实用原则作出决策，选择能获得最大效益且寿命周期费用最合理的装备投资方案。通常先进行定性技术经济评价确定所选装备，再对初选装备进行定量经济分析比对，确定最终装备投资方案。

(1) 初步确定所投资的装备

按照以有限投资获取最大经济效益原则，选择装备时应主要考虑以下因素。

① 装备的生产经济性。装备的生产经济性是指装备的生产效率，选择装备时应力求选择以最小的输入获得最大输出的装备，重视装备的生产效率。提高装备生产效率的主要途径是使装备大型化、高速化和自动化。高效率的装备一般自动化程度高，因而投资大、能耗大、维护维修复杂。因此，装备的生产效率要与企业的经营方针、发展规划、生产计划、技术力量、管理水平、动力和原材料供应等相适应，不能盲目追求生产效率。否则，生产不平衡，服务供应工作跟不上，不仅不能发挥装备全部效能，反而使产品成本增加，造成经济损失。

② 装备的可靠性。装备的可靠性既是装备本身的功能要求，也是提高生产效率的必备条件。装备的可靠性是指装备或系统在规定的条件下和规定时间内，无故障完成规定功能的概率。所谓规定条件是指使用条件、维修条件和环境条件，如化工工艺条件（压力、温度、流量等）、能源条件、介质条件、转速等。规定时间一般指在经济寿命期，即预计装备正常发挥功能的总时间。规定功能即额定出力。一个系统，一台装备的可靠性越高，则故障率越低，效益越好。在选择装备时应从可靠性观点分析装备的结构是否合理，强度是否足够，制造质量是否优良。

③ 装备的维修性。装备的维修性是指通过维护保养和修理，来预防与排除装备或零部件等故障的难易程度和性能。即系统、装备、零部件等在进行修理时，能以最小的资源消耗（人力、装备、仪器、材料、技术资料、备件等），在正常条件下顺利完成维修的可能性。维修性好的装备一般结构简单、合理、维修零部件可迅速拆卸，易于检查，便于操作，实现通用化和标准化，零部件互换性强等。因此在选择装备时必须重视装备的维修性以减少维修的时间和费用，追求经济投资的良好效益。

④ 装备的操作性。装备的操作性既是衡量装备质量的重要标准，也是以人为本管理思想的体现。装备的操作性是指操作方便、可靠的程度。就是装备的结构设计要符合人类工效学的要求，即装备结构应适应人的能力，为最大限度地发挥人的作用提供良好的劳动条件。

⑤ 装备的节能性。我国经济基础薄弱、人均资源少，节能降耗是装备选择的重要因素。装备的节能性是指装备对能源利用的性能。节能好的装备表现为热效率高、能源利用率高、能源消耗少（包括一次能源消耗和二次能源消耗），余热和废水尽可能多次使用。能源在消耗过程中被利用的次数越多其利用率越高。

⑥ 装备的耐蚀性。装备的耐蚀性是指装备的防腐性能。化工生产条件恶劣，许多生产介质都有腐蚀性，所选用的装备必须根据需要具有相应的防腐性能。要在经济使用的前提下尽可能选用或设计腐蚀速度低、使用寿命长的装备。

⑦ 装备的成套性。装备机组的配套对于连续生产的化工企业尤为重要，装备不配套、不平衡，装备的性能就不能充分发挥，在经济上造成很大浪费。装备的成套性是指各类装备之间及主辅机之间在性能、能力方面要互相配套，包括单机配套、机组配套和项目配套。

⑧ 装备的通用性。装备的通用性是指一种型号的机器装备的适用面要广，即要强调装备的标准化、系列化、通用化。就一个企业来说，减少同类型装备的机型，增加同机型装备的数量，对于装备的检修、备用、备件储备都是十分有利的。此外，对化工专业装备的设计或改造，也应尽量采用已有的标准设计，这样可节省设计和制造费用，也可推动标准化、系列化、通用化建设，对装备管理有利。

⑨ 装备的安全性。装备的安全性是指装备保证安全生产的可能性。选择装备时，既要考虑装备本身的劳动保护和技术安全措施是否可靠，又要考虑为装备安全使用所提供的条件。把操作人员的安全和健康放在首要位置来考虑。要求装备应具有必要的安全防护设施和保护装置，且绝对可靠，如配备超压泄放装置、自控连锁装置、自动停止装置、自动切断电源装置等。

⑩ 装备的环保性。坚持可持续发展，加强环境保护是我国的基本国策。化工装备应符合环境保护要求，配备相应的治理“三废”的附属装备和配套工程。对有噪声污染的装备，应把噪声控制在环境保护法规定的范围内。不得选择不符合国家劳动保护、技术安全和环境保护法规的装备，以免带来后患，使企业和社会蒙受损失。

(2) 资金时间价值

对初步确定的投资装备需要进行定量经济分析比对，确定最终装备投资方案。技术经济分析评价中的主要时间因素是资金的时间价值。在经济活动中资金的增值或利润体现了资金的时间价值。

① 单利和复利：

a. 单利法。单利法是指一项债务的利息按所借本金和时间的比例来计算的方法。也就是说，投入的资金要计算利息，而利息不再计算利息。其计算公式为：

$$E=P(1+in) \tag{2-1}$$

式中 E——到期后本利总额，单位为元；

P——本金，单位为元；

i——利率；

n——计利期（一般以年为单位）。

【例 2-1】 支付为期 5 年一笔 10000 元的债务，年利率为 8%，按单利法计算，求到期后的本利总额。

解 5年后本利总额

$$E=P(1+in)=10000\times(1+8\%\times5)=14000(\text{元})$$

其资金的时间价值计算如表 2-1 所示。

表 2-1 单利法计算

年度	年初款/元	年末利息/元	年末应付款/元	年末偿还款/元
1	10000	800	10800	0
2	10800	800	11600	0
3	11600	800	12400	0
4	12400	800	13200	0
5	13200	800	14000	14000

b. 复利法。复利法是指一笔债务安排偿还的时间相当于几个计利时期，利息支付是在期末计算的方法。也就是说，投入的资金，不仅要计算利息，而且利息也要计算利息。即本生利、利还要生利，其计算公式为：

$$F=P(1+i)^n \tag{2-2}$$

【例 2-2】 如【例 2-1】的债务，按复利法计算，求到期后的本利总额。

解 $F=P(1+i)^n=10000\times(1+8\%)^5=14693.28$(元)

按复利计算，其资金的时间价值计算如表 2-2 所示。

表 2-2 复利法计算

年度	年初款/元	年末利息/元	年末应付款/元	年末偿还款/元
1	10000	10000×0.08=800	10000×(1.08)=10800	0
2	10800	10800×0.08=864	$10000\times(1.08)^2=11664$	0
3	11664	11664×0.08=933.12	$10000\times(1.08)^3=12597.12$	0
4	12597.12	12597.12×0.08=1007.77	$10000\times(1.08)^4=13604.89$	0
5	13604.89	13604.89×0.08=1088.39	$10000\times(1.08)^5=14693.28$	14693.28

可见，同一项投资，在 i、n 相同的情况下，用复利法计算出的利息定额比用单利计算出的数额要大，本金越大，利率越大，年限越长，两者差距就越大。复利计息法比较符合资金在社会再生产过程中运动的实际状况。在技术经济分析中，一般均采用复利法。

② 现值、终值和年值。在资金时间价值的计算中，现值 P、终值 F 和年值 A 的含义必须明确。

a. 现值（P）。现值是指现在的金额，即分析计算时的金额。作为一个企业现在库存的资金，或今天要支付的款项都是现值。

b. 终值（F）。终值是指经过今后若干年后年末发生的本利合计的金额，或者说是今后收入或支出的金额。终值也称为未来值。如装备使用若干年后所回收的残值，即属终值。

c. 年值（A）。是指每年均匀支出或收入的资金。如职工的工资以及装备的维持作业费用，每年几乎都是等额的；装备按直线折旧法计提的折旧额，也是等额的。凡是每年平均等支出或收入的金额称为年值。

③ 资金收益和资金成本。使用资金是需要报酬的。从投资者提供资金的立场来看，他得到的利息（报酬）就是资金收益；从使用资金的立场来看，付给投资者的利息（报酬），就是他的资金成本。

资金收益率的高低，取决于利率的大小。世界金融市场的利率经常在变，变的幅度有时很大。利率波动主要取决于通货膨胀和供求关系的影响。我国的利率是由国家统一制定的，波动幅度相对较小，受市场因素影响也较小。

从使用资金的企业看，资金利息就变成了企业的资金成本。企业再使用资金时，就需要计算资金成本。

(3) 现金流量

① 现金流量的含义。在技术经济研究中，企业为经营每一工程项目（或方案）而发生的所有的资金支出叫做现金流出；所有的资金收入叫做现金流入；现金流量就是现金流出和现金流入之和。

② 现金流量计算公式：

a. 某一年的现金流量计算公式

$$现金流量=纳税后收益+折旧费 \quad (2-3)$$

$$纳税后收益=(销售收入-经营费-折旧费)\times(1-税率) \quad (2-4)$$

b. 整个经济寿命期的现金流量计算公式

$$现金流量=-投资额+纳税后收益+折旧费+残值 \quad (2-5)$$

由于计算范围是整个寿命周期内发生的现金流量，所以包括最初的投资（负值）和期末回收的残值（正值）。

c. 当某特定年份有追加投资和追加流动资金，可按下式计算当年的现金流量：

$$现金流量=纳税后收益+折旧费-当年追加投资-当年追加流动资金 \quad (2-6)$$

【例 2-3】 某项装备工程投资为 180 万元，经济寿命为 6 年，残值为 30 万元，每年的定额折旧费为 30 万元，每年的固定销售额和经营费分别是 110 万元和 50 万元，试计算现金流入是多少？

解 先求一年的现金流量

$$现金流量=(销售收入-经营费-折旧费)\times(1-税率)+折旧费$$

$$=(110-50-30)\times(1-50\%)+30=45(万元)$$

历年现金流量见表 2-3。

$$总现金流量=-180+300=120\ (万元)$$

表 2-3　历年现金流量　　单位：万元

年　份	现金流出	现金流入	年　份	现金流出	现金流入
0	180	—	4	—	45
1	—	45	5	—	45
2	—	45	6	—	45+30(残值)
3	—	45	合计	180	300

(4) 资金时间价值的计算方法

资金具有时时间价值，不同时期，资金的价值也不同。为了正确评价投资规划的经济效果，必须把不同时期资金额换算成同一时期资金额，在同一时间基准上比较。

① 资金等值的概念。资金时间价值的计算中，等值是一个十分重要的概念。资金等值是指在时间因素的作用下，不同时间绝对值相等的资金，但并不具有相等的价值；而绝对值不等的资金却可能具有相等的价值。例如现在的 100 元与一年后的 106 元（设 $i=6\%$），数量上并不相等，而实际上是等值的。

在对各种技术经济论证或投资方案进行评价时，为了增加可比性，必须将在不同时间的现金流量，按照一定的效率或收益率换算为同一时点（时间基点）的货币值，才能进行比较。而至于换算到哪个时点上，要根据当时的各种已知条件而定。一般有三种基点，即上面曾提到的现值、年值和终值，以这三个时间基点可得到三种换算方法。

a. 现值法。把在不同时间内支出或收入的费用，按一定的利率换算成现值，然后进行比较。

b. 年值法。把不同时间内支出或收入的费用，按一定的利率换算成每年的等额费用（年值），然后进行比较。

c. 终值法。把不同时间内收入或支出的费用，按一定的利率换算成装备使用年限终止时的价值（年值），然后进行比较。这种方法目前几乎不用了。

② 资金等值的计算公式：

a. 现值和终值的变换。若以 P 表示本金（现值），i 表示年利率，F 表示 n 年后的终值，其计算公式如前所述，为：

$$F=P(1+i)^n$$

这里，因子 $(1+i)^n$ 称为终值系数（复利系数），通常以符号（F/P，i，n）表示。因此上式也可写为：

$$F=P(F/P,i,n) \tag{2-7}$$

若已知未来某一时点上投入资金 F，以及 i 和 n，求现值 P，则：

$$P=F/(1+i)^n \tag{2-8}$$

这里，$1/(1+i)^n$ 称为现值系数（或贴现系数），以符号（P/F，i，n）表示。上述公式也可表示为：

$$P=F(P/F,i,n) \tag{2-9}$$

【例 2-4】 当年利率为 15%时，5 年末资金为 10000 元的现值是多少？

解 根据 $i=15\%$，$n=5$

查表得现值系数（P/F，0.15，5）=0.4972

则现值 $P=F(P/F,i,n)=10000\times0.4972=4972$(元)

b. 现值与年值的变换。设从银行借得 100 万元，年利率 10%，期限 5 年，规定在这 5 年中分年度还清债款。现设每年偿还 A 万元（年值），则每年应付资金的现值分别是：$A/(1+0.1)$，$A/(1+0.1)^2,\cdots,A/(1+0.1)^5$，它们的和等于 100 万元，即

$$A/(1+0.1)+A/(1+0.1)^2+\cdots+A/(1+0.1)^5=100\text{ 万元}$$

或写作：$A[1/(1+0.1)+1/(1+0.1)^2+\cdots+1/(1+0.1)^5]=100$ 万元

按等比级数求和公式，上式可化为：

$$A\left[\frac{(1+0.1)^5-1}{0.1\times(1+0.1)^5}\right]=100\text{ 万元，或：}A=100\times\left[\frac{0.1\times(1+0.1)^5}{(1+0.1)^5-1}\right]\text{万元}$$

以 P 为现值，A 为年值（每年偿还资金），i 为利率，一般的表示公式是：

$$P=\frac{A}{1+i}+\frac{A}{(1+i)^2}+\cdots+\frac{A}{(1+i)^n}=A\left[\frac{(1+i)^n-1}{i(1+i)^n}\right] \tag{2-10}$$

上式中的因子 $\left[\frac{(1+i)^n-1}{i\ (1+i)^n}\right]$ 称为等额系列现值系数（uniform series present worth factor），以符号（P/A，i，n）表示。

与式(2-10) 相反，如已知现值 P 求年值 A，则

$$A=P\left[\frac{i(1+i)^n}{(1+i)^n-1}\right] \tag{2-11}$$

上式中的因子 $\left[\frac{i(1+i)^n}{(1+i)^n-1}\right]$ 称为资本回收系数（capital recovery factor），以符号（A/P，i，n）表示。式(2-10) 和式(2-11) 分别可以下式表示：

$$P=A(P/A,i,n) \tag{2-12}$$

$$A=P(A/P,i,n) \tag{2-13}$$

【例 2-5】 某工厂从银行贷款 100 万元，年利率 10%，规定在 10 年内每年以等额还清

其本利，每年应偿还多少元？

解　已知 $P=100$ 万元，$i=10\%$，$n=10$

查表得　$(A/P,0.1,10)=0.1627$

则每年偿还数为：

$$A=P(A/P,0.1,10)=100\times 0.1627=16.27(\text{万元})$$

c. 终值与年值的变换。为把年值换算成终值，先将年值 A 乘上等额系列现值系数，然后再乘上终值系数，得：

$$F=A(P/A,i,n)(F/P,i,n)=A\left[\frac{(1+i)^n-1}{i(1+i)^n}\right](1+i)^n=A\left[\frac{(1+i)^n-1}{i}\right] \tag{2-14}$$

式中的$\left[\frac{(1+i)^n-1}{i}\right]$称为等额系列终值系数（uniform series final worth factor），它的符号为（F/A，i，n）。

同理，可得由终值换算年值的公式

$$A=F\left[\frac{i}{(1+i)^n-1}\right] \tag{2-15}$$

式中的因子$\left[\frac{i}{(1+i)^n-1}\right]$称为偿债资金系数，它的符号为（$A/F$，$i$，$n$）。式(2-14）和式(2-15）分别可以下列形式表示：

$$F=A(F/A,i,n) \tag{2-16}$$

$$A=F(A/F,i,n) \tag{2-17}$$

【例 2-6】　某工厂第 5 年末可向银行偿还本利和 100 万元，年利率为 10%，每年可从银行等额贷款多少？

解　已知：$F=100$ 万元，$i=10\%$，$n=5$，$(A/F,\ 0.1,\ 5)=0.1638$

则年等额贷款为：

$$A=F(A/F,0.1,5)=100\times 0.1638=16.38(\text{万元})$$

（5）装备投资的技术经济分析

确定最佳装备投资方案常用的技术经济分析方法有：寿命周期费用评价法、投资回收期法、费用比较法、投资收益法。

① 投资回收期法。投资回收期法是一种根据设备投资期的长短来判断方案优劣的方法。所谓投资回收期，就是以使用新装备所获得的年净收益（年净收益为装备投入生产后的年生产收入减去成本、税款利息后的纯利润额）分期偿还投资总额，同时逐年支付尚未还清投资的利息，直至支付的纯利润等于投资总额的本利之和时，这段时间就是该设备的投资回收期。

a. 简单投资回收期法。如果每年的收益相等，则可简易算出投资回收期 T（即投资在企业内得以回收的年数）

$$T=\text{投资额}/\text{年度收益}$$

如果每年的收益不等，则需要把年度收益逐年累加，直至总收益等于投资费用为止，这样即可得出回收期。

与此法相仿的还有投资回收率法。投资回收率法中考虑了装备折旧，所以它比投资回收期法的情况切实一些。其计算方法如下：

投资回收率=(平均年收益－年折旧费)/投资费用

式中 平均年收益=总收益/预期使用寿命

年折旧费=投资费用/预期使用寿命

如果投资回收率小于企业预定的最小回收率，此方案可取。

b. 投资偿还期法。这是考虑在一定的利率下，需要几年才能还清全部投资的偿还期的方法。

设投资额为 P，每年同额利润为 A，利率为 i，偿还期为 n，则有下式关系：

$$\frac{P}{A}=\frac{(1+i)^n-1}{i(1+i)^n}=(P/A,i,n) \tag{2-18}$$

或

$$\frac{A}{P}=\frac{i(1+i)^n}{(1+i)^n-1}=(A/P,i,n) \tag{2-19}$$

根据上述二式，只要设定 A、P、i，那么根据同额支付现值系数表或资金回收系数表，可以求出偿还期 n。

【例 2-7】 如用现金 24000 元购置某设备，希望每年度收入为 5000 元，假设其年利率为 10%，试求偿还期。

解 根据式(2-18)，有：

$$(P/A,0.1,n)=\frac{P}{A}=\frac{24000}{5000}=4.8$$

查同额支付现值系数表，在 $i=10\%$时，得偿还期 $n\approx7$ 年。

在应用投资回收期法时，对投资和收益的含义常有不同的理解。如在计算投资时，有的不包括专利费和培训费，有的包括流动资金。对于同一个项目，由于采用的投资和收益的基准不同，当然得到的回收年限也不同。因此，在评价不同项目的经济效果，以及同一项目的多方案比较时，必须采用一致的标准。

投资回收期法概念明确，计算简单。项目投资回收期在一定程度上显示了资本的周转速度。显然，资本周转速度越快，回收期越短，风险越小，盈利越多，但这种方法也有其不足之处，主要是：式(2-18) 没有考虑投资回收期以后的收益；没有考虑投资项目使用年限终了以后的残值；没有考虑将来更新或追加投资的效果。虽然如此，回收期法仍然是可以指出投资的补偿速度的。所以，当未来的情况很难预测而投资者又特别关心资金的近期补偿时，可用回收期法，它可以作为其他评价方法的补充。

② 寿命周期费用评价法。寿命周期费用评价法是以装备寿命周期费用最经济或费用有效度最高来判断装备投资方案经济性的评价方法。下面介绍几种主要的计算方法。

a. 费用有效度分析法。费用有效度的计算公式为：

费用有效度=系统有效度/寿命周期费用

式中的系统有效度可用装备产量、产值、销售额、装备可利用率等表示。寿命周期费用是装备一生总费用，包括设置费和维持费（计算装备寿命周期费用时应减去装备残值，也可忽略不计）。为便于计算寿命周期费用，在表 2-4 中列出了寿命周期费用项目。相同条件下，装备的费用有效度越高，装备的经济性越好。

表 2-4　寿命周期费用项目

<table>
<tr><th colspan="3">费用项目分类</th><th>直　接　费</th><th>间　接　费</th></tr>
<tr><td rowspan="8">寿命周期费用</td><td rowspan="4">设置费</td><td>研究开发费</td><td>开发规划费、市场调查费、试验费、试制费、试验装备器材费、试验劳动费</td><td rowspan="4">1. 技术资料费
2. 计算机处理费
3. 企业管理、质量管理、经济管理所需人员的费用(管理费)
4. 图书费
5. 与合同有关的费用</td></tr>
<tr><td>设计费</td><td>设计费、专利使用费</td></tr>
<tr><td>制造安装费</td><td>制造费、包装费、运输费、库存费、安装费、操作人员培训费、备件费、资料费</td></tr>
<tr><td>试运行费</td><td>调整及运转费</td></tr>
<tr><td rowspan="4">维持费</td><td>运行费</td><td>操作人员费、动力费(电气燃料润滑蒸气等)、耗材费、水费、培训费等</td><td rowspan="4">1. 搬运费
2. 调查费
3. 办公费
4. 图书费</td></tr>
<tr><td>维修费</td><td>维修耗材费、备件费、劳务费、装备改造费、维修人员培训费</td></tr>
<tr><td>后勤费</td><td>库房保管费、用具及试验磨损费、租赁费、固定资产税、销售人员、用户服务、质量保修费等</td></tr>
<tr><td>报废处理费</td><td>拆除处理费(减去售出价)</td></tr>
</table>

b. 终价法。是在分期复利计息条件下，于相同的使用时间内，将性能相同的各种新装备在其整个使用期内的装备总费用通过复利合计系数（年终价率）换算成最末年份的价值（终值），然后再进行比较的一种方法。显然，总费用越小越有利。

装备总费用包括装备原值、追加投资、使用期间的全部维持费率。

设新装备原值为 P，资金年利率为 i，使用年限为 n，追加投资（包括大修费、改造费等）为 W，从购置到追加投资的年限为 t，装备自身终年实际残值（更新或转让处理时减去税金的净价值）为 L，年平均维持率为 E，则装备总费用的终值 S' 为：

$$S'=P(1+i)^n+W(1+i)^{n-t}-L+E\times\frac{(1+i)^n-1}{i} \tag{2-20}$$

如果残值忽略不计，也无追加投资，或追加投资已包括在各年等额平均维持费用 E 以内，则：

$$S'=P(1+i)^n+\frac{(1+i)^n-1}{i}E \tag{2-21}$$

式中，$\frac{(1+i)^n-1}{i}$ 称为复利合计系数（年终价率）；$(1+i)^n$ 称为分期复利合计系数。

当 n 等于预期最佳使用年限 n° 时，S' 即为预期寿命周期费用终值。比较时一般取 $n\leqslant n^\circ$。

【例 2-8】 A、B 两个方案如表 2-5 所示，用终价法比较选择。

表 2-5　两种方案对比

装备方案 项目	A	B	装备方案 项目	A	B
装备原值(P)	10000 元	8000 元	使用年限(n)	10 年	10 年
年均维持费(E)	100 元	150 元	资金利率(i)	10%	10%
残值(L)	300 元	200 元			

分析如下：

$$S'_A=P(1+i)^n+\frac{(1+i)^n-1}{i}\times E-L=10000\times(1+0.1)^{10}+\frac{(1+0.1)^{10}-1}{0.1}\times100-300$$

$$=25937+1594-300=27231(\text{元})$$

$$S'_B = P(1+i)^n + \frac{(1+i)^n-1}{i}\times E - L = 8000\times(1+0.1)^{10} + \frac{(1+0.1)^{10}-1}{0.1}\times 150 - 200$$

$$= 20750 + 2391 - 200 = 22941(\text{元})$$

$$S'_A - S'_B = 27231 - 23941 = 4290(\text{元})$$

B方案比A方案节约4290元，故应选B方案。

c. 现价法。它是在分期复利条件下，于相同的使用时间内，将性能相同的各种新装备在其整个使用期内的总费用通过现价系数换算成装备购置使用的第一年初的价值（现值），然后再进行比较的一种方法。显然，总费用愈小愈有利。

设总费用的现值为S，只需将式(2-10)、式(2-11) 乘以现值率$\frac{1}{(1+i)^n}$，即可得到S的计算公式：

$$S = S'\frac{1}{(1+i)^n} = P + \frac{W}{(1+i)^t} - \frac{L}{(1+i)^n} + \frac{(1+i)^n-1}{i(1+i)^n}\times E \tag{2-22}$$

无追加投资且残值忽略不计时，装备总费用现值计算公式为：

$$S = P + \frac{(1+i)^n-1}{i(1+i)^n}\times E \tag{2-23}$$

式中，$\frac{(1+i)^n-1}{i(1+i)^n}$为年金现值系数。

d. 等价同额年费用比较法。它是一种使用时间既可相同，又可不同的年费用比较法，即在分期复利计息的条件下，计算性能相同的各种装备的总费用。计算公式（当不考虑残值和追加投资时）：

$$\text{等价同额的每年费用} = S\mu_{DA} = P\frac{i(1+i)^n}{(1+i)^n-1} + E \tag{2-24}$$

式中，$\mu_{DA} = \frac{i(1+i)^n}{(1+i)^n-1}$为资金回收系数。

e. 年费法。它是一种使用时间既可相同，又可不同的年费用比较法，即在分期复利计算条件下，计算性能相同的各种装备其投资在各年内推销值的平均值与同额年维持费之和，求得等额的年装备费用后进行比较的一种方法。显然，费用越小越有利。其计算公式为（考虑残值和追加投资）：

$$\text{设备的年费用} = \left[P + \frac{W}{(1+i)^t} - \frac{L}{(1+i)^n}\right]\frac{(1+i)\left[(1+i)^n-1\right]}{in^2} + E \tag{2-25}$$

式中，$\frac{(1+i)\left[(1+i)^n-1\right]}{in^2}$称为年费用系数。

通常在比较时，多取n等于各自的预期使用年限。

2.3 外购装备的选型与购置

2.3.1 外购装备的选型

2.3.1.1 外购装备选型应遵循的原则

外购装备的选型指通过技术上与经济上的分析、评价和比较，从可以满足相同需要的多种型号、规格的装备中选购最佳者的决策。外购装备选型非常重要和关键，企业中某些装备本身并没有任何问题，但长期不能发挥作用，这往往是最初装备选型不当造成的。因此，合理地进行装备选型，可使有限的投资发挥最大的技术经济效益。否则，适得其反。

装备选型应遵循的原则如下。

① 生产上适用。所选择的装备适合企业现产品和待开发产品生产工艺的实际需要。只有生产上适用的装备才能实现生产正常进行并发挥其投资效益。

② 技术上先进。在生产适用的前提下，同时以获得最大经济效益为目的，既不可脱离国情和企业的实际需求而一味追求技术上的先进性，但也要防止选择技术上已落后的装备，在投入生产时导致低效率运行。

③ 经济上合理。简单说就是所选择的装备应是“性价比”最佳的装备。实践中，通常将生产上适用、技术上先进和经济上合理三者进行统一权衡或合理侧重，从而进行优选。

2.3.1.2　外购装备选型应考虑的问题

(1) 生产率

装备的生产率一般用装备在单位时间（分、时、班、年）的产品产量表示。装备生产率要与企业的经营方针、工厂的规划、生产计划、运输能力、技术力量、劳动力、动力和原材料的供应相适应，不能盲目要求生产率越高越好，否则容易造成生产不平衡、服务供应工作跟不上，不仅不能发挥全部效率，反而造成损失。

(2) 工艺性

装备满足生产工艺要求的能力称为工艺性。例如，切削机床应能保证所加工零件的尺寸精度、几何形状与位置精度及表面质量的要求。加热装备要满足产品生产中的最高和最低温度要求及温度控制精度等。除了基本要求外，装备操作控制的要求也很重要，一般要求装备操作简便、控制灵活。对产量大的装备，要求其自动化程度要高；对进行有毒有害作业的装备，则要求能自动控制或远距离监督控制等。

(3) 可靠性

选择装备可靠性时，要求装备平均故障间隔期越长越好，可具体从装备设计选择的安全系数、储备设计（又称冗余设计，指对完成规定功能而设计的额外附加系统或手段，即使其中一部分出现了故障，但整台装备仍能正常工作）、耐环境（温度、尘沙、腐蚀、振动等）设计、元器件稳定性、故障保护措施、人机因素（不易造成操作差错，发生操作失误时可防止装备发生故障）等方面进行分析。

(4) 维修性

影响维修性的因素有易接近性、易检查性、坚固性、易装拆性、零部件标准化和互换性、零件的材料和工艺方法、维修人员的安全、特殊工具和仪器、备件供应、生产厂的服务质量等。装备的维修性可从以下几方面衡量。

① 装备技术图纸、资料齐全。便于维修人员了解装备结构，易于拆装、检查。

② 结构设计合理。装备结构的总体布局应合理，各零部件和结构应易于接近，便于检查与维修。

③ 结构简单。在符合使用要求的前提下，装备结构应力求简单，需维修的零部件数量越小越好，拆卸较容易，并能迅速更换易损件。

④ 标准化、组合化原则。装备尽可能采用标准零部件和元器件，容易被拆成几个独立的部件、装置和组件，并且不需要特殊手段即可装配成整机。

⑤ 结构先进。装备尽量采用参数自动调整、磨损自动补偿和预防措施自动化原理来

设计。

⑥ 状态监测与故障诊断能力。可以利用装备上的仪器、仪表、传感器和配套仪器来检测装备有关部位的温度、压力、电压、电流、振动频率、消耗功率、效率、自动检测成品及装备输出参数动态等，以判断装备的技术状态和故障部位。

⑦ 提供特殊工具和仪器、适量的备件或有方便的供应渠道。

(5) 经济性

选择装备经济性要求：最初投资少，生产效率高，耐久性好，能耗及原材料消耗少，维修和管理费用少，节省劳动力等。

① 最初投资。包括购置费、运输费、安装费、辅助设施费、起重运输费等。耐久性是指零部件在使用过程中物质磨损允许的自然寿命。

② 耐久性。耐久性指以整台装备的主要技术指标（如工作精度、速度、效率、生产率等）达到允许的极限数据的时间。自然寿命越长平均每个工时费用中装备投资费所占比重越少，生产成本越低。但装备技术水平在不断提高，装备可能在自然寿命周期未达到以前由于技术落后而被淘汰。因此，要求不同类型的装备具有不同的耐久性，如精密、重型装备最初投资大，但寿命长，其全过程的经济效果就好；而简易专用装备随工艺发展而改变，就不必有太长的自然寿命。

③ 能耗。能耗是单位产品能源的消耗量，是一个很重要的指标。评价能耗的大小不仅要看消耗量的大小，还要看能源的类型。我国按人口平均能源资源占有量却只有世界平均数的 1/2，相当于美国的 1/10；而每万元产值的能耗比美国高两倍多。节能是一个尖锐而突出的问题。

上述因素有的相互影响，有的相互矛盾，不可能保证各项指标同时都是最经济的，但可以根据企业具体情况以某几个因素为主，参考其他因素来进行分析计算，综合平衡对这些指标要求。

(6) 安全性和操作性

在选型中应考虑装备具有必要和可靠的安全防护设施，避免带来人身事故和经济损失。若遇有新投入使用的安全防护性元部件，必须要求其提供实验和使用情况报告等资料。

选型中还应注意装备要操作方便、可靠、安全。具体来说即操作机构及其所设位置应符合劳动保护法规要求，适合一般体型的操作者的要求；充分考虑操作者生理限度，不能使其在法定的操作时间内承受超过体能限度的操作力、活动节奏、动作速度、耐久力等；装备及其操作室的设计必须符合有利于减轻劳动者精神疲劳的要求。例如，装备及其控制室内的噪声必须小于规定值；装备控制信号、油漆色调、危险警示等都必须尽可能地符合绝大多数操作者的生理与心理要求。

(7) 环保性

在选择装备时，要尽量选择把噪声和排放有害物质控制在保护人体健康和环境保护的标准范围内的装备。

以上是选择装备时应考虑的主要因素，除此之外还有制造厂的产品质量、交货期、价格、装备制造厂的信誉和售后服务质量等。由于企业的具体情况不同，上述各种因素对企业的影响程度也不同。企业在选择装备时对各种因素的考虑的侧重程度就不同。

2.3.1.3　外购装备的选型步骤

装备的选型要注意调查研究，采取“三次选择”的方法。如图 2-2 所示。装备选型的步骤如下。

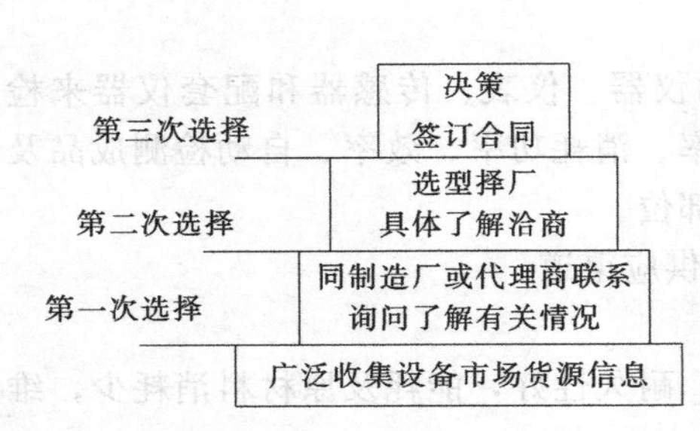

图 2-2　装备选型“三次选择”步骤

第一次预选：它是在广泛收集装备市场货源情报的基础上进行的。货源情报的来源包括产品样本、产品目录、电视广告、报刊广告等，制造厂家销售人员上门推销提供的情报，从展销会上收集到情报，代理商或有关专业人员提供的情报等。将这些情报分类汇集、编辑索引，从中选一些可供选择的机型和厂家。这就是为装备选型提供信息的预选过程。

第二次细选：它是在第一次预选的基础上进行的，首先要对预选的机型和厂家进行调查、联系和询问，详细了解产品的各种技术参数、效率、精度、性能；制造厂的服务质量和信誉，使用单位对其产品的反映和评价；货源及供货时间；订货渠道、价格及随机附件等情况，做好调查记录，填写“装备货源调查表”，见表2-6。然后进行分析、比较、从中再选出几个有希望的机型和厂家。

表 2-6　装备货源调查表

装备目的						
装备名称	型　号		规　格		制造厂	
制造厂详细地址			调查单位、对象			
主要数据和特征	序号	项目	标准值或规定特性	国内最高水平	实际能达到的水平	评价
配套情况						
该装备结构的特点或缺点						
质量情况						
能提供的服务	备件配件供应		维修		改造	
能提供的资料	技术资料		维修性		可靠性	
价格情况	国家价格	制造厂优惠价格		与其他厂比较的评价		
对本企业产品适应的评价						
综合评价						
调查人员	单位	姓名	职务	调查日期		

第三次选择：首先，要在第二次细选的基础上与选出的机型和厂家进一步联系接洽，必

要时作出专题调查和了解。对需要进一步落实的关键装备，要到制造厂或这种装备的使用厂实地进行深入细致的观察和了解，并进行必要的加工和产品切削试验，针对有关问题（如附件、附具、图样资料、备件的供应，装备的结构和精度、性能改善的可能性，价格及优惠问题，交货期等）同生产厂家进行交谈，并作详细记录；也可与制造厂或代理商草签会谈备忘录或协议等。然后，由装备、工艺技术、计划和使用部门共同评价，选出最理想的机型和厂家作为第一方案（同时也要准备第二、第三方案，以便订货过程中出现新情况时备用）。最后，由主管领导决策批准，正式签订合同。这样，便完成了装备选型的全过程。

在装备选型过程中，对一些关键装备，价格昂贵、数量多或整条生产线的装备，除采用上述多次筛选法外，还应通过必要的技术经济分析和评价来进行优选。

2.3.2　外购装备的订购

装备选型后就要进行订货购置；完成了订货才能实现装备的购置计划。

2.3.2.1　订货程序

装备订货的主要步骤包括：货源调查、向厂家提出订货要求、制造厂报价、谈判磋商、签订订货合同。从订货程序可见，从装备选型的第三步就已经开始订货工作。在制造厂报价的基础上，做出选型评价决策后，再与制造厂就供货范围、价格、交货期以及某些具体细节进行磋商，最后签订订货合同。图 2-3 所示为国内外订货程序的比较。

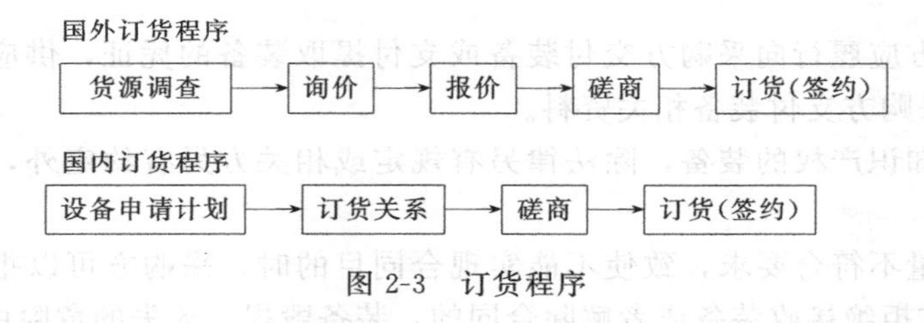

图 2-3　订货程序

2.3.2.2　订货合同

所有订货产品，均需签订合同。合同是双方根据法律、法令、政策、计划的要求，为实现一定的经济目的，明确相互权利、义务关系的协议。对国外签订合同，还必须符合国际贸易的有关规定。合同要明确双方承担的责任，文字要准确。在合同正文中不能详细说明的事项可以附件形式作为补充。附件也必须双方签字盖章。

国外装备订货合同一般应包括下列内容：

① 装备名称、型号、主要规格、订货数量、交货日期、交货地点；

② 装备详细技术参数；

③ 供货范围包括主机、标准件、特殊附件、随机备件等；

④ 质量验收标准及验收程序；

⑤ 随机供应的技术文件的名称及份数；

⑥ 付款方式、运输方式；

⑦ 卖方提供的技术服务、人员培训、安装调试的技术指导等；

⑧ 有关双方违反合同的罚款和争议的仲裁。

一般多数国内制造厂的订货合同内容包括上述第①、③、④、⑥、⑧条，不如国外详尽，有待完善。在签订合同时，若认为按制造厂提供的合同内容有必要适当补充时，双方可议定将补充内容写成文件，作为合同附件。合同签订后有关解释、澄清合同内容的往来传真、电函也应视为合同的组成部分。

合同必须登记。合同的文件、附件、往来传真、电函、商谈纪要，预付款等都应集中管理，既便于备查，也可作为双方争执时的仲裁依据。

当完成了订货就可以去实现装备的购置计划。

2.3.2.3 装备采购合同管理

（1）装备采购合同的基本要素

装备采购合同由装备订购方与供应方商定，一般包括以下条款：

① 采购方与供应方的名称与地址、联系方式、账号、签约代表、一般纳税人号码；

② 装备的型号、规格和数量；

③ 装备质量技术要求和验收标准；

④ 装备价款及运输、包装、保险等费用及结算方式；

⑤ 装备交货期、交货地点与交货方式；

⑥ 违约责任和违约处罚办法；

⑦ 合同的签订日期和履行有效期；

⑧ 合同纠纷解决争议的途径和方法。

（2）装备采购合同履行注意事项

① 装备在采购过程中，采购方未按合同约定履行支付价款或其他义务时，装备的所有权应属于供应方。

② 装备供应方应履行向采购方交付装备或支付提取装备的凭证，供应方应当按照约定或交易习惯，向采购方支付装备相关资料。

③ 供应具有知识产权的装备，除法律另有规定或相关方另有约定外，其装备的知识产权不属于采购方。

④ 因装备质量不符合要求，致使不能实现合同目的时，采购方可以拒绝接受装备或者解除合同。采购方拒绝接收装备或者解除合同的，装备毁损、灭失的危险由供应方承担。

⑤ 采购与供应约定装备检验期间，采购方应当在检验期间将所采购的装备的数量，或者质量不符合约定的情形通知供应方，采购方怠于通知的，视为装备的数量或者质量符合规定。

⑥ 采用分期付款方式采购装备，当采购方未支付到期价款达到全部价款的 1/5 的，供应方可以要求采购方支付全部价款或者解除合同。供应方解除合同的，可以向采购方要求支付该装备的使用费。

⑦ 国外引进订购的装备，要选定国际公证商检机构进行装备质量的检验。

（3）装备采购管理要点

① 信息收集。广泛收集装备市场上货源和厂家的信息，可直接进行装备产品咨询，包括各种技术参数、性能、精度、质量、信誉、附件、价格、交货期，厂家业绩、规模等，建立采购信息资料库。

② 供应方选择。通常采取以下三种形式进行选择。

a. 寻求长期合作伙伴。由于长期业务联系建立起良好的合作关系，与采购方有紧密的联系，质量和信誉有保证，装备采购时也固定在合作方订购。

b. 寻找总承包商。在大批量装备订购时，可用总承包商的采购便利和信息优势，整批委托订购所需装备。

c. 自行选择供应方。通过信息筛选、厂家装备考察和同类装备应用情况调查等方法，结合价格与性能分析以比较的方式最终选择供应方。

③ 计划与进度跟踪。采购计划通常与合同计划相一致，因此要设立采购计划管理与合同管理相适应的查询和进度跟踪系统。在装备制造各工序过程中，设置进度跟踪点。密切与装备供应方的联系。在具备条件或必要的情况下，增设采购方参与装备制造过程工序验收与安装前验收环节。

(4) 合同管理

订货合同及订货过程中发生的所有资料都应妥善保管，以便在订货过程中和掌握合同执行情况时查询，并作为仲裁供需双方可能发生矛盾的依据。合同要进行分类整理，建立专门台账和档案进行管理。国外装备订货的往返函电、附加协议、商谈纪要、预付款单据，都应视为合同的附件进行登记和归类管理。

2.3.3 外购装备的开箱验收

装备到货后，需凭托收合同及装箱单，进行开箱检查，验收合格后办理相应的入库手续。

2.3.3.1 装备到货期验收

订货装备应按期到达指定地点，不允许任意变更。尤其是从国外订购的装备，影响装备到货期执行的因素较多，双方必须按合同要求履行验收事项。

① 不允许提前太多的时间到货。否则装备购买者将增加占地费和保管费以及可能造成的装备损坏。

② 不准延期到货。否则将会影响整个工程的建设、投产、运行计划，若是用外汇订购的进口装备，则业主还要担负货币汇率变化的风险等。造成装备到货期拖延，通常制造商占主要原因。但在大型成套装备，尤其是从国外引进装备的拖延交货期，往往与政治、自然条件和国际关系等因素相联系，必须按“国际咨询工程师协会（FIDIC）”合同条款内容逐项澄清并作出裁决。

业主主持到货期验收，如与制造商发生争端，或在解决实际问题中有分歧或异议时，应遵循以下步骤予以妥善处理：

a. 双方应通过友好协商予以解决；

b. 可邀请双方认可的有关专家协助解决；

c. 申请仲裁解决，而在实际操作中，如果制造商要拖延合同交货期，则应提前以书面形式向业主提出申请；而业主一旦收到拖期通知，则双方应在合理可行的最短时间就延长期限达成新的协定；其中，制造商应尽力缩短合同所规定的装备到货拖延期。

2.3.3.2 装备完整性验收

(1) 到货管理工作

订购装备到达口岸（机场、港口、车站）后，业主派人员介入所在口岸的到货管理工作。核对到货数量、名称等是否与合同相符，有无因装运和接卸等原因导致的残损及残损情况的现场记录，办理装卸运输部门签证等业务事项。

另外，在接到收货通知单证后，应立即准备办理报关手续。报关人除要按规定填写报关单据外，还要准备好以下单证：①提货单据；②发票及其副本；③包装清单；④订货合同；⑤产品产地购运证明；⑥海关认为有必要的其他文件。

(2) 到货现场交接（提货）与装备接卸后的保管工作

无论是国内还是国外 FIDIC 订购装备合同都明确规定：装备运到使用单位或业主所在国家口岸后的保管工作一般均由业主负责。对国外大型、成套装备，业主单位应组织专门力量做好这一工作，确保装备到达口岸后的完整性。

(3) 开箱检验

除国内订货外，凡属引进装备或从国外引进的部分配套件（总成、部件），在开箱前必须向商检部门递交检验申请并征得同意后方可进行，或海关派员参与到货的开箱检查。检查的内容如下。

① 到货时的外包装有无损伤；若属裸露装备（构件），则要检查其刮碰等伤痕及油迹、海水浸蚀等损伤情况。

② 开箱前逐件检查货到港件数、名称，是否与合同相符，并作好清点记录。

③ 装备技术资料（图纸、使用与保养说明书和备件目录等）、随机配件、专用工具、监测和诊断仪器、特殊切削液、润滑油料和通信器材等，是否与合同内容相符。

④ 开箱检查、核对实物与订货清单（装箱单）是否相符，有无因装卸或运输保管等方面原因而导致装备残损。若发现有残损现象则应保持原状，进行拍照或录像，请在检验现场的海关等有关人员共同查看，并办理索赔现场签证事项。

(4) 办理索赔

索赔是业主按照合同条款中有关索赔、仲裁条件，向制造商和参与该合同执行的保险、运输单位索取所购装备受损后赔偿的过程。不论国内订购还是国外订购，其索赔工作均要通过商检部门受理经办方有效，同时索赔亦要分清下述情况。

① 装备自身残缺，由制造商或经营商负责赔偿。

② 属运输过程造成的残损，由承运者负责赔偿。

③ 属保险部门负责范畴，由保险公司负责赔偿。

④ 因交货期拖延而造成的直接与间接损失，由导致拖延交货期的主要责任者负责赔偿。

按照我国现行的检验条例规定，进口装备的残损鉴定，应在国外运输单据指明的到货港、站进行；但对机械、仪器、成套装备以及在到货口岸开箱后因无法恢复其包装而会影响国内安全转运者，方可在装备（机械，仪器）使用地点结合安装同时开箱检验；凡集装箱运输的货物（仪器、装备），则应在拆箱地点进行检验。不过，凡合同中规定需要由国外售方共同检验或到货后发生问题需经外方派员会同检验的，一定要在合同规定地点检验。所以，报检地点必须是验收所在地。

另外，一般合同的商务条款中所指“索赔有效期”即买卖双方共同认定的商品复验期（即合同规定买方在装备到货后有复验权），复验期的具体时间视装备规模、类别的不同而异，由买卖双方商定，一般为6～12个月，报检人若超过上述期限进行报检，则检验部门可拒绝受理，即丧失索赔权。

2.4 自制装备的管理

2.4.1 自制装备的设计、制造管理

对于一些专用和非标准装备，企业往往需要自行设计制造。自制装备具有针对性强、周期短、收效快等特点。它是企业为解决生产关键、按时保质完成任务、获得经济效益的有力措施，也是企业实现技术改造的重要途径。自制装备有效地解决了设计制造与使用相脱节的问题，易于实现装备的一生管理；有利于装备采用新工艺、新技术和新材料。

2.4.1.1 装备自行设计与制造的原则

《设备管理条例》规定：企业自制装备，应当组织装备管理、维修、使用方面的人员参

加设计方案的研究和审查工作，并严格按照设计方案做好装备的制造工作。装备制成后，应当有完整的技术资料。这一规定应当作为企业自制装备管理的基本要求。

企业自行设计制造的装备必须从生产实际需要出发，立足于企业的具体条件，因地制宜，讲究适用。注意经济分析，追求装备全寿命周期中的设计制造费与使用维修费两者结构合理。同时，应遵循“生产上适用、技术上先进、经济上合理”三项基本原则。

2.4.1.2 自行设计与制造的管理

(1) 自制装备管理工作的内容

自制装备工作是在企业装备规划决策基础上进行的。其管理工作包括编制装备设计任务书、设计方案审查、试制、鉴定、质量管理、资料归档、费用核算和验收移交等。

① 编制设计任务书。装备的设计任务书是指导、监督设计制造过程和自制装备验收的主要依据。设计任务书明确规定各项技术指标、费用概算、验收标准及完成日期。

② 设计方案审查。设计方案包括全部技术文件：设计计算书、设计图纸、使用维修说明书、验收标准、易损件图纸和关键部件的工艺等。设计方案需组织有关部门进行可行性论证，从技术经济等方面进行综合评价。

③ 编制计划与费用预算表。

④ 制造质量检查。

⑤ 装备安装与试车。

⑥ 验收移交，并转入固定资产。

⑦ 技术资料归档。

⑧ 总结评价。

⑨ 使用信息反馈。为改进设计和修理、改造提供资料与数据。

(2) 自制装备的管理程序与分工

① 使用或工艺部门根据生产发展提出自制装备申请。

② 装备部门、技术部门组织相关论证，重大项目由企业领导直接决策。

③ 企业主管领导研究决策后批转主管部门（总师室、基改办或装备部门）立项，并确定设计、制造部门。

④ 主管部门组织使用单位、工艺部门研究编制设计任务书，下达工作令号。

⑤ 设计部门提出设计方案及全部图纸资料。

⑥ 设计方案审查一般实行分级管理：价格在5000元以下的由设计单位报主管部门转计划和财务部门；价格在5000～10000元的由设计单位提出，主管部门主持，装备、使用（含维修）、工艺、财务和制造等部门参加审查后报主管厂领导批准；价格在10000元以上由企业主管领导或总工程师组织各有关部门进行审查。

⑦ 设计或制造单位负责编制工艺、工装检具等技术工作。

⑧ 劳动部门核定工时定额，生产部门安排制造计划。

⑨ 制造单位组织制造。设计部门应派设计人员现场服务处理制造过程中的技术问题。

⑩ 制造完成后由检查部门按设计任务书规定的项目进行检查鉴定。

(3) 自制装备的委托设计与制造管理

不具备能力的企业可以委托外单位设计制造。一般工作程序如下。

① 调查研究。选择设计制造能力强、信誉好、价格合理、对用户负责的承制单位。大型装备可采用招标的方法。

② 提供该装备所要加工的产品图纸或实物，提出工艺、技术、精度、效率及对产品保

密等方面的要求。商定设计制造价格。

③ 签订设计制造合同。合同中应明确规定设计制造标准、质量要求、完工日期、制造价格及违约责任。并应经本单位审计法律部门（人员）审定。

④ 设计工作完成后，组织本单位装备管理、技术、维修、使用人员对设计方案图纸资料进行审查，提出修改意见。

⑤ 制造过程中，可派质检人员到承制单位进行监制，及时发现和处理制造过程中的问题，保证装备制造质量。

⑥ 造价高的大型或成套装备应实行监理制。

2.4.2 自制装备的验收

自制装备设计、制造的重要环节是质量鉴定和验收工作。鉴定验收会由企业主管领导（或总工程师）主持，装备管理、质检、设计、制造、使用、工艺、财务等部门的人员参加。鉴定验收会应根据图样中的技术规范以及设计任务书中所规定的质量标准和验收标准，对自制装备进行全面技术经济鉴定和评价。验收合格后，由质监部门发给合格证，准许使用部门进行安装试用。经半年的生产使用，证明自制装备能稳定达到产品工艺的要求，设计、制造部门可以将装备全套技术资料（包括装配图、零件图、基础图、传动图、润滑系统图、检查标准、说明书、易损件及附件清单、设计数据和文件、质量检验证书、制造过程中的技术文件、图样修改等文件凭证、工艺试验资料以及制造费用、结算成本等）移交给装备管理部门，并填写自制装备移交生产鉴定验收单（见表 2-7）进行归口管理。财务部门和装备管理部门共同对装备制造中发生的费用与材料进行成本核算，并办理固定资产建账手续。对于因设计错误或制造质量低劣使装备不能按时投产者，要追究有关部门的经济责任，质量不稳定或不能正常使用的装备不能转入固定资产。

表 2-7 自制装备移交生产鉴定验收单 资产编号 试验 号

设备名称		型号		规格	
制造单位		制造年份		体积	长 宽 高
精度及工艺性能		重量	千克		
		资产值	千克		

附属设备及附件、工具	名称	型号	规格	数量	名称	型号	规格	数量

经过____个月试生产的实践验证，设计、制造____合理可靠，技术性能达到和符合设计、工艺要求，生产____稳定适用。		
技术资料		
技术鉴定记录	机体完好情况	
	操纵、传动系统	
	润滑、冷却（液压系统）	
	防护、安全装置	
鉴定验收结论		

主管领导		接收部门		移交部门		设备科		财务科	

2.5 进口装备的管理

2.5.1 进口装备的前期管理工作

从国外进口技术先进的装备是提高化工企业装备技术水平的重要途径之一，特别是大型技术改造中会引进一些关键装备，这些进口装备往往技术复杂、价格昂贵，备件供应困难，涉外手续繁杂，并且多为企业重点关键装备。为了充分发挥进口装备效能，提高经济效益，加强进口装备的管理工作具有十分重要的意义。

从进口装备的计划阶段开始，就要充分发挥装备管理部门的作用。对每一台需要进口的装备必须进行可行性研究，充分做好技术经济分析论证，选择技术先进、生产适用、经济合理的装备。为此，必须及早收集信息，摸清国外产品情况（技术先进程度、价格等），并做好国内配套的各项工作。在制订规划时，要根据资金来源（利用外资或国内贷款）与偿还能力、国内装备的配套能力、企业技术水平和管理水平以及科学技术发展的趋势，量力而行，循序渐进。

进口装备计划确定后，装备主管部门应派对口的工程技术人员和管理干部直接参与对外谈判和出国考察，这样做有利于对引进技术中需要配套的装备进行分析、判断，避免进口国内能够制造的装备，有利于对进口装备的价格和成套性、维修性、节能性等进行审查；有利于学习和了解国外装备的先进技术和管理方法，有利于装备管理部门做好国内配套装备的选型工作；有利于装备管理部门及时做好进口装备安装调试的准备工作，使工厂项目早日投产。

进口装备在前期管理中主要应做好以下工作。

2.5.1.1 口岸接收和运输工作

装备到达口岸（港口、车站、机场），订货企业应有专人驻港了解情况，掌握进口装备的船期、箱号、名称、数量等，并配合理货部门分清批次，核对到货唛头、名称是否与合同相符，查清到货件数，检查箱体有无残损。对残损问题要协助理货部门严格分清是原残还是工残，并及时取得船方或港务部门的有效签证。对于重要装备，应派专人负责押运，有保温、防潮、防震等要求的装备，应检查在运输中是否按要求办理。

2.5.1.2 检验与索赔

检验是进口装备管理工作的重要环节。进口装备到货以后应在国家商检机构的见证下组织专门机构和人员及时开箱检验，并迅速安装试车以便发现问题及时提出索赔。如合同规定买方参加开箱检验，则应通知买方到场。由于我国统一由商品检验局办理检验，故检验时应通知商品检验局到现场复检和出具证明。进出口公司货物在到达口岸之日起90天内凭商检证提出索赔。如货物抵达现场以后由于某种原因不能按时开箱检验，则应向商检机构或进出口公司提出申请，经同意后才能延期检验。

进口装备经检验发现装备缺损、质量低劣或因到货迟延等造成损失，可按合同中确认的索赔与仲裁条件，向外商或运输部门索赔，并按下列各种情况追究经济责任。

① 装备缺损的索赔。按装备装箱单查出短缺或不配套，应由卖方或出口商负责索赔。

② 运输部门责任的索赔。装备在运输途中如有缺损，应由运输部门负责。发现包装破损，应另行放置。一方面委托公证人检验，另一方面由运输及收货单位会同检验。收货人可依据公证人的检验报告，同时填写运输部门规定的“缺损证明单”，凭此向运输部

门索赔。

③ 保险公司责任的索赔。装备在目的地码头仓库提货以前如发现损失系属于保险公司的承保范围，则可向保险公司索赔，保险公司所负责任的大小随保险的种类而定。

④ 质量低劣与损坏的索赔。如发现装备质量与合同规定要求不符，其原因如属产品原设计制造上的质量或检验问题，其责任纯属卖方，企业应向卖方索赔。如因受自然不可抗力影响而发生损坏，其责任须视具体情况及买卖双方合同的规定确定。办理质量问题的索赔必须迅速，代理部门或买方必须于货到站抵港后两星期内提出索赔。由于质量低劣不易判定，如合同无明文规定而责任又不易判定时，应由买卖双方协商解决，或采取“仲裁”方式处理。

2.5.1.3　做好入库保管工作

装备运抵工厂后，应立即入库。保管员应按照包厢的保管标记，分类保管，保证开箱及安装时按需要随时出库。做好防火、防盗、防水、防虫等工作。对那些临时不能入库的装备，要加盖布，并采取适当的安全措施。做到账物相符，入库、出库手续交代清楚。

2.5.1.4　原始资料的翻译与装备档案管理工作

原始资料对于进口装备的管理、维护及人员培训有着非常重要的作用，每台进口装备的随机资料都要移交到装备资料管理处，并组织人员翻译，在认真筛选后归档，然后分类装订成册。同时还要组织专业工程技术人员和出国验收人员一起将译稿进行校对，将不规范的地方进行更正，并将外商工作疏漏或有意设障的控制原理图、故障分析等补齐、校正。这些工作对后期装备维护保养、备件选购等都很重要。建立、健全装备技术档案对进口装备的全寿命管理至关重要。对每台进口装备建立装备台账、卡片与备配件清单，把装备的使用和故障情况进行认真记录，建立规范的档案制度，就能为以后的管理与维护提供必要的信息，同时对分析装备运行情况、研究，改进进口装备管理与维修对策提供方便。

2.5.1.5　进口装备现场管理

保证进口装备安全、稳定、有效运行，必须做好进口装备的现场管理。现场管理主要是指进口装备的使用管理、维护管理和润滑管理等。进口装备使用期限的长短、生产效率和工作精度的高低，既取决于其本身的质量与性能，也取决于使用与维护状况。因此，有必要对进口装备实行特护管理，减少进口装备的人为劣化，避免因缺乏保养而造成的停机。

2.5.2 进口装备管理工作注意问题

进口装备管理工作中需要注意以下问题。

① 要注意进口装备的经济效益。某些企业及其主管部门忽视进口装备的前期管理，盲目贪大求洋，购进进口装备后利用率低，经济效益不佳。还有某些企业由于选型不当，机型杂乱，装备安装后不能投入正常使用。更有甚者，某些外商以劣充优，坑骗我方，最终导致所购装备无法发挥作用而被迫闲置。

② 做好备品配件的管理。某些进口的高精生产装备，因为缺乏必需的备品配件或润滑油品，从而导致影响装备的正常使用。

③ 技术力量的支撑。不少企业维修技术力量薄弱，不能适应维修高级、精密装备的技术要求，从而导致装备无法正常工作。

④ 做好进口引进装备的消化吸收工作。化工企业引进的装备多为生产连续性强、结

构复杂、自动化程度高的生产装备或装置。在运行中任何一道工序、一台装备，甚至一个零部件、一块仪表或阀门发生故障，都可能导致整个装备或装置运行中断，造成生产瘫痪。因此，如何提高引进装置或装备的科学管理水平，经常保持装备处于良好的技术状态，是一项严肃而艰巨的任务。熟悉和掌握进口引进装备，消化、吃透引进技术是用好、管好、修好装备的前提。为此，首先要对进口装备的各种技术文件、图纸资料进行翻译和整理汇编，其次要组织装备管理、维修和操作人员对资料学习、消化。此外，还可通过装备安装、配件测绘、大修等打开装备的机会，进一步摸清装备的结构、原理、性能、特点。通过认真学习研究，提高对引进装备或装置的维修管理水平。在学习、消化的过程中，必须坚持“洋为中用”的方针和“一学、二用、三改、四创”的原则，把学习与应用、创新结合起来，把引进装备与提高国内制造水平和现有装备的技术水平结合起来，把引进技术和企业的科研工作、技术革新、技术改造结合起来，以促进我国化工生产和化工机械制造业的发展。

2.6 过程装备的安装调试和验收

2.6.1 装备基础的安装

装备基础对装备安装质量、装备精度的稳定性和保持性以及加工产品的质量等，均有很大影响。往往由于基础质量达不到规定标准而使装备产生变形，丧失精度而不能加工出合格产品。因此，必须重视装备基础的设计和制作质量，使符合有关规范，如基础设计的一般规范等。尤其对于大型、精密、重型的引进装备的基础，更应十分注重质量，严格按照相关规范的要求进行设计和制作。

地基和基础是装备安装的“根基”，属于地下隐蔽工程，其勘察、设计和施工质量直接关系到装备的安危和正常工作。实践已经证明，很多装备事故与基础的质量有关，而且一旦出现地基基础事故，采取补救措施非常困难。因此，装备安装前必须对装备的基础进行严格检验。根据有关规定，基础验收和处理应按下列程序进行。

2.6.1.1 基础设计的一般规范

① 基础设计时应取得下列资料：

a. 机器的型号、转速、功率、规格及轮廓尺寸图等；

b. 机器自重及重心位置；

c. 机器底座外廓图、辅助装备、管道位置和坑、沟、孔洞尺寸，以及灌浆层厚度、地脚螺栓和预埋件的位置等；

d. 机器的扰力和扰力矩及其方向；

e. 基础的位置及其邻近建筑物的基础图；

f. 建筑场地的地质勘察资料及地基动力试验资料。

② 动力机器基础宜与建筑物的基础、上部结构以及混凝土地面分开。

③ 当管道与机器连接而产生较大振动时，管道与建筑物连接处应采用隔振措施。

④ 当动力机器基础的振动对邻近的人员、精密装备、仪器仪表、工厂生产及建筑物产生有害影响时，应采用隔振措施。

⑤ 动力机器基础设计不得产生有害的不均匀沉降。

⑥ 动力机器基础及毗邻建筑物基础置于天然地基上，当能满足施工要求时，两者埋深

可不在同一标高上，但基础建成后基底标高差异部分的回填土必须夯实。

⑦ 动力机器底座边缘至基础边缘的距离不宜小于 100mm。除锻锤基础以外，在机器底座下应预留二次灌浆层，其厚度不宜小 25mm。二次灌浆层应在装备安装就位并初调后，用微膨胀混凝土填充密实，且与混凝土基础面结合。

⑧ 动力机器基础底脚螺栓的设置应符合下列规定：

a. 带弯钩底脚螺栓的埋置深度不应小于 20 倍螺栓直径，带锚板地脚螺栓的埋置深度不应小于 15 倍螺栓直径；

b. 底脚螺栓轴线距基础边缘不应小于 4 倍螺栓直径，预留孔边距基础边缘不应小于 100mm，当不能满足要求时 应采取加强措施；

c. 预埋底脚螺栓底面下的混凝土净厚度不应小于 50mm，当为预留孔时，则孔底面下的混凝土净厚度不应小于 100mm。

⑨ 动力机器基础宜采用整体式或装配整体式混凝土结构。

⑩ 动力机器基础的混凝土强度等级不宜低于 C15，对按构造要求设计的或不直接承受冲击力的大块式或墙式基础混凝土的强度等级可采用 C10。

⑪ 动力机器基础的钢筋宜采用Ⅰ、Ⅱ 级钢筋，不宜采用冷轧钢筋。受冲击力较大的部位，宜采用热轧变形钢筋，钢筋连接不宜采用焊接接头。

⑫ 重要的或对沉降有严格要求的机器，应在其基础上设置永久的沉降观测点并应在设计图纸中注明要求。在基础施工、机器安装及运行过程中应定期观测，做好记录。

⑬ 基组的总重心与基础底面形心宜位于同一竖线上，当不在同一竖线上时，两者之间的偏心距和平行偏心方向基底边长的比值不应超过下列限值：

a. 对汽轮机组合电机基础为 3%；

b. 对金属切削机床基础以为的一般机器基础，当地基承载力标准值 $f_k \leqslant 150$kPa 时，为 3%，当地基承载力 $f_k > 150$kPa，为 5%。

⑭ 当在软弱地基上建造大型的和重要的机器以及 1t 及 1t 以上的锻锤基础时，宜采用人工地基。

⑮ 设计动力机器基础的载荷取值应符合下列规定：

a. 当进行静力计算时，载荷应采用设计值；

b. 当进行动力计算时，载荷应采用标准值。

2.6.1.2 基础验收的一般要求

① 装备安装前，装备基础必须经交接验收，基础上应明显地画出标高基准线，纵横中心线，相应的建筑物上应标有坐标轴线，设计要求进行沉降观测的装备基础应由沉降观测水平焦点。

② 装备安装单位要按以下规定对基础进行复查：

a. 基础的外观不应有裂纹、蜂窝、空洞及露筋等缺陷；

b. 基础外观及尺寸，位置等质量要求，应符合《钢筋混凝土工程施工验收规范》（GB 50204）的规定；

c. 混凝土基础强度达到设计要求，周围土方应回填、夯实、整平、预埋的地脚螺栓螺纹部分应无损坏。

③ 装备就位前，应按设计图样并依据有关建设物的轴线、边缘线和标高基准线复查装备的纵横中心线和标高基准线，并确定安装基准线。

④ 装备就位前，基础表面进行修正。需灌浆的基础表面应凿麻面，被油污染的混凝土

应铲平，放置垫片处（至周边50mm）的混凝土表面应铲平，铲平的水平偏差在2mm/m。并按要求与垫片接触良好，预留地脚螺栓孔内杂物应清理干净。

⑤ 基础尺寸及位置偏差：a. 坐标位置、纵横轴线±20mm；b. 不同平面的标高−20mm；c. 预留地脚螺栓顶端标高+20mm；d. 预留地脚螺栓孔的深度+20mm；e. 孔壁垂直度10mm；f. 水平度5mm；g. 中心距±20mm；h. 水平（平面5mm/m）。

2.6.2 装备安装调试和验收的工作内容

2.6.2.1 装备开箱检查

按库房管理规定办理装备出库手续。装备开箱检查由装备采购部门、装备主管部门组织安装部门、工具工装及使用部门参加。如系进口装备，应有商检部门人员参加。开箱检查主要内容如下。

① 检查箱号、箱数及外包装情况。发现问题，做好记录，及时处理。

② 按照装箱单清点核对装备型号、规格、零件、部件、工具、附件、备件以及说明书等技术条件。

③ 检查装备在运输保管过程中有无锈蚀，如有锈蚀及时处理。

④ 凡属未清洗过的滑动面严禁移动，以防研损。

⑤ 不需要安装的附件、工具、备件等应妥善装箱保管，待装备安装完工后一并移交使用单位。

⑥ 核对装备基础图和电气线路图与装备实际情况是否相符；检查地脚螺钉孔等有关尺寸及地脚螺钉、垫铁是否符合要求；核对电源接线口的位置及有关参数是否与说明书相符。

⑦ 检查后作出详细检查记录。填写装备开箱检查验收单。

2.6.2.2 装备的安装

(1) 装备的安装定位

装备安装定位的基本原则是要满足生产工艺的需要及维护、检修、技术安全、工序连接等方面的要求。装备在车间的安装位置、排列、标高以及立体、平面间相互距离等应符合装备平面布置图及安装施工图的规定。装备的定位具体要考虑以下因素。

① 适应产品工艺流程及加工条件需要（包括环境温度、粉尘、噪声、光线、振动等）。

② 保证最短的生产流程，方便工件的存放、运输和切屑的清理，以及车间平面的最大利用率，并方便生产管理。

③ 装备的主体与附属装置的外形尺寸及运动部件的极限位置。

④ 要满足装备安装、工件装夹、维修和安全操作的需要。

⑤ 厂房的跨度、起重装备的高度、门的宽度与高度等。

⑥ 动力供应情况和劳动保护的要求。

⑦ 地基土壤地质情况。

⑧ 平面布置应排列整齐、美观，符合设计资料有关规定。

(2) 装备的安装找平

装备安装找平的目的是保持其稳定性，减轻振动（精密装备应有防振、隔振措施），避免装备变形，防止不合理磨损及保证加工精度等。

① 选定找平基准面的位置。一般以支承滑动部件的导向面（如机床导轨）或部件装配面、工卡具支承面和工作台面等为找平基准面。

② 装备的安装水平。导轨的不直度和不平行度，按说明书的规定进行。

③ 安装垫铁的选用应符合说明书和有关设计与装备技术文件对垫铁的规定。垫铁的作用在于使装备安装在基础上，有较稳定的支承和较均匀的荷重分布，并借助垫铁调整装备的安装水平与装配精度。

④ 地脚螺钉、螺母和垫圈的规格应符合说明书与设计的要求。

2.6.2.3　装备的试运转与验收

(1) 试运行前的准备工作

装备试运行前应做好以下各项工作。

① 再次擦洗装备，油箱及各润滑部位加够润滑油。

② 手动盘车，各运动部件应轻松灵活。

③ 试运转电气部分。为了确定电机旋转方向是否正确，可先摘下传动带或脱开万向节，使电机空转，经确认无误后再与主机连接。电机传动带应均匀受力、松紧适当。

④ 检查安全装置，保证正确可靠，制动和锁紧机构应调整适当。

⑤ 各操作手柄转动灵活，定位准确并将手柄置于“停止”位置上。

⑥ 试车中需高速运行的部件（如磨床的砂轮），应无裂纹和碰损等缺陷。

⑦ 清理装备部件运动路线上的障碍物。

(2) 空运转试验

空运转试验是为了考察装备安装精度的保持性、稳固性以及传动、操纵、控制、润滑和液压等系统是否正常和灵敏可靠。空运转应分步进行，由部件至组件，由组件至整机，由单机至全部自动线。启动时先“点动”数次，观察无误后再正式启动运转，并由低速逐级增加至高速。其试验检查内容如下。

① 各种速度的变速运行情况，由低速至高速逐级进行检查，每级速度运转时间≥2min。

② 各部位轴承温度。在正常润滑情况下，轴承温度不得超过设计规范或说明书规定。一般主轴滑动轴承及其他部位温度≤60℃（温升≤40℃）；主轴滚动轴承温度≤70℃，（温升≤30℃）。

③ 装备各变速箱在运行时的噪声≤85dB，精密装备≤70dB，不应有冲击声。

④ 检查进给系统的平稳性、可靠性，检查机械、液压、电气系统工作情况及在部件低速运行或进给时的均匀性，不允许出现爬行现象。

⑤ 各种自动装置、联锁装置、分度机构及联动装置的动作是否协调、正确。

⑥ 各种保险、换向、限位和自动停车等安全防护装置是否灵敏、可靠。

⑦ 整机连续空运转的时间应符合有关规定，其运转过程中不应发生故障和停机现象，自动循环的休止时间≤1min。

(3) 装备的负荷试验

装备的负荷试验主要是为了试验装备在一定负荷下的工作能力。负荷试验可按装备设计公称功率的25%、50%、75%、100%的顺序分别进行。在负荷试验中要按规范检查轴承的温升，液压系统的泄漏、传动、操纵、控制、自动和安全装置工作是否正常，运转声音是否正常。

(4) 装备的精度试验

在负荷试验后，按随机技术文件或精度标准进行加工精度试验，应达到出厂精度或合同规定要求。装备运行试验中，要做好以下各项记录，并对整个装备的试运转情况加以评定，作出准确的技术结论。

① 装备几何精度、加工精度检验记录及其他机能试验的记录。

② 装备试运转的情况，包括试车中对故障的排除。

③ 对无法调整及排除的问题，按性质归纳分类：属于装备原设计问题；属于装备制造质量问题；属于装备安装质量问题；属于调整中的技术问题等。

2.6.3 装备的安装调试与验收管理

2.6.3.1 装备的安装调试与验收管理的范围

① 经验收合格入库的外购装备安装；

② 经鉴定验收合格的自制装备安装；

③ 经大修理或技术改造后的装备安装；

④ 企业计划变动，生产对象或工艺布置调整等原因引起的装备处置。

2.6.3.2 装备安装工程计划的编制及实施程序

(1) 编制安装计划的依据

编制装备安装计划的依据主要有：企业装备规划，包括外购装备计划、自制装备计划、技措计划的装备部分、更新改造装备计划及工厂工艺布置调整方案等；安装人员数量、技术等级和实际技术水平；安装材料消耗定额、储备及订货情况；安装费用标准，安装工时定额。

(2) 装备安装计划的编制

① 根据装备规划，外购装备订货合同的交货期，自行设计制造、改造和大修理装备计划进度等，于每年 11 月份编制下年度上半年的装备安装计划，每年 5 月份编制下半年的装备安装计划。

② 根据安装计划估算工时、人员需要量及安装材料需要量，做出费用预算。

③ 根据安装计划，与使用部门及其他有关部门协调工程进度。

图 2-4 装备安装工作程序

④ 根据安装计划，提出外包工程项目、技术要求及费用核算（或审核承包单位提出的预算）。

⑤ 根据装备库存和实际到货情况等，按季、月编制安装工程进度表；人员、器具、材料及费用预算；施工图纸和技术要求。在预计开工日期之前一个月，下达给施工和使用部门作施工准备。

(3) 装备安装计划的实施

主管部门提出装备安装工程计划、安装作业进度及工作令号，经企业主管领导批准后由生产部门作为正式计划下达各有关部门执行。其流程如图 2-4 所示。

2.7 过程装备使用初期的管理与装备前期信息管理系统

2.7.1 装备使用初期的管理

装备使用初期的管理是指装备安装投产运转后初期使用阶段的管理，包括从安装试运转到稳定生产这一观察时期（一般为半年左右）内的装备调整试车、使用、维护、状态检测、故障诊断、操作人员培训、维修技术信息的收集与处理等全部管理工作。

加强装备使用初期的管理，是为了使投产的装备尽早达到正常稳定的良好状态，满足生产效率和质量的要求，同时可发现装备前半生管理中存在的问题，尤其是及时发现装备设计与制造中的缺陷和问题进行信息反馈，以提高新装备的设计质量和改进装备选型工作，并为今后的装备规划、决策提供可靠的依据。使用初期管理的主要内容有：

① 装备初期使用中的调整试车，使其达到原设计预期的功能；

② 操作工人使用维护的技术培训工作；

③ 对装备使用初期的运转状态变化进行观察、记录和分析处理；

④ 稳定生产、提高装备生产效率方面的改进措施；

⑤ 开展使用初期的信息管理，制订信息收集程序，做好初期故障的原始记录，填写装备初期使用鉴定书，调试记录等；

⑥ 使用部门要提供各项原始记录，包括实际开动台时、适用范围、使用条件，零部件损伤和失效记录，早期故障记录及其他原始记录等；

⑦ 对典型故障和零部件失效情况进行研究，提出改善措施和对策；

⑧ 对装备原设计或制造上的缺陷，提出合理化改进建议，采取改善性维修措施；

⑨ 对使用初期的费用与效果进行技术经济分析，并做出评价；

⑩ 对使用初期所收集的信息进行分析处理如下。

a. 属于装备设计、制造上的问题，向设计、制造单位反馈；

b. 属于安装、调试上的问题，向安装试车单位反馈；

c. 属于需采取维修对策的，向装备维修部门反馈；

d. 属于装备规划、采购方面的信息，向规划采购部门反馈并储存备用。

2.7.2 装备前期管理信息系统

装备前期管理中最关键的是设计或选型时的决策工作，这时称为前期管理的决策点。一旦决策错误，今后的损失就很难挽回。因此，前期管理务必要把住决策这一关，而搞好这项工作又首先要建立装备全寿命周期的系统管理，其中包括信息管理系统。装备寿命周期管理分成三环：一是自制装备前期管理环；二是外购装备前期管理环；三是后期装备使用维修的管理环。系统中表示了各种信息的反馈渠道。前期管理决策时要使用：初期及后期使用维修所提供的装备规划方面的信息；装备设计结构改进的信息；提高制造质量的信息。这些信息都包含了管理、技术、经济三方面的综合数据与动态。装备前期的信息管理是装备全寿命周期管理信息系统中的一个分支部分，它的信息来源有外来的和内部的，而主要是来自使用、维修部门的反馈。它直接为企业的设计、规划、采购单位提供可靠的情报，也可向外部制造厂或有关部门反馈信息。

2.7.2.1　信息管理工作的三个阶段

① 信息收集汇总。指各种情报、资料报表等文件的整理、分类、索引、登卡和装订、保管。

② 信息传递。有文件传递、图像传递、口头或通信传递等形式。

③ 信息的研究。各种文件和数据的整理、分析，以及各种运算和逻辑处理。

2.7.2.2　信息内容

(1) 科技信息

新装备使用的技术鉴定参数；国内外新装备情报和有关科技成就；先进的装备管理技术和经验。

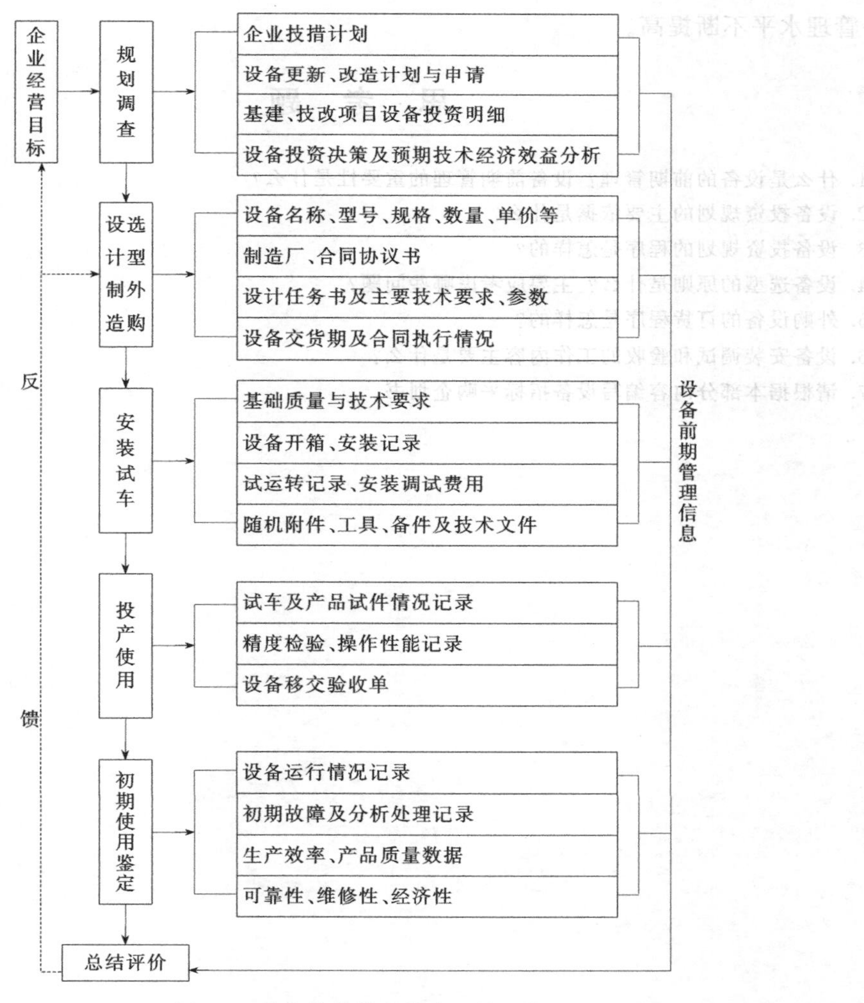

图 2-5　装备前期管理信息反馈系统

（2）经济信息

国内外装备市场信息，装备价格；装备投资效果经济分析；装备寿命周期费用的分析；企业装备原值、净值和固定资产占用税；装备折旧基金提取和更新资金；筹集资金的情报（国家、地方贷款或租赁办法）。

（3）生产作业信息

企业现有装备现状为装备规划提供的各种数据，包括装备已使用年限（役龄）；装备的利用率；装备故障停机率；生产效率；对产品质量影响程度；已大修次数；维修费用；装备劣化程度；安全环保要求和其他数据。

（4）行政文件

国家（主管部门）对企业的考核指标，装备管理的政策、法规、条例等行政文件以及上级机关和企业、供应商之间往来的其他文件、函件等。

2.7.2.3 信息反馈

装备前期的信息管理如图 2-5 所示。各阶段的各种原始凭证、数据和记录资料，经过收集、传递、整理、分析处理，建立起装备前期信息管理反馈系统。通过向内部和外部进行信息反馈，不断地进行计划——实施——记录分析——总结评价，形成良性的工作循环，促进装备管理水平不断提高。

思考题

1. 什么是设备的前期管理？设备前期管理的重要性是什么？
2. 设备投资规划的主要依据是什么？
3. 设备投资规划的程序是怎样的？
4. 设备选型的原则是什么？主要应考虑哪些问题？
5. 外购设备的订货程序是怎样的？
6. 设备安装调试和验收的工作内容主要是什么？
7. 请根据本部分内容编写设备招标采购企划书。

3 过程装备的资产管理

学习指导

【能力目标】

- 能够进行固定资产的计价和折旧；
- 能够编制装备卡片、装备台账，进行装备档案的建立和管理；
- 能够采用恰当的评估方法进行一般装备的价值评估。

【知识目标】

- 熟悉固定资产的有关知识；熟悉装备价值评估的基本知识；
- 熟悉装备分类、编号及重点装备选定与管理的有关知识；
- 熟悉装备封存、移装、调拨、出租、报废等动态管理的工作内容和制度；
- 熟悉装备库存管理的工作环节和内容。

装备资产是企业固定资产的主要组成部分，是进行生产的技术物质基础。这里所述装备资产管理，是指企业装备管理部门对属于固定资产的机械、动力装备进行的资产管理。要做好装备资产的管理工作，装备管理部门、使用单位和财会部门必须同心协力、互相配合。装备管理部门负责装备资产的验收、编号、维修、改造、移装、调拨、出租、清查盘点、报废清理、更新等方面的管理工作；使用单位负责装备资产的正确使用、妥善保管和精心维护，并对其保持完好和有效利用负直接责任；财会部门负责组织制订固定资产管理的责任制度和相应的凭证审查手续，严格贯彻执行，并协助各部门、各单位做好固定资产的核算工作。

装备资产管理的主要内容包括：生产装备的分类与资产编号；重点装备的划分与管理；装备资产管理的基础资料、装备资产动态的管理以及装备的库存管理等。

3.1 固定资产

3.1.1 固定资产计价

3.1.1.1 固定资产的定义

固定资产是指使用期限超过一年的房屋、建筑物、机器、机械、运输工具等以及其他与生产、经营有关的装备、器具、工具等。虽不属于生产、经营主要装备的物品但单位价值在2000元以上且使用期限超过两年的，也应当作为固定资产。而对作为固定资产管理的工具、器具等，作为低值易耗品核算。

(1) 固定资产应具备的条件

供企业长期使用，多次参加生产过程，价值分次转移到产品中去，并且实物形态长期不变的实物，并不都属于固定资产，满足下列条件的可称为固定资产。

① 使用期限超过一年的房屋及建筑物、机器、机械、运输工具以及其他与生产经营有关的装备、器具及工具等；

② 与生产经营无关的主要装备，但单位价值在2000元以上，并且使用期限超过两年的物品。

从上述条件可以看出，对与生产经营有关的固定资产，只规定使用时间一个条件，而对与生产经营无关的主要装备，同时规定了使用时间和单位价值标准两个条件。凡不具备固定资产条件的劳动资料，均列为低值易耗品。有些劳动资料具备固定资产的两个条件，但由于更换频繁、性能不够稳定、变动性大、容易损坏或者使用期限不固定等原因，也可不列作固定资产。固定资产与低值易耗品的具体划分，应由行业主管部门组织同类企业制订固定资产目录来确定。列入低值易耗品管理的简易装备，如砂轮机、台钻、手动压床等，装备维修管理部门也应建账管理和维修。

(2) 固定资产的特点

作为企业主要劳动资料的固定资产，主要有以下三个特点。

① 使用期限较长，一般超过一年。固定资产能多次参加生产过程而不改变其实物形态，其较少的价值随着固定资产的磨损逐渐地、部分地以折旧形式计入产品成本，并随着产品价值的实现而转化为货币资金，脱离其实物形态。随着企业再生产过程的不断进行，留存在实物形态上的价值不断减少，而转化为货币形式的价值部分不断增加，直到固定资产报废时，再重新购置，在实物形态上进行更新。这一过程往往持续很长时间。

② 固定资产的使用寿命需合理估计。由于固定资产的价值较高，它的价值又是分次转移的，所以应估计固定资产的使用寿命，并据以确定分次转移的价值。

③ 企业供生产经营使用的固定资产，以经营使用为目的，而不是为了销售。例如一个机械制造企业，其生产的零部件的机器是固定资产，生产完工的机器（准备销售的机器）则是流动资产中的成品。

(3) 固定资产的分类

为了加强固定资产的管理，根据财会部门的规定，对固定资产按不同的标准作如下分类。

① 按经济用途分类。有生产经营用固定资产和非生产经营用固定资产，生产经营用固定资产是指直接参加或服务于生产方面的在用固定资产；非生产经营用固定资产是指不直接参加或服务于生产过程，而在企业非生产领域内使用的固定资产。

② 按所有权分类。有自有固定资产和租入固定资产。在自有固定资产中又有自用固定资产和租出固定资产两类。

③ 按使用情况分类。有使用中、未使用、不需用的、封存的和租出的。

④ 按所属关系分类。有国家固定资产、企业固定资产、租入固定资产和工厂所属集体所有制单位的固定资产。

⑤ 按性能分类。有房屋、建筑物、动力装备、传导装备、工作机器及装备、工具仪器、生产用具、运输装备、管理用具、其他固定资产。

3.1.1.2 固定资产的计价

固定资产的核算，既要按实物数量进行计算和反映，又要按其货币计量单位进行计算和反映。以货币为计算单位来计算固定资产的价值，称为固定资产的计价。按照固定资产的计价原则对固定资产进行正确的货币计价，是做好固定资产的综合核算，真实反映企业财产和正确进行固定资产折旧的重要依据。

在固定资产核算中，分不同情况，使用以下计价项目。

(1) 原值

原值又称原始价值或原价，是企业在建造、购置某项固定资产达到可用状态前的一切合理的、必要的全部支出，包括建造费、购置费、运杂费和安装费等。它反映固定资产的原始投资，是计算折旧的基础。有以下六种情况：

① 外购的固定资产，按照实际支付的买价或售出单位的账面原价（扣除原安装成本）加上支付的运输费、保险费、包装费、安装成本费和缴纳的税金等计价。

② 自行建造的，按照建造过程中实际发生的全部支出计价。

③ 投资者投入的，按照评估确认的原值计价。

④ 融资租入的，按照租赁协议或者合同确定的价款加运输费、保险费、安装调试费等计价。

⑤ 接受捐赠的，按照发票账单所列金额加上由企业负担的运输费、保险费、安装调试费等计价。无发票账单的，按照同类装备市价计价。

⑥ 在原有固定资产基础上进行改扩建的，按照固定资产原价，加上改扩建发生的支出，减去改扩建过程中发生的固定资产变价收入后的余额计价。

(2) 重置价值

重置价值也称为重置完全价值或现时重置成本，它是指在当前的生产技术条件下重新购建同样的固定资产所需要的全部支出。按重置完全价值计价可以比较真实地反映固定资产的现时价值，一般在无法取得固定资产原始价值或需要对报表进行补充说明时可用重置完全价值代替原始价值作为固定资产的计价依据，但是这种方法缺乏可验证性，具体操作也比较复杂。如发现盘盈固定资产时，可以用重置完全价值入账。但在这种情况下，重置完全价值一经入账，即成为该固定资产的原始价值。

(3) 净值

净值也称折余价值，是指固定资产的原始价值或重置完全价值减去已折旧后的净额。固定资产净值可以反映企业一定时期固定资产尚未磨损的现有价值和固定资产实际占用的资金数额。将净值与原始价值相比，可反映企业当前固定资产的新旧程度。

3.1.2 固定资产折旧

固定资产折旧是企业会计核算过程中资产类别的一种科目，是固定资产在物质损耗过程中的价值转移。通常，人们把固定资产转移到企业生产成本和费用中去的那部分损耗价值称为固定资产折旧，简称“折旧”。企业为了保证固定资产再生产资金的来源，应将这部分价值从销售收入中及时提取出来，形成折旧基金，用于企业的固定资产更新和技术改造。

3.1.2.1 固定资产折旧的意义

合理而准确地计算提取折旧，对企业和国家具有以下意义和作用。

① 折旧是为了补偿固定资产的价值损耗，折旧基金为固定资产的适时更新和加速企业技术改造，促进技术进步提供资金保证。固定资产折旧资金是实现企业发展的必要条件，企业推进技术进步和技术更新的最可靠财源是利用固定资产折旧基金。

② 折旧费是产品成本的组成部分，正确计算提取折旧才能真实反映产品成本和企业利润，有利于正确评价企业经营成果。固定资产资金的管理是企业经济管理的重要内容，它的核算是否真实、准确，直接影响到企业盈亏。如果少计、少提折旧，会使产品成本虚降，企业盈利虚增。如果多计，多提折旧，又会人为地提高产品成本，缩小企业盈利，影响企业正常的积累与分配。

3.1.2.2 固定资产折旧提取的范围

(1) 应提取折旧的企业固定资产范围

① 房屋和建筑物；

② 在用的机器装备、仪器仪表、运输工具、工具器具；

③ 季节性停用，大修停用的固定资产；

④ 融资租入和以经营租赁方式租出的固定资产。

(2) 不提取折旧的企业固定资产范围

① 房屋、建筑物以外的未使用、不需用的固定资产；

② 以经营租赁方式租入的固定资产；

③ 已提完折旧继续使用的固定资产；

④ 按规定单独估价作为固定资产入账的土地。

3.1.2.3 固定资产折旧方法

固定资产折旧方法可以采用平均年限法、工作量法、年数总和法、双倍余额递减法等。根据国家有关规定，企业固定资产折旧的方法一般采用平均年限法和工作量法。化工生产企业的机器装备可以采用双倍余额递减法或年数总和法。企业按照上述规定，有权选择具体的折旧方法，并且在开始实行年度前报主管财政机关批准或备案。

(1) 平均年限法

平均年限法是指按固定资产使用年限平均计算折旧的一种方法。采用这种方法，固定资产在一定时期内计提折旧额的大小主要取决于两个基本因素，即固定资产的原值和预计使用年限。除此以外，也应考虑固定资产的残值收入和清理费用这两个基本因素。因此，平均年限法的固定资产折旧额可以用以下公式表示：

$$\text{固定资产年折旧额}=\frac{\text{固定资产原值}-(\text{预计残值收入}-\text{预计清理费用})}{\text{固定资产预计使用年限}}$$

$$=\frac{\text{固定资产原值}-\text{预计净残值}}{\text{固定资产预计使用年限}}$$

在实际工作中，为了反映固定资产在一定时间内的损耗程度和便于计算折旧，每月应计提的折旧额，一般是根据固定资产的原值乘以月折旧率计算确定的。固定资产折旧率是指一定时期内，固定资产折旧额与固定资产原值之比。其计算公式为：

$$\text{固定资产年折旧额}=\frac{1-\text{预计净残值率}}{\text{固定资产预计使用年限}}$$

由于财务核算往往以月度核算，因此常用月折旧率核算，故有：某项固定资产年（月）折旧额＝该项固定资产原值×年（月）折旧率。

在固定资产种类较多的企业，考虑各类固定资产预计使用年限相差明显，往往实行分类折旧率，分类计算平均折旧率，其计算公式为：

$$\text{某类固定资产年(月)折旧率}=\frac{\text{该类固定资产年(月)折旧额}}{\text{该类固定资产原值}}\times 100\%$$

综合折旧率 Z_R，是指按全部固定资产计算的年（月）平均折旧率，其计算公式为：

$$Z_R=\frac{\sum \text{各项固定资产原值}\times\text{各项固定资产年(月)折旧额}}{\sum \text{各项固定资产原值}}$$

(2) 工作量法

工作量法是指按固定资产所能工作的时数平均计算折旧的一种方法。常见的工作量法下的固定资产折旧额计算公式有：

① 按照行驶里程计算折旧的公式

$$单位里程折旧额=\frac{固定资产原值-预计净残值}{规定的总行驶里程}$$

② 按照工作小时计算折旧的公式

$$每工作小时折旧额=\frac{固定资产原值-预计净残值}{规定的总工作小时}$$

③ 按台班计算折旧的公式

$$每台班折旧额=\frac{固定资产原值-预计净残值}{规定的工作总台班数}$$

(3) 双倍余额递减法

双倍余额递减法是按双倍直线折旧率计算固定资产折旧的方法。在不考虑固定资产残值的情况下，用固定资产账面上每期期初的折余价值乘以双倍直线折旧率，计算确定各期的折旧额。其计算公式为：

$$年折旧额=期初固定资产账面折余价值\times双倍直线年折旧率$$

其中　双倍直线年折旧率＝2×(1/预计使用年限)×100%

由于双倍余额递减法不考虑固定资产的残值收入，因此在应用这种方法时，必须注意这样一个问题，即不能使固定资产的账面折余价值降低到它的预计残值收入以下。为了便于企业使用这一折旧方法，简化核算手续，有关制度规定：实行双倍余额递减法的固定资产，应当在其固定资产折旧年限到期前两年内，将固定资产净值扣除预计净残值后的净额平均摊销。

(4) 年数总和法

年数总和法也称为折旧年限积数法或积数递减法。它是将固定资产的原值减去残值后的净额乘以一个逐渐递减的分数，计算确定固定资产折旧额的方法。其折旧率的计算公式为：

$$年折旧率=\frac{折旧年限-已使用年限}{折旧年限\times(折旧年限+1)/2}\times100\%$$

3.1.2.4　计提折旧的方式

① 单项折旧。即按每项固定资产的预定折旧年限或工作量定额分别计提折旧，适用于按工作量法计提折旧的装备和当固定资产调拨、调动和报废时分项计算已提折旧的情况。

② 分类折旧。即按分类折旧年限的不同，将固定资产进行归类，计提折旧。这是我国目前要求实施的折旧方式。

③ 综合折旧。即按企业全部固定资产综合折算的折旧率计提总折旧额。这种方式计算简便，其缺点是不能根据固定资产的性质、结构和使用年限采用不同的折旧方式和折旧率。过去我国大部分企业采用此方法计提折旧。

3.2 装备分类、编号与重点装备的划分

3.2.1 装备分类与资产编号

按装备在生产中的用途，一般分成生产装备和非生产装备，它与企业的经济效益直接相关。非生产装备不直接生产产品，如基本建设、行政部门、生活福利部门、基建部门所管理和使用的装备。

生产装备可分成主要生产装备和非主要生产装备。按工作类型划分装备还可分成机械装备和动力装备。在原机械工业部颁发的《装备统一分类和编号目录》中，将机械和动力装备分成10大类，见表3-1。每一大类又分成10小类，如金属切削机床分类，见表3-2。每一小类又分成10组。人们通常还习惯将装备按用途、重量等分类，分成通用或专用、轻型或重型等。

表3-1　机械和动力装备分类

分类		名称
机械装备	0类	金属切削装备
	1类	锻压装备
	2类	起重装备
	3类	木工制造装备
	4类	专业机械装备
	5类	其他机械装备
动力装备	6类	动能发生装备
	7类	电器装备
	8类	工业炉窑
	9类	其他动力装备

表3-2　金属切削机床分类

分类	名称	分类	名称
0类	数控切削机床	5类	齿轮加工及螺纹加工机床
1类	车床	6类	铣床
2类	钻、镗床	7类	刨、插、拉床
3类	钻磨机床	8类	切削机床
4类	联合及组合机床	9类	其他金属切削机床

属于固定资产的装备，其编号由两段数字组成，两段之间为一横线。表示方法如图3-1所示。

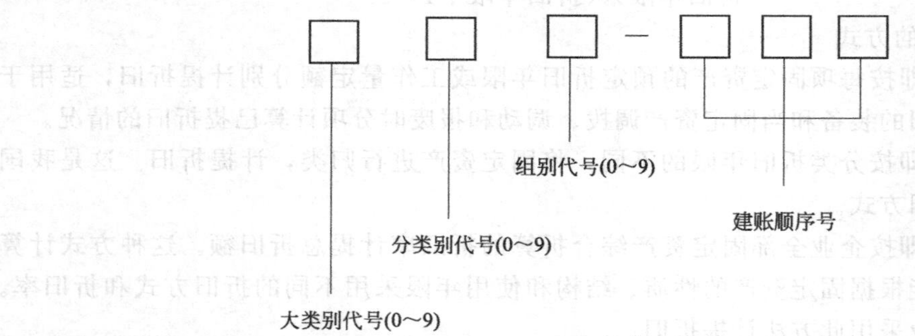

图3-1　装备编号方法

对列入低值易耗品的简易装备，亦按上述方法编号，但在编号前加“J”字，如砂轮机编号J033—005；小台钻编号J020—010等。对于成套装备中的附属装备，如由于管理的需要予以编号时，可在装备的分类编号前标以“F”。

3.2.2　主要装备、大型装备、精密装备的划分

为了分析企业拥有的装备的技术性能和在生产中的地位，明确企业装备管理工作的重点对象，使装备管理工作能抓住重点、统筹兼顾，以提高工作效率，可按不同的标准从全部装备中划分出主要装备、大型精密装备等作为装备维修和管理工作的重点。

（1）主要装备

根据国家统计局现行规定，凡复杂系数在5个以上的装备称为主要装备，该装备将作为装备管理工作的重点。例如装备管理的某些主要指标完好率、故障率、装备建档率等，均只考核主要装备。需要说明的是，企业在划分主要装备时，可根据本企业的生产性质，不能绝对地以5个复杂系数为标准。

（2）大型和精密装备

机器制造企业将对产品的生产和质量有决定性影响的大型、精密装备列为关键装备。

大型装备：包括卧式、立式车床、加工件在 ϕ1000mm 以上的卧式车床、刨削宽度在1000mm以上的单臂刨床、龙门刨床等以及单台装备在10t以上的大型稀有机床。具体可参阅《装备管理手册》中的大型、重型稀有、高精度装备标准表。

精密装备：具有极精密机床元件（如主轴、丝杠等），能加工高精度、小表面粗糙度值产品的机床，如坐标镗床、光学曲线磨床、螺纹磨床、丝杠磨床、齿轮磨床，加工误差≤0.002mm/1000m 和圆度≤0.001mm 的车床，加工误差≤0.001mm/1000m 和圆度≤0.0005mm 及表面粗糙度 *Ra* 值在0.02～0.04mm 以下的外圆磨床等，具体可参阅《装备管理手册》。

3.2.3　企业重点装备的选定与管理

确定大型、精密装备时，不能只考虑装备的规格、精度、价格、质量等固有条件而忽视了装备在生产中的作用。各企业应根据本单位的生产性质、质量要求、生产条件等评选出对产品产量、质量、成本、交货期、安全和环境污染等影响大的装备，划分出重点装备，作为维修和管理工作的重点。

列为精密、大型的装备，一般都可列入重点装备。重点装备选定的依据，主要是生产装备发生故障后和修理停机时对生产、质量、成本、安全、交货期等诸多方面影响程度与造成的损失的大小。具体依据如表3-3所示。

表3-3　重点装备的选定依据

影响关系	选定依据	影响关系	选定依据
生产	1. 关键工序的单一关键装备 2. 负荷高的生产专用装备 3. 发生故障影响生产面大的装备 4. 故障频繁经常影响生产的装备 5. 负荷高并对均衡生产影响大的装备	成本	1. 台时价值高的装备 2. 消耗能力能源大的装备 3. 修理停机对产量产值影响大的装备
		安全	1. 出现故障或损坏后严重影响人身安全的装备 2. 对环境保护及作业有严重影响的装备
质量	1. 精加工关键装备 2. 质量关键工序无代用的装备 3. 装备因素影响工序能力指数CP值不稳定或很低的装备	维修性	1. 装备维修复杂程度高的装备 2. 备件供应困难的装备 3. 容易出故障、出故障不好修理的装备

重点装备在管理上具体应做到：

① 建立重点装备台账，做到资料齐全。重点装备的备件图册力求准确、齐全，备件图册的满足率应高于企业备件率的平均水平。

② 重点装备应列为贯彻区域维修责任制的考核重点，加强日常点检和巡回检查，实行定期精度检查并做好记录。

③ 严格执行定人定机，凭证操作使用装备；操作人员应保持相对稳定，操作人员必须严格执行工艺规程和操作规程。

④ 积极采用装备状态监测和诊断技术。

⑤ 合理润滑，用油必须抽样化验并符合要求。

⑥ 强制实行三级保养。

⑦ 对大型、特殊和价值较高的备件应作专款储备，国内不能满足的进口备件应在外汇上给予保证。

⑧ 要加强对重点装备的操作、维修人员的技术培训。

⑨ 对重点装备的各项考核指标与奖惩金额应高于一般装备。

3.3 装备资产的基础资料管理

3.3.1 装备资产卡片

装备资产卡片是装备资产的凭证，在装备验收移交生产时，装备管理部门和财会部门均应建立单台装备的固定资产卡片，登记装备的资产编号、固有数据及变动情况记录，并按使用保管单位（车间、科室、班组等）的顺序建卡片册。随着装备的调动、调拨、新增和报废，卡片位置可以在卡片册内调整、补充或抽出注销。卡片式样见表 3-4。

表 3-4 装备卡片

<table>
<tr><td colspan="4">轮廓尺寸:长　宽　高</td><td colspan="3">质量/t</td></tr>
<tr><td>国别:</td><td colspan="3">制造厂:</td><td colspan="3">出厂编号:</td></tr>
<tr><td rowspan="9">附属装置</td><td>名称</td><td>型号规格</td><td>数量</td><td colspan="3">出厂年月</td></tr>
<tr><td></td><td></td><td></td><td colspan="3"></td></tr>
<tr><td></td><td></td><td></td><td colspan="3">投产年月</td></tr>
<tr><td></td><td></td><td></td><td colspan="3"></td></tr>
<tr><td></td><td></td><td></td><td colspan="3">分类折旧年限</td></tr>
<tr><td></td><td></td><td></td><td colspan="3"></td></tr>
<tr><td></td><td></td><td></td><td colspan="3">修理复杂系数</td></tr>
<tr><td></td><td></td><td></td><td>机</td><td>电</td><td>热</td></tr>
<tr><td></td><td></td><td></td><td></td><td></td><td></td></tr>
<tr><td>资产原值</td><td colspan="2">资金来源</td><td colspan="2">资产所有值</td><td colspan="2">报废时净值</td></tr>
<tr><td>资产编号</td><td colspan="2">装备名称</td><td colspan="2">型号</td><td colspan="2">精、大、稀、关分类</td></tr>
</table>

3.3.2 装备台账

装备台账是反映企业装备资产状况、企业装备拥有量及其变动情况的主要依据。一般有两种编制形式：一种是装备分类台账，以《装备统一分类及编号目录》为依据，按类组代号分页，按资产表号顺序排列，可便利新增装备的资产编号和分类分型号的统计；另一种是按装备使用部门顺序排列编制使用单位的装备台账，这种形势有利于生产和装备维修计划管理和进行装备清点。以上两种台账分别汇总，构成企业装备总台账。这两种台账可以采用同一种形式，参见表 3-5 所列的基本内容（不同行业可对表格形式进行适当调整）。

凡是高精密、大型、重型、稀有与进口的生产装备均应另行分别编制台账。有的还要按各产业部门的规定上报主管部、局。

表 3-5 装备台账

序号	资产编号	设备名称	型号	精、大、稀、关	复杂系数			配套电机		总量/t	制造厂(国)	制造年月	验收年月	安装地点	分类折旧年限	设备年值/元	进口设备合同号	随机附件数	备注
			规格		机	电	热	/台	/kW	轮廓尺寸	出厂编号	进厂年月	投产年月						

建立装备台账，必须先建立和健全装备的原始凭证，如装备的验收移交单、调拨单、报废单等，依据这些原始单据建立和登载各种装备台账。按财务管理规定，企业在每年末应由财会部门、装备使用部门和装备管理部门一起对装备资产进行清点，要求做到账、账相符，账、卡、物相符。要及时了解装备资产的动态，为清点装备、进行统计和编制维修计划提供依据，以提高装备资产的利用率。

装备统计应按国家统计局与国家各产业部门的规定和企业部门管理的需要，定期进行装备统计工作。通常包括下列统计项目。

① 国家统计局统计报表。由企业装备管理部门于每年初填写上半年末的统计数据交计划部门归口上报省与国家统计局及企业的主管部、局。

② 国家各产业部门装备统计报表。应该按企业部门规定及时上报部、局。

③ 企业装备管理部门的统计报表。一般有：按装备类别型号统计报表，按部门的装备统计报表，按装备役龄的统计报表，按装备复杂程度的统计报表，按装备技术状态的统计报表，维修及修理工作量的统计报表，维修用的统计报表，装备故障、事故的统计报表等。这些都要根据企业的具体情况而定。

3.3.3 装备档案

装备档案是指装备从规划、设计、制造、安装、调试、使用、维修、改造、更新直至报废的全过程中形成的图纸、文字说明、凭证和记录等文件资料，通过不断收集、整理、鉴定等归档建立的装备档案。它对企业搞好装备管理工作可发挥重要作用。

企业装备管理部门要为每台主要生产装备建立装备档案。对精密、大型（重型）、稀有、关键（精、大、稀、关）装备或重要进口装备以及起重装备、压力容器等的装备档案要作为重点管理。

3.3.3.1 装备的档案内容项目

① 装备制造完成后形成的内容。包括装备结构图、出厂合格证、出厂精度性能检验记录，装备易损件清单及零件图，装箱单及随机附件与工具、装备使用说明资料和安装图等。

② 装备投入试运行的内容。包括装备安装记录，试车验收记录，装备竣工图，装备备件目录及消耗与库存预测定额，装备使用、维护、检修规程等。属特种监控装备须有检测记录。

③ 装备正常服役期的内容。包括装备日常运转情况记录，技术性能参数和精度定期测试记录，装备各类修理及更换零件的竣工验收记录，装备修理费用及主要能耗与材耗记录，

装备结构或零件更改、改造、增减记录，装备事故报告记录和装备运行趋向分析，装备利用、停用、封存与启封记录。

3.3.3.2 装备档案的管理

装备档案资料按每台单机整理，存放在装备档案袋内，档案编号应与装备编号一致。装备档案袋由装备动力管理维修部门的装备管理员负责管理，保存在装备档案柜内，按编号顺序排列，定期进行登记和资料入袋工作。要求做到：

① 明确装备档案管理的具体负责人，不得处于无人管理状态；

② 明确纳入装备档案的各项资料的归档路线，包括资料来源、归档时间、交接手续、资料登记等；

③ 明确定期登记的内容和负责登记的人员；

④ 明确装备档案的借阅管理办法，防止丢失和损坏；

⑤ 明确重点装备的装备档案，做到资料齐全、登记及时准确。

3.3.4 装备统计

装备统计应按国家统计局与国家各产业部门的规定和企业内部管理的需要，定期进行设备统计工作。通常包括下列统计项目。

① 国家统计局统计报表。国家统计局现行规定的统计报表暂有两种：

a.《主要专业生产装备》；

b.《金属切削机床及锻压装备》。

上述由企业装备管理部门于每年初填写上半年末的统计数据交计划部门归口上报省与国家统计局及企业的主管部、局。

② 国家各产业部门装备统计报表。应按各企业部门规定及时上报部、局。

③ 企业装备管理部门的统计报表。一般有：按装备类别型号统计报表，按部门的装备统计报表，按装备役龄的统计报表，按装备复杂程度的统计报表，按装备技术状态的统计报表，维修及修理工作量的统计报表，维修费用的统计报表，装备故障、事故的统计报表等。这些都要根据企业的具体情况而定。

3.4 装备的库存管理

装备库存管理包括装备到货入库管理、闲置装备退库管理、装备出库管理以及装备仓库管理等。

3.4.1 新装备到货入库管理

新装备到货入库管理主要掌握以下环节。

① 开箱检查。新装备到货三天内，装备仓库必须组织有关人员开箱检查。首先取出装箱单，核对随机带来的各种文件、说明书与图样、工具、附件及备件等数量是否相符；然后查看装备状况，检查有无磕碰损伤、缺少零部件、明显变形、尘沙积水、受潮锈蚀等情况。

② 登记入库。根据检查结果如实填写装备开箱检查入库单，见表3-6。

③ 补充防锈。根据装备防锈状况，对需要经过清洗重新涂防锈油的部位进行相应的处理。

④ 问题查询。对开箱检查中发现的问题，应及时向上级反映，并向发货单位和运输部门提出查询，联系索赔。

表 3-6　装备开箱检查入库单

检查日期　　年　　月　　日　　　　　　　　　　　　　　　　检查编号：

发送单位及地点			运单号或车皮			
发货日期		年　月　日	到货日期		年　月　日	
到货箱编号						
每箱体积(长×宽×高)						
每箱标重	毛					
	净					
制造厂家			合同号			
装备名称			型号规格			
台数			出厂编号			
附件清点	名称	件数	名称	件数	名称	件数
单据文件	装箱单	检验单		合格证件		
	说明书	安装图		备件图		
缺件检查		待处理问题				
技术状况检查		待处理问题				
备注		其他参与人员名单		保管员签字		检查员签字

⑤ 资料保管与到货通知。开箱检查后，仓库检查员应及时将装箱单随机文件和技术资料整理好，交仓库管理员登记保管，以供有关部门查阅，并于装备出库时随装备移交给领用单位的装备部门。对已入库的装备，仓库管理员应及时向有关装备计划调配部门报送装备开箱检查入库单，以便尽早分配出库。

⑥ 装备安装。装备到厂时，如使用单位现场已具备安装条件，可将装备直接送到使用单位安装，但入库检查及出库手续必须照办。

3.4.2　闲置装备退库管理

闲置装备必须符合下列条件，经装备管理部门办理退库手续后方可退库：

① 属于企业不需要的装备，而不是待报废的装备；

② 经过检修达到完好要求的装备，需用单位领出后即可使用；

③ 经过清洗防锈达到清洁、整齐；

④ 附件及档案资料随机入库；

⑤ 持有计划调配部门发给的入库保管通知单。

对于退库保管的闲置装备，计划调配部门及装备库均应专设账目，妥善管理，并积极组织调剂处理。

3.4.3　装备出库管理

装备计划调配部门收到装备仓库报送的装备开箱检查入库单后，应立即了解使用单位的装备安装条件。只有在条件具备时，方可签发装备分配单。使用单位在领出装备时，应根据装备开箱检查入库单做第二次开箱检查，清点移交；如有缺损，由仓库承担责任，并采取补救措施。

如装备使用单位安装条件不具备，则应严格控制装备出库，避免出库后存放地点不合适而造成装备损坏或部件、零件、附件丢失。

新装备到货后，一般应在半年内出库安装交付生产使用，越快越好，使装备及早发挥效能，创造经济效益。

3.4.4　装备仓库管理

① 装备仓库存放装备时要做到：按类分区，摆放整齐，横向成线，竖向成行，道路畅通，无积存垃圾、杂物，经常保持库容清洁、整齐。

② 仓库要做好十防工作：防火种、防雨水、防潮湿，防锈蚀、防变形、防变质，防盗窃，防破坏，防人身事故，防装备损伤。

③ 仓库管理人员要严格执行管理制度，支持三不收发，即：装备质量有问题尚未查清且未经主管领导做出决定的，暂不收发；票据与实物型号规格数量不符未经查明的，暂不收发；装备出、入库手续不齐全或不符合要求，暂不收发。要做到账卡与实物一致，定期报表准确无误。

④ 保管人员按装备防锈期向仓库主任提出防锈计划，组织人力进行清洗和涂油。

⑤ 装备仓库按月上报装备出库月报，作为注销库存装备台账的依据。

3.5　装备资产的动态管理

3.5.1　闲置装备的封存与处理

闲置装备是指过去已安装验收并投产使用而目前生产和工艺上暂时不需用的装备。它在一定时期内不仅不能为企业创造价值，而且占用生产场地，占用固定资金，消耗维护费用，成为保管单位的负担。因此，企业要设法把闲置装备及早利用起来，确实不需用的要及时处理给需用的单位，工厂装备连续停用三个月以上可进行封存。封存分原地封存和退库封存，一般以原地封存为主。对于封存的装备要挂牌，牌上注明封存日期。装备的封存与启用，均需由使用部门向企业装备主管部门提出申请，填写封存申请单，经批准后生效。封存一年以上的装备应作闲置装备处理。工厂闲置装备分为可供外调与留用两种，由企业装备管理部门定期向上级主管机关报闲置装备明细表。装备封存后必须做好装备防尘、防锈、防潮工作，封存时应切断电源、放净冷却水、并做好清洁保养工作。其零、部件与附件均不得移作他用，以保证装备的完整，严禁露天存放。表 3-7 所示为装备封存申请表，表 3-8 所示为闲置装备明细表。

表 3-7　装备封存申请表

装备编号		装备名称		型号规格	
用途	专用　通用	上次修理类别及日期		封存地点	
封存开始日期		年　月　日		预计启动日期	年　月　日
申请封存　理由					
技术状态					
随机附件					
财会部门签收	主管厂长或总工程师批示		装备动力部门意见		生产计划部门意见
封存审批					
启动审批					
启动日期及理由：					

使用、申请单位：　　主管：　　经办人：　　年　月　日

注：此表一式四份，使用和申请单位生产计划部门、技术发展部门、装备动力部门、财会部门各一份。

表 3-8　闲置装备明细表

填报单位

年　月　日

序号	资产编号	装备名称	型号	规格	制造国及厂名	出厂年月	使用车间	原值/元	净值/元	技术状况	处理意见	处理意见	备注

分管厂长　　　　财会部门　　　　装备动力部门　　　　技术发展部门　　　　填表人

注：此表一式四份，报上级主管部门一份，技术发展部门、装备动力部门和财会部门各一份。

3.5.2　装备的调拨和移装

装备调拨是指企业相互间的装备调入和调出。双方应按装备分级管理的规定办理申请调拨审批手续，只有在收到主管部门发出的装备调拨通知单后，方可办理交接。装备资产的调拨有无偿调拨（目前趋向消亡）与有偿调拨。上级主管部门确定为无偿调拨时，调出单位填明调拨装备的资产原值和已提折旧，双方办理转账和卡片转移手续；确定为有偿调拨时，通过双方协商，经过资产评估合理作价，收款后办理装备出厂手续，调出方注销资产卡片。调拨装备的同时，所有附件、专用备件、图册及档案资料等，应一并移交调入单位，调入单位应按价付款。凡装备调往外地时，装备的拆卸、油封、包装托运等，一般由调出企业负责，其费用由调入企业支付。

装备的移装是指装备在工厂内部的调动或安装位置的移动。凡已安装并列入固定资产的装备，车间不得擅自移动和调动，必须有工艺部门、原使用单位、调入单位及装备管理部门会签的装备移装调动审定单（表 3-9）和平面布置图，并经分管厂长批准后方可实施。装备动力部门每季初编制装备变动情况报告表（表 3-10），分送财会部门和上级主管部门，作为资产卡片和账目调整的依据。

表 3-9　装备移装调动审定单

装备编号		装备名称		原安装地点		车间	班组
装备型号		规格		移装后地点		车间	班组
移装调动原因							
移装后平面布置图及有关尺寸简图							
分管厂长审批	装备动力部门意见	生产计划部门意见	技术部门意见	移入单位 经办人 主管		原在单位 经办人 主管	

表 3-10　装备变动情况报告表

序号	装备编号	装备名称	型号规格	变动类别				凭证号	变动日期	原在单位	调入单位	备注
				移装	调拨	新增	报废					

3.5.3　装备的借用与租赁

（1）装备借用

凡企业因生产协作、联营等原因需借出或借入装备时，应办理正式的手续或合同。经生产计划部门和装备管理部门及财务部门签署意见后报主管厂领导批准后实施。

批准借出或借入的装备，由装备管理部门办理借用合同或协议书，并监督协议的执行。对借用装备，借出单位照提折旧费，借入单位按期向借出单位缴纳相应的折旧费和议定的借用费。借用装备的日常维修和计划预修一般可由借入单位负责。需要长期借用的装备最好办理调拨和资产转移手续，以便管理。

(2) 装备租赁

装备租赁是我国近些年逐步推行的一种新的装备投资方式。这种方式既能节省装备投资、避免技术落后的风险，又能达到增加装备能力的目的，具有引进资本和先进技术的双重作用。

装备的租赁按协议和合同执行。一般情况下，租赁装备的维修由出租单位（例如租赁公司或机电公司等）负责，而承租单位所付的租金已包括装备维修费用。

3.5.4 装备租赁的经济性分析

由于装备的大型化、精密化、电子化等原因，装备的价格越来越昂贵。为了节省装备的巨额投资，租赁装备是一个重要的途径。同时，由于科学技术的迅猛发展，装备更新的速度也普遍大大加快，为了避免所购置装备面临技术落后而带来的风险，也适宜采用租赁装备的方式。

装备租赁是装备的使用单位向装备所在单位（如租赁公司等）租借，并付给一定的租金，在租借期内享有使用权，而不变更装备所有权的一种交换形式。

对于使用装备的单位来说，装备租赁具有以下的主要优点：

① 减少装备投资。减少固定资金的占有，改变“大而全”、“小而全”的不正常状况，对季节性强、临时性使用装备（如仪器、仪表等）采用租赁方式更有利。

② 避免技术落后的风险。当前科技发展日新月异，装备更新换代很快，装备技术寿命大大缩短。使用单位自购装备而利用率又不高，装备技术落后的风险很大。租赁则可解决这个问题。当出现新型装备后，则可以把旧型号及时调换成新型号，以保证装备为最新水平。

③ 减少维修使用人员的配备和维修费用的支出。一般租赁合同规定，租赁装备的维修工作由租赁公司（或厂家）负责，当然维修费用已包含在租金中。这样，用户可以保证得到较好的技术支持和技术服务，同时也减少了投入维修工作的人力、物力和精力。

④ 缩短企业建设时间。租赁方式可以争取时间，而时间价值带来的经济效益相当于积累资金的购买方式的十几倍。

⑤ 租赁方式手续简便，到货迅速，有利于经济核算。租赁单台装备租赁费可列入成套费用。由于租赁装备到货快，但支付租金却要慢得多，通常是使用 6 个月才支付第一次租金。所以，从经济核算角度看是有利的。

⑥ 免受通货膨胀之害。由于国际性通货膨胀而引起的产品装备价格不断上升，几乎形成了规律。而采用租赁方式，由于租金规定在前，支付在后，并且在整个租赁期内是固定不变的，所以，用户不受通货膨胀的影响。

当然，租赁方式也有其弊端，主要是装备租赁的累计费用比购买时所花费的要高，特别是在使用装备效果不理想的情况下，支付租金可能成为沉重的负担。

装备租赁作为国际业务还是一项新兴的业务。近年来，租赁业务的规模越来越大。租赁时间一般为 3～5 年，个别大型装备还可达 20 年左右。

日本把装备租赁列为“未来产业”之一，并预见它是具有发展前途的重要行业。美国装备租赁行业已相当发达。早在 20 世纪 80 年代美国装备租赁的营业额估计已经达到 267 亿美元，相当于当年装备投资总额的 17%，极为可观。

通常租赁对象主要是生产装备，也包括运输装备、建筑机械、采油和矿山装备、通信装备、精密仪器、办公用装备甚至成套的工业装备和服务装备等。

装备租赁的方式主要有以下两种。

① 运行租赁。即任何一方可以随时通知对方，在规定时间内取消或中止租约。临时使用的装备（如车辆、计算机、仪器等）通常采用这种方式。

② 财务租赁。即双方承担确定时期的租借和付费义务，而不得任意中止或取消租约。贵重的装备（如车皮、重型施工装备等）宜采用此种方式。

采用装备租赁方案，租赁费可以直接进入成本，其现金流量为：

现金流量＝(销售收入－作业成本－租赁费)－(销售收入－作业成本－租赁费)×税率

而在相同条件下，购置装备方案的现金流量为：

现金流量＝(销售收入－作业成本－已发生的装备购置费)－(销售收入－作业成本－折旧费)×税率

比较以上两式，可以看出：

① 当租赁费等于投资回收费用（即年合同额费用），区别仅在于税金的大小；

② 当采用直线折旧法折旧时，租赁费高于折旧费，因此所交纳的税金较少，对使用者有利。

3.5.5　装备报废

装备由于严重的有形或无形损耗，不能继续使用而退役，称为装备报废。装备报废关系到国家和企业固定资产的利用，必须尽量做好挖潜、革新、改造工作。在装备确实不能利用，具有下列条件之一时，企业方可申请报废已超过规定使用年限的老旧装备：主要结构和零部件已严重磨损，装备效能达不到工艺最低要求，无法修复或无修复改造价值；因意外灾害或重大事故受到严重损坏的装备，无法修复使用；严重影响环境，继续使用将会污染环境，引发人身安全与危害健康；进行修复改造不经济；因产品换型，工艺变更而淘汰的专用装备，不宜修改利用；技术改造和更新替换出的旧装备，不能利用或调出；按国家能源政策规定应予淘汰的高耗能装备。装备的报废需按一定的审批程序，具体如图 3-2 所示。

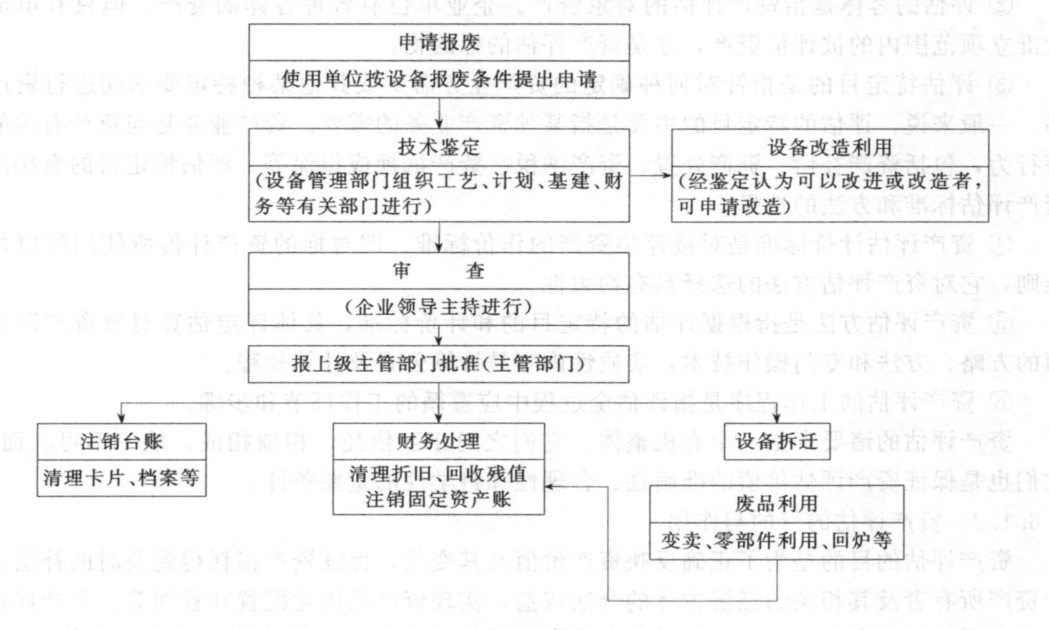

图 3-2　装备报废程序

报废后的装备可根据具体情况作如下处理。

① 通常报废装备应从生产现场拆除，使其不良影响减少到最低程度。同时做好报废装备的处理工作，做到物尽其用。

② 一般情况下，报废装备只能拆除后利用其部分零部件。不应再作价外调，以免落后、陈旧、淘汰的装备再次投入社会使用。

③ 由于发展新产品或工艺进步，某些装备在本企业不宜使用，但尚可提供给外企业使用，这种需提前报废的装备，应向上级主管部门和国有资产管理部门提出申请，核准后予以报废。

④ 装备报废后，装备管理部门应将批准的装备报废单送交财会部门注销账卡。

⑤ 企业出租转让和报废装备所得的收益，必须用于装备更新和改造。

3.6 装备价值评估

3.6.1 资产评估的含义、目的和对象

3.6.1.1 资产评估的含义

资产评估是指对资产价格的评定和估计，是通过对资产某一时点价值的估算，确定其价值（价格）的经济活动。具体地说，资产评估是指由专门机构和人员，依据国家的规定和有关资料，根据特定的目的，遵循适用的原则和标准，按照法定的程序，运用科学的方法，对资产进行评定和估价的过程。资产评估作为一个系统，主要由六大基本要素构成：即资产评估的主体、客体、特定目的、程序、计价标准和方法。

① 评估的主体是指资产评估由谁来承担，包括评估的操作主体和管理主体。评估操作主体应当是具有资产评估资格的评估机构法人主体，评估管理主体则是国家授权的资产评估管理机关，是资产评估工作得以进行的重要保证。

② 评估的客体是指资产评估的对象资产。企业单位有各种各样的资产，但只有申请并批准立项范围内的被评估资产，才是资产评估的标的物。

③ 评估特定目的是指针对何种确定的资产业务需要或其他某种特定要求而进行资产评估。一般来说，评估的特定目的主要是指某种资产业务的需要。资产业务是与资产有关的经济行为，包括资产补偿、资产处置、资产纳税、资产抵押或担保等，评估特定目的直接决定资产评估标准和方法的选择。

④ 资产评估计价标准是对被评估资产的作价标准，即对标的资产计价所使用的口径或准则，它对资产评估方法的选择具有约束性。

⑤ 资产评估方法是指根据评估的特定目的和计价标准，具体评定估算对象资产评估价值的方略、方法和专门操作技术，实质性内容是计算公式及计算规程。

⑥ 资产评估的工作程序是指评估全过程中应遵循的工作环节和步骤。

资产评估的诸要素是一个有机整体，它们之间相互依托，相辅相成，缺一不可。而且，它们也是保证资产评估价值的准确性、合理性和科学性的重要条件。

3.6.1.2 资产评估的目的与作用

资产评估的目的是为了正确反映资产价值及其变动，保证资产损耗得到及时的补偿，维护资产所有者及其相关的经济主体的合法权益，实现资产的优化配置和管理等。资产评估的作用主要在于为资产交易双方提供待交易资产的价值估计与价格咨询，或为企业体制变动、

关停并转与经营承包提供资产价值咨询。在不同的社会制度与经营环境下，其作用虽基本相似但亦存在一些区别。

在我国社会主义市场经济中，资产评估则为下述七个目标提供服务：服务于中外合资企业的建立；服务于国有企业的股份制改组及股票上市工作；服务于企业的兼并、联营、承包租赁中的产权变动行为；服务于单项资产的转让和投资；服务于银行的抵押贷款业务和保险公司的保险业务；服务于任期承包中资产保值、增值方面的审计工作；服务于破产企业的资产核定清算工作。

3.6.1.3　资产评估的适用范围和对象

(1) 资产评估的范围

在市场经济条件下，资产业务多种多样，其性质各不相同，因而决定了资产评估范围很广。从实际情况看，下列经济行为一般应进行资产评估。

① 建立中外合资经营或合作的企业时，对资产权益双方的资产需要进行评估；

② 资产所有权转让行为的资产评估，如股份制经营和企业兼并、合并、联合等；

③ 资产所有权出让行为的资产评估，如承包经营与租赁经营；

④ 破产清算或结业清算等清算性质的评估；

⑤ 其他经济行为（抵押贷款、破产清算、经济担保、经营评价、参加保险、抵股出售、经营机制转换、购置国外机器装备及专利技术）中的资产评估。

(2) 资产评估的对象

资产评估对象是指被评估的资产，即资产评估的客体。

① 按资产的存在形态分类。按被评估的资产的存在形态分类，可以分为有形资产和无形资产两类。

a. 有形资产是指具有具体实体形态的资产，包括固定资产、流动资产、其他资产和自然资源等。

b. 无形资产是指能够长期使用，但没有物质实体存在，而以特殊权利或技术知识等形式存在，能为拥有者带来收益的资产，一般可分为两类：可确知的无形资产（如专利权、专用技术、生产许可证、特殊经营权、租赁权、土地使用权、资源勘探和开采权、计算机软件、商标等）和不可确知的无形资产（如商誉权）。

② 按资产的综合获利能力分类。按资产是否具有综合获利能力分类，可以分为单项资产和整体资产。

a. 单项资产是指单台、单件的资产；

b. 整体资产是指由一组单项资产组成的具有获利能力的资产综合体。如一个企业、一个车间或一个无形资产的综合体。

3.6.2　装备价值评估的原则和特点

装备价值评估即装备资产评估，应遵循资产评估的基本原则，它是规范评估行为和业务的准则。

3.6.2.1　装备价值评估的原则

(1) 评估的工作原则

① 独立性原则要求装备资产评估摆脱被评估资产各方当事人利益的影响。评估机构是独立的社会公正性机构，评估工作应始终依据国家规定的政策和可靠的数据资料独立进行操作，做出独立的评定。

② 客观性原则要从实际出发，认真进行调查研究，在使用可观可靠的资料的基础上，

采用符合实际的标准和方法，得出合理可信、公正的评估结论。

③ 科学性原则。指在具体评估过程中，必须根据特定目的，选择适用的标准和科学的方法，制订科学的评估方案，确定合理的评估程序，用资产评估基本原理指导评估操作，使评估结果准确合理。

④ 专业性原则。要求资产评估机构必须是提供资产评估服务的专业技术机构。

(2) 评估的经济原则

① 功效性原则。在评估一项由多个装备或装置构成的整体成套装备资产时，必须综合考虑该台（项）装备在整体装备中的重要性，而不是独立地确定该台（项）装备的资产。如评估生产线上的装备，必须考虑该装备在生产线上的功能重要程度，也就是功效的大小。

② 替代原则。评估时考虑某一装备的选择性或有无替代性，是评估时考虑的一个重要因素，因为同时（评估基准日）存在几种效能相同的装备时，实际存在的价格有多种，而最低价格的装备社会需求最大，评估时则应考虑最低价格水平。

③ 预期原则。装备的资产是基于未来收益的期望值决定的，评估装备资产高低，取决于其未来使用性或获利能力。因此，要求进行装备资产评估时，必须合理预测其未来的获利能力及取得获利能力的有效期限。

④ 持续经营原则。指评估时，被评估装备需按目前用途和使用方式、规模、频度、环境等情况，继续使用或在有所改变的基础上使用，相应确定评估方法、参数和依据。

⑤ 公开市场原则。指装备评估选取的作价依据和评估结论都可以在公开市场存在或成立。公开市场是指一个竞争性的市场，交易各方进行交易的目的，在于最大限度地追求经济利益，交易各方掌握必要的市场信息，具有较为充裕的时间，对评估装备具有必需的专业知识，交易条件公开，并且不具有排他性。在公开市场上形成或成立的价格被称为公允价格。

3.6.2.2 装备价值评估的特点

装备价值评估除了遵循资产评估的一般性原则外，还具有以下特点。

① 装备资产在企业中占有很大比例（一般为60%～70%）。因此，装备价值评估在整个资产评估中占有重要地位。

② 装备特别是大型、稀有、高精度或成套装备比其他固定资产的技术含量高，对这些装备的评估要以技术检测为基础，并参照国内外技术市场价格信息。

③ 装备资产在使用过程中，不仅会产生有形损耗，而且还会产生无形损耗。对此要进行充分调查和技术经济分析。即以技术检测为基础确定被评估装备的损耗程度。

④ 对于连续性作业的生产线装备，其构成单元是不同类型的装置。对此要以单台、单件为评估对象，分类进行，然后汇总，以保证评估的准确性。

⑤ 以单台、单件为评估对象，以保证评估的真实性和准确性。

⑥ 具有组合而形成系统的特点，与机器装备在生产应用中相关作用一致。

3.6.3 装备价值评估的操作程序

装备价值评估作为一个重要的专业评估领域，情况复杂，作业量大。在评估时应该分步骤、分阶段、按程序实施。

3.6.3.1 收集整理有关资料数据，划分装备类别

① 反映待评资产的资料。包括资产的原价、折旧、净值、预计使用年限、已使用年限、装备的规格型号、装备完好率、利用率等。

② 证明待评资产所有权和使用权的资料。如国有资产产权登记证明文件，如有变动，

应查阅产权转移证明等。

③ 价格资料。包括待评资产现行市价，可比资产或参照物的现行价格资料，国家公布的有关物价指数，评估人员自己收集整理的物价指数等。

④ 资产实存数量的资料。通过清查盘点及审核资产明细账和卡片来核定资产实存的数量。

除只对某台机器装备进行评估外，一般地说，对企业装备进行评估都要视评估目的、评估报告的要求以及评估的工程技术特点进行适当分类。

3.6.3.2 设计评估方案

评估方案设计是对评估项目的实施进行周密计划、有序安排的过程，包括下列内容。

① 委托方提供的资产账表清册，确定被评估装备的类别。

② 确定分组和进度。装备评估可以分为通用装备和专用装备组，也可按动力、传导、机械、仪器仪表、运输等类别细分，还可以按分厂、车间分组，同时要预计各项评估业务的工时，组织好平行作业、交叉作业、确定作业进度。

③ 根据不同的评估特点、目的，确定评估方法和计价标准。

④ 设计印制好评估所需要的各类表格。

3.6.3.3 清查核实资产数量，进行技术鉴定

评估机构对被评估单位申报的机器装备清单，应组织有关评估人员进行清查核实，是否账实相符，有无遗漏或产权界限不明确的资产。清查的方法可根据被评估单位的管理状况以及资产数量，采取全面清查、重点清查、抽样清查等不同方式。由工程技术人员对机器装备的技术性能、结构状况、运行维护、负荷状况和完好程度进行鉴定，结合功能性损耗、经济性损耗等因素，据以做出技术鉴定。

3.6.3.4 确定评估价格标准和方法

做好上述基础工作后，应根据评估目的确定评估价格标准，然后根据评估价格标准和评估对象的具体情况，科学地选用评估计算方法。一般来说，以变卖单项机器装备为目的的评估，采用现行市价标准与方法；以结业清理、破产清理为目的的评估，采用清算价格标准与方法；将机器装备入股、投资，以确定获利能力为目的的评估，采用收益现值标准与方法；在一般情况下，机器装备的评估通常采用重置成本标准与方法。

3.6.3.5 填制评估报表，计算评估值

为使评估工作规范化，提高工作效率，科学地反映评估结果，需要设计一套评估表格。其设计一是考虑评估工作的要求，为搜集整理数据提供明晰的纲目；二是要与评估流程相适应，便于评估阶段的衔接与过渡；三是考虑评估报告的要求。一般可分为评估作业分析表、评估明细表、评估分类汇总表（简称评估汇总表）。

(1) 评估作业分析表

评估作业分析表是机器装备评估的基础表，适应机器装备单台单件评估为主的特点。评估作业分析表一方面要填列待评资产的基础资料，另一方面要反映评估分析的方法、依据和结论。评估作业分析表是进行评估质量检核和评估结果确认的基本对象。考虑评估作业分析表的功能和要求，可设计成如表 3-11 所示。

(2) 评估明细表

评估明细表要逐件反映机器装备评估的情况，并与评估前的情况进行概括对比。一般可按评估分工分别填列。与作业分析表比较，评估明细表只反映评估结果而不反映过程和依据，带有一览表的特点，是作业分析表到汇总表的过渡表，又是汇总表的明细表。其基本内容如表 3-12 所示。

表 3-11　装备评估作业分析表

资产占有单位：　　　　　　　　　　　　　　评估基准时间　　　　　　　　　　年　　月　　日

<table>
<tr><td rowspan="5">委托方填报</td><td rowspan="2">资产名称</td><td rowspan="2"></td><td rowspan="2">产地</td><td>国别</td><td></td><td>规格型号</td><td></td></tr>
<tr><td>厂别</td><td></td><td>公称能力</td><td></td></tr>
<tr><td>出厂年月</td><td></td><td rowspan="3">账面价格</td><td>原值</td><td></td><td>按年限计算成新率</td><td></td></tr>
<tr><td rowspan="2">已使用年限</td><td rowspan="2"></td><td>折旧</td><td></td><td>同类装备数量</td><td></td></tr>
<tr><td>净值</td><td colspan="3"></td></tr>
<tr><td></td><td>技术鉴定的方法和依据</td><td colspan="6"></td></tr>
<tr><td rowspan="9">评估机构填列</td><td rowspan="2">重估单位</td><td colspan="3">价格标准</td><td>评估方法及公式</td><td colspan="2"></td></tr>
<tr><td colspan="6">评估结论及基本参数的说明</td></tr>
<tr><td rowspan="2">尚可使用年限或成新率测定</td><td colspan="3">评估的依据和参照物</td><td colspan="2">评估方法及公式</td><td></td></tr>
<tr><td colspan="6">评估结论及基本参数的说明</td></tr>
<tr><td rowspan="2">功能性贬值的评估</td><td colspan="3">评估的依据和参照物</td><td colspan="3">评估公式及考虑因素说明</td></tr>
<tr><td colspan="6">评估结论及基本参数的说明</td></tr>
<tr><td rowspan="3">评估净值</td><td colspan="6">价格标准</td></tr>
<tr><td colspan="6">单台价格</td></tr>
<tr><td colspan="6">总额</td></tr>
<tr><td colspan="2" rowspan="3">评估责任者签章</td><td colspan="2">委托方填报</td><td colspan="2">技术检测</td><td colspan="2">评估分析和报告</td></tr>
<tr><td colspan="2">职称</td><td colspan="2">职称</td><td colspan="2">职称</td></tr>
<tr><td colspan="2">姓名</td><td colspan="2">姓名</td><td colspan="2">姓名</td></tr>
</table>

表 3-12　装备评估明细表

资产占有单位：　　　　　　　　　　　　　　　　　　　　　　评估基准时间　　　年　　月　　日

序号	资产类别	规格型号	计量单位	数量	构建时间	已使用年限	预计尚可使用年限	账面价格		评估结果				与净值差异		备注
								原值	净值	重估价格	成新率	功能性贬值	重估净价	差异额	差异率/%	

评估单位名称：　　　负责人：　　　评估人：　　　　　　　　　　　　　　评估时间　　　年　月　日

(3) 评估汇总表

评估汇总表是分类综合反映资产评估的结果。分类办法根据委托方的要求和评估目的而定，基本格式可参考表 3-13。

表 3-13　装备评估汇总表

资产占有单位：　　　　　　　　　　　　　　　　　　评估基准时间　　年　　月　　日

序号	资产类别	计量单位	数量	账面价格		评估结果			与净值差异		备注
				原值	净值	重估总价	重估净值	重估成新率	差异额	差异率/%	

评估单位名称：　　　　负责人：　　　　评估人：　　　　　　　评估时间　　　年　　月　　日

根据确定的评估方法和经过验证的资料数据，按评估对象逐一完成评估分析表，计算评估值，并将评估结果先填写装备评估明细表，再编制装备评估汇总表。

3.6.4　装备价值评估的方法及实例

3.6.4.1　装备价值评估方法

目前被广泛接受的装备评估方法有重置成本法、现行市价法、收益现值法三种。评估时以评估对象、特定目的、计价标准三者应具有匹配性的特点而选定。

(1) 重置成本法

重置成本法指在评估基准日，重新购置或构建与被评估对象相同或相似资产所需要的成本。在评估中经常使用两个重置成本概念。

a. 复原重置成本：完全按原来的制造工艺、材料、设计结构和技术条件等，按照现在的物价水平，重新建造一台与被评估装备完全一样的新装备，称为复原重置，所发生的成本为复原重置成本。

b. 更新重置成本：指按现行的技术标准、工艺、材料重新建造一台与被评估资产功能相同的新装备，称为更新重置，所发生的成本为更新重置成本。

① 重置成本法的基本概念。重置成本法是指在评估资产时按被评估资产的现时重置价值，再扣减在使用过程中因自然损耗、技术进步或外部经济环境导致的各种贬值。所以，重置成本法是通过估算被评估资产的重置成本和资产实体贬值、功能性贬值和经济性贬值，将重置成本扣减各种贬值作为资产评估价值的一种方法，用公式表示，即为：

评估价值＝重置成本－实体性贬值－功能性贬值－经济性贬值

装备实体性贬值与重置成本之比称为实体性贬值率，功能性贬值、经济性贬值与重置成本之比称为功能性贬值率与经济性贬值率。实体性贬值率、功能性贬值率及经济性贬值率之和称为总贬值率或综合贬值率。因此有：

评估价值＝重置成本×(1－综合贬值率)

评估中，通常将(1－综合贬值率)称为成新率。所以，上述公式可写成：

评估价值＝重置成本×成新率

a. 实体性贬值。装备的实体性贬值是指资产在存放或使用过程中，由于使用磨损和自然力的作用，造成实体损耗而引起的贬值。实体性贬值的估算，一般由具有专业知识和丰富经验的工程技术人员，对装备的主要部位进行技术鉴定并综合分析其使用、维护、修理、改造等情况，并考虑物质寿命等因素，将评估对象与全新状态相比较，考虑由于使用磨损和自然损耗时装备的功能、使用效率的影响程度，判断装备的成新率，从而估算实体性贬值，计算公式：

装备实体性贬值＝重置成本×(1－成新率)

或　　　　装备实体性贬值＝(重置价值－残值)/预计使用年限×实际已使用年限

式中，残值指被评估资产在清理报废时收回的现金净额；预计使用年限为综合考虑经济和物质条件的寿命，即装备的有效使用寿命。

b. 功能性贬值。由于无形损耗而引起价值的损失称为功能性贬值。估算功能性贬值时，主要根据装备的效用、生产能力和功耗、物耗、能耗水平等功能方面的差异造成的成本增加和效益降低，相应确定功能性贬值额。同时，还要重视技术进步因素，注意替代装备、替代技术、替代产品的影响，以及行业技术装备水平现状和资产更新换代速度。

通常功能性贬值的估算步骤如下：

- 被评估装备的年运营成本与功能相同、但性能更好的新装备的年运营成本比较。
- 计算两者装备的运营成本差异，确定净超额运营成本。净超额运营成本是超额运营成本扣除所得税之后的余额。
- 估计被评估装备的剩余寿命。
- 以适当的折现率将评估装备在剩余寿命内每年的超额运营成本折现，这些折现值之和就是被评估装备功能性损耗（贬值）。其计算公式：

被评估装备功能性贬值＝∑(被评估装备年净超额运营成本×折现系数)

c. 经济性贬值。由于外部环境变化造成的装备贬值称为经济性贬值。计算经济性贬值时，主要是根据由于产品销售困难而开工不足或停止生产，形成资产的闲置，价值得不到实现等因素，确定其贬值额。评估人员根据具体情况加以分析确定。还有其他一些因素如：竞争增加、通货膨胀、原材料供应变化、利率提高和国家经济政策的影响等。当装备使用基本正常时一般不计算经济性贬值。

根据上述公式，下面主要讨论如何确定重置成本及成新率。

② 重置成本的确定：

a. 重置和算法。又称为直接法，指以现行市场价格标准，直接估算相同或相似装备的购置或制造的直接成本和间接成本，运用成本核算的办法估计重置成本。其计算公式为：

重置成本＝重置直接成本＋重置间接成本

重置装备的直接成本，包括购置费或建造费、运输费以及安装调试过程中发生的材料、人工费用；重置装备的间接成本，包括建造和安装调试过程中发生的不能直接列入的各项费用，如应分摊的制造费、管理费及其他费用等。间接成本需要采取适当的标准和分配方法进行分配。如需计算装备的重置净值，还要折算其成新率和各类性质的贬值等。

b. 物价指数法。它是以装备的原始购买价格为基础，根据同类装备的价格上涨指数来确定装备的重置成本。使用该方法的两个要素是装备的历史成本和物价变动指数。其计算公式为：

$$重置成本＝装备原始成本\times\frac{评估时定基物价指数}{构建时定基物价指数}$$

【例 3-1】 某企业在清产核资时，对一台 C618 车床进行评估，其原值为 5500 元，预计使用年限是 18 年，已使用 14 年。购置时定基物价指数为 0.95，评估时定基物价指数为 2.65。计算其重置成本。

解　　$$重置成本＝5500\times\frac{2.65}{0.95}＝15342\ 元$$

物价指数法计算重置成本，是装备评估中经常采用的方法，特别是对于一些难以获得市场价格的机器装备。但该方法不能用于更新重置成本，也不能提供任何衡量复原重置成本与更新重置成本差异的手段。

c. 规模效益指数法。它不是指用线性关系而是用指数关系反映功能与成本的关系。这种方法假设装备的构建成本随着功能的增加而增加，但不是等比例，而是以指数曲线增加，因而用以下公式计算装备评估值

$$重置成本=标准装备成本\times\left(\frac{被评估设备生产能力}{标准设备生产能力}\right)^{x}$$

式中，x 为生产规模效益指数，按实际取得经验数据，在装备评估中取 0.6～0.7。

所谓标准装备，是指已定型生产并大批量投入使用的技术先进的装备。

【例 3-2】 A 装备设计生产能力为 8000 件/年，成新率为 0.55。评估时选定的参照物 B 装备为 A 装备的改进型，设计生产能力为 12000 件/年。重置成本为 35000 元。求 A 装备的评估价值。取 $x=0.65$。

解

$$A装备评估价值=\left[35000\times\left(\frac{8000}{12000}\right)^{0.65}\right]\times0.55$$

$$=35000\times0.7683\times0.55=14790元$$

③ 成新率的确定。装备成新率是将装备重置全价转换成评估净值的关键。成新率是根据装备的整个使用寿命、已使用年限和剩余寿命来确定。由于影响成新率的因素较多，在确定成新率时基本上是以装备的物质寿命为基础，同时考虑其使用年限在经济、技术上的合理性。由于重大维修和技术改造可延长和增加装备的使用年限，所以，在确定其使用年限时也要予以考虑。此外，装备的成新率不仅要由其已使用时间长短所决定，而且要通过现场的视察和技术鉴定判别现实的装备实际技术状态，综合考虑诸多因素，真实地反映装备的成新率。

a. 年限法。通常在装备的使用、维护、运行和负荷正常，使用年限规定合理的情况下，可用年限法确定成新率。计算公式为：

$$成新率=\left(1-\frac{已使用年限}{预计使用年限}\right)\times调整系数\times100\%$$

装备运行状态调整系数（K），一般综合考虑维护保养、工作负荷、工作环境等确定，取 $K=0.7\sim1$。

b. 修复费用法。这种方法是假设装备所发生的实体性损耗是可以补偿的，则装备的实体性贬值就等于补偿实体性损耗所发生的费用。即对可修复磨损的零、部件，通过修理或改造使装备恢复到原来新装备的生产能力和精度性能。从估算所需修复费用来确定有形损耗的贬值修复费用，包括主要零、部件的更换或者修复、改造等费用。修复费用法确定成新率的计算公式：

$$成新率=\left(1-\frac{修复费用}{重置价值}\right)\times100\%$$

对不可修复部分（如装备的主体、支架受疲劳冲击造成的有形磨损）的评估，则一般用年限法计算成新率。

【例 3-3】 某装备重置价值 10 万元，可修复部分占 30%，不可修复部分的比例占 70%，则可修复部分的重置价值为 3 万元。经估算可修复部分的有形磨损和功能性的无形磨损，其修复及更新改造的费用为 2.2 万元。该装备已使用 5 年，预计使用年限 13 年。计算评估价值。

解

$$可修复部分的成新率=\left(1-\frac{修复费用}{重置价值}\right)\times100\%=\left(1-\frac{2.2}{3}\right)\times100\%=26.7\%$$

$$不可修复部分的成新率=\left(1-\frac{已使用年限}{预计使用年限}\right)\times100\%=\left(1-\frac{5}{13}\right)\times100\%=61.5\%$$

所以，综合成新率＝26.7×30％＋61.5×70％＝8％＋43％＝51％

实际操作中，成新率的确定应有评估人员在现场采用直观法、点检法和简易检测手段，测定装备精度、磨损程度、容器壁厚等。在测定数据的基础上与设计参数比较，利用经验判断和计算公式，确定实体磨损和新旧程度，并考虑有关工作负荷、维护水平、工作环境和生产条件等因素确定成新率。

(2) 现行市价法

① 现行市价法的概念。现行市价法也称市场比较法，是根据目前公开市场上与被评估资产相似的或可比的参照物价格来确定被评估资产的价格。现行市价法是一种最简单、有效的方法，是因为评估过程中的资料直接来源于市场，同时又为即将发生的资产行为估价。但是，现行市价法的应用，与市场经济的建立和发展、资产的市场化程度密切相关。在中国，随着市场经济的建立和完善，为现行市价法提供了有效的应用空间，现行市价法日益成为一种重要的资产评估方法。

② 影响现行市价的比较因素。比较因素是指可能影响装备市场价值的因素。在使用现行市价法进行评估的过程中，重要的一项工作是将参照物与评估对象进行比较。在比较之前，首先要确定哪些因素可能影响装备的价值。一般来说，装备的比较因素可分为时间因素、地域因素、功能因素、交易因素、质量因素五类。

a. 时间因素是指参照物或交易时间与被评估资产在评估基准时间不同所致的资产价格差异。

b. 地域因素是指资产所在地区、地段条件对价格影响的差异。

c. 功能因素是指资产功能过剩和不足对资产价格的影响。如一台多功能机器效能很高，用途广泛，但购买者不需要这样高的效能和广泛用途，形成剩余功能不能被购买者承认。因而，只能按低于其功能价值的价格来交易。

d. 交易因素是指交易动机、背景对价格的影响，不同的交易动机和交易背景对装备的出售价格产生影响。另外，交易数量也是影响装备售价的一个重要因素。

e. 质量因素是指资产本身功能、性能、精度、耐用度等技术状况。一般来说，同类产品质量好的价格高，质量差的价格低。在资产评估中质量因素对资产价格的影响也必须予以充分考虑。

③ 现行市价法的操作程序：

a. 掌握数据资料。评估时对评估对象的市场情况有充分的了解，掌握大量的有关数据。包括：资产的类型、规格、新旧程度、质量、用途等；资产的销售日期和销售价格及变动情况。

b. 验证资料数据的准确性。通过评估对象与其他同类资产的比较，验证所获得的资料的准确性，特别是有关市场价格变化情况的准确性。

c. 选择参照物。现行市价法也称为市场法或销售比较法，通过比较评估对象与最近售出的类似资产的异同，并对后者的市场价格加以调整来确定评估对象价格的方法。应用这一方法的前提是：市场上必须有与评估对象对比的同类资产的市场价作为评估参照物。因此，选择适当的参照物是确定评估对象价值的参考标准。

④ 现行市价法的计算方法：

a. 直接比较法。是以同样资产在全新情况下的市场价格为基础，减去按现行市价计算的已使用年限的累积折旧额，估算资产的价值。它的使用条件是在装备交易市场上能找到与评估对象几乎一样的参照物。这种方法简单，对市场的反映最为客观，能最精确地反映装备的市场价值。

b. 相似比较法。是以相似参照物的市场销售价格分析为基础，即根据市场参照物的市场价格，通过比较它们在效用、能力、质量、新旧程度等方面的差异，按一定方法做出调整，从而确定评估对象的价值。相似比较法可用整体参照物相比较进行评估，也可以分项归类相比较进行评估。这里关键是选择参照物，参照物可能一个，也可能若干个。计算公式为：

$$评估价值=全新参照物市场价格-\frac{全新参照物市场价格}{预计使用年限}\times资产已使用年限\times调整系数$$

调整系数选取应结合实际情况进行探讨。例如：在应用上述计算公式评估时，经核查认为被评估装备与全新参照物（装备）相比，在产量相同时，每年消耗动力、燃料和人工费是参照物的 1.2 倍，则调整系数即取 0.6～0.8。

【例 3-4】 某厂拟将一台旋压机投入联营企业。该装备已使用 5 年，市场没有同样的旋压机交易价格，但有类似的旋压机交易价格，现行市价为每台 7 万元。预计残值为零，预计使用年限为 15 年。根据综合商品的比价、原材料及人工费等因素，确定调整系数为 1.3。计算旋压机的评估价值。

解　　$评估价值=\left(70000-\frac{70000}{15}\times5\right)\times1.3=60667元$

(3) 收益现值法

① 收益现值法的概念。收益现值法是指通过估算被评估资产的未来预期收益，并折算成资产现值（未来收入一定量货币的现有价值量），以此确定被评估资产价格的一种资产评估方法。运用收益现值法评估装备一般是独立经营或核算的生产线或成套装备，同时必须具备下列前提条件。

a. 可以独立经，能够连续获得预期收益的资产。资产与经营收益之间存在稳定的比例关系。

b. 未来收益可以正确预测，并能用金额计算。

c. 收益的构成是指一个企业或一项特定资产在使用过程中所带来的净收入。在评估收益额时可以按下述方式选择：ⅰ. 企业所得税后利润；ⅱ. 企业利润总额与提取折旧额之和，或企业所得税后利润额与提取折旧额之和扣除再投资；ⅲ. 企业利润总额（含所得税）。其中 ⅱ 与国际惯例计算近似。

d. 确定适宜的折现率。以行业资产收益水平为基础，结合企业被评估资产的特点，并考虑社会资产收益水平及未来变化情况进行确定，一般折现率≤15%。

② 收益现值法的计算方法。收益现值法是通过预测装备的获利能力，对未来资产带来的净现金流按一定的折现率折为现值，作为被评估资产的价值。基本计算公式：

$$P=\sum_{t=1}^{n}\frac{F_t}{(1+i)^t}$$

式中　P——评估价值；

F_t——第 t 个收益期的预期收益；

i——折现率。

当假设预期的收益 F 是稳定的，则：

$$P=F\frac{(1+i)^n-1}{i(1+i)^n}$$

式中，$\frac{(1+i)^n-1}{i(1+i)^n}$为年金现值系数。

综上所述，装备资产评估的三种方法，各适用于不同的条件。在成熟的市场条件下，采用现行市价法最为简便、合理。在装备或生产线能独立核算成本、收益时，可采用收益现值法。现阶段，中国装备评估采用的最主要的方法是重置成本法。当几种方法可以同时采用时，一般以与评估目的最相符的评估方法为主，用其他方法验证、补充。

3.6.4.2 装备价值评估案例

案例1——成本法评估进口机器装备

在对某企业的资产进行评估时，有一台磨床需要评估。该磨床系1993年从西班牙FHUSA公司购置，1993年12月投入使用，账面原值939288.82元。该磨床有极高的工作精度，目前国内无替代产品，技术质量状况良好，但控制系统老化，反应慢，液压系统有泄漏，长时间运转压力不稳定。

查订货合同知该磨床单台CIF价（成本费＋保险费＋运费）为116818美元。该磨床由于有较高的工作精度，目前国内尚无替代产品。其特点是专用性强，主要用于轻型卡车、农用车、摩托车专用齿轮滚齿道具的制造。经调查，西班牙FHUSA现已生产换代产品，其控制系统已更新，其余部分改变不大。评估时国内找不到同类产品。装备购置日到评估日的价格上升指数和功能性贬值基本持平，因而可维持原进口CIF价作为基准确定重置成本的基础。评估基准日人民币与美元汇率为100：827.86，根据《进出口关税及其管理措施一览表》查得机床类关税率为9.7%，增值税为（CIF＋关税）×0.17，外贸手续费率1.5%，国内运杂费为CIF的2%，安装调试费（CIF＋运杂费）取3%，装备从购买到投入使用所需资金的50%为贷款，周期为1年，一年期利率为5.85%。装备总使用年限按18年计，经技术人员鉴定估测出装备尚可使用12年。成新率计算采用年限法占40%、技术鉴定法占60%综合计算，该磨床技术鉴定情况如表3-14所示。现根据以上资料对该磨床进行评估。

表3-14 磨床技术鉴定情况

序号	装备部分	装备技术状态	标准分	评估分
1	导轨无间隙滚动精度	≤ Itm	50	50
2	分度板精度	能达到AA级	15	15
3	磨头转速	4100r/min	10	8
4	气动检测装置	自动检测	10	8
5	液压系统	长时间运转压力不稳定	5	1
6	控制系统	陈旧老化反应慢	5	
7	其他		5	1
合计			100	83

注：Itm是一个精度级。

解 (1) 重置成本法

① CIF＝116818美元×8.2786＝967089（元）

② 关税＝CIF×关税率＝967089×0.097＝93808（元）

③ 增值税＝(967089＋93808)×0.17＝180352（元）

④ 外贸银行手续费＝967089×0.015＝14506（元）

⑤ 国内运杂费用＝967089×0.02＝19342（元）

⑥ 安装调试费＝(967089＋19342)×0.03＝29593（元）

⑦ 资金成本＝[①＋②＋③＋④＋⑤＋⑥]×0.5×0.0585＝1304690×0.5×0.0585

=38162（元）

重置成本=①+②+③+④+⑤+⑥+⑦=1342852（元）

（2）综合成新率计算

① 使用年限成新率

$$成新率=\frac{尚可使用年限}{实际已使用年限+尚可使用年限}=\frac{12}{(6+12)}$$

② 技术鉴定成新率=85%

③ 综合成新率=[12/(6+12)]×100%×40%+85%×100%×60%

=27%+51%=78%

（3）评估值

评估值=重置成本×综合成新率=1342852×78%=1047424.56（元）

案例2——经济性贬值的估算

某冰箱厂的一条生产流水线，设计年产冰箱能力为2万台，该流水线经评估其重置价值为5000万元。由于市场冰箱供过于求，市场竞争十分激烈，该流水线目前年生产1万台就已满足销售需要。每台冰箱成本为2000元，预计在未来5年内，每台冰箱成本上升15%。而销售价由于竞争原因只能上升相当于成本价的10%，假定冰箱行业生产规模效益指数为0.7，所得税税率为33%，其经济性贬值计算如下。

解（1）成本与售价带来的经济性贬值——收益下降引起的经济性贬值

① 每台冰箱成本上升与销售价上升抵消后，损失额为：

2000×(15%−10%)=100元

② 冲减应缴所得税后每台冰箱净损失额为：

100×(1−33%)=67元

③ 设折现率为10%，则每台冰箱在未来5年内总净损失额：

每台5年净损失额=67×(P/A,10%,5)=67×3.7911=254元

1万台5年损失额=254×10000=254万元

（2）装备利用率降低带来的经济性贬值为——开工不足引起的经济性贬值

$$5000\times[1-(1/2)]^{0.7}=1920\text{万元}$$

（3）总的经济性贬值为254+1920=2174万元

案例3——综合年限法的使用

某企业1985年购入一台装备，账面原值为30000元，1990年和1992年进行了两次更新改造，当年投资分别为3000元和2000元。1995年对该装备进行评估。假定：从1985年至1995年，年通货膨胀率为10%，该装备的尚可使用年限经检测和鉴定为7年，试估算该装备的成新率。

解（1）调整计算现时成本，见表3-15。

表3-15 现行成本计算

投资日期/年	原始投资额/元	物价变动系数	现行成本/元
1985	30000	2.60	78000
1990	3000	1.61	4830
1992	2000	1.33	2660
合计	35000		85490

（2）计算加权更新成本，如表 3-16 所示。

表 3-16 加权更新成本计算

投资日期/年	现行成本/元	投资年限	加权更新成本/元
1985	78000	10	780000
1990	4830	5	24150
1992	2660	3	7980
合计	85490		812130

（3）计算加权投资年限：

$$加权投资年限=812130\div85490=9.5年$$

（4）计算成新率

$$成新率=7\div(9.5+7)\times100\%=42\%$$

注意，年限法使用要点：

① 不能用会计折旧年限作为装备的使用寿命；

② 公式中的耐用年限、尚可使用年限、已使用年限的计算口径要一致；

③ 技术鉴定是年限法的重要步骤；

④ 对有些装备，其使用寿命是以工作量来衡量，公式则演变为：

$$贬值率=已使用量/总使用量$$

或

$$贬值率=已使用量/(总使用量+尚可使用量)$$

案例 4——用修复费用法计算实体性贬值

有一台刨床需要评估其实体性陈旧贬值。该装备已使用 3 年，经检测评定尚可再使用 9 年，但该刨床上的台钳前端有裂纹需要更换，经计算其更换费用约为 7000 元。该刨床的重置成本为 12 万元。实体性陈旧贬值计算如下。

解（1）可修复实体性贬值额为：7000 元

（2）不可修复部分的贬值率为：

$$贬值率=3\div(3+9)=0.25$$

（3）不可修复部分实体性陈旧贬值额为：

$$(120000-7000)\times0.25=28250元$$

（4）实体性陈旧贬值总额：

$$7000+28250=35250元$$

$$实体贬值率=(7000+28250)/120000=30\%$$

案例 5——市场法评估机器装备

某被评估机器装备是 6 年前购进的生产 A 产品的成套装备，评估人员通过对该装备考察及对市场上同类装备交易情况的了解，决定采用市场法对其进行评估，评估中，选择了两个近期成交的、与被评估装备类似的装备作参照物，参照物与被评估装备的一些具体经济技术参数见表 3-17。

表 3-17　被评估装备与参照物的经济技术参数比较

序　　号	经济技术参数	参照物Ⅰ	参照物Ⅱ	被评估装备
1	资产交易价格/元	1000000	2500000	
2	销售条件	公开市场	公开市场	公开市场
3	交易时间	12个月前	2个月前	
4	生产能力/(台/年)	40000	60000	50000
5	生产人员定员数/人	125	150	140
6	已使用年限/年	7	5	5
7	尚可使用年限/年	12	15	15
8	新旧程度/%	60	75	75

解

(1) 因素对比分析

① 交易时间因素的影响。根据收集到的资料表明，同类装备的价格变化大约是每月上升1%。

② 功能因素的影响。即分析装备生产能力与购建成本的关系，可通过功能成本系数的回归分析法求得。若求得回归系数为40，即装备年生产能力每提高1万台，购建成本需增加40万元。

③ 自动化程度因素的影响。装备自动化程度高低表现为生产人员定员数的不同。根据企业劳资科的资料，生产人员人均年薪为8000元，企业的投资回报率为10%，从表3-17提供的资料可知，参照物Ⅰ的生产人员劳动生产率定额为320台/(人·年)[40000台/(125人·年)]，参照物Ⅱ的生产人员劳动生产率定额为400台/(人·年)[60000台/(150人·年)]，被评估装备的生产人员劳动生产率定额为357台/(人·年)[50000台/(140人·年)]。即被评估装备与参照物Ⅰ相比，减少使用生产人员16人(50000/320－140)，与参照物Ⅱ相比，增加了生产人员15人(50000/400－140)。

(2) 调整差额

① 年生产能力的差额。被评估装备与参照物Ⅰ的生产能力相比，其差额为：

$$(50000-40000)\div10000\times40=40\text{ 万元}$$

若考虑成新率因素，实际差额为：

$$40\times75\%=24\text{ 万元}$$

被评估装备与参照物Ⅱ相比，其生产能力差额为：

$$(50000-60000)\div10000\times40=-40\text{ 万元}$$

若考虑成新率因素，实际差额为：

$$(-40)\times75\%=-30\text{ 万元}$$

② 自动化程度差异。即根据被评估装备与参照物对比的生产人员定员数和年薪情况进行折现后的差额。

被评估装备与参照物Ⅰ人工费用的差额为：

$$16\times8000=12.8\text{ 万元}$$

扣除所得税因素，则净节约额为

$$12.8\times(1-33\%)=8.576\text{ 万元}$$

在尚可使用年限内可节约人工费用额为：

$$8.576(P/A,10\%,15)=8.576\times7.6061=65.23\text{ 万元}$$

被评估装备与参照物Ⅱ人工费用的差额为：

$$15\times8000=12\text{ 万元}$$

扣除所得税因素，则净超支额为：

$$12\times(1-33\%)=8.04\text{ 万元}$$

在尚可使用年限内超支人工费用额为：

$$8.04(P/A,10\%,15)=8.04\times7.6061=61.153\text{ 万元}$$

③ 价格变动因素差额

被评估装备与参照物Ⅰ相比较相差 12 个月，价格指数上升 12%，其差额为：

$$100\times12\%=12\text{ 万元}$$

与参照物Ⅱ相差 2 个月，价格指数上升 2%，其差额为：

$$250\times2\%=5\text{ 万元}$$

(3) 确定评估值

① 确定被评估装备的初步评估结果。与参照物Ⅰ相比分析调整差额的初步评估结果为：评估值＝100＋24＋65.23＋12＝201.23 万元；与参照物Ⅱ相比分析调整差额的初步评估结果为：评估值＝250－30－61.153＋5＝163.847 万元。

② 结合定性分析确定装备评估值。从上述计算结果可知，按两个不同的参照物进行比较测算，初步评估结果相差 37 万元左右。其中一部分原因是两参照物的成新率不同（参照物Ⅰ为 60%，参照物Ⅱ为 75%）所致。另外，在选取有关经济技术参数时可能存在误差。为减少误差，并结合考虑被评估装备与参照物的相似程度，决定采用加权平均法确定评估值。参照物Ⅱ的交易时间距离评估基准日较接近（仅隔两个月）且其已使用年限、尚可使用年限、成新率与被评估设备相同，所以，它的相似度比参照物Ⅰ更大，故决定以参照物Ⅱ的初步评估结果的 80%和参照物Ⅰ的初步评估结果的 20%作为评估该装备价值的依据。因此，该装备的评估值为：

$$\text{评估值}=163.847\times80\%+201.23\times20\%=171.32\text{ 万元}$$

思 考 题

1. 什么是固定资产？固定资产应具备的条件是什么？
2. 什么是固定资产计价？如何进行计价？
3. 什么是固定资产折旧？固定资产折旧一般采用什么方法？
4. 企业重点设备选定的依据（条件）是什么？
5. 闲置设备如何进行封存处理？
6. 什么是设备租赁？设备租赁有哪些优越性？
7. 说明设备报废的一般程序。
8. 什么是设备档案？设备档案的资料包括哪些？
9. 什么是设备资产评估？其目的和意义是什么？
10. 设备资产评估的一般程序是什么？
11. 设备资产评估的常用方法有哪些？说明其具体操作方法。
12. 请针对本校实训室做一次固定资产评估，建立固定资产卡片；并对主要设备进行折旧计算。

4 过程装备使用与维护管理

学习指导

【能力目标】

- 能够按照装备使用程序及《设备维护保养管理制度》等管理制度规定，正确使用、维护与保养过程装备；
- 具备全员生产维修（TPM）意识。

【知识目标】

- 能熟悉装备使用的一般程序；
- 能掌握装备维护与保养的基本要求和主要内容；
- 能熟悉装备的密封管理与润滑管理的内容和规章制度；
- 能了解全员设备管理的主要内容。

过程装备的正确使用、精心维护和科学检修是使装备经常处于良好的技术状态，以保证长周期、安全经济运行的客观要求，是充分发挥装备效能、提高装备利用率，取得良好经济效益的基本条件。使用、维护和检修这三个环节是紧密结合、相辅相成的，在装备使用过程中贯彻以预防为主，维护与计划检修并重的原则，积极推行点检定修制，是管好、用好、修好装备的根本保证。

4.1 过程装备的使用管理

4.1.1 装备使用程序

4.1.1.1 对装备使用人员进行培训与技术安全教育

① 新工人在独立使用设备前，必须经过对设备的结构性能、安全操作、维护要求等方面的技术知识教育和实际操作与基本功的培训。

② 应有计划地、经常地对操作工人进行技术教育，以提高其对设备使用维护的能力。企业中应分三级进行技术安全教育：企业教育由教育部门负责，设备动力和技术安全部门配合；车间教育由车间主任负责，车间设备技术员配合；工段（小组）教育由工段长（小组长）负责，班组设备员配合。

③ 经过相应技术训练的操作工人，要进行技术知识和使用维护知识考试，合格者颁发操作证后方可独立使用设备。

4.1.1.2 装备使用前必须做好维护保养的准备工作

① 编制设备维护保养规程；

② 编制设备的润滑卡片，重点设备要绘制润滑图表；

③ 配备必要的维护保养工具、器具和符合要求的润滑油脂；

④ 对设备的安装精度、性能、安全装置、控制和报警装置等进行全面检查，对所有的附件进行清点核对，一切就绪后操作人员方能使用设备。

4.1.1.3　设备使用与维护的基本要求

① 设备使用单位要对操作人员进行技术培训，合格后方可上岗操作。特别是对特种设备操作人员必须取得与所操作特种设备类别相应的安全操作证方可持证上岗操作。

② 操作人员在使用设备过程中，必须掌握“四懂三会”和设备润滑知识。对关键机组和主要设备，使用单位在设备安装期间应安排操作人员提前介入，熟悉设备性能、结构、原理及操作规程。

③ 操作人员有权制止非本岗位人员操作本岗位的设备。对违反岗位责任制和设备维护保养制度等不合理使用设备的指令意见，可拒绝执行。

④ 保运人员要熟知设备的结构、原理、性能、用途和修理技术。特殊工种作业人员必须取得相应技术培训合格证书后方能从事检维修工作。

⑤ 对所有动、静设备要做好防冻、清洁和防腐工作。冬季室外机泵和其他设备及管线应采取必要的防冻措施，防止设备及管线冻裂。

⑥ 对压力容器和工业管道要经常检查保温、保冷、腐蚀、泄漏情况，发现异常时应做好相应记录，并立即报告，同时由设备管理人员督促落实并处理。

⑦ 积极开展创建完好设备和“无泄漏”活动。加强设备现场管理，加强动、静密封，消除跑、冒、滴、漏，努力降低泄漏率。

⑧ 应加强设备用水管理，减少设备腐蚀，延长设备使用寿命。

4.1.2　装备使用的管理制度

在装备使用中，建立健全装备使用管理制度。装备使用管理制度有凭证操作设备制度、岗位责任制度、工艺操作规程、设备操作规程、专机专责或包机包修制度；设备检查评级制度、交接班制度等。

4.1.2.1　凭证操作设备制度

设备操作证是准许操作工人独立使用设备的证明文件，是生产设备的操作工人通过技术基础理论和实际操作技能培训，经过严格考核合格后所取得的。凭证操作是保证正确使用设备的基本要求，也是安全生产的一个重要前提。按照规定在条件许可时，机械工人一专多能操作一种以上的机械。操作每种机械都必须经过严格培训考核，按规定要求办理操作合格证书。每年度设备检查时，要结合安全情况的检查，对操作合格证和执行情况进行检查和审验。

4.1.2.2　岗位责任制

为了加强设备操作工人的责任心，避免发生设备事故，必须建立设备使用者的岗位责任制。企业的各项生产经营活动都必须在岗位责任制中得以落实，企业的各项规章制度都应当以岗位责任制为中心来建立。设备使用维护的各项工作是岗位责任制的主要组成部分，必须在岗位责任制中得到落实。操作工岗位责任制的内容一般包括四部分，即基本职责，应知应会，权利，考核办法。严格贯彻设备使用维护的各项规章制度，可保证设备处于良好技术状态，为完成生产任务创造条件。

岗位责任制主要内容如下。

① 设备操作工人必须遵守“定人定机”、“凭操作证操作”制度，严格按“四项要求”、“五项纪律”和设备操作维护规程等规定，正确使用与精心维护设备。

② 必须对设备进行日常点检，并认真作好记录。做好润滑工作，班前加油，班后及时清扫、擦拭、涂油。

③ 掌握“四懂”、“三会”的基本功要求，搞好日常维护、周末清洗和定期维护工作。配合维修工人检查和修理自己所操作的设备。“四懂”是指懂结构、懂原理、懂性能和懂用途。“三会”是指会操作使用、会维护保养、会排除故障。

④ 管好设备附件。当更换操作设备或工作调动时，必须将完整的设备和附件办理移交手续。

⑤ 认真执行交接班制度和填写交接班记录。

⑥ 参加所操作设备的修理和验收工作。

⑦ 设备发生事故时，应按操作维护规程规定采取措施，切断电源，保持现场，及时向班组长或车间机械员报告，等候处理。分析事故时应如实说明经过。

⑧ 设备操作规程规定了设备的正确使用方法和注意事项，对异常情况应采取的行动和报告制度。操作工人对所操作的设备负有正确使用的责任，操作人员对设备要熟悉和严格按操作程序进行操作，注意控制各项操作指标，如温度、压力、真空度、转速、负载、流量、电压等，操作中发现不正常现象要立即查明原因，排除故障，保证设备的正常运转。

4.1.2.3　交接班制度

为了保证装置正常运行，保证各方面工作有法可依、有章可循，化工企业一般都建立了生产班组交接班制度。一般规定接班人员必须提前半小时到岗进行预检查。班前预检查须按巡回检查路线及内容进行检查。交接班严格执行程序管理，交接班日记、记录按要求填写。对交接班有疑义的问题，交接班日记中交班者和接班者必须写清楚。

交接班的一般程序：按岗位进行口头交接。交接人员双方视情况对交接内容确认后，双方在交接班日记上签字。交班人员必须在接班者签字后方可离岗。

交接班制度主要包括以下内容。

首先是交工艺。当班人员应对管理范围内的工艺现状负责，交班时应保持正确的工艺流程，并向接班人员交代清楚。

其次是交设备。当班人员应严格按工艺操作规程和设备操作规程认真操作，对管辖范围内的设备状况负责，交班时应向接班人员移交完好的设备。

第三是交卫生。当班人员应做好设备、管线、仪表、机泵仓（房）、办公室的清洁卫生，交班时交接清楚。

第四是交工具。交接班时，工具应摆放整齐，无油污、无损坏、无遗失。

最后是交记录。交接班时，设备运行记录、工艺操作记录、巡检记录、维修记录等应真实、准确、整洁。

4.1.2.4　班组设备管理目标及考核

为保证装备使用维护管理工作顺利完成，企业通常都制订出班组设备管理目标并进行考核。

（1）班组设备管理目标的内容：包括正常的日常维护、点检和定期维护（一级保养）、润滑工作外，还可根据小组的具体情况，制定以下目标内容：

① 提出减少设备故障停机，改善方案的目标；

② 提高班组设备管理和维护水平的目标措施；

③ 减少因设备因素影响产品质量的具体方案和措施；

④ 操作和维护设备技能的培训；

⑤ 提高设备开动率的目标。

（2）班组设备管理目标的考核及指标

班组设备管理目标的考核指标一般应有：班组设备完好率；班组设备故障停机率；班组

设备周末维护检查评分；班组节能指标等。以上指标的考核，可作为原始记录和统计资料保存，并可在各班组开辟设备管理园地，将上述指标用图标的形式绘制出模板，以利于职工随时了解班组设备管理目标的开展情况，找出差距，不断完善工作。班组设备管理指标也应纳入生产经营承包、各项奖励制度和劳动竞赛等内容。

4.1.2.5 “三定”制度

设备使用与保养关键要贯彻“人机固定”原则，实行定机、定人、定岗位责任的“三定”制度，把设备使用、维护、保养各环节具体责任落实到每个人。

定人定机的目的是确保每台设备都有专人负责、专人操作和维护。其具体执行的方法如下。

① 设备主管部门应将全厂主要使用设备按精、大、稀、关键设备和一般设备划分清楚，建立和健全全厂设备定人定机制度，实行分级管理。

② 使用设备都必须在谁使用谁保养的原则下，严格岗位责任，实行定人定机制，以确保正确使用设备和落实日常维护工作。定人定机名单由设备使用单位提出，一般设备经车间设备员同意，报设备主管部门备案。精、大、稀，重点设备经设备主管部门审查，企业分管设备副厂长（总工程师）批准执行。定人定机名单审批后，应保持相对稳定，确需变动时，应按上述规定程序进行。

③ 多人操作的设备应实行机台长制，由使用单位指定机台长，负责和协调设备的使用与维护。

④ 自动生产线或一人操作多台设备的，应根据具体情况制定相适应的定人定机办法进行保管保养。

⑤ 公用设备不发操作证，但必须指定维护人员，落实保管维护责任，并随定人定机名单统一报送设备主管部门。

⑥ 动能设备的操作人员，必须建立专人负责制进行保管保养，并应严格遵守安全操作规程，实行定期预防性试验，保证安全运行。

⑦ 凡已定人定机的一般主要使用设备，如因操作者缺勤，需临时调动操作人员时，属同型号的设备，在征得班组设备员同意后，生产组长方可调动。对于跨班组、跨部门的同型号设备，需经部门机械员同意。凡临时调动操作工人去操作同类型不同型号的设备，甚至不同类型的设备都是绝不允许的。

⑧ 外厂来人借用设备，可凭单位证明，须工种相符，经设备主管部门审批后，由车间指定所在小组组长指导操作。工作完毕后，车间设备员需负责进行检查。

通过实施“三定”制度，可以做到责任明确，有利于操作人员熟悉机械特性，熟练掌握操作技术，合理使用，全力维护机械设备，促进机械利用率。同时有利于开展完好设备标准评比考核活动，落实奖惩制度，有利于正确取得机械设备运行原始资料，提高机械统计工作水平，有利于做好机械定员工作，加强劳动管理。

4.2 装备的维护保养

化工设备由于长期处于较恶劣的环境中，不仅腐蚀和磨损快，而且易引起爆炸、火灾和毒气污染等恶性事故。因此加强设备的日常维护保养、加强安全和污染防护工作十分重要。

装备维护保养就是通过擦拭、清扫、润滑、调整等一般方法对装备进行护理，以维持装备的性能和技术状况。装备的维护保养一般包括日常点检、定期维护、定期检查和精度检查、设备润滑和冷却系统维护等。通过装备日常维护保养，尤其是装备润滑和防腐工作，可以延长装备的检修周期和使用寿命。

4.2.1　装备维护保养的要求与内容

4.2.1.1　设备维护保养的要求

① 清洁。设备内外整洁，各滑动面、丝杠、齿条、齿轮箱、油孔等处无油污，各部位不漏油、不漏气，设备周围的杂物、脏物要清扫干净。

② 整齐。工具、附件、工件、产品要放置整齐，管道、线路要有条理。

③ 润滑良好。按时加油或换油，不断油，无干摩擦现象，油压正常，油标明亮、油路畅通，油质符合要求，油枪、油杯、油毡清洁。

④ 安全。遵守安全操作规程，不超负荷使用设备，设备安全防护装置齐全可靠，及时消除不安全因素。

4.2.1.2　设备维护的“三级保养制”

目前较多企业的设备维护保养制度，实行“三级保养制”，即日常维护保养、一级保养和二级保养。三级保养制是以操作者为主对设备进行以保为主、保修并重的强制性维修制度，是依靠群众、充分发挥群众的积极性，实行群管群修，专群结合，搞好设备维护保养的有效办法。其区别见表 4-1。

表 4-1　设备三级保养制度

保养级别	保养时间	保养内容	保养人员
日常维护保养	每天的例行保养	班前班后认真检查，擦拭设备各个部件和注油，发生故障及时予以排除，并做好交接班记录	操作人员进行
一级保养	设备累计运转 500h 可进行一次，保养停机时间约 8h	对设备进行局部解体，清洗检查及定期维护	操作人员为主，维修人员辅助
二级保养(相当于小修)	设备累计运转 2500h 可进行一次，停修时间约为 32h	对设备进行部分解体、检查和局部修理，全面清洗的一种计划检修工作	维修人员为主，操作人员参加

（1）设备的日常维护保养

设备的日常维护保养，一般有日保养和周保养，又称日例保和周例保。

① 日例保。日例保由设备操作工人当班进行，认真做到班前四件事、班中五注意和班后四件事。

a. 班前四件事。即消化图样资料，检查交接班记录；擦拭设备，按规定润滑加油；检查手柄位置和手动运转部位是否正确、灵活，安全装置是否可靠；低速运转检查传动是否正常，润滑、冷却是否畅通。

b. 班中五注意。即注意运转声音是否正常；注意设备的温度、压力是否正常；注意液位、电气、液压、气压系统是否正常；注意仪表信号是否正常；注意安全保险是否正常。

c. 班后四件事。即关闭开关，所有手柄放到零位；清除铁屑、脏物，擦净设备导轨面和滑动面上的油污，并加油；清扫工作场地，整理附件、工具；填写交接班记录和运转台时记录，办理交接班手续。

② 周例保。周例保由设备操作工人在每周末进行，保养时间为：一般设备 2h，精、大、稀设备 4h。

a. 外观。擦净设备导轨、各传动部位及外露部分，清扫工作场地。达到内外洁净无死角、无锈蚀，周围环境整洁。

b. 操纵传动。检查各部位的技术状况，紧固松动部位，调整配合间隙。检查互锁、保险装置。达到传动声音正常、安全可靠。

c. 液压润滑。清洗油线、防尘毡、滤油器，油箱添加油或换油。检查液压系统，达到油质清洁，油路畅通，无渗漏，无研伤。

d. 电气系统。擦拭电动机、蛇皮管表面，检查绝缘、接地，达到完整、清洁、可靠。

(2) 一级保养

一级保养（简称一保）是以操作工人为主，维修工人协助，按计划对设备局部拆卸和检查，清洗规定部位，疏通油路、管道，更换或清洗油线、毛毡、滤油器，调整设备各部位配合间隙，紧固设备的各个部位。一级保养所用时间为4～8h。

一保完成后应做记录并注明尚未清除的缺陷，车间机械员组织验收。

一保的范围应是企业全部在用设备，对重点设备应严格执行。一保的主要目的是减少设备磨损，消除隐患、延长设备使用寿命，为完成到下次一保期间的生产任务在设备方面提供保障。

(3) 二级保养

二级保养（简称二保）是以维修工人为主，操作工人参加来完成。二级保养列入设备的检修计划，对设备进行部分解体检查和修理，更换或修复磨损件，清洗、换油、检查修理电气部分，使设备的技术状况全面达到规定设备完好标准的要求。二级保养所用时间为7天左右。

二保完成后，维修工人应详细填写检修记录，由车间机械员和操作者验收，验收单交设备动力科存档。

二保主要目的是使设备达到完好标准，提高和巩固设备完好率，延长大修周期。

4.2.1.3　设备的维护检查

设备检查是对设备进行监护的有效手段，是掌握设备性能，及时发现和消除设备隐患，防止突发故障和事故，保证设备正常运行的一项重要工作。设备检查分为日常巡回检查、定期检查和专项检查。

(1) 日常巡回检查

① 认真检查设备，严格执行巡回检查制度。

巡回检查是化工操作工按照编制的巡回路线对设备进行定时、定点的周期性检查。巡回检查一般采用。五字检查法（听、摸、查、看、闻），也采用简单仪器测量和观察仪表测量数据的变化。

巡回检查一般包括以下内容。

a. 检查设备运行使用情况；听设备运行的声音，有无异常撞击和摩擦声。看温度、压力、流量、液面等控制计量系统及自动调节装置的工作情况。

b. 检查传动带、钢丝绳和链条的紧固情况和平稳度。

c. 检查安全保护罩、防护栏杆、设备管路的保温、保冷是否完好。

d. 检查安全装置、制动装置、事故报警装置、停车装置是否良好。

e. 检查设备及工艺管路的静、动密封点的泄漏情况。

f. 检查设备基础、地脚螺栓及其他连接螺栓有无松动，或因连接松动而产生振动。

g. 检查轴承及有关部位的温度、润滑及振动情况。

h. 检查冷冻、冷却水、蒸汽、物料系统的工作情况。

通过巡回检查，及早发现所有偶发故障的苗头及不正常状态，并立即查清原因，及时调节处理，尽快使机器设备恢复正常功能与安全运行。发现异常情况，如特殊响声、振动、严重泄漏、火花等危险情况，应做紧急处理。并向车间主任及设备管理人员及时报告，同时将检查情况和处理结果详细记录在操作记录上。

② 严格执行维护保养制度，精心维护保养设备。

a. 按照设备润滑管理制度，认真做好设备润滑工作，按照"五定"（定点、定质、定量、定人、定时）、"三级过滤"（领油、转桶、加油时进行过滤）的要求对设备进行润滑，在保证设备润滑良好的前提下力求节约油料消耗。

b. 对本岗位负责的设备及岗位环境要认真进行清扫，搞好卫生，做到一平（场地平）；二净（门窗净、桌椅净）；三见（沟见底、轴见光、设备见本色）；四无（无垃圾、无杂草、无污物、无积水）。此外，防腐、保温层要保持完整，及时消除跑、冒、滴、漏，做好设备的安全运行和文明生产。

c. 定期做好设备的保养工作。根据保养工作量大小和实施人员的不同，一般把定期保养分为一级保养和二级保养。二级保养已属于修理的范畴。一级保养是以设备操作人员为主、维修工人辅导和配合的维护性工作，主要是对设备做彻底清洗，清理润滑系统，对设备的重点部位检查，对间隙、行程范围进行调整，消除已发现的某些缺陷等，也包括调节泵和搅拌反应釜的填料函或更换填料及置换一些小的易损标准件等。保养完毕需经验收再投入使用。

③ 认真填写各项记录和日志。认真填写设备运行记录、缺陷记录、事故记录及操作日志，严格执行交接班制度。

除了上述维护保养活动，企业应做好季节性设备防护工作，如夏季之前对高空装置和建、构筑物的避雷设施进行预防性维修，疏通厂区排水系统，做好防洪、防汛、防台风准备，检修冷却水系统。冬季之前，应维修化工装置和管道的保温层，对露天装置和管道做好防寒、防冻工作。

（2）装备的定期检查和专项检查

① 定期检查。定期检查是一种有计划的预防性检查，往往配合清除污垢及清洗换油等维护保养工作。定期检查是以专业维修人员为主，在生产操作人员配合下，以人的五感或用一定的检查工具和仪器，按设备检查标准书的规定定期对设备逐项进行检查。一般由设备维修管理部门指定技术熟练的维修工人或受过专门技术培训的检测工人担任这种工作。检查的目的是发现和记录设备异常、损坏、磨损、腐蚀等情况及其他隐患，以便及时进行处理。对处理不了的问题要填写设备修理卡片，根据检查中确定的修理部位、更换的零部件、修理的类别和时间，申报安排计划检修。

定期检查可以停机进行，也可以不停机或占用少量生产时间进行。定期检查周期一般由设备维修管理人员根据设备制造厂提供的设计和使用说明书，结合生产实际综合确定；有危及安全的重要设备，其检查周期应根据国家有关规定执行。

为了保证定期检查能按规定如期完成，设备管理维修人员应编制定期检查计划，计划应包括检查时间、检查内容、质量要求、检查方法、检查工具以及检查工时和费用预算等。

② 专项检查。专项检查是设备出现异常，有特殊需要进行的性能检查。发生重大损坏事故时，为查明原因所进行的事故检查也属于专项检查。专项检查的检查目的和检查时间由

设备维修管理部门确定。

4.2.2 设备的区域维护

（1）设备区域维护的内涵

又称设备的区域维护或维修工包机制，是指维修工人承担一定生产区域内的设备维修工作，与生产操作工人共同做好日常维护、巡回检查、定期维护、计划修理及故障排除等工作，并负责完成管区内的设备完好率、故障停机率等考核指标。区域维修责任制是加强设备维修为生产服务、调动维修工人积极性和使生产工人主动关心设备保养和维修工作的一种好形式。

（2）设备区域维护的任务

区域维护组全面负责生产区域的设备维护保养和应急修理工作，主要任务是负责本区域内设备的维护修理工作，确保完成设备完好率、故障停机率等指标；认真执行设备定期点检和区域巡回检查制，指导和督促操作工人做好日常维护和定期维护工作；在车间机械员指导下参加设备状况普查、精度检查、调整、治漏，开展故障分析和状态监测等工作。

（3）设备区域维护的优点

完成应急修理时有高度机动性，可使设备修理停歇时间最短，而且值班钳工在无人召请时，可以完成各项预防作业和参与计划修理。

（4）设备维护区域划分应考虑的主要因素

设备维护区域划分应考虑生产设备分布、设备状况、技术复杂程度、生产需要和修理钳工的技术水平等因素。可以根据上述因素将车间设备划分成若干区域，也可以按设备类型划分区域维护组。流水生产线的设备应按线划分维护区域。区域维护组要编制定期检查和精度检查计划，并规定出每班对设备进行常规检查时间。为了使这些工作不影响生产，设备的计划检查要安排在工厂的非工作日进行，而每班的常规检查要安排在生产工人的午休时间进行。

4.2.3 精密、大型、稀有、关键设备的使用维护要求

精、大、稀、关键设备是企业进行生产的重要物质技术基础，对这些设备的使用维护除保证达到一般设备的各项要求外，还应有其以下的特殊要求。

（1）实行“四定”

① 定使用人员。按定人定机制度，挑选本工种中责任心强、技术水平高而实践经验丰富的工人来担任操作，并尽可能保持相对稳定。

② 定检修人员。有条件的企业，可组织专门负责维护、检查、调整、修理精、大、稀、关键设备的专业维修组，否则，也应指定技术水平高的专人负责检修。

③ 定操作维护规程。逐台按机型编制操作维护规程，置于醒目位置，并严格执行。

④ 定维修方式和备品配件。选用最合适的维修方式，包括定期检查、状态监测、精度调整及修理等，并优先给予安排。在备品配件方面，要根据供应情况，确定储备定额，优先储备。

（2）使用维护上的特殊要求

① 要严格按使用说明书上的规定安装设备，并且要求每半年检查调整一次安装水平和精度，作好详细记录，存档备查。

② 对环境有特殊要求（恒温、恒湿、防震、防尘等）的设备，应采取相应措施，确保设备性能和精度不受影响。

③ 严格按照设备说明书所规定的加工工艺规范操作，加工余量应合理，严禁作粗加工

使用；严禁超负荷超性能使用。

④ 精、大、稀、关设备在日常维护中一般不允许拆卸，尤其是光学部件，必要时应由专职修理工进行。

⑤ 按规定的部位和规定的范围内容，认真做好日常维护工作，发现有异常，应立即停车，通知检修人员，绝不允许带病运转。

⑥ 润滑油料、擦拭材料以及清洗剂必须严格按说明书的规定使用，不得随意代用。尤其是润滑油和液压油，必须经化验合格后才能使用。在加入油箱前必须进行过滤。

⑦ 非工作时间应加防护罩。如长期停歇，应定期进行擦拭、润滑、空运转。

⑧ 附件和专用工具应有专用柜架搁置，保持清洁，妥善保管，不得损坏、外借和丢失。

(3) 实行点检制

重点关键设备均应实行点检制。

4.3 设备点检管理体系

在市场经济条件下，现代装备的大型化（微型化）、连续化、自动化、高速化、高精度化、综合化，大幅度提高了生产效率和经济效益，但同时对设备管理也提出了新的要求，传统的静态设备管理方式已不能适应现代设备管理需要，现代生产企业应引入先进的点检体系和管理模式，建立自己的设备管家体系，促进企业设备管理水平。

4.3.1 设备点检的有关概念

(1) 点检与点检制

点检是在全员维修思想的指导下，利用“视、听、触、味、嗅”五感和必要的仪器仪表、工具和在线监测系统等，按照既定技术标准，采用“五定”的方法，对设备实施全面的检查、诊断等，找出设备的缺陷和异状，发现隐患，掌握设备故障的初期信息，以便及时采取对策，将故障消灭在萌芽阶段的一种管理方法。

设备点检工作的“五定”指定点、定法、定标、定人、定期。定点指设定设备检查的部位、项目和内容，即通过科学分析所点检的设备，找准该设备可能发生故障和老化的关键部位，一般包括滑动部位、回转部位、传动部位、与原材料接触部位、荷重支撑部位、受介质腐蚀部位等；定法指确定点检检查方法，即根据实际可酌情采用“视、听、触、味、嗅”五感点检、工具测量或精密仪表检测等；定标指对每个维护点制订维护检修标准，如间隙、温度、压力、流量等；定人指确定点检项目的实施人员，即确定检查人员是生产工人、检修工人，还是点检员；定期指确定检查周期。点检强调的是设备的动态管理，是实现设备预防维修的基础，是现代设备管理运行阶段的管理核心。

点检制是在设备运行阶段开展的一种以点检为核心的现代维修管理体系，是设备全员维修制（TPM）思想的体现。点检制的内涵就是利用一些检查手段，对设备进行早期检查、诊断和维修。每个企业可根据自己的实际情况制定自己的点检制度。

(2) 点检的类型

① 按点检的周期和内容分，分为岗位日常点检、专业定期点检和专项点检。其中岗位日常点检由专职点检员制订点检标准和点检计划，由岗位操作人员或岗位维修人员实施点检；专业定期点检又分为短周期点检和长周期点检，短周期点检由专职点检员承担，

长周期点检由专职点检员提出，委托检修部门专业技术人员实施；专项点检是针对核心重点设备的关键点（如润滑的部位、油质、润滑方式等）使用专业的检测分析手段（如动平衡仪、叶片频谱分析仪、热像仪、油液分析、轴承诊断）进行的专项检查。一般由专业工程师来完成。

② 按点检技术方法的难易分，分为简易点检和精密点检。简易点检是依靠五感（视、听、嗅、味、触）或运用简易仪器进行设备运行状态量的测量、定期检测和进行趋势分析。精密点检是用精密仪器、仪表对设备进行综合性测试调查，或在不解体的情况下应用诊断技术，测定设备的振动、磨损、应力、温升、电流、电压等物理量，通过对测得的数据进行分析比较，定量地确定设备的技术状况和劣化倾向程度，以判断其修理和调整的必要性的设备检查工作称为精密点检。精密点检是设备点检不可缺少的一项内容，由专职点检员提出，委托技术部门或检修部门实施。当设备发生疑点时，需对设备进行解体检查或精密点检。

③ 按点检分工划分，分为操作点检和专业点检。操作点检由岗位操作工承担；专业点检由专业点检、维修人员承担。

4.3.2 设备点检管理体系

企业的经营决策要通过其组织机构来实现，为了实现企业经营总目标，必须设立与之相适应的点检组织体系与管理系统。完善的设备点检管理体系，要实现对设备的一生管理，抓住二项结合，实行三级点检，建立四大标准，构筑五层防护线，降低六大损失，加强七项重点管理，最终实现企业经济效益最大化目标。

（1）对设备进行一生管理

即依据设备综合管理理论，实行从设备规划工作起直到报废的全过程管理，包括设备的前期管理和后期管理。如图 4-1 所示。

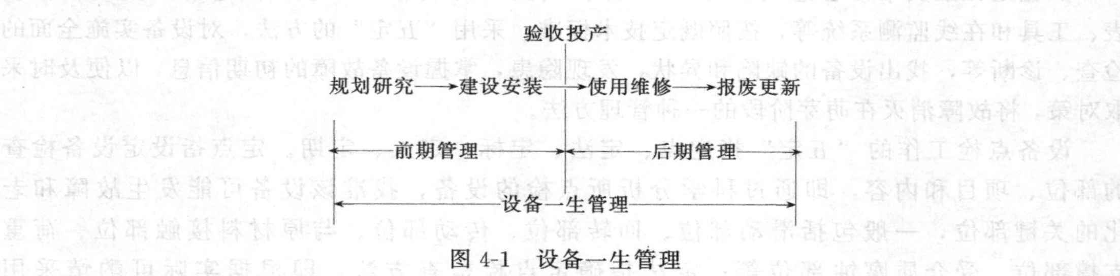

图 4-1 设备一生管理

（2）设备技术管理与设备经济管理相结合

设备技术管理的目的在于保持设备技术状况完好，并不断提高设备的技术素质，从而获得最好的设备输出效果；经济管理的目的在于追求设备寿命周期费用的经济性，取得良好的投资效益。只有技术管理与经济管理相结合，才能获得设备最佳的综合效益。

（3）实行三级点检制度

第一级：岗位日常点检。由岗位操作工或岗位维修工实施点检。这是点检制的基础，其内容主要是负责本岗位设备状态检查、调整、紧固、“5S”（整理、整顿、清扫、清洁、素养）活动、设备润滑、易损零件更换、简单故障处理，做好记录和信息反馈等。搞好岗位日常点检是推进全员参与 TPM 管理不可缺少的一环。建立完善的设备管理体系，以设备高效运行为最高目标，开展各种设备管理的自主活动，按照“五定”对设备进行点检，改变以往生产方只管生产、不管设备的观念，为设备日常保养良好、精度优良、操作正确提供了基础性保障。

第二级：专职点检。由专职点检员制定点检标准和点检计划并实施点检。这是点检制的核心，其内容主要是负责本区域设备状态检查与诊断、劣化倾向管理、故障与事故管理、费用管理、编制维修计划和备件、材料计划、监督修理质量、施工验收，做好各项记录以及检查、指导、监督岗位日常点检等。

第三级：精密点检。由专职点检员编制计划，由专、兼职精密点检员或专业技术人员实施。精密点检是点检制不可缺少的组成部分，主要是利用精密仪器或在线监测等方式对在线、离线设备进行综合检查测试与诊断，及时掌握设备及零、部件的运行状态和缺陷状况，定量地确定设备技术状况和劣化程度及劣化趋势，分析事故发生、零件损坏原因并记录，为重大技术决策提供依据。

(4) 建立四大标准

四大标准包括维修技术标准、点检标准、给油脂标准和维修作业标准。四大标准是对设备进行点检、维护、修理、技术管理等标准化作业的基础，也是点检定修开展活动的科学依据和点检定修的制度保证体系。

(5) 构筑设备的五层防护线

为确保设备安全稳定运行，必须构筑一套完整的设备防护体系。在点检制下，设备的防护体系包括五个层次：即操作人员的日常点检；专业点检员的专业点检；专业技术人员的精密点检；设备技术诊断以及设备维护修理。五层防护线是建立完整点检工作体系的依据。按照这一体系，把企业各类点检工作关系统一起来，使操作人员、点检人员、维护检修人员、专业技术人员等不同层次、不同专业的全体人员都来参加管理，把简易诊断、精密诊断、设备状态监测、劣化倾向管理以及寿命预测、故障解析、精度指标控制等现代化管理方法统一起来，使具有现代化管理知识与技能的人、现代化仪器装备手段和现代化管理方式三者有机结合起来，形成现代化的设备管理。

(6) 降低六大损失

现代设备管理已从单纯的重视设备功能转变为设备功能和经济性并重，从追求设备完好转变为追求设备综合效率最高，强调对设备寿命周期一生的管理。影响设备综合效率的六大损失是：设备故障损失、非计划调整损失、空转与短暂停机损失、速度降低损失、产品质量缺陷损失、初期不良损失。提高设备综合效率的主要对策就是限制和降低六大损失。实行设备点检就是要以全员为基础，以全系统为载体，致力于减少时间损失、速度损失和产量损失，努力实现零故障管理，提高设备综合效率。

(7) 加强七项重点管理

加强七项重点管理是点检工作的要点之一，包括：点检管理、定修管理、备件管理、维修费用管理、安全管理、故障管理、设备技术管理。

4.3.3　设备点检管理制度及工作内容

4.3.3.1　设备点检制度

设备点检制度是以设备点检为中心，为规划设备点检标准而制成的制度。包括点检的内容、周期、手段、方法、责任人、分析和处理及信息反馈等。

在设备点检管理体系下，专职点检人员负责设备的点检，又负责设备管理，是操作和维修之间的桥梁与核心。点检员对其管理区内的设备负有全权责任，严格遵守标准进行点检。

设备点检组的主要业务：制订、修改维修标准；编制、修订点检计划；进行点检作业，并对操作人员进行点检维修业务指导；搜集设备状态情报，进行倾向管理；编制检修计划，做好检修工程的管理工作；制订维修资材计划；编制维修费用预算；进行事故故障分析处理，提出修复、预防措施；做好维修记录，分析维修效果，提出改善管理、改善设备的建议。

4.3.3.2 设备点检标准及内容

在设备点检标准中以表格形式对设备点检对象进行了“五定”。确定了设备点检部位和项目为设备可能发生故障和劣化并需要进行点检的部位。

(1) 设备点检内容

点检内容主要包括以下十大要素。

机械设备的点检十大要素：压力、温度、流量、泄漏、给油脂状况、异音、振动、磨损或腐蚀、裂纹或折损、变形或松弛。

电气设备的点检十大要素：温度、湿度、灰尘、绝缘、异音、异味、氧化、连接松动、电流、电压。

在生产中日常点检工作的主要内容：依靠五感（视、听、嗅、味、触）进行检查；小零件的修理和更换；弹簧、传动带、螺栓、制动器及限位器等的紧固和调整；隧道、地沟、工作台及各设备的非解体清扫；给油装置的补油和给油部位的加油；集汽包、储气罐等排水；点检内容及检查结果作记录。

定期点检的内容设备的非解体定期检查；设备解体检查；劣化倾向检查；设备的精度测试；系统的精度检查及调整；油箱油脂的定期成分分析及更换、添加；零部件更换、劣化部位的修复。

(2) 点检的方法、状态和分工

用视、听、触、味、嗅觉为基本方法的“五感点检法”；借助于简单仪器、工具进行测量点检法；用专用仪器进行精密点检测量法。

点检状态分为静态点检（设备停止运转时）和动态点检（设备运转时）。可根据设备重要程度等具体情况，通过点检现象与分析以定性基准判定，也可以通过仪器监测数据根据定量基准来判定。

根据设备重要程度及使用情况，点检分工包括操作点检、运行（或维护）点检、专业点检。生产中可针对不同设备确定具体点检分工。

(3) 设备点检周期

依据设备作业率、使用条件、工作环境条件（温度、湿度、粉尘）、润滑状况、对生产的影响程度、其他同类厂的使用实绩和设备制造厂家的推荐值等因素，先初设一个点检周期，以后随着生产情况的改变和实绩经验的积累逐步进行修正，以使其逐步趋向合理。

4.3.4 点检管理的实施

(1) 点检管理的四个环节

点检工作的实施以点检为核心，按 PDCA 四个环节实行规范化管理。四个环节即制定点检标准和点检计划（P——plan）；按计划和标准实施点检和修理工程（D——do）；检查实施结果，进行实绩分析（C——check）；在实绩检查分析的基础上制定措施，自主改进（A——action）。

(2) 点检的实施

根据点检类型不同具体组织实施部门不同。日常点检由设备使用车间组织实施；专业点检由各生产单位设备管理部门或人员自组织实施；精密点检由公司级设备管理部门（装备能源部或机动处）组织实施。点检实施的一般程序如下。

① 点检作业实施前准备工作。点检作业实施前需要进行以下准备工作。

a. 划分点检区域。

b. 确定点检对象设备。

c. 对设备进行“五定”，编制“点检四大标准”（维修技术标准；点检标准；给油脂标准；维修作业标准）。

d. 制订点检计划。即根据设备分类制订详细的点检周期、点检内容；制订排污周期、润滑周期、润滑部位、给油脂种类等；制订设备卫生清扫周期及清扫标准。

e. 编制点检路线图。

f. 编制点检检查表。

② 实施日常点检工作。日常点检活动包括检查、清扫、给油脂、紧固、调整、整理和整顿、简单维修和更换。具体工作如下。

a. 点检与检测工具要携带齐全。

b. 对点检的设备详细记录点检部位、运行情况，对发现的异常情况要详细记录故障情况、处理过程、更换器件型号、种类、件数。

c. 对点检中发现的问题及时处理，无法处理的问题，要及时汇报。

除做好点检记录外，日常检修也应详细记录。

在点检实施中还应注意以下几个问题。

a. 设备点检实体是：操作方、检修方和点检方。其中，点检方处于三方的核心地位，是设备点检的主体。

b. 对点检中发现的问题，要及时处理，并将处理结果填入记录表。没有能力或没有条件处理的，要写出处理意见及时上报有关人员安排处理。但不管何人、何时处理的，都要填写处理记录表。专业点检人员对检查记录和处理记录要进行系统分析，找出薄弱“维修点”即故障率高或损失大大环节，提出处理意见由有关部门安排改善性维修。

c. 对任何一项改善性维修项目，点检方应在半年内对其经济效果进行评估，不断完善。

4.3.5 对点检工作的检查及考核

① 公司及各生产单位应对设备点检工作进行定期或不定期检查，专业点检员对日常点检的检查为每天至少一次，生产单位设备管理部门对专业点检的检查，每周至少一次，公司级设备管理部门（装备能源部或机动处）对点检工作的检查每月至少一次。

② 对以下情况进行处罚：专业点检员未按专业点检基准和专业点检计划进行点检作业者；专业点检人员未坚持每天查看日常点检作业卡（表）并签名者（法定节假日除外），对日常点检出的问题没有明确的处理意见者；专业点检人员对点检出的问题能安排及时处理而未及时处理者；专业点检人员所分管的设备检修计划和备品备件计划不是本人编制者；操作人员未按日常点检作业卡（表）进行点检作业者。表 4-2 所列为某企业设备日常点检保养表。

4.4 TPM 在设备维护管理中的应用

TPM（Total Productive Maintenance）又称全员生产维修制，是日本前设备管理协会（中岛清一等人）在美国生产维修体制之后，在日本的 Nippondenso（发动机、发电机等电器）电器公司试点的基础上，于 1970 年正式提出的。

所谓全员生产维修，就是以提高设备的全效率为目标，建立以设备一生为对象的生产维修系统，实行全员参加管理的一种设备管理与维修制度。

4.4.1　TPM 的特点

（1）设备的全效率

指在设备的一生中，为设备耗费了多少，从设备那里得到了多少，其所得与所费之比，就是全效率。设备的全效率，就是以尽可能少的寿命周期费用，来获得产量高、质量好、成本低、按期交货，无公害安全生产好，操作者情绪饱满的生产成果。

表 4-2　设备日常点检保养表

场所	点检加油设备	点检项目	目的	周期	担当	1	2	3	…	30	31
1	压力表/温度表	指针灵敏可靠且无损坏	预防维护	每班	操作工						
2	曲轴箱/视油窗	油位正常(在上下线之间为宜)且曲轴箱内无异响	预防维护	每班	操作工						
3	电动机	声音无异常或发热振动现象	正常运行	每班	操作工						
4	油泵/油管	正常运转且无泄漏现象	预防维护	每班	操作工						
5	安全阀	使用性、安全性良好	预防维护	每班	操作工						
…	…	…									
15	冷却分离器	每班排污不少于 4 次	预防维护	每班	操作工						
16	观察窗	里面无润滑油	预防维护	每班	操作工						
登记者签名				甲班	操作工						
				乙班	操作工						
				丙班	操作工						
班长每周确认 2 次											
车间主任每周确认 1 次											
设备管理员每周确认 1 次											

（2）设备的全系统

它有两层意思，一是对设备实行全过程管理。传统的设备管理一般都集中在设备使用过程中的维修工作上，注重设备后天的维修。而全系统要求对设备的先天阶段（制成之前）和后天阶段（制成之后）进行系统管理。如果设备先天不足，即研究、设计制造上有缺陷，单靠后天的维修便会无济于事。因此，应该把设备的整个寿命周期，包括规划、设计、制造、安装、调试、使用、维修、改造直到报废、更新等的全过程作为管理对象。如对设备的故障，要从整个系统来研究；消除故障的对策，也要从整个系统来采取。二是对设备采用的维修方法和措施要系统化。在设备的研究设计阶段，要认真考虑维修预防，提高设备的可靠性和维修性，尽量减少维修费用；在设备使用阶段，采用以设备分类为依据，以点检为基础的预防维修和生产维修；对那些重复性发生故障的部位，针对故障发生的原因采取改善维修，以防止同类故障的再次发生。这样，就形成了以设备一生作为管理对象的完整的维修体系。

(3) 全员参加

指发动企业所有与设备有关的人员都来参加设备管理。它包括两个方面：一是纵的方面，从企业最高领导到生产操作人员，全都参加设备管理工作，其组织形式是生产维修小组；二是横的方面，把凡是与设备规划、设计、制造、使用、维修等有关部门都组织到设备管理中来，分别承担相应的职责，具有相应的权利。

4.4.2 生产维护的内容

(1) 设备分类和重点设备的确定

全员生产维修是以设备的全效率为最高目标。从这一目标出发，不难看出，对价格便宜，利用率不高，出了故障不影响生产，容易修理的那些非关键设备实行事后修理，与采用预防维修制度相比会更经济，而对那些价值昂贵，出了故障对生产和安全造成重大损失的关键设备应采取预防维修。生产维修采用重点注意的办法，将企业全部设备按一定标准分为A、B、C三类。A类设备是重点设备，它是预防维修的重点，要求精心维护，定期检查，认真修理。C类是普通设备，可采用事后修理。

设备分类的标准没有统一的规定，各企业可按实际经验和需要制订。一般是按其对产量、质量、维修、成本、环境保护和安全、交货日期等影响程度来分类。影响最大的列为A类设备，影响最小的列为C类设备。

(2) 生产维护的内容

包括日常维护和预防性检查。预防性检查又分为日常点检、定期检查和精度检查。

① 日常维护。日常检查的目的是保持设备规定的技术状态，具体内容是清扫、润滑和调整。

② 预防性检查。它是计划预防修理的基础，又是全员生产维修的一项非常重要的内容。

③ 计划修理。计划修理分预防性修理和改善性修理两种。

预防性修理属于恢复性修理。它是根据日常点检、定期检查结果所提出的设备修理委托书、维修报告书、性能检查记录等资料编制修理计划。

改善性修理是对经常发生重复性故障的设备或设计上存在缺陷的设备，需要在可靠性、维修性、操作性等进一步改进时的一种修理。

编制设备维修计划多采用长、短期计划结合，以短期为主的计划方针。长期计划有一年的和半年的，短期计划是月度的。

④ 故障修理。它是设备维修中的重要环节，它直接影响停机时间和生产能否正常进行。设备使用部门遇有下列情况，填写修理委托书或维修报告书，向设备维修部门提出修理要求：发生了突然事故；日常点检发现了必须由维修人员排除的缺陷和故障；定期检查发现的必须立即修理的故障；由于设备状况不好，造成废品时。

维修部门接到故障修理通知后，必须立即组织力量进行抢修。

4.4.3 设备维修记录及其整理分析

设备维修记录是推行全员生产维修的基础，所涉及的范围很广，包括从设计、制造、使用、维修一直到设备报废更新所有的数据和资料。设备维修记录一般分为输出数据资料和输入数据资料两大类，其中输入数据资料即原始数据资料，输出数据资料包括分析数据和成果数据。

原始记录是第一手资料，是进行统计分析的依据。因此，需要建立哪些原始记录以及记录什么项目，应与输出数据资料的要求相适应，而输出数据资料又要服从设备管理的一定目的。所有这些问题都应审慎地全面考虑，切忌照搬照抄。一般地说，原始记录应设计成能反映出供分析的重大问题。记录的项目要切合实际，力求完整、具体、明确，并使有关人员能正确填写它的内容。

对原始记录的发出、填写、检查、保管、传递等工作，要有专人负责，并形成制度。推行全员生产维修的初期要求有关人员填写原始记录可能会遇到阻力，要做耐心的工作。

设备的原始记录提供了大量的有价值的数据资料，接着应对其整理和分析，以便达到设备管理的定目的。分析可从各种不同角度进行，其中设备故障分析（故障率，平均故障间隔时间、故障严重率、故障次数率、故障原因等）是重要分析。在进行设备故障分析时，应按设备故障的性质及其发生部位等进行分类，以便在制订消除或减少故障措施时能抓住主要问题。设备故障分析时对那些多次重复发生的故障、造成重要设备长时间停工的故障以及维修费用大的故障应给予更多的注意。

4.4.4 生产维修小组

生产维修小组，简称PM小组，是由工人、管理人员、技术人员为减少设备故障、提高设备利用率为目的自动组织起来主动活动的集体。

所谓PM小组的主要活动，就是不受上级命令、指示，自主地为设备一生的各个阶段（计划、设计、制造、安装、使用、维修、更新）分担责任，为设备生产率达到最高水平开展活动。主要活动的另一层意思是，要求PM小组的每一个成员都开动脑筋思考问题，互相启发开拓思路，做到人尽其才；要求车间内的各类人员搞好协作，车间与车间也做到人与人和，彼此尊重，使企业形成一种生气勃勃的局面。另外，碰头会是PM小组的重要组成部分。碰头会一般一周一次，行政领导对碰头会要给予指导。

4.4.5 TPM开展程序

(1) 制订TPM小组的基本方针和目标

开展TPM工作，首先要由企业的上层领导决定TPM的基本方针和目标。基本方针和目标的确定取决于企业生产经营上的需要，即产量、质量、成本、安全、环境何者为重点。据此再决定设备上的相应问题。

(2) 建立TPM的组织机构

指建立TPM的各级委员会（小组），任命或选举相应机构的负责人。

(3) 明确TPM组织和职责分工

指设备的计划、使用、维修部门要分别承担TPM的一定责任，同时也赋予一定的权利。

(4) 建立TPM总体制

指建立以设备一生为对象的“无维修设计”体制，即进行MP（维修预防）—PM（生产维修）—CM（改善维修）系统管理。具体内容包括：MP为可靠性、维修性检验单、入厂检查验收单、初期生产管理表等；PM—预防维修、润滑，修理施工、维修技术、费用预算的管理等；CM—故障原因分析表、改进建议书、改善维修计划书等。

(5) 制订TPM的各种标准

以确定TPM应该达成的目标。

(6) 维修人员的多能和专门教育

其目的是提高操作人员和维修人员的技术水平。其对象包括操作保养工、应急修理工、设备检查员、修理工、维修技术人员、工程设计人员等。

(7) 维修工作的评价

维修工作可从组织和维修指标两个方面来进行评价。

(8) 五S活动

① 整理——把紊乱的东西按秩序排列好，把不用的东西清除掉；

② 整顿——整顿生产操作秩序，把生产必需的图纸、工具等准备齐全；

③ 清洁——保持清洁，无污垢；

④ 清扫——把工作环境清扫得干干净净；

⑤ 素养（或教养）——讲文明、懂礼貌有良好生活习惯，遵守各种规章制度。

五S活动的核心是要养成文明生产和科学生产的良好风气和习惯，它不仅是搞好TPM的重要保证，也是搞好企业管理的一项十分重要基础工作。

4.5 装备的密封管理

过程装备在运行过程中由于密封不严，产生水、气（汽）、物料等的跑冒滴漏，造成物料和能量严重跑失、消耗增加、成本上升，形成“三废”污染环境，腐蚀设备、厂房，易燃、易爆、有毒、有害物料的泄漏引起火灾、爆炸或中毒事故，造成人员伤亡、财产损失。

加强设备的密封管理，创建“无泄漏工厂”，是流程工业企业生产和维修工作中的重要内容，是提高效益，降低消耗，消除污染，实现安全文明生产，保证职工身体健康的重要措施。

4.5.1 装备密封的检验标准与管理

为了使有液体的设备、管线等内部对外界不泄漏，在接合处所采取的技术措施称为密封。动密封是指各种机电设备连续运动（旋转和往复）的两个偶合件之间的密封。如压缩机轴、泵轴、各种釜类旋转轴等的密封均属于动密封，但用润滑脂或固体润滑剂作润滑时，仅为防止润滑脂（剂）渗漏的轴封，不能统计为动密封，如电动机的输出轴、皮带辊等。

4.5.1.1 密封点分类及其统计范围

密封分为动密封和静密封两类，密封零部件的密封处称为密封点，所以密封点也分为动密封点和静密封点两类。

动密封为各种机电设备（包括机床）连续运动（旋转和往复）的两个耦合件之间的密封，如压缩机油、泵轴、各种釜类旋转轴等的密封均属动密封，其密封点均属于动密封的统计范围。

静密封为设备及附属管线和附件，在运行过程中，两个没有相对运动的耦合件之间的密封，如设备和管线上的法兰、各种阀门、丝堵、活接头、机泵上的油标、附属管线，电气设备的变压器、油开关、电缆头、仪表孔板、调节阀、附属引线以及其他设备的结合部位均属静密封，其密封点均属于静密封点的统计范围。

4.5.1.2 密封点的统计计算

(1) 密封点的统计计算

① 动密封点统计计算方法。一对连续运动（旋转或往复）的两个耦合件之间的密封算一个密封点。

② 静密封点统计计算方法。一个静密封接合处算一个静密封点。如：一对法兰，不论其规格大小，均算一个密封点；一个阀门一般算四个密封点，如阀门后有丝堵或阀后有放空，则各多算一个密封点；一个螺纹活接头算三个密封点；直通管接头为两个密封点。特别部位如连接法兰的螺栓孔与设备内部是连通的，除了接合面算一个密封点外，有几个螺栓孔应加几个密封点。

③ 泄漏点计算方法。有一处泄漏就算一个泄漏点，不论是密封点或因焊缝裂纹、砂眼、腐蚀以及其他原因造成的泄漏，均做泄漏点统计。

(2) 泄漏率计算

动密封点泄漏率=(动密封泄漏点数/动密封点数)×1000‰

静密封点泄漏率=(静密封泄漏点数/静密封点数)×1000‰

4.5.1.3 密封点的检验标准

(1) 静密封泄漏点检验标准

① 设备及管道的接合部位用肉眼观察，不结焦、不冒烟、无渗透、无漏痕、无渗迹、无污垢。

② 对乙炔气、煤气、乙烯、氨、氯等易燃易爆或有毒气体物料管线或系统的焊接及其他连接部位可用肥皂水试漏不鼓泡，或用精密试纸、试剂检查，不变色。

③ 氧气、氮气、空气系统，用宽 10mm、长 100mm 薄纸试漏无吹动现象，或用肥皂水检查无气泡。

④ 真空系统可用 10mm×100mm 的薄纸条检验，无吸动现象。

⑤ 电气设备、变压器、油开关、油浸纸绝缘电缆等接合部位，用肉眼观察，无渗漏。

⑥ 蒸汽系统，用肉眼观察，不漏气，无水垢。

⑦ 酸、碱等化学系统，用肉眼观察，无渗迹、无漏痕水垢、不冒烟，或用精密试纸试漏不变色。

⑧ 水、油系统，宏观检查或用手摸，无渗漏，无水垢。

⑨ 各种机床的各种变速箱、立轴、变速手柄，宏观检查无明显渗漏，没有密封的部位如导轨等不进行统计。

(2) 动密封泄漏点检验标准

① 各类往复式和离心式压缩机的轴封，使用初期不允许泄漏，到运行间隔的末期允许微漏，对有毒有害易燃易爆的介质，在距填料压盖外约 300mm 处取样分析，有毒气体浓度不得超过安全规定范围，润滑油填料函不允许漏油，而活塞杆应带有油膜。

② 各类往复压缩机曲轴箱盖（透平压缩机的轴瓦）允许有微渗透，但要经常擦净。

③ 采用润滑油润滑的轴承，不允许漏油。

④ 水泵填料的泄漏量：初期每分钟不多于 20 滴，末期每分钟不超过 40 滴，高压柱塞泵的泄漏量每分钟不超过 15 滴。

⑤ 各种注油器允许有微漏，但要经常擦净。

⑥ 齿轮油泵允许有微漏，范围为每两分钟不超过一滴。

⑦ 各种传动设备采用油环的轴承不允许漏油，采用注油的轴承允许有微渗，并应随时擦净。

⑧ 输送物料时，泵填料每分钟不多于 15 滴。

⑨ 凡使用机械密封的各类泵，初期（检修之后 3 个月）不允许有泄漏，末期（计划检修前 3 个月）每分钟不超过 5 滴。

4.5.1.4 动、静密封区域划分与管理

(1) 设备密封管理的区域划分原则

① 仪表及仪表的工艺管路、仪表风管、用于仪表保温的加热伴管，由仪表设备的主管单位负责；

② 电气系统的变压器、油开关、电缆头，各车间电动机等电气设备，由电气设备的主管单位负责；

③ 各车间、岗位所属设备及管路由所属单位负责。

(2) 管理区域范围动、静密封点的统计与计算

① 统计方法。按区域划分负责制，对本区域所有设备、管路的法兰、阀门、丝堵、活接头，包括机泵设备的油标、附属管线、冷却器、加热炉的外露胀口、仪表设备的孔板、调节阀、附属管线以及其他所有设备的静止接合部位，均作为静密封点统计；通排风的设备及管路不属静密封点的统计范围；相对运动的结合面间的密封，如泵、压缩机、减速机、电动机、釜类等传动设备的轴封，均按动密封点统计。

② 泄漏点和泄漏率的计算方法

a. 泄漏点计算。有一处泄漏就算一个泄漏点，不论是密封点泄漏或因焊缝存在裂纹、砂眼、腐蚀或其他原因造成的泄漏，均作为泄漏点统计，动、静密封点的泄漏率以检查出的全部泄漏点计算，即包括检查时当场消除的泄漏点。

b. 泄漏率计算：

动(静)密封点泄漏率＝动(静)密封泄漏点数/动(静)密封点总数×1000‰

(3) 动、静密封管理

① 密封点的统计应准确无误，车间每年12月底前把车间上年重新修正结果上报厂机动科（综合管理部)，三级单位每年对本单位动静密封点台账重新进行一次清查和修订。

② 每月车间要对本车间泄漏率组织一次检查，将检查出的实际泄漏率上报厂机动科(综合管理部)，厂机动科（综合管理部）每月随机动月报将本单位实际泄漏率上报机动处。

③ 要求全部静密封点平均泄漏率要保持在0.5%以内，动密封点的泄漏率要保持在0.2%以内。

④ 对能消除的漏点要随漏随消，要系统停车方能消漏的应挂牌登记，列入计划处理，凡需要带压堵漏的报厂机动科（综合管理部）联系处理。

4.5.2 “化工无泄漏工厂”的标准与管理

“化工无泄漏工厂”是对化工企业整个设备动力管理工作的综合评价内容之一，是企业评选省、部级以上各类先进称号的基本条件。创建“化工无泄漏工厂”活动是贯彻落实《全民所有制工业交通企业设备管理条例》(以下简称《条例》)、《化学工业设备动力管理规定》(以下简称《规定》) 和《化学工业企业设备动力管理制度》(以下简称《制度》) 的有力措施，是对化工生产设备实行专业管理与群众管理相结合的好形式，对提高化工设备动力管理水平起到很好的推动促进作用。

4.5.2.1 “化工无泄漏工厂”标准

“化工无泄漏工厂”活动是加强密封管理，减少跑、冒、滴、漏，提高效益，降低消耗，消除污染，保证职工健康的一项重要措施。“化工无泄漏工厂”标准如下。

① 有健全的密封管理保证体系，职责明确，管理完善。

② 静、动密封档案、管理台账、消漏堵漏记录、密封管理技术基础资料齐全完整，密

封点统计准确无误。

③ 保持静密封点泄漏率≤0.5%，动密封点泄漏率≤0.2%，且无严重影响厂容厂貌及厂区环境的明显泄漏点。

④ 全厂主要生产车间必须为无泄漏车间，全部设备完好率大于90%，主要设备完好率大于95%。

4.5.2.2 申报“化工无泄漏工厂”的基本条件

凡申报“化工无泄漏工厂”的企业必须具备以下基本条件。

① 在申报年度内（含申报当年和上一年度）必须无特大设备事故。

② 创建“化工无泄漏工厂”计划已列入工厂年度方针目标。

③ 制订了贯彻《条例》、《规定》和《制度》及《化工无泄漏工厂管理办法》的实施细则，并认真执行。

④ 全厂化工生产车间和动力车间均为无泄漏车间。

创建“化工无泄漏工厂”的企业，应依照上述标准自行制订本企业的无泄漏车间标准，并开展创建无泄漏车间活动。企业根据上述标准和条件认真自查。自查合格，写出自查总结材料，填写“化工无泄漏工厂申报表”向上级主管部门申报命名，经省主管部门确认后命名并发给证书和铭牌。

4.5.2.3 加强“化工无泄漏工厂”的日常管理

验收合格的“化工无泄漏工厂”或企业，必须严格按照有关规定和制度做好日常管理工作，使“化工无泄漏工厂”管理水平不断巩固、提高。“化工无泄漏工厂”证书有效期4年，在有效期到期前6个月需重新申请换证。否则由命名单位撤销其“化工无泄漏工厂”称号并收回证书和铭牌。被撤销“化工无泄漏工厂”称号的企业，自被撤销之日起6个月后才能重新申请命名。

4.5.2.4 创建“化工无泄漏工厂”的管理措施

① 凡投入运行的生产装备和管路都必须建立静、动密封档案和台账，密封点的统计应准确无误。

密封档案应包括生产工艺流程示意图，设备静、动密封点登记表，设备管线密封点登记表，密封点分类汇总表等内容；

密封台账应包括按时间顺序的密封点分布情况、泄漏点数、泄漏率等。

② 建立健全各级密封管理责任制，密封管理职责明确，厂（公司）、车间定期组织检查、考核、评比。

③ 开展创建和巩固无泄漏工厂活动，消漏、堵漏工作应经常化、具体化、制度化。对暂不能消除的泄漏点应记录在案，做出消除规划。

④ 按时做好密封泄漏点的检查、统计和上报工作。

⑤ 组织各种密封技术研究，推广应用密封新技术、新材料。

4.6 装备的润滑管理

4.6.1 润滑管理的任务和组织机构

4.6.1.1 润滑管理的目的和任务

控制设备摩擦、减少和消除设备磨损的一系列技术方法和组织方法，称为设备润滑管理。

(1) 润滑管理的目的

① 给设备以正确润滑，减少和消除设备磨损，延长设备使用寿命；

② 保证设备正常运转，防止发生设备事故和降低设备性能；

③ 减少摩擦阻力，降低动能消耗；

④ 提高设备的生产效率和产品加工精度，保证企业获得良好的经济效果；

⑤ 合理润滑，节约用油，避免浪费。

(2) 润滑管理的基本任务

① 建立设备润滑管理制度和工作细则，拟定润滑工作人员的职责；

② 搜集润滑技术、管理资料，建立润滑技术档案，编制润滑卡片，指导操作工和专职润滑工搞好润滑工作；

③ 核定单台设备润滑材料及其消耗定额，及时编制润滑材料计划；

④ 检查润滑材料的采购质量，做好润滑材料进库、保管、发放的管理工作；

⑤ 编制设备定期换油计划，并做好废油的回收、利用工作；

⑥ 检查设备润滑情况，及时解决存在的问题，更换缺损的润滑元件、装置、加油工具和用具，改进润滑方法；

⑦ 采取积极措施，防止和治理设备漏油；

⑧ 做好有关人员的技术培训工作，提高润滑技术水平；

⑨ 贯彻润滑的“五定”原则，总结推广和学习应用先进的润滑技术和经验，以实现科学管理。

4.6.1.2 润滑管理工作的基本内容

对设备的润滑故障采取早期预防和对已发生的润滑故障采取科学的处置对策，分析润滑故障的表现形式和原因、对润滑故障进行监测和诊断。及时换油且应推行日常点检、定期检查、按状态维修或换油的办法，变定时为按状态（按质）换油，加强定期的检查和测试是十分必要的。

设备润滑管理工作应包括下列的基本内容。

① 根据国家和企业的管理方针和目标确定设备管理的具体方针与目标。

② 建立切实可行的润滑管理机构和规章制度。根据需要设置润滑站，配备专职或兼职润滑工作人员，制订给油脂标准，订立各级人员岗位和经济责任制。

③ 绘制设备润滑图表，发至每台设备，润滑图表要简明、准确、统一。建立设备润滑管理表格，制订润滑材料的消耗定额，控制润滑材料的购置、储运、使用全过程，防止混杂。

④ 开展机械设备的润滑“五定”工作，即定质、定量、定时、定点、定人。

⑤ 对大容量用油设备要编制设备的清洗换油计划。

⑥ 及时检查设备润滑剂的质量，设备的渗漏状况。

⑦ 注意对润滑人员进行业务的提高与培训。

4.6.1.3 润滑管理的组织机构

(1) 机动部门

负责设备润滑管理工作的组织领导。配备专人负责日常业务工作，按给油脂标准编制设备润滑消耗定额、编制设备润滑管理实施细则，并定期检查考核，做到合理节约用油；监督公司润滑油脂的选购、储存、保管、发放、使用、质量检验，鉴定和器具的管理工作；组织操作人员学习润滑知识、组织交流，推广先进润滑技术和润滑管理经验，不断地提高设备润滑管理水平；协助中央试验室做好润滑油脂的质量检验和鉴定工作，对不合格品提出处理意见。

(2) 供应部门

根据润滑油消耗定额，组织并审查车间申报的用油（脂）计划，并负责润滑油（脂）采购和供应工作；新购进的油脂（以产品合格证或入库抽查化验单为依据）进行验收入库，并做好保管和发放工作；负责润滑器具的采购供应工作；对库存的润滑油（脂）按规定时间储存（储存三个月以上需向化验室提出质量化验委托，保管好化验单和有关资料，并负责提供油脂合格证抄件或质量化验单），对公司甲级、乙级润滑设备应提供优质润滑油；负责对不合格油（脂）的处理工作；负责公司废油回收与加工处理工作。

(3) 检验部门

负责公司润滑油（脂）的分析、化验，并签署化验报告（包括油品的质量检验）、各单位库存油品的委托分析；负责油品分析所用设备和材料计划的编制，并按规定报批、采购和使用；负责油品分析设备检修计划的编制及检修、验收、报废和更新工作；负责油品全部质量管理工作，包括质量不合格的油品拒付依据的提出、油品标准信息的收集等。

(4) 使用部门

根据给油脂标准（包括给油脂部位、给油脂方式、油脂品种牌号、给油脂点数、给油脂量与周期、油脂更换量及周期、给油脂作业分工等内容），制订本部门润滑油（脂）的消耗定额和五定指示表，报机动处审定，总经理批准后执行；提出本部门年、季、月润滑油（脂）计划，并按规定时间报供应部门；提出润滑方面的改进措施和起草方案，经机动处审查，总经理批准后执行；定期组织操作人员学习润滑管理知识，提高操作人员的润滑管理水平，并定期或不定期检查操作人员对润滑管理规定的执行情况；制定本部门废油回收措施，并认真搞好废油的回收工作。

(5) 操作人员

按规定进行检查，发现问题及时处理，并做好记录；妥善保管并认真维护好润滑器具，做到经常检查、定期清洗、并按交接班内容进行交接；按规定定期补加或更换润滑油（脂）。

4.6.2　润滑管理制度

化工企业都制订有润滑管理制度。一般包括设备润滑管理职责，油品的储存与保管、油品的发放，润滑油具的管理与使用，润滑油品的代用，设备润滑油（脂）标准和废油品的回收等内容。

4.6.2.1　三级过滤制度

“三级过滤”是指润滑油从润滑油桶倒出到应用于设备润滑部位前，一般要经过几次容器的倒换存储和位置移动，每次倒换容器都应进行一次过滤，以杜绝杂质的二次污染。如图4-2所示。

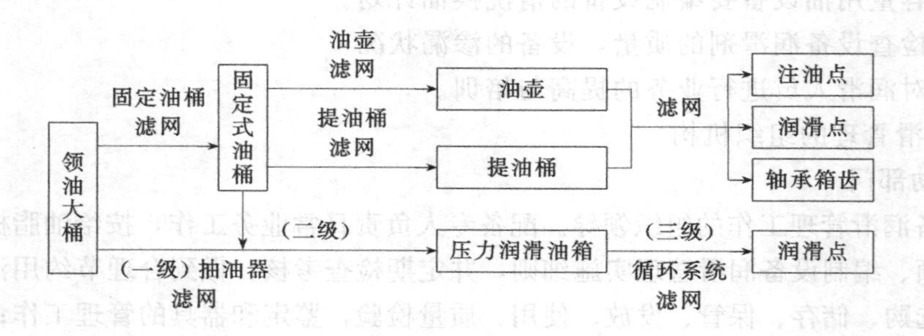

图4-2　三级过滤

一般三级过滤指入库过滤、发放过滤和加注过滤。这是为了减少油液中杂质的含量，防止尘屑等杂质随油进入设备而采取的净化措施。

① 入库过滤：油液经运输入库、经泵入油罐储存时需进行严格过滤。

② 发放过滤：油液发放注入润滑容器时要经过过滤。

③ 加油过滤：油液加入设备储油部位时必须要经过过滤。

"三级过滤"对所用滤网是有要求的，可以参考下列规定。

① 液压油、透平油、冷冻机油、空气压缩机油、全损耗系统用油、车用机油或其他黏度相近的油品所用滤网：一级过滤为 0.28mm，二级过滤为 0.18mm，三级过滤为 0.154mm。或一级 60 目；二级 80 目；三级 100 目。

② 汽缸油、齿轮油或其他黏度相近的油品所用滤网：一级过滤为 0.45mm，二级过滤 0.28mm。三级过滤为 0.18mm。或一级 40 目；二级 60 目；三级 80 目。

一些专用润滑油对滤网如有特殊要求，按特殊规定执行。

4.6.2.2　润滑"五定"制度

根据给油脂标准，实施润滑"五定"，即指定点、定质、定量、定期、定人。

(1) 定点

确定每台设备的润滑部位和润滑点，保持其清洁与完好无损，实施定点给油。润滑的定点工作具体是指：

① 设备的润滑部位和润滑点最好进行标识；

② 参与润滑工作的操作员工、保养员工必须熟悉有关设备润滑部位和润滑点；

③ 润滑加油时，要按润滑点标识的部位和润滑点加换润滑油。

(2) 定质

确定润滑部位所需润滑剂的品种、牌号及质量要求。所加油品必须经检验合格，按规定的润滑油种类进行加油；润滑装置和加油器具保持清洁。包括：

① 必须按照润滑卡片和图表规定的润滑油种类和牌号加换润滑油；

② 加换润滑油的器具必须清洁，不能被污染，以免污染设备内部润滑部位；

③ 加油口、加油部位必须清洁，不能有脏污，以免污染物带入设备内部，影响甚至破坏润滑效果。

(3) 定量

确定各润滑部位每次加、换油或脂的数量。在保证良好润滑的基础上，实行日常消耗定额和定量换油。设备润滑定量原则是：

① 设备油量最好能够可视化，以便于清楚地知道加油量是否合适；

② 日常加油点要按照加油定额数量或显示的数量限度进行加油，不能过多，也不能过少，既要做到保证润滑，又要避免浪费；

③ 换油时循环系统要开机运行，确认油位不再下降后补充至油位；

④ 做好废油回收退库工作，治理设备漏油现象，防止浪费。

(4) 定期

确定各润滑部位加、换油或脂的周期和油品质量检查的周期。按照规定的周期加润滑油，对储量大的油，应按规定时间抽样化验，视油质状况确定清洗换油、循环过滤和抽验周期。具体工作内容：

① 设备工作之前操作工人必须按润滑卡片的润滑要求检查设备润滑系统，对需要日常加油的润滑点进行注油。

② 设备加油、换油要按规定时间检查和补充，按润滑卡片的计划加油、换油。

③ 对于大型油池，要按规定的检验周期进行取样检验。

④ 对于关键设备或关键部位，要按规定的监测周期对油液取样分析。

(5) 定人

确定操作工人、维修工人、润滑人员对设备润滑部位加油添油。按照规定，明确员工对设备日常加油、清洗换油的分工，各司其职，互相监督，并确定取样送检人。规范包括：

① 当班操作人员对设备润滑系统进行润滑点检，确认系统正常后方能开机。

② 当班操作人员或保养人员负责对设备加油部位实施加油润滑，对润滑油池的油位进行检查，不足时要及时补充。

③ 保养人员对设备油池按计划进行清洗换油；对机器轴承部位的润滑进行定期检查，及时更换润滑脂。

④ 维修或保养人员对整个设备润滑系统进行定期检查，对跑冒滴漏问题进行改善。

4.6.3 润滑管理的技术资料

化工企业设备润滑管理中经常采用大量的设备润滑管理用图表。设备润滑管理用图表是指设备管理部门为使润滑管理工作规范化、制度化、标准化而建立的具有指导、计划、记录和统计作用的图或表。常用表有：设备润滑卡片（也可称为图表），设备换油卡片，油质化验计划表，年度设备清洗换油计划表，月份清洗换油实施计划表，年度换油台次、换油量、维护用油量统计表，润滑、擦拭、清洗材料年需用量申请表，治漏计划表，润滑材料年、季使用量和回收量统计表等。这里重点介绍设备润滑卡片、设备换油卡片、年度设备清洗换油计划表，月份清洗换油实施计划表和润滑用油量统计表和润滑材料需用量申请表等常用图表。

4.6.3.1 设备润滑卡片

设备润滑卡片是指导操作工、维修工和润滑工对设备进行正确合理润滑的基础技术资料，它以润滑“五定”为依据，文图兼用显示出“五定”内容。润滑卡片应发到班组和润滑工，并对操作工进行设备润滑和保养知识教育，使其自觉遵守执行。

常用的润滑卡片有三种主要形式：图式润滑卡片、框式润滑卡片和表格式润滑卡片。应根据设备外观形状、润滑点在设备上的分布面及集中分散情况等选择设备润滑卡片的形式。如果能用设备视图清晰地表示出全部润滑点的位置时，尽量采用图式润滑卡片，它比较明显清晰，但因要求套色，制作时费工费时；润滑点比较集中的设备可采用框式润滑卡片；对于润滑部位不易在设备视图上表示清楚或对添加润滑剂有一定要求的设备的润滑卡片可采用表格式润滑卡片（表 4-3）。这种形式的润滑卡片虽不如前两种直观，但可以较详细地提出“五定”要求。

表 4-3 表格式设备润滑卡片

五定 / 序号	定点		定质	定量	定期	定人
	润滑部位	润滑方式	润滑剂型号	油量/kg	周期	润滑分工
1						
2						
3						
4						
5						
6						

4.6.3.2 设备换油卡片

设备换油卡片由润滑技术人员编制，润滑工记录。供检查设备储油部位的正常油耗与非正常泄漏情况以及换油周期的执行情况使用，见表 4-4。

表 4-4 设备换油卡片

设备编号、名称			型号、规格				所在车间			
储油部位										
油(脂)牌号										
代用油牌号										
储油量/kg										
换油周期/月										
换油及添油记录 (换油标记为◁)	日期	油量/kg	日期	油量/kg	日期	油量/kg	日期	油量/kg	日期	油量/kg

4.6.3.3 年度设备清洗换油计划表

年度设备清洗换油计划表见表 4-5，是润滑技术人员根据设备换油卡片的记录资料，以最后一次换油时间为准，参照换油周期的规定，设备开动班次和油质化验，确定各台设备清洗换油具体时间。当计划换油月份与计划抢修月份相差不多时，应先进行油质化验，以确定可否将换油时间调整到计划检修月份来安排清洗换油计划，同时将调整时间记录在清洗换油计划表备注栏内。

表 4-5 年度设备清洗换油计划表

车间名称：

序号	设备编号	设备名称	型号规格	储油部位	用油(脂)牌号	储油量/kg	开动班制	换油周期/月	最后一次换油时间	计划换油月份												备注
										1	2	3	4	5	6	7	8	9	10	11	12	

4.6.3.4 月份设备清洗换油实施计划表

月份设备清洗换油实施计划表见表 4-6，是润滑工执行的清洗换油的工作依据。自润滑技术人员或计划员参照年度换油计划、月检修计划编制，下达维修部门和润滑工实施。

表 4-6 月份设备清洗换油实施计划表

单位　　　　　　　　　　　　　　　　　　　　　　　年　　月

序号	设备编号	设备名称	型号规格	储油部位	用油(脂)牌号	代用油品	换油量/kg	清洗材料		工时		执行人	验收签字	备注
								名称	数量/kg	计划	实际			

4.6.3.5 年、月润滑用油量统计表

年、月润滑用油量统计表包括换油台次、换油量、添油量、维护用油量的统计与年

度计划对比。表 4-7 是按车间、厂汇总统计对比，它为编制年、月用油量计划提供了总需用量，并为平衡月换油量提供了参考数据，也可运用此表对计划与实际用油量进行分析对比。

表 4-7　年、月润滑用油量统计表　　单位：

序号	换油台次		换油量 /kg		添油量 /kg		维护用油量 /kg		用油量合计 /kg		备注
	计划	实际	计划	实际	计划	实际	计划	实际	计划	实际	

4.6.3.6　润滑材料需用量申请表

润滑材料需用量申请表（见表 4-8）由润滑技术人员汇总编制。它包括润滑油、脂需用量，清洗、擦拭材料需用量，废油再生辅料需用量和冷却液配制用料量等。

表 4-8　润滑材料需用量申请表

申请单位　　年度

序号	材料名称	牌号	生产单位	需用量/kg					单价 /元	总金额 /元	备注
				全年	一季	二季	三季	四季			
1											
2											
⋮											
12											
全年											

批准　　审查　　制表　　年　月　日

设备管理部门应按期将此表报送供应部门采购供应。

4.6.4　润滑剂的选用、代用和添加剂

4.6.4.1　润滑剂的选用原则

选用润滑剂应综合考虑以下三方面的要素：

① 机械设备实际使用时的工作条件（即工况，包括工作负荷、速度、温度、介质）；

② 机械设备制造厂商说明书的指定或推荐；

③ 润滑剂制造厂商的规定或推荐。

4.6.4.2　润滑油性能指标的选定

(1) 润滑油使用性能指标

即在试验室内模拟机械设备的工作状态和润滑油的使用条件，对油品性能进行评估，是润滑油配方筛选和产品质量控制及评定的重要手段。举例说明如下。

① 氧化安定性。润滑油在一定外界条件下抵抗氧化作用的能力，称为润滑油的氧化安定性。此性能对于长期循环使用的汽轮机油、液压油、工业齿轮油、压缩机油、变压器油、内燃机油等均有重要意义。

② 极压抗磨性。极压抗磨性是衡量润滑油在苛刻工况条件下防止或减轻运动副磨损的润滑能力指标。

(2) 润滑油理化性能指标

不同品种差距悬殊，应综合设备工况、制造厂要求和油品说明及介绍合理决定，努力做到既满足润滑技术要求又经济合理。举例说明如下。

① 黏度。黏度是各种润滑油分类分级的指标，对质量鉴别和确定有决定性意义。设备用润滑油黏度选定依设计或计算数据查有关图表来确定。

② 倾点。倾点是间接表示润滑油储运和使用时低温流动性的指标。经验证明一般润滑油的使用温度必须比倾点高 5～10℃。

③ 闪点。闪点主要是润滑油储运及使用时的安全指标，同时也作为生产时控制润滑油馏分和挥发性的指标。润滑油闪点指标规定的原则是按安全规定留 1/2 安全系数，即比实际使用温度高 1/2，如内燃机油底壳油温最高不超过 120℃，因而规定内燃机油闪点最低 180℃。

4.6.4.3 润滑油添加剂

为了提高油品的性能，延长油品使用寿命，在油品中掺配少量物质，以提高和改善油品某些性能，这种化学物质就称为添加剂。

在油品中增加不同添加剂是改善油质的最经济而又最有效的手段。特别是润滑油中加入百分之几到千分之几，就可大大改善某些质量指标，甚至改变润滑油的性质。一般地说，润滑油的品种多少、质量好坏往往取决于添加剂的品种和质量，因而发展添加剂的生产和使用已经成为合理而有效利用油料资源，提高设备性能，节约能源的一个重要途径。

(1) 滑动轴承润滑剂的选用

① 滑动轴承在选择润滑油脂时，必须考虑以下几个主要因素。

a. 速度。它直接关系到选用的润滑油的黏度或润滑脂的稠度。

b. 负荷。轴承承受的负荷通常分为三级：小于 30kgf/cm^2 (1kgf/cm^2＝98.0665kPa) 属于轻负荷，30～75kgf/cm^{2}属于中负荷，75～300kgf/cm^{2}属于重负荷、特重负荷。

c. 温度。润滑油的黏度都随温度成反比变化，在轴承工作条件下，要确保形成油膜的最低黏度。

d. 间隙。主轴与轴承之间的合适间隙取决于工作温度、负荷、最小油膜厚度、摩擦损失以及轴承与轴的偏心度。在选择润滑油时，要注意间隙与黏度的对应关系。

对于边界润滑状态下的滑动轴承，当速度低，负荷高时，宜选用黏度较大的润滑油；当速度高负荷低时，应选用黏度较小的润滑油。另外，间隙小的要求黏度低一些，间隙大的要求黏度高一些。

对循环润滑和油浴润滑，由于供油量充足，易形成流体润滑，可选用黏度低的润滑油；对于滴油润滑等，由于供油量少，易形成边界润滑状态，可选用黏度大和油膜强度高的润滑油。对液体摩擦滑动轴承，润滑油的牌号和黏度可根据工作条件和轴承的几何尺寸计算确定。

② 滑动轴承也有采用润滑脂进行润滑的。在选择润滑脂对轴承进行润滑时，可根据以下原则进行选用。

a. 低速重载的轴承选针入度较小的润滑脂。高速轴承要选用针入度大，机械安定性好的润滑脂。这里所谓机械安定性是指在机械作用下保持自身结构的能力，特别是润滑脂的基础油，黏度应低一些。

b. 润滑脂的滴点一般应高于工作温度 20～30℃。在高温连续运转情况下，要注意温升，使最高温度不超过润滑脂的允许使用温度范围，若超过润滑脂的使用温度范围，则润滑脂寿命很短。

c. 在水淋或潮湿环境里工作的轴承，应选用抗水性能好的钙基润滑脂、铝基润滑脂或锂基润滑脂。

d. 选择的润滑脂应具有较好的黏附性。

（2）滚动轴承的润滑

选用滚动轴承，特别是主轴滚动轴承（特高速重载除外）时，一般应和机器寿命相同，故对滚动轴承的装配润滑、密封和维护都必须达到一定的要求。

滚动轴承润滑主要是解决其中少量滑动摩擦的问题，减少磨损和表面损伤；其次是冷却、防锈和防尘等。

滚动轴承润滑剂的选择取决于轴承类型、尺寸和运转条件，从润滑作用来看，润滑油有冷却清除磨屑的作用。但从使用角度看，润滑脂具有使用方便，容易保持在轴承内，不易泄漏，有密封作用等优点。因此，现在有80%的滚动轴承用润滑脂润滑。

① 滚动轴承润滑油的选用。滚动轴承由于其接触面积小，压应力比较高，故润滑用油黏度应适当高一些，使滚动元件和保持器有可能实现液体的润滑。若黏度低，油膜薄，容易引起轴承磨损和烧伤。但黏度过高，高速时内摩擦阻力大，温升可能超过允许范围，促使润滑油迅速氧化变质。在负荷较高的条件下，可选用加有极压添加剂的润滑油。

选择润滑油还应考虑轴承的结构。例如，向心球面滚子轴承和推力球面滚子轴承，由于同时受到径向载荷和轴向载荷，使在相同温度条件下，这类轴承比球面轴承和圆球滚子轴承需要更高黏度的润滑油。在正常速度及温度条件下，各种类型轴承所用润滑油的最低黏度要求如下：

球及滚子轴承——$12mm^2/s$；

向心球面滚子轴承——$20mm^2/s$；

推力向心球面滚子轴承——$32mm^2/s$。

滚动轴承要达到良好的润滑，除选择合适的油品外，还需要有合适的润滑方法。

② 滚动轴承润滑脂的选用。在利用润滑脂润滑滚动轴承时，必须考虑其基本物理和化学性能，如润滑脂的基础油、皂基与针入度。一般滚珠轴承最好选用能起沟的较软润滑脂，如2号润滑脂就较为适当。滚珠轴承不宜选用太硬的不足以起沟的润滑脂。因润滑脂如果不够软，在滚珠滚过，润滑脂被推到两侧后，就不易挤回来，而滚道的整个宽度很快就会缺油而导致润滑不足，实际滚珠轴承以采用0号和1号润滑脂较好。

滚动轴承选用润滑脂时应考虑的主要因素有以下几点。

a. 轴承的运转温度应当在润滑脂允许温度之内，一般在低于滴点温度20～30℃的状态下工作，以防止温度过高时，引起润滑脂泄漏。

b. 在高速时，应选用基础油黏度较小，机械安定性好的润滑脂。

c. 在普通负荷（轴承负荷在基本额定负荷的1/10以下）时，对选用润滑脂影响不大。对于重负荷轴承，宜选用稠度较大的润滑脂；对特重载荷，宜选用含有极压添加剂的润滑脂。

d. 在有水分和潮湿的地方，应选用耐水性能好的润滑脂。对于长期才补给润滑脂或间断使用的地方，应当选用加有抗氧剂、防锈剂等添加剂且变化小的润滑脂。

滚动轴承使用润滑脂时，应注意到以下两点。

① 在滚动轴承体内或轴壳空腔内填充润滑脂时，必须有一个最小必要量。轴承内充满过多的润滑脂时，由于激烈的搅拌，引起升温过高，反而会造成泄漏。滚动轴承填充润滑脂量可按下列原则：一般轴承，填满轴承内部全部空间的1/2～3/4；水平轴承填充全部空间

的2/3～3/4；垂直安装的轴承填充全部空间的1/2（上侧）；在容易污染的环境中，对于低速或中速的轴承，要把轴承和轴承盖里面全部空间填满；高速轴承在装置前应先将轴承放在透平油等优质油中浸泡一下，以免在启动时因润滑面润滑油不足，引起轴承烧坏。

② 防止异种润滑脂（不同的皂基润滑脂）相混。异种润滑脂相混时，会引起性能明显的变化，如锂基脂与钠基脂混合时，滴点明显降低，从而失去了润滑脂耐热性。因此，要防止异种润滑脂（不同的皂基润滑脂）相混。

（3）齿轮和涡轮蜗杆传动的润滑

① 齿轮传动的润滑。齿轮接触和摩擦特点：接触压力极高；也存在滑动接触，但其方向和大小在迅速变化；接触和负荷的时间不连续，并有剧烈的变化；接触面加工精度及表面粗糙度因工艺性较差，不易达到滑动轴承的水平；相对曲率半径非常小，即使取齿面上的最大值，也只是几毫米至几百毫米，而滑动轴承则达几米至几十米。

由于上述原因，使得齿轮难以达到动压油膜的润滑，而且齿轮材料及热处理、装配精度也对润滑效果有影响，必需综合加以考虑。

在选择润滑油时，首先要考虑一些影响因素。这些影响因素如下。

a. 齿轮类型：不同类型齿轮，工作特点不同，对润滑油要求也不同。如双曲线齿轮传动，负荷重，滑动速度快，需要使用极压性能好的双曲线齿轮油。

b. 速度和载荷：齿轮传动速度和压力对润滑油的黏度选择有很大影响。要使齿轮在一定转速和负荷作用下，保持一定的油膜厚度。一般情况低速高压应选择高黏度的润滑油；中等速度和压力应选择中等黏度的润滑油；高速低压应选择黏度低、抗氧化性能好的润滑油，高负荷条件下要求选用极压性能好的润滑油。

c. 温度：温度上升，润滑油的黏度下降，承载能力也随之降低，有时会使油膜破坏，甚至产生胶合。因此，对运转温度高的齿轮，既要有合适的黏度，还要求润滑油具有高的黏度指数，以保持齿轮在运转过程中不至于因温度升高而使润滑油的黏度降低太大，也就是要有好的黏温特性。

当温度超过30℃时，应选黏度指数大于60的齿轮油，当有冲击负荷而引起油温升高时，黏度指数应大于90。当温升太高，油易氧化变质，此时必须考虑齿轮油的抗氧化和防锈性。

d. 水分：如果齿轮箱中有可能混入水分时，要选择抗乳化能力强的润滑油，即这种润滑油遇水不乳化，并易油水分离。像氯化石蜡、二烷基二硫化磷酸锌等，遇水易乳化的添加剂，不适宜加入易进水的齿轮箱中的润滑油。

② 涡轮蜗杆传动的润滑。一般通用的涡轮蜗杆传动由于齿面滑动速度高，导致发热、磨损大，效率低，因此，传递功率受到一定限制。解决的办法之一是改善润滑条件。在基础油中加入油性添加剂可以大幅度提高润滑性能。油性添加剂的种类和用量根据所要求的黏度选择。在重载或有冲击载荷，且经常启动停车时，可在油中加入5%的油性添加剂或5%～10%的环烷酸铅，但此种油不能用在运转温度超过80℃的部位，以免由于高温氧化生成酸性物质而腐蚀青铜涡轮蜗杆或铜的轴承保持器。

4.6.4.4　润滑材料的代用

当本厂润滑油牌号不全，急需的油品来源困难时，允许用其他油品代用。但需遵守以下几项原则。

① 优先考虑黏度指标。一般选用黏度稍大的润滑油代用，但黏度不大于代用油品的50%。对精密机床主轴用油和液压用油，要选用黏度稍小的润滑油代用。

② 应考虑油品精制深度。精制淡化度高的油品可代用精度深度低的润滑油。

③ 应考虑油品的添加剂。加有添加剂的油品可代用不加添加剂的油品。

④ 应考虑机械化的工作条件。工作温度高的机械代用油的闪点应高于工作温度20～30℃；工作温度变化大的机械，应选用黏温性能好的油品代用；在低温下工作的机械要选用凝点低于使用温度的油品代用。

⑤ 对重负荷的涡轮副及类似部件，可选用黏度相当的导轨油、纯蓖麻油或汽缸油代用。但汽缸油油质差，代用时间一般在一年之内。

⑥ 变压器油宜代替润滑油；透平油和液压油不宜用在内燃机和其他高温机械。

⑦ 润滑油品代用必须符合同等质量或以优代差的原则，规定油品得到供应后应停止代用。

⑧ 如需要更换不同型号的润滑油品或在用油品经检验不合格需更换时，应先将原油品清除干净，然后再加入新油品。

4.6.5 润滑方法与润滑装置

润滑方法是对设备润滑部位进行润滑时所采用的方法。按照润滑材料的不同可分为油润滑、固体润滑和气体润滑。

4.6.5.1 油润滑

采用润滑油润滑的方法主要有：手工润滑，油池润滑，滴油润滑，飞溅润滑，油垫、油绳润滑，油环、油链润滑，强制润滑（集中润滑、循环润滑、非循环润滑），油雾润滑。

(1) 手工润滑

手工润滑是一种最普遍、最简单的方法。一般是由设备油枪向油孔、油嘴加油。油注入油孔后，沿着摩擦副对偶表面因润滑油量不均匀、不连续、无压力而且依靠操作人员的自觉性可靠，故只适用于低速、轻负荷和间歇工作的部件和部位，如开式绳及不经常使用的粗糙机械。

(2) 滴油润滑

滴油润滑主要是滴油式油杯润滑，它依靠油的自重向润滑部位滴油，简单、使用方便。其缺点是给油量不易控制，机械的振动、温度低都会改变滴油量。

(3) 飞溅润滑

飞溅润滑是利用高速旋转零件或附加的甩油盘、甩油片散成飞沫向摩擦副供油，主要用于闭式齿轮副及曲轴轴承等处。油槽还能将部分溅散的润滑油引到轴承内润滑。飞溅润滑时件或附件的圆周速度不应超过12.5m/s，否则将产生大量泡沫及温升而使油迅速氧化变质。应装设备通风孔以加强箱内外空气的对流，以便油面指示。

(4) 油垫、油绳润滑

这种润滑方法是将油绳、垫或泡沫塑料等浸在油中，利用毛细血管的虹吸作用进行供油。油垫、油绳本身可起到过滤作用，因此能使油保持清洁，且供油连续均匀。其缺点是油量不易调节，另外，当油中的水分超过0.5%时油绳就会停止供油。油绳不能与运动表面接触，以免被卷入摩擦面之间。为了使给油量均匀，油杯中的油位应保持在油绳全高的3/4，最低也要在1/3以上。多用在低、中速的机械上。

(5) 油环、油链润滑

这种润滑方法只用于水平轴，如电动机、机床主轴等的润滑。这种方法非常简单，它依靠套在轴上的环或链把油从油池中带到轴上，再流向润滑部位。如能在油池中保持一定油位，这种方法是很可靠的。

油环最好做成整体，为了便于装配也可做成拼凑式，但要以免妨碍转动。油环的直径一般不大于轴1.5～2倍，通常采用矩形给油量，可以在内表面车几个圆环槽；当需要油量较少时，最好采用润滑适用于转速为50～3000r/min的水平轴，如转速过高，环将在轴上剧烈地跳动，而转速过低时油环所带的油量将不足，甚至油环将不能随轴转动。油链与轴、油的接触面积都较大，所以在低速时也能随轴转动和带起较多的油，因此油链润滑最适于低速机械。

(6) 强制润滑

强制（送油）润滑是泵将油压送到润滑部位，由于具有压力的油到过润滑部位时能克服旋转零件表面上产生的离心力，给油量也比较丰富，润滑效果好，而且冷却效果也较好。强制送油润滑方法和其他方法比较，易控制供油量的大小，也更可靠。因此，它被广泛地用于大型、重载、自动化的各种机械设备。强制润滑又可以分为全损耗润滑、循环润滑类型。

(7) 油雾润滑

油雾润滑是利用压缩空气将油雾化，再经喷嘴（缩喉管）喷射到需要润滑的部位。由于压缩空气和油一起被送到润滑部位，因此有较好的冷却润滑效果。压缩空气具有一定压力，可以防止摩擦表面被灰尘、磨屑所污染。其缺点是排出的空气中含有油雾粒子，会造成污染。油雾润滑主要用于高速的滚动轴承及封闭齿轮、链条等。

(8) MQL最小量润滑——节能又环保的润滑方式

MQL（Minimal Quointity Lubricants）润滑系统用油量极少，一般供油量不大于50mL/h。运送油的压缩空气，还可以起到排除切屑和冷却作用。MQL加工润滑，具有一系列优越性。

(9) 油气润滑——设备润滑的发展方向

根据节能、环保、长寿命的要求，设备润滑，宜发展油气润滑。油气润滑的机理，以步进式给油器，定时、定量间断地供给润滑油，用$(3\sim4)\times10^5$Pa的压缩空气，沿油管内壁将油吹向润滑点，将油品准确地供应到最需要的润滑部位上。油气润滑与油雾润滑在流体性质上截然不同。油雾润滑时，油被雾化成0.5～2μm的雾粒，雾化后的油雾随空气前进二者的流速相等；油气润滑时，油不被雾化，油是以连续油膜的方式被导入润滑点，并在润滑点处，以精细油滴方式，喷射到润滑点。在油气润滑中，润滑油的流速为2～5cm/s；而空气速度为30～80m/s，特殊情况可高达150～200m/s。

(10) 全寿命润滑——一次充油，终身使用

一般的润滑油脂不能满足长寿命润滑的要求，而采用高氧化安定性的合成油脂可以大幅延长油脂的使用寿命，甚至可以达到全寿命润滑，一次添加，即可保证设备的终身润滑。

4.6.5.2　固体润滑方法

采用润滑脂、石墨润滑剂等固体润滑剂，可根据情况采用整体润滑，覆盖润滑，组合、复合材料润滑，粉末润滑等方法。

4.6.5.3　气体润滑

气体润滑主要采用强制供气润滑的方法。因使用较少，这里不再做详细介绍。

4.6.6　装备润滑状态检查

4.6.6.1　装备润滑的加油标准

(1) 油润滑

如有加油刻度线，应以刻度线为准，无刻度线时应符合如下规定。

① 循环润滑：正常运行时油箱油位应保持在2/3以上。

② 油环带油润滑：

油环内径 $D=25\sim40$mm 时，油位高度应浸没油环 $D/4$；

油环内径 $D=45\sim60$mm 时，油位高度应浸没油环 $D/5$；

油环内径 $D=70\sim130$mm 时，油位高度应浸没油环 $D/6$。

③ 浸油润滑。滚动轴承的浸油润滑：$n>3000$r/min 时，油位在轴承最下部滚动体中心以下，但不低于滚动体下缘；$n=1500\sim3000$r/min 时，油位在轴承最下部滚动体中心以上，但不得浸没滚动体上缘；$n<1500$r/min 时，油位在轴承最下部滚动体的上缘或浸没滚动体。

变速机的浸油润滑：圆柱齿轮变速机油面应浸没高齿轮副低齿高的 2～3 倍；圆柱齿轮变速机油面应浸没其中一个齿轮的一个齿的全齿宽；涡轮蜗杆减速机油面应浸没涡轮齿高的 2～3 倍，或蜗杆的一个齿高。

④ 强制润滑：应按有关技术要求或实际标定确定。

(2) 脂润滑

① $n>3000$r/min 时，加脂量为轴承箱容积的 1/3。

② $n\leqslant3000$r/min 时，加脂量为轴承箱容积的 1/2。

4.6.6.2 设备润滑的换油标准

各使用单位应严格按照润滑油品相应的技术要求或有关国家行业标准制定换油标准，由各单位设备管理部门专业人员进行判定，并严格执行。以下标准仅供参考。

① 在用润滑油品经目测检查，凡符合下列条件之一者，应部分置换或全部更换新油：外观颜色明显变黑、乳化严重、变干变硬、有明显可见的固体颗粒。

② 在用润滑油品经常规分析（包括外观、黏度、酸值、闪点、水分、杂质等六项），凡符合下列条件之一者，应部分置换或全部更换新油：黏度超过润滑油黏度等级的 ±15%、酸值超过标准的 10%、闪点低于标准的 10%、机械杂质高于 0.1%、水含量高于 0.1%。

③ 在用润滑油品做非常规分析，由使用单位设备管理部门参照相关标准判定是否合用。

4.6.7 装备润滑系统常见故障及分析

装备在运转过程中，常因润滑系统出现故障致使设备各个机构润滑状态不良，性能与精度下降，甚至造成设备损坏事故。

装备润滑系统发生故障的原因很多，通常可归纳为设计制造、安装调试、使用操作和保养维修不当等原因而引起的设备失效。

4.6.7.1 机械设备制造方面的原因

在设计制造上容易造成润滑系统故障的原因常有以下几种。

① 设备润滑系统设计计算不能满足润滑条件，例如某种摇臂钻床主轴箱油池设计得较小，储油量少，润滑泵开动时油液不足循环所需，但当停机后各处回油返流至油箱后，又发生过满而溢出。一些大型机床润滑油箱散热性差，使润滑油黏度波动大，甚至高温季节发生润滑不良。齿轮加工机床润滑系统与冷却系统容易相混，使油质污染劣化。

② 产品更新换代时未对传统的润滑原理与落后的加油方法加以改造。

③ 设备在使用过程中维修考虑不足，一些暴露在污染环境的导轨与丝杠缺乏必要防护装置，油箱防漏性差或回油小于出油，或加油孔开设不合理等，不仅给日后维修造成诸多不便，也易发生故障。

④ 设备润滑状态监测与安全保护装置不完善，对于简单设备定时定量加油即可达到要求，但对于连续运转的机械应设有油窗以观察来油状况。而一些大型连续生产线，当轴承供

油不正常时，欠缺必要的报警信号与电气安全联锁装置。

⑤ 设备制造质量不佳或安装调试得不好，零件油槽加工不准确，箱体与箱盖接触不严密，供油管道出油口偏，油封装配不好，油孔位置不正，轴承端盖回油孔倒装，油管折扁，油管接头不牢，密封圈不合规格等都将造成润滑系统的故障。

4.6.7.2 设备保养维修方面的原因

设备在使用过程中，保养不善或检修质量不良，是润滑系统发生故障最主要的原因。常见故障原因有以下几种。

(1) 不经常检查调整润滑系统工作状态

即使润滑系统完好无缺的设备，在运转一定时间之后，难免存在各种缺陷，如不及时检查修理，就会成为隐患，进而引起设备事故。

(2) 清洗保养不良

不按计划定期清洗润滑系统与加油装置，不及时更换损坏了的润滑元器件，致使润滑油中夹带磨粒，油嘴注不进油，甚至油路堵塞。一些负荷很重，往返运动频繁的滑动导轨，油垫储油槽内的油毡因长期不清洗而失效，结果使导轨咬粘（咬死）、滑枕不动。一些压力油杯的弹簧坏了，钢球不能封闭孔口；利用毛细管作用，均匀滴油的毛线丢失或插入不深等，这些润滑元器件都应在日常保养中清洗或更换。

(3) 人为的故障

不经仔细考虑随意改动原有润滑系统，造成润滑不良的事故也有发生。一般拖板都设有防屑保洁毡垫，要求压贴在与之相对的导轨表面，但有些企业长期不洗，任其发硬失效或洗后重装时不压贴。

(4) 盲目信赖润滑系统自动监控装置

设备润滑状况监控与联锁装置常因本身发生故障或调整失误而失去监控功能，因而不发或错发信号。因此，要定期检查调整润滑监控装置，只有在确信其工作可靠的前提下，才可放心地操作设备。

以上主要是从设备故障表面现象加以分析，实际生产中，许多故障产生的原因错综复杂，有些故障直接原因是保养不良，但包含有润滑系统设计不合理或制造质量欠佳，或选择润滑材料不当，或机械零部件的材质与工艺存在问题等因素。因此，对具体故障要作具体分析，从实际出发，找出主次原因，采取有效易行的故障排除方法。必要时对反复发生故障的原润滑系统加以改进，以求更臻完善。

4.6.8 废润滑油的回收、再生与利用

润滑油使用一定时间后，由于在使用过程中有水、尘埃、砂土、金属屑末、其他油类（汽油和柴油）和液体（冷冻剂或凝结水）等混入油里，或者是由于油本身起了化学（氧化）变化而导致性质变化。变质的润滑油称为废油，它的特征是：颜色发暗或不清或者变成浑浊的液体。

把废旧润滑油回笼收集起来即是废润滑油的回收。对废旧润滑油进行一系列简单的工艺处理后，除掉其中的杂质及变质物，使润滑油达到国家规定的技术标准，恢复了原有的性能，又能重新用于生产的过程叫做废油再生。

节约用油，除了合理用油防止泄漏以外，把用过的废润滑油，妥善集中起来，加以回收和再生利用，变废为宝，是当今世界十分重视的问题。

废油回收时应当严格按品种、牌号和脏污的程度分别收集。

4.6.8.1 废油的再生方法

(1) 物理法

主要是通过沉降—过滤的方法，或沉降—白土接触处理—过滤的方法，将油中的机械杂质和有害成分除去。白土是多孔结构的特种陶土，它能吸附油中的有害成分，如环烷酸、不饱和烃类和各种沥青胶质类物质等。

(2) 物化法

主要是通过沉降—硫酸洗涤—沉降—白土接触处理—过滤的方法，将油中的机械杂质和有害成分除去。硫酸洗涤的目的是使油脱水，同时由于硫酸能与沥青胶质类物质和不饱和烃类起反应，形成一种黏稠胶状的重质物——酸渣。酸渣可以用沉降法和过滤法除去。

(3) 化学法

主要是通过硫酸洗涤—沉降—氢氧化钠中和—水洗—加热除水的方法将油中的机械杂质和有害成分除去。

上述三种方法以物化法为最理想，因为它处理最彻底。物化法适用于在高温条件下工作污损得十分厉害的润滑油，一般主要应用于再生废透平油和废变压器油以及再生在高温下工作的废汽缸油。

再生方法可根据废油的脏污程度和性质等具体情况进行选择。

废油再生除以上三种国内主要采用的方法外，还有空气干燥、真空干燥和真空过滤等方法。这些工艺主要是进一步排除气体、水分和燃油的沾污，以达到更高的再生油质要求。国外也有采用丙烷沉降法及糠醛抽提—加氢等新的精制工艺来代替硫酸及白土精制，但工艺流程比较复杂，目前应用得还不太普及。

经再生处理后的润滑油称为再生油，它必须经过化验分析，其质量指标应与新油标准相符，否则不得随便使用。

4.6.8.2　再生油的使用

(1) 直接使用

再生后的润滑油其质量指标与外观颜色如果完全符合新润滑油的指标，就完全可以像新油一样直接使用。但由于再生油的抗氧化性较新油差，因此最好加入抗氧化 2,6-二叔丁基对甲酚。

使用时间不长的润滑油经沉降过滤再生后化验合格可直接使用。

(2) 调配使用

以再生油作为基础油，调配成适合于冬夏季设备用的普通润滑油；也可以根据生产需要调配成特种油品。

(3) 其他用途

再生油的质量如达不到规定的指标时，可重新处理。对于那些批量小，调配又没有意义的不合格再生油，可用于不重要的润滑部位或降低规格使用。

4.7　装备的技术状态

装备的技术状态是指设备所具有的工作能力，包括性能、精度、效率、运转参数、安全、环保、能源消耗指标等所处的状态及其变化情况。通过对在用设备（包括封存设备）的日常检查、定期检查（包括性能和精度检查）、润滑、维护、调整、日常维修、状态监测和诊断等活动所取得的技术状态信息进行统计、整理和分析，及时判断设备的精度、性能、效率等的变化，尽早发现或预测设备的功能失效和故障，适时采取维修或更换对策，以保证设备处于良好技术状态。

设备在实际使用中经常处于三种技术状态：一是设备完好技术状态，即设备性能处于正常可用的状态；二是故障状态，即设备的主要性能已丧失的状态；第三种状态是处于上述两者之间，即设备已出现异常、缺陷，但尚未发生故障，这种状态有时称为故障前状态。

装备技术状态的好坏，直接关系到企业产品质量、数量和消耗等计划指标能否实现，是企业十分关心的问题。

4.7.1　装备技术状态的完好标准

装备完好是指装备处于完好的技术状态。保持"设备完好"是设备使用阶段管理的核心内容。

4.7.1.1　单台生产设备完好的总要求

① 设备性能良好，机械设备精度能稳定地满足生产工艺要求，动力设备的功能达到原设计或规定标准，运转时无超温、超压现象。

② 设备运转正常，零部件齐全，安全防护装置良好，磨损、腐蚀程度不超过规定的技术标准，控制系统、计量仪器、仪表和润滑系统工作正常、安全可靠。

③ 原材料、燃料、动能、润滑油料等消耗正常，基本无漏油、漏水、漏气（汽）、漏电现象，外表清洁整齐。

未达到以上三条要求的不得称为完好设备。设备完好的具体标准应能对设备做出定量的分析和评价，由各行业主管部门根据以上总的要求结合行业设备特点制定，并作为本行业检查设备完好的统一尺度。

4.7.1.2　化工行业制定的单台设备完好标准

① 零部件完整齐全，质量符合要求。

主辅机的零部件完整齐全，质量符合要求；仪表、仪器、信号连锁和各种安全装置、自动调节装置齐全完整、灵敏准确；基础、机座稳固可靠，地脚螺栓和各部螺栓连接紧固、齐整，符合技术要求；管线、管件、阀门、支架等安装合理，牢固完整，标志分明，符合要求；防腐、保温、防冻设施完整有效，符合要求。

② 设备运转正常，性能良好，达到铭牌出力或查定能力。

设备润滑良好，润滑系统畅通，油质符合要求，实行"五定"、"三级过滤"；无松动、杂音等不正常现象，振动值不超过允许范围；各部温度、压力、转速、流量、电流等运行参数符合规程要求；生产能力达到铭牌出力或查定能力。

③ 技术资料齐全、准确。

设备档案、检修及验收记录齐全；设备运转时间和累计运转时间有统计记录；设备易损配件有图纸；设备操作规程、维护检修规程齐全。

④ 设备及环境整齐清洁，无跑、冒、滴、漏。

4.7.2　装备完好状况的考核指标与计算

装备完好标准既反映了设备管理、维修部门的工作优劣，又反映了生产部门对设备使用、维护的好坏。因此，企业生产设备状况的完好程度，国家规定以"设备完好率"指标进行考核。

设备完好率分为全部设备完好率和主要设备完好率。全部设备是指在用的、备用的生产及辅助机械、动力设备、起重运输设备、建筑物（厂房）等；主要设备是指在生产中直接影响生产过程进行，并决定生产能力的运转、静置设备，其目录由省级主管部门确定。

全部设备完好率与主要设备完好率的计算公式如下：

$$全部设备完好率=\frac{全部设备完好台数}{全部设备总台数}\times 100\%$$

$$主要设备完好率=\frac{主要设备完好台数}{主要设备总台数}\times 100\%$$

式中的总台数包括在用、备用设备；完好设备台数包括在用、备用和在计划检修前属于完好的设备。

设备完好率是综合反映企业设备管理、使用、维护和检修工作的指标。考核设备完好率的目的在于促进企业强化设备管理，经常保持设备处于完好的技术状态，保证生产正常进行。

4.7.3 装备技术状态的检查评级

定期对设备进行检查评级，是正确了解和掌握设备技术状况，及时发现和消除各种缺陷，保证设备经常处于完好状态的重要措施之一；是将设备专业管理与群众管理紧密结合起来，进一步调动广大职工积极性，发挥主观能动作用管好、用好、修好设备，提高设备效率的有效措施之一。

4.7.3.1 装备评级的范围与等级

凡属在用的（包括备用的）生产、辅助生产的机械、动力设备、起重运输设备、仪器仪表、厂房、建筑物、构筑物等均应参加检查评级。正在检修的设备按检修前的技术状况定级，停用一年以上的设备可不参加检查评级。

设备评定的等级分为完好设备和不完好设备两个等级。企业设备评级的依据是上述化工行业制定的完好设备标准。在评级时各企业可结合本厂生产实际制定评级实施细则。

设备评级后计算设备完好率，作为考核企业设备维修保养工作水平和上报上级部门的统计资料。

4.7.3.2 装备评级工作的管理

① 设备检查评级工作必须定期进行。车间每月进行一次，由车间领导组织技术人员、干部、工人（机、电、化、仪）对所有生产设备按评级标准细则进行认真的检查、评级。设备动力管理部门每月应对各车间的检查评级情况进行抽查。厂领导每季应会同设备动力管理部门组织专业管理人员、车间领导、技术人员对全厂主要设备进行检查评级。并对完好机泵房、完好配变电室、完好控制室（仪表室）、完好建筑物及无泄漏区（车间）进行检查、确认。

② 在检查评级中，要坚持自检与专业检查相结合，检查与整改、交流经验相结合。要坚持高标准、严要求，用实事求是的科学态度来搞好检查工作。

③ 检查评级中查出的设备缺陷、隐患和不安全因素，车间应建立台账，进行整改，并按规定时间将设备技术状况上报设备动力管理部门。对不停车可以消除的缺陷，车间应及时组织维修人员和操作人员进行消除；需要停车消除的缺陷，车间设备管理人员应列入检修计划，在停车间隙或计划检修中加以消除；对威胁生产安全的设备缺陷，车间除立即进行紧急处理外，同时向厂生产调度和维修管理部门提出报告，以便采取必要措施及时处理。

④ 凡经评定的设备，按完好设备、不完好设备分别挂上不同颜色的牌子，以示醒目，并促其改进。

⑤ 不完好设备经过维护修理消除了不完好，经检查组复查认可后，可升为完好设备并更换为完好牌。

⑥ 厂部对使用、维护设备卓有成效的岗位与个人或包机包修组，可进行表彰和物质奖励。对长期处于不完好状态的老大难设备应组织攻关，专门研究改造方案和检修措施，限期予以改造，彻底改善设备的技术状况。

4.8 装备运行的经济分析

装备运行阶段的技术经济性主要是由装备的运转率和负荷率来体现的。装备运转率是以时间为衡量标准，装备的负荷率是以产量为衡量标准，都是表示装备的利用程度。

装备运转率是指单台生产设备在一定时间内的实际运转时间（h）与日历时间（h）的百分比，即

$$设备运转率=\frac{实际运转时间}{日历时间}\times 100\%$$

$$间断作业设备运转率=\frac{实际工作时间}{核定工作班次时间}\times 100\%$$

式中，实际运转时间是指统计计算期间（周、月、年）设备开动的总时间，h；日历时间是指统计计算期间（周、月、年）内日历的时间，h。

装备的运转率反映了装备的运转状况，但每台设备都有其设计生产能力或核定生产能力。如果设备只是运转率高，而负荷低，达不到设备的设计生产能力或核定生产能力，那么不但影响产量和利润，而且能耗必然高，经济效益一定不好，因此在强调设备的运转率的同时，还必须提高设备的实际生产能力，即提高设备的负荷率，这样才能提高产量、降低能耗，增加利润，取得良好的经济效益。

设备的负荷率

$$设备负荷率=\frac{实际生产能力}{设计(或核定)生产能力}\times 100\%$$

式中，实际生产能力是指统计期内设备实际生产产品的产量（或能力）的总和；设备设计（或核定）生产能力是指统计期内设备设计（或核定）的产量（或能力）。

设备的运转率和负荷率直接影响着产品的成本和利润。产品的成本分为可变成本与固定成本两部分，可变成本部分是产品所消耗的原料费、劳务费、辅助材料费、维修费等；固定成本部分是包括设备的折旧费、管理费、税金等。

单位产品的可变成本在这里可看成是不变的，而单位产品的固定成本部分却与设备的运转率有关，提高设备的运转率，则固定成本均摊到单位产品就相应减少，因而单位产品的成本就随着设备运转率的提高而降低，如图 4-3 所示。

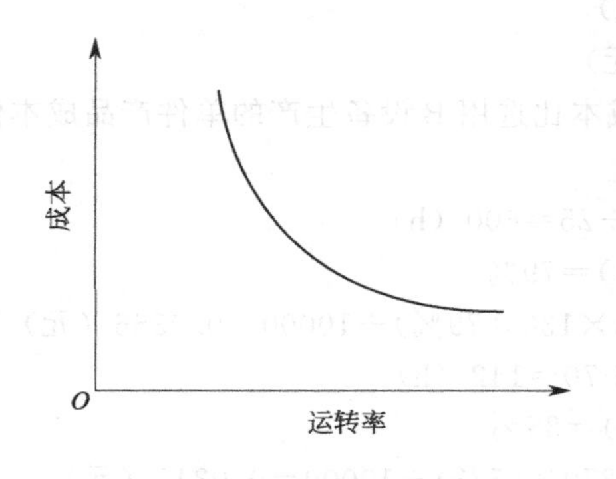

图 4-3 单位产品成本与设备运转率的关系

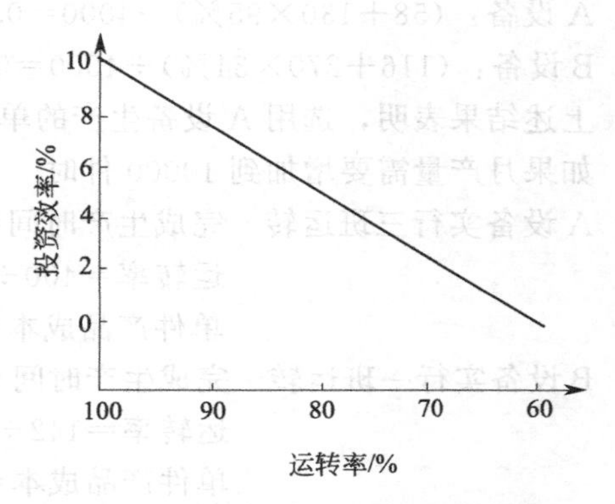

图 4-4 30 万吨合成氨装置运转率与投资效率的关系

其间关系式为

$$单位产品总成本=可变成本+\frac{固定成本}{运转率}$$

中国一些合成氨装置的实践证明，运转率越高，产量越高，利润越多，消耗越低。例如以石脑油为原料年产 30 万吨合成氨的化肥装置，如果一个月停车一次：停 7 天，开 23 天，运转率为 77%，可以盈利 100 万元；如果停 10 天，开 20 天，运转率为 67%，可以保本；停 14 天，开 16 天，运转率为 54%时，则要赔 50 万元。30 万吨合成氨装置的运转率与投资效率之间大致呈直线关系，如图 4-4 所示。在运转率为 100%，一般可得 10%的投资效率；运转率为 90%时，投资效率约为 8%；运转率为 70%时，所得利润开始小于银行利息，投资就无效率，降到 60%以下时，就要赔本。

在设备运行中，有很多时候可能发生如下情况，即拥有两台不同设计（或核定）生产能力的设备，一台设计（或核定）生产能力低，效率较低；一台设计（或核定）生产能力高，效率较高。两者都可以满足生产要求，应该如何使用才能取得最好的经济效益呢？例如，有两台设备，情况如表 4-9 所列，当月产量有两种不同情况时，做如下分析。

表 4-9　A、B 设备经济效益分析

项　　目	A 设备	B 设备	项　　目	A 设备	B 设备
购置费/元	2500	8000	每月运转费(工资、电耗等)/元	130	270
固定支出(折旧、税、管理费)/元	58	116	生产率/(件/h)	25	70

从表 4-9 所列项目及费用可知

A 设备固定支出及运转费为

$$58+130=188\ (元)$$

B 设备固定支出及运转费为

$$116+270=386\ (元)$$

若每月产量需 4000 件，额定运转时间是 7×24=168h（每月以 24 天，每天以一个班次工作 7h 计算），则完成 4000 件产品需要时间为

A 设备：4000÷25=160（h）　B 设备：4000÷70=57（h）

运转率分别为

A 设备：160÷168=95%　B 设备：57÷168=34%

生产 4000 件产品的单位产品成本是

A 设备：(58+130×95%)÷4000=0.045（元）

B 设备：(116+270×34%)÷4000=0.052（元）

上述结果表明，选用 A 设备生产的单件产品成本比选用 B 设备生产的单件产品成本低。

如果月产量需要增加到 10000 件时

A 设备实行三班运转　完成生产时间=10000÷25=400（h）

运转率=400÷(168×3)=79%

单件产品成本=(58+3×130×79%)÷10000=0.0366（元）

B 设备实行一班运转　完成生产时间=10000÷70=142（h）

运转率=142÷(168×1)=85%

单件产品成本=(116+270×85%)÷10000=0.0345（元）

上述结果表明，当月产量高达 10000 件时，选用 B 设备生产的单件产品成本比选用 A 设备生产的单件产品成本低。

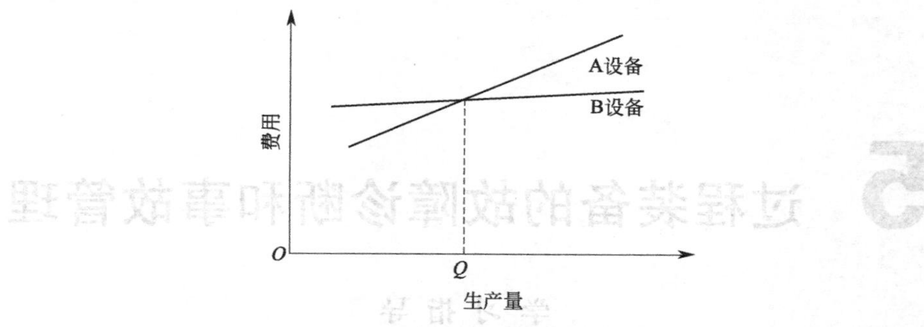

图 4-5　设备生产量与所耗费用的关系

通过以上分析可见，对生产设备的使用要考虑到生产量与负荷率之间的关系。对某些高效设备，负荷率不高时，也可能不经济。上述例子如图 4-5 所示，当产量小于 Q 时，使用 A 设备费用低；当产量大于 Q 时，使用 B 设备费用低。因此，实际工作中应避免盲目追求新的高效设备，防止浪费。只有当设备高运转率而且满负荷运行时，才能获得较好的经济效益。

思　考　题

1. 什么叫装备的技术状态？装备技术状态管理的含义是什么？
2. 保证装备处于良好技术状态的技术手段是什么？组织手段是什么？
3. 简述正确使用、精心维护和科学检修对装备技术状态的影响。
4. 正常前提下，装备功能变化有哪些规律？
5. 简要说明设备点检管理体系的内容。
6. 如何实施点检工作？
7. 调查并针对企业某种设备编制其日常点检保养表。
8. 进行一次润滑油市场调查，了解润滑油的种类、价格、润滑油市场发展趋势及管理制度。

5 过程装备的故障诊断和事故管理

学习指导

【能力目标】

- 熟悉设备故障的常规管理工作内容，并能模拟其实际流程和操作；
- 熟悉设备事故处理流程，进行设备事故的处理和管理。

【知识目标】

- 熟悉设备故障的特点和设备故障的常用诊断技术；
- 了解常用的设备故障监测技术及其应用；
- 熟悉有关事故处理的法规知识。

5.1 过程装备的故障诊断

5.1.1 设备故障及故障常规管理

5.1.1.1 设备故障

设备故障是指设备或零部件丧失其规定功能的现象。其涵义比设备事故更广，只要设备发生破坏或效能降低均称为设备故障，无论造成这种现象的原因正常与否。设备在使用过程中，由于磨损、腐蚀、变形、污损以及变质等原因，使产量、质量和效率降低，能耗增加，并使产品成本上升，这是一个渐变过程，这一过程称为设备的老化。设备在老化过程中有时会发生突然的故障，称为老化性故障。由于管理不善和操作失误，也会使设备发生故障或损坏，这些故障属于非正常性的，称为事故性故障，也就是通常说的设备事故。故障是事故性故障和老化性故障的总称。

(1) 设备故障的分类

根据设备或零部件丧失其规定功能的程度，可以从经济性、安全性、工程复杂性、故障发生的速度、故障起因等不同角度进行分类。

① 工程意义上的故障分类：

a. 间断性故障。短时间内丧失某些功能，稍加修理调试即可恢复其功能，不需要更换零部件。

b. 永久性故障。设备某些功能丧失，直到发生故障的零部件得到更换或修复，才能恢复其功能。

② 原因意义上的故障分类。过程装备故障按技术性原因一般可分为四类。

a. 磨损性故障。由于运动部件磨损，在某一时刻超过极限值所引起的故障。

b. 腐蚀性故障。按腐蚀机理不同，又可分为化学腐蚀、电化学腐蚀和物理性腐蚀等引起的故障。

c. 断裂性故障。分为塑性断裂、脆性断裂、疲劳断裂和应力腐蚀断裂等造成的故障。

d. 老化性故障。设备在使用过程中由于各种综合因素的长期作用和本身素质而产生的性能老化所引起的故障。上述前三种故障如果是由于管理不善和操作失误造成的，属于非正常性故障，也称为事故性故障，或称为设备事故。

③ 安全意义上的故障分类：

a. 危害性故障。造成装备损坏、环境污染和人员伤害的故障，如安全保护装置在需要动作时而未动作、制动系统失灵、设备产生有毒气体或液体外泄、火灾、爆炸等。

b. 危险性故障。容易引起危险性状况的故障，如安全保护装置不需动作时而发生动作等。

(2) 过程装备故障的一般规律

装备在其寿命期内的不同阶段发生故障的频繁程度一般遵从由装备的“故障率曲线”（也称“浴盆曲线”）表示的规律，如图 5-1 所示。

根据这一规律，过程装备从投入使用之日起一直到报废或下一次大修前止故障发生的频繁程度通常经历三个阶段。

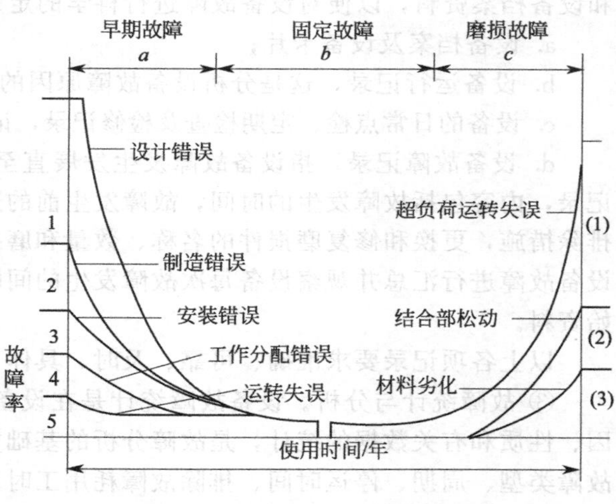

图 5-1　浴盆曲线（故障率曲线）

① 早期故障期。过程装备刚开始使用不久，可能会频繁地发生故障，把过程装备使用初期频繁地发生故障的这段时期称为过程装备的早期故障阶段。早期故障主要是由于材料不合格、加工制造中的失误等原因造成的，但随着故障的排除和有缺陷零部件的更换，故障发生的可能性会急剧下降。一般来说，新机器在经历了一个试运转期或老练期以后，工况就会变得比较稳定，单位时间内的故障次数明显减少。

② 固定故障。也称为偶发故障期，这一时期的故障主要是由于机器或设备设计中的隐患，以及使用不当和维护保养不善或修理不全等因素造成的。此外，过程装备在制造或安装过程中的某些偶然因素也会造成这一时期的故障。在偶发故障期间，过程装备的故障并不会由于多次的预防维修而被消除，但合理的使用与维护可以使此期间的偶发故障维持在一定的低水平上。

③ 磨损故障期。也称为损耗故障期。它发生在过程装备有效寿命期的最后阶段。在这一时期，由于过程装备的零部件已在长期的使用过程中发生磨损、疲劳和腐蚀等，致使过程装备频繁出现故障，甚至严重损坏。这一时期的故障率随时间的增加而呈上升趋势，当过程装备服役期超过其有效寿命期后，故障率会急剧增加。有效防止办法是将要发生故障或损坏的机件采取一定的修理措施。

以上只是过程装备故障发生率的一般规律，某些情况下，过程装备也会发生极其偶然或随机性的故障。因此只有随时掌握过程装备运行状态，机件的劣化、损坏及其原因，才能将事故消灭在萌芽阶段，从而最大限度地防止恶性事故的发生。

5.1.1.2　装备故障的常规管理

(1) 装备故障管理的重要性

企业装备的高速化、大型化、连续化及自动化发展和应用，要求企业必须建立适合企业特色的设备管理体系防止因装备故障而导致的整机停转或整个自动生产线停车停产，甚至导致局部的机械、电气故障或发生泄漏，导致重大事故的发生，造成不可挽回的损失。

因此必须重视装备故障管理，加强对装备故障的常规管理，做好故障记录和故障资料的积累与保存，并将所得到的资料数据进行整理、储存、信息化，从而为故障诊断、故障预防、改进设计、加强检修质量和控制管理提供可靠信息。

(2) 装备故障常规管理的内容

装备故障的常规管理一般包括设备的检查，设备运行状况、检修情况和故障现象的记录，故障的统计与分析，减少和消灭故障的措施研究等内容。

① 设备的检查。设备检查是消灭事故、减少故障的主要手段。设备检查的目的就是及时发现设备的异常现象和事故隐患，以便采取维修措施防止发生故障和事故。同时有目的地做好检修前的准备工作，以缩短修理时间和提高修理质量。

② 设备运行、检修和故障记录。在进行故障分析之前必须有确切的、完整的各项记录和设备档案资料，以便对设备故障进行科学的定量分析，这些资料主要有：

a. 设备档案及设备卡片；

b. 设备运行记录，这是分析设备故障原因的主要依据之一；

c. 设备的日常点检、定期检查及检修记录，记录设备性能老化、零部件损坏和检修情况；

d. 设备故障记录，指设备故障发生发展直至经检查、诊断、排除的全过程所做的简要记录，内容包括故障发生的时间，故障发生前的迹象、原因，发生故障的部位，诊断结果和排除措施，更换和修复磨损件的名称、数量和磨损特点，排除故障所用的时间，目的在于对设备故障进行汇总并观察设备每次故障发生的间隔时间，以及它的发展过程和规律，积累原始资料。

以上各项记录要求准确、可靠、及时、具体、详尽、完整。

③ 故障统计与分析。设备故障统计是在设备故障记录的基础上，对设备故障发生的原因、性质和有关数据的统计，是故障分析的基础资料。将原始记录中所记载的故障，按设备故障类型、周期、停运时间、排除故障耗用工时和费用等，进行分类、统计，然后进行故障分析。分析时应注意多次重复发生的故障，引起重点设备长时间停车的故障，维修耗用工时多、费用大的故障。故障分析是降低设备故障率的一种行之有效的科学管理方法。运用故障分析法可以对过去已发生的各种故障作出定量分析，找出故障率上升的主要因素，从而寻求对策使故障率降低。

④ 减少和避免发生故障的措施研究。根据故障分析，针对不同时期的设备故障，采取相应技术、组织和管理措施，以防止达到减少和避免发生故障的目的。新设备在调试和初期使用阶段，因设计和制造中的缺陷所造成的设备故障，应将信息及时反馈给设备设计制造部门，以便改进设计、加强制造质量的管理；因设备操作使用、维护保养不当发生的故障，就应加强设备使用与点检管理并根据情况对操作、管理人员进行教育与培训；因检查不及时或误诊断出现的故障或事故，就应吸取教训，严格按有关规章制度及时进行检查、处理；设备检修后移交使用，因修理质量不良造成的故障，应加强检修工作每一环节的质量管理，提高技术人员和检修工人责任感，同时健全岗位责任制，把质量指标作为考核工作成果的主要内容，并同经济效益挂钩。为了消除常见故障和多发故障，应根据这些故障发生的部位、原因着重抓好改善性维修。例如：进行局部性结构改进、改装；对漏油的引、堵、封、改等。对疑难故障，则应作为重点研究的攻关项目，拟议、设计改造方案并组织实施。

5.1.2 装备故障的诊断技术

5.1.2.1 装备故障诊断技术

(1) 装备故障诊断的主要方法

目前设备故障诊断的方法很多，并且还在不断发展，按照利用设备状态信号的物理特征与原理，可以大致分为以下几种。

① 振动诊断：以机械振动、冲击、机械导纳以及模态参数为检测目标。

② 声学诊断：以噪声（声压和声强）、声阻、超声、声发射为检测目标。

③ 温度诊断：以温度、温差、温度场、热像为检测目标。

④ 污染物诊断：以泄漏、残留物、气、液、固体磨粒成分变化为检测目标。

⑤ 光学诊断：以亮度、光谱和各种射线效应为检测目标。

⑥ 性能趋向诊断：以机械设备各种主要性能指标为检测目标。

⑦ 强度诊断：以力、应力、扭矩为检测目标。

⑧ 压力诊断：以压力、压差以及压力脉动为检测目标。

⑨ 电参数诊断：以电流、电压、电阻、功率等电信号及磁特性为检测目标。

⑩ 表面形貌诊断：以变形、裂纹、斑点、凹坑、色泽等为检测目标。

以上方法对不同的机械设备有不同的灵敏程度，效果也有所不同。应针对不同情况合理选用。这些方法可以单独使用，也可几种联合对比使用。表 5-1 列出了设备故障诊断技术开发应用情况。

表 5-1 设备故障诊断技术开发应用情况

分类	主要诊断对象	诊断技术举例	分类	主要诊断对象	诊断技术举例
机械零件	滚动轴承 滑动轴承 齿轮装置	振动噪声监测 电阻法 温度监测 油液分析	加工机械	机床 剪切机 焊接设备	振动噪声监测 负载电流测定 火花检测法
传动系统	传动轴承 高速旋转件 轮轴	振动噪声监测 声发射技术 模态分析	静态设备	压力容器 结构件 管道系统	声发射技术 X 射线探伤 阻抗法 红外热像技术 腐蚀检测
流体机械	水力机械(如水泵)、液压机械(泵、缸、阀)、气动机械(风机、压缩机)	振动噪声监测 压力脉冲法 超声波监测 温度监测 效率测定	电机电器	电机 电缆 变压器	振动噪声监测 电流分析法 绝缘诊断法 整流监测法 气相分析
动力机械	发动机 涡轮机 液压马达	振动噪声监测 气流轨迹分析 效率测定 气体分析 压力脉冲法	控制系统	电机控制系统 液压控制系统 检测系统	卡尔曼滤波法 传递函数法 系统识别法 统计控制理论 可变量解析法

(2) 设备故障诊断技术的应用

① 人工参与诊断。使用较复杂诊断设备及仪器可以判断设备有无故障、故障的严重程度如何，同时在有经验的工程技术人员参与下，还能对某些特殊类型的典型故障的性质、类别、部位、原因以及发展趋势作出判断和预报，在设备诊断中人工的介入和经验的参与是十分重要的，往往可以收到事半功倍的效果。

② 振动诊断技术的应用。振动诊断是常用的一种设备诊断技术方法和手段。当机器内部发生异常时，一般都会随之出现振动加大和性能变化，根据对振动信号的测量分析，不停机、不解体即可以定量确定设备技术状态、劣化程度和劣化趋势，方法简单易行。

③ 计算机辅助诊断系统的建立。在设备状态监测与诊断中，建立一种以计算机辅助诊断为基础的多功能自动化诊断系统十分重要。在这类系统中，不仅配有自动诊断软件，实现了状态信号采集、特征提取、状态识别的自动化；还能以显示、打印、绘图等多种方式输出分析结果。当设备发生故障超过限位时，系统能用声光方式发出报警指令，并通过微机自动进行故障性质、程度、类别、部位、原因及趋势的诊断及预报；能将大量设备（机组等）运行资料储存起来。工作人员随时通过人机对话调出、查阅历史运行资料，帮助工程技术人员作出设备管理和诊断决策。这种诊断系统对电力、石化、冶金系统中机组实施在线监测和自诊断非常适用。对用户来讲，诊断软件可以不断完善和扩充，若该系统与机组控制系统相连，还可以进一步实施自动监控。

④ 设备诊断专家系统的开发与应用。设备诊断专家系统是设备诊断技术的高级形式，又称知识库咨询系统。它实质上是一种具有人工智能的计算机软件系统，是设备诊断技术普及发展方向之一。专家系统不仅具有计算机辅助诊断系统的全部功能，更重要的是它还将设备管理专家的宝贵经验和思想方法同当代计算机巨大存储、运算与分析能力相结合，形成人工智能的计算机系统。它事先将有关专家的知识和经验加以总结分类，形成规则存入计算机构成知识库，根据数据库中自动采集或人们输入的原始数据，通过专家系统的推理机，模拟专家的推理、判断思维过程来建立故障档案、解决状态识别和诊断决策中的各种复杂的问题，最后对用户给出正确的咨询答案、处理对策和操作指导等。

5.1.2.2　设备的状态监测

状态监测是掌握机器设备当前状态的技术，主要方法有趋势监测和状态检查。趋势监测是连续地或有规律地对机器有关参数进行测量和分析，确定机器的运行趋势和状况，提出机器设备劣化停机（设备劣化主要表现为机械磨损、疲劳裂纹、塑性断裂与脆性断裂、蠕变、腐蚀、元件老化等）的预防时间，如图 5-2 所示。状态检查是对机器运行的有关参数进行精确的和定时的检查，然后把它与所允许的极限值进行比较，以确定机器设备的劣化程度和能够继续运行的时间。

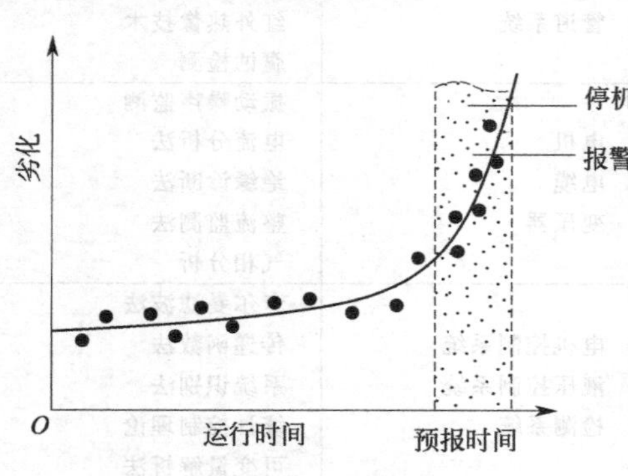

图 5-2　机器运行趋势

根据监测对象的特点，状态监测分为动态监测和静态监测两类。动态监测如振动检测、温度检测、声发射技术、油样分析、应力应变分析、频闪观察、泄漏检测、腐蚀监测等。静态监测如厚度测量、裂纹探测、目视检查、X 射线检查和激光测量法等。状态监测涉及许多相应的专业技术知识，这里仅对常用的动态监测技术做简要介绍。

(1) 振动监测

振动监测是目前应用最广的一种监测技术。机器设备在运转过程中都要产生振动，在正常情况下，机械振动的位移（振幅）、速度、加速度、频率和相位等振动参数基本是稳定的。当振动强度达到或超出某一限度时，就表明机械中某部分出了故障。不同的机械故障引起的振动现象各有特征。运用现代信号处理技术可以从测量结果中提取特征信息，迅速找出故障的根源。

在装备故障诊断中，振动测量主要用来从运转着的机器上获取位移、速度、加速度、频率和相位等振动参数，通过对这些振动参数进行分析，了解机器的技术状态，找出机器故障的原因。通常低频时宜测量位移或速度，中频时宜测速度，高频时宜测加速度。振动测量装置包括信号拾取、信号变换、信号放大和显示记录等部分，根据所选测量参数的不同，测量装置各部分的组成也有所不同。

① 测量振动位移时，装置的信号拾取、变换和放大部分分别为电容式位移传感器→振动位移测量仪(或涡流传感器)→涡流测量仪。

② 测量振动速度时，所用的信号拾取、转换装置为磁电式速度计→测振仪。

③ 测量振动加速度时，所用的信号拾取、转换装置为压电式加速度计→电荷放大器。作为振动测试的记录仪器，一般常采用光线示波器或磁带记录仪，前者能非常直观地显示和记录信号波形，但所得信号不便于进行其他更深层次的分析；后者记录的信号能很容易实现各种数字处理和分析。

(2) 温度监测

摩擦部位温度的异常变化往往是故障的明显症状。在正常情况下，即使长时间连续运转的机件，最终也会达到一个规定的稳定值。在大多数情况下异常的高温往往表示情况已相当严重，至少要大大降低零部件的寿命。如球轴承的温度若超过标准值10℃，寿命将缩短近50%。

对设备零部件进行温度监测目的不同，测温的部位也不同，大体上可分为两种：一种是监测设备内部的温度，如测量锅炉水温；另一种是监测表面温度，如测量轴承座外壁的温度等。一般地说，表面测量所得到的信息较为广泛，但表面测温远较内部测温困难，用于表面测温的传感器限于小型元件如热电偶等，或采用非接触式的方法如辐射计等。

温度监测主要是检查机器设备或系统内的温度及温度变化，并据此判断设备或控制过程是否出现异常或故障，温度监测多用于生产工艺的过程控制中，也可用于检查各种普通的机器故障。温度监测所能发现的设备异常主要如下。

① 轴承损坏。一般用热电偶温度计就可以检查出因滚动轴承零件损坏、接触表面擦伤等引起的轴承座表面温升；此外，有磨损引起的面接触（摩擦）所产生的热量也会传递到外表，也可借助热电偶检查出来。

② 冷却系统故障。因润滑和冷却系统发生故障时，某些零件表面温度会升高，因此很容易查出。

③ 有害物质聚集。如果管道有水垢、锅炉或烟道结灰渣等形成腐蚀性产物，则会引起温度变化。这可以通过温度扫描的办法检测出来。

④ 电器元件故障。元器件接触不良会使接触电阻增大，因而发热量增加，可用红外扫描仪查出接触不良的电器元件的故障部位；另一种则相反，例如晶闸管、整流管、变压器等元件或设备如果出现不发热现象，则说明其已损坏。

温度测量装置有接触式传感器和非接触式传感器两大类。

(3) 油样监测分析

在各种机器设备中，因运动零部件之间的相互接触，必然会发生摩擦和磨损。无论润滑条件好坏，总会有各种金属微粒从机件上磨下，并同油液混在一起。因此，油液中必定携带着有关机器设备技术状态的大量信息。通过检查润滑油或液压油中所存在的各种元素成分，便可在早期阶段发现不正常的磨损现象。实践证明，利用油样分析技术实现设备状态监测，符合现代化企业管理模式，如果再配合振动监测和性能监测，将更能发挥明显效能。油液分析主要包括油质分析和油中微粒分析两方面。

① 油质分析。主要是监测在设备运转中润滑油品质的变化趋势。一般主要监测黏度、总酸值或总碱值、破乳化时间、闪点、水溶性酸碱、水分、机械杂质等。另外可利用红外光谱分析技术监测润滑油衰化变质情况，通过对新油与运行油的红外光谱图差别比较来测定油

液的污染及化学变化。通过光谱分析可以分析润滑油中添加剂成分及含量。

② 油中微粒分析。油中微粒分析技术包括颗粒计数、光谱分析、铁谱分析、磨屑分析和磁性柱塞等。通过对油中微粒分析可以得到如下信息。

a. 磨损微粒总量：可以判断磨损处于什么阶段。

b. 微粒尺寸分布：可以判断磨损的严重程度。

c. 化学成分：可以判断磨损部件、故障的位置。

d. 微粒形态：可以判断磨损类型，是疲劳磨损或黏着磨损等。

5.1.3 装备在线监测和诊断

对于生产系统中的关键设备和部位可以安装在线监测系统，采用设备在线监测技术是企业提高设备管理水平、降低生产成本的重要手段之一。下面通过两个实例说明设备的在线监测和诊断技术。

某公司氧化铝厂现有 5 台 CO_2 压缩机组属分公司大型关键 A 类设备，承担着全厂 CO_2 气体的输送任务。由于生产工艺流程的需要，机组需长期连续、高效运转，这种高速旋转设备在长期高负荷工作状态下就容易出现磨损、窜动、不平衡、轴承超温、振动异常等机械故障。若不能及时发现这些事故隐患而造成停机事故，不仅可能造成人身和设备事故而且将给生产带来严重损失。为此，公司决定在该重要设备机组推行设备在线监测的管理。

该机组在线监测系统的工作原理是：安装在压缩机组各部位的信号传感器用于采集各种现场信号（如振动信号、缓变量信号等），振动、轴位移、键相（兼转速测量）等信号通过信号电缆接入数据采集箱，经处理后送入计算机，其测点和传感器设置如表 5-2 所示。其他过程量信号需将现场采集的信号经过相应的变送器转变为 4～20mA 标准模拟信号后再通过数据采集箱接入计算机进行在线显示。通过显示屏就可以很清楚地看到风机现场运行状况，如前后轴承、变速机瓦座的振动值，转速测定值及轴位移变化情况等；并且可以对数据源进行总结、类比和进一步分析。单台机组主要测点传感器安装示意图见图 5-3。

表 5-2　测点和传感器设置

测　　点	传感器	数量	类型	灵敏度	备注
压缩机前轴承轴振(垂直)	IN081	1	涡流传感器(振动)	8mV/μm	德国申克
压缩机前轴承轴振(水平)	IN081	1	涡流传感器(振动)	8mV/μm	德国申克
压缩机后轴承轴振(垂直)	IN081	1	涡流传感器(振动)	8mV/μm	德国申克
压缩机后轴承轴振(水平)	IN081	1	涡流传感器(振动)	8mV/μm	德国申克
变速机低速端瓦振(垂直)	EN080	1	速度传感器(振动)	20mV/(mm·s)	德国申克
变速机低速端瓦振(水平)	EN080	1	速度传感器(振动)	20mV/(mm·s)	德国申克
压缩机轴向位移	SD052 (OD051)	1	涡流传感器位移	8mV/μm	德国申克
转速/键相	TS012	1	额定转速:8700r/min 键相槽数:1		德国申克

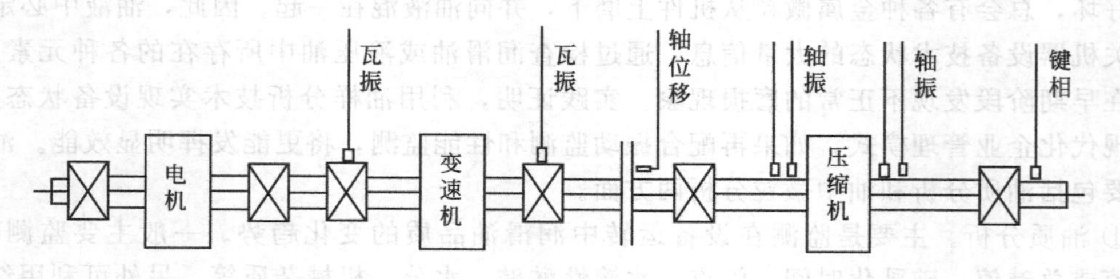

图 5-3　CO_2 压缩机组单台机组主要测点传感器安装示意图

自机组安装在线监测以来，运行平稳可靠、监测数据准确、操作使用方便，收到了良好的效果。主要表现在：①实现了对设备运行状态的动态管理；②为科学、准确的设备在线故障分析诊断提供了可能；③提高了设备运转率，减少了岗位操作人员的劳动强度，延长了设备的使用寿命，减少工作量；④为确定最佳检修时机和制订合理检修方案提供了依据。

图5-4所示的Atlanta公司的M6000系统是一个典型的旋转机械在线监测系统，监测的设备有透平机、齿轮箱和压缩机等。为了监测转子的运动情况，在透平机、齿轮箱和压缩机两端轴承中，在轴的径向、水平和垂直（x-y）方向，安装了M61型涡流式位移传感器，可以监测转子的弯曲振动、动平衡情况、轴心运动轨迹和油膜震荡等。为了监测轴向位移，在透平机轴端和压缩机的轴端也安装了M61型涡流位移传感器。为了诊断齿轮箱的故障，在齿轮箱的顶部和侧壁（x-y）方向安装了测振的加速度传感器。在齿轮箱轴头和压缩机轴头安装了相角监测传感器，并用其信号监测转速。对于轴承则采用便携式周期监测装置。这个在线监测系统综合应用了内装式和外部式两种监测和诊断手段。

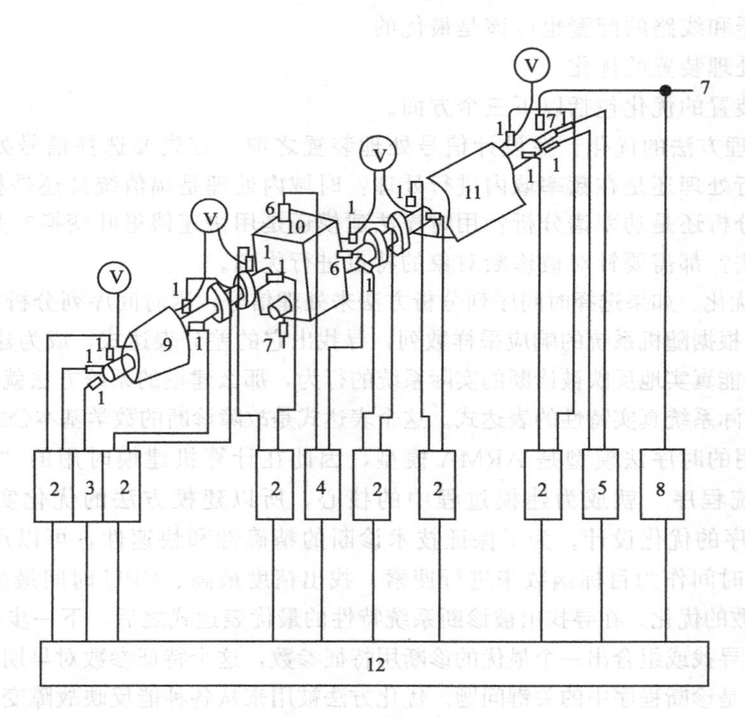

图5-4　Atlanta公司M6000系统

1—M61涡流式位移传感器；2—M702径向（x-y）电荷放大器；3—M703轴向电荷放大器；4—加速度电荷放大器；5—M707双轴向电荷放大器；6—M90加速度传感器；7—相角测量；8—转速计；9—透平机；10—齿轮箱；11—压缩机；12—信号处理系统；V—轴承周期监测装置

5.1.4　装备诊断系统的优化与诊断专家系统

5.1.4.1　装备诊断系统的优化

对于不同的诊断对象，故障诊断的方法是不同的，对一个故障诊断系统来讲，如何在尽量短的时间周期内准确地诊断出故障所在，实际上这就是故障诊断系统的优化问题，它包括故障诊断程序的优化和诊断装置的优化两个部分，后面的部分与一般机器的优化相同，此不赘述。这里主要说明故障诊断程序的优化。一个故障诊断程序由监测程序和诊断程序两部分组成。

(1) 信号采集方法的优化

在诊断过程中对诊断质量即诊断准确性影响最大的因素之一就是“信号采集”这个环节，因此应用优化方法设计信号采集系统也是故障诊断中的一个重要环节。信号采集方法包括四个方面：

① 为监测和诊断而采集的信号是多种多样的，例如：常见的监测信号有速度、加速度、位移、声、光和热等，选定哪种信号作为监测信号也要应用优化设计的方法，这种方法多半是检索型或智能型的，这就是监测信号特性的优选。

② 监测点的位置对诊断质量的影响很大，例如：用加速度传感器来监测汽轮机组，传感器放在什么位置最敏感，是放在轴承上，还是轴承座上，或是基础上……这是一个受约束空间点最优位置选择的优化问题。

③ 传感器优选，即针对所设计的监测系统，选择能得到的最理想的传感器，这也是一种检索型的优化设计。

④ 信号采集装置的优化，即整个采集装置，从传感器、放大器、最后输出到信号处理系统，其中仪器和线路的配置也应该是最优的。

(2) 信号处理装置的优化

信号处理装置的优化包括以下三个方面。

① 信号处理方法的优化。在设计信号处理装置之前，首先要选择信号处理的方法，是在时间域内进行处理还是在频率域内进行处理？时域内处理是幅值统计还是相关分析？频域内处理是频谱分析还是功率谱分析？用时序法建模还是用快速傅里叶变换？是否要采用小波变换或分形方法？都需要针对被诊断对象的特点进行优选。

② 建模的优化。如果选择时间序列分析方法来处理信号，因时间序列分析方法本身就是一种建模方法，它根据随机系统的响应采样数列，寻找出它的差分表达式，成为建模的系统方法，如果采集的数据能真实地反映被诊断的实际系统的行为，那么建模的系统方法就可以利用这些数据给出描述此实际系统真实特性的表达式。这个表达式是故障诊断的数学基本公式。

工程上常用的时序法模型是 ARMA 模型，因此在计算机建模时用的“时序法 ARMA 模型的建模系统程序”就成为建模过程中的核心，所以建模方法的优化实质上就是这个 ARMA 建模程序的优化设计。为了保证技术诊断的精确性和快速性，可以用模型的精度和计算时的 CPU 时间作为目标函数来进行搜索，找出精度最高、CPU 时间最少的建模程序。

③ 特征参数的优化。在寻找出被诊断系统特性的最优表达式之后，下一步就是从表达式的各项特征参数中寻找或组合出一个最优的诊断用特征参数，这个特征参数对早期故障应该具有最高的灵敏度，这是诊断程序中的关键问题。优化方法被用来从各种能反映故障变化的特征参数中选择一个对故障反应最灵敏的参数，即在同样的故障变化幅度下，这个特征参数的变化幅度最大，对特征参数的优化目标是敏感性最高，但敏感因子本身计算速度应最省，也就是高效且省时。

(3) 诊断程序的优化

选定最优的特征参数作为敏感因子后，为了实现系统故障的辨识，需要编制诊断用的标准谱或标准图的数据库。

① 建立诊断用的标准谱或标准图的数据库的最优方法。在故障诊断的任务中，系统的状态常常需要借助于有代表性的症状来描述，在一项技术诊断任务中，所取的症状应该是对于诊断具有最大判断价值的症状。技术诊断的数学模型是已知的系统所具有的一组综合的症状 F。$F \in \{f_i\}$，$i=1,2\cdots$ 其中 f_i 称为第 i 种故障状态——症状，它表示系统处在第 i 种状态中。症状的数量取决于诊断的目的，最简单的是正常和异常两种状态。能够反映各种不同性质和不同程度的特征参数——敏感因子的各种不同的数值和形状构成了故障诊断用的标准

谱或标准图集的数据库。建立的数据库中储存敏感因子值或图形应能够最准确地域 F 中的各元素一一对应。这就提出了一个建立最优 F 谱（症状谱）和建立一个能最准确地反射 F 谱的标准敏感因子谱的问题，这就需要应用优化设计的方法来解决这个问题。

因为决定一个系统（或一台机器）是否失效的症状是较多的，所以第一步是用优化设计法选定最能反映系统故障程度的那种症状；其次，为了更好地诊断和预报系统的故障，需要最优地选定故障报警的阈值，并确定对应不同程度故障的预报症状值；然后，才能用优化方法来建立标准谱数据库。

② 最优敏感因子的检验。优选后的特征参数是否确实敏感，标准谱是否确实标准？还需要用实验或在生产实践中加以验证，通过诊断的实践证明了所选定的敏感因子不但敏感，而且证实了标准谱确实反映出症状与敏感因子之间的正确关系，那么可以保证所设计的诊断方法是可靠的，否则需要对敏感因子加以修改或重新选择。

③ 诊断程序的优化。完成上述各项优化后，就可按照图 5-5 中所示的系统辨识的思路来设计诊断程序。评价一个诊断程序的因素有：快速性，准确性，简便性等。

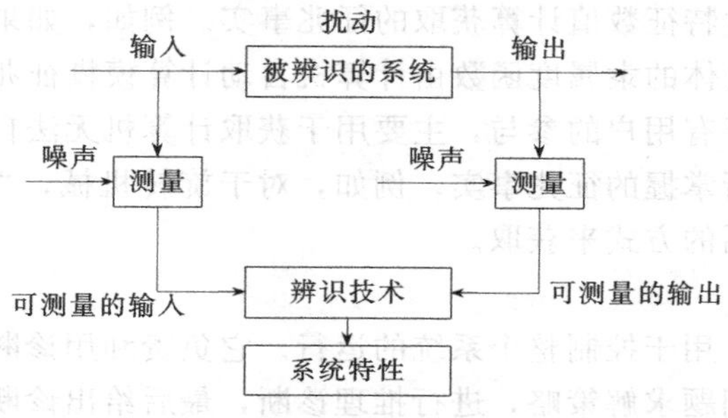

图 5-5 系统辨识过程

5.1.4.2 设备故障诊断专家系统

设备故障诊断专家系统的基本结构包括四个组成部分：诊断知识库；推理机；工作存储器；人机接口。其中，知识库和推理机成为专家诊断系统的核心。建立知识库的关键问题是采用什么知识表达方法能准确地表达领域知识；推理机的主要问题是确定不精确推理方法；人机接口是一个用户窗口，应能处理各种咨询问题；工作存储器是一个“黑板”，用于记录推理过程中的中间假设和结论。

一个实用的设备故障诊断专家系统除了上述四个基本组成部分外，一般还应包括设备参数库、征兆事实库、解释程序、征兆获取模块、知识获取程序和故障对策程序等，如图 5-6 所示。

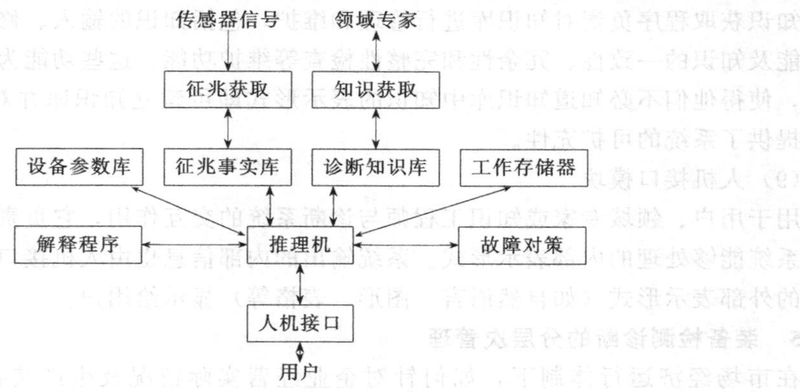

图 5-6 设备故障专家诊断系统的结构

(1) 设备参数库

用于存放诊断设备有关结构和功能参数及设备过去运行情况的背景信息。

(2) 征兆事实库

用于存放系统推理过程中需要和产生的所有征兆事实，征兆事实是故障诊断的主要依据。

(3) 诊断知识库

用于存放领域专家的各种与设备诊断有关的知识，包括设备征兆、控制知识、经验知识、对策知识和翻译词典等。这些知识是由知识工程师和领域专家合作获取到的，并通过知识获取模块按一定的知识表示形式存入到诊断知识库中，诊断知识库是设备故障诊断专家系统的核心。

(4) 征兆获取模块

采用时域和频域的分析方法，对设备数据库中的数据进行分析并绘制各种特征图形，获取征兆事实。征兆事实一般有两种获取方式：自动获取和对话获取。自动获取方式不需要用户参与，主要用于可通过特征数值计算获取的征兆事实。例如，如果已经知道某个通道振动信号的幅值，则可通过具体的隶属度函数由计算机自动计算模糊征兆“振动幅值大”的隶属度。对话获取方式则需要有用户的参与，主要用于获取计算机无法自动获取的，而现场操作人员可以通过观察和分析掌握的征兆事实。例如，对于旋转机械，“轴心轨迹为香蕉形”这一征兆常常需要采用对话的方式来获取。

(5) 推理机

推理机是一组程序，用于控制整个系统的运行。它负责利用诊断知识库中的知识，并根据征兆事实按照一定的问题求解策略，进行推理诊断，最后给出诊断结果。诊断推理模块是设备故障诊断专家系统的关键部分。它一般可提供两种推理诊断方式：自动诊断和对话诊断。自动诊断方式不需要人工干预，由系统自动地完成诊断任务，它仅仅利用了能够自动获取的征兆事实；对话诊断方式除利用自动获取的征兆事实外，还需要向用户提出一些问题，以便获取更多的征兆事实，进行更详细更精确的诊断。

(6) 解释程序

解释程序负责回答用户提出的各种问题，它是实现专家系统透明性的关键部分。

(7) 故障对策程序

故障对策程序能针对推理机给出的诊断结果，向用户提供故障对策。

(8) 知识获取程序

知识获取程序负责对知识库进行管理和维护，包括知识的输入、修改、删除和查询等管理功能及知识的一致性、冗余性和完整性检查等维护功能。这些功能为领域专家提供了很大方便，使得他们不必知道知识库中知识的表示形式即可建立知识库并对其进行修改和扩充，大大提供了系统的可扩充性。

(9) 人机接口模块

用于用户、领域专家或知识工程师与诊断系统的交互作用，它负责把用户输入的信息转换成系统能够处理的内部表示形式。系统输出的内部信息也由人机接口负责转换成用于易于理解的外部表示形式（如自然语言、图形、表格等）显示给用户。

5.1.5 装备检测诊断的分层次管理

在市场经济运行体制下，如何针对企业经营实际情况及生产装备特点，以最少投入全面准确地获得设备状态参数，成为企业装备故障诊断管理的重要工作内容。在全员生产维修指导思想下，企业可根据自身情况以及装备的重要程度、装备检测面和频繁度、状态分析的疑难程度、检测手段的精密等级、状态检测的知识水平，将企业生产装备检测分析的数据集中到设备点检管理的“五层防护体系”中，对装备检测诊断实行分层次管理。

① 设备日常点检层。是利用专业采集器、专业点检仪对企业生产设备进行日常点检。检测面广、检测频度高（每班检测）、对检测人员技术要求相对较低，一般由运行人员即可完成。

② 设备精密点检层。是指利用专业点检仪器对企业一些重要设备由设备管理部、点检部进行定期检测，可调整周期。检测面为一些重要的设备，检测频度要求每天或者每1～3天检测一次，并且可以根据状态的劣化调整检测密度，检测仪器要求精度比较高，能够满足状态分析的需要，一般由检修部或点检班组完成。根据检测数据分析建立装备的状态台账和技术台账。

③ 设备状态专项分析层。是指利用精密点检仪及专业分析系统针对企业核心重点设备、专业设备进行重点检测。检测面相对比较窄，对于专业设备要使用专业的检测分析手段，如动平衡仪、叶片频谱分析仪、热像仪、油液分析、轴承诊断等，一般由专业工程师来完成。

④ 诊断层。是指在线监测分析系统和企业诊断实验室，为企业最高诊断机构，技术实力要强，一般由生产技术部、总工、外聘专业技术人员完成。使用精密的仪器，拥有自己的油液分析室、金属分析室等，必要的时候聘请外部专家人才。同时，利用厂内的在线监测系统连续不断采集设备健康状态，密切关注关键设备的健康变化。

⑤ 远程诊断中心。对于关键设备的疑难故障（如大型汽轮机的振动故障），为了避免因自身经验不足造成误诊，可聘请专家指导，需要利用行业专家的经验，一个企业的机组故障，专家可能在其他厂的同型号机组上已经诊断过，完全不需要付出摸索的代价。

5.2 过程装备的事故管理

5.2.1 装备事故的类别和性质

简单来说，凡是引起人身伤害、导致生产中断或国家财产损失的所有事件统称为事故。不论任何原因，凡造成设备发生意外损坏或破坏，直接影响生产或导致人员伤亡、经济损失的情况，均可称为设备事故，设备事故是一种常见的事故现象。广义上讲，设备事故也是一种故障。随着经济的发展，设备事故成为安全生产事故的重要根源和表现，国家对设备的安全生产和事故管理日益重视。

在典型的过程装备中，锅炉、压力容器、压力管道等属于涉及生命安全、事故隐患和危险性较大且易引发事故的设备。根据2003年2月19日国务院第373号令公布的《特种设备安全监察条例》规定，锅炉、压力容器（含气瓶）和压力管道本身也属于特种设备。为了加强安全生产管理，规范锅炉、压力容器、压力管道、特种设备的事故报告、调查和处理工作，新成立的国家质量监督检验检疫总局发出第2号令，于2001年9月17日公布《锅炉压力容器压力管道特种设备事故处理规定》，并于2001年11月15日起施行。本节以该规定为依据，介绍装备事故管理的内容。

5.2.1.1 设备事故的类别

不同时期、不同行业和部门，对设备事故的定性和分类有所不同。依据事故的原因、性质、危害或伤害程度等不同分类因素可将设备事故分为多种类型。例如，按照发生事故的原因，可将设备事故分为责任事故、质量事故和自然事故等类型。在《锅炉压力容器压力管道特种设备事故处理规定》中，将锅炉、压力容器、压力管道、特种设备事故，按照所造成的人员伤亡和破坏程度，分为特别重大事故、特大事故、重大事故、严重事故和一般事故。

① 特别重大事故。是指造成死亡30人（含30人）以上，或者受伤100人（含100人）以上，或者直接经济损失1000万元（含1000万元）以上的设备事故。

② 特大事故。是指造成死亡10～29人，或者受伤50～99人，或者直接经济损失500万元（含500万元）以上1000万元以下的设备事故。

③ 重大事故。是指造成死亡3～9人，或者受伤20～49人，或者直接经济损失100万元（含100万元）以上500万元以下的设备事故。

④ 严重事故。是指造成死亡1～2人，或者受伤19人（含19人）以下，或者直接经济损失50万元（含50万元）以上100万元以下，以及无人员伤亡的设备爆炸事故。

⑤ 一般事故。是指无人员伤亡，设备损坏不能运行，且直接经济损失50万元以下的设备事故。

5.2.1.2　设备事故的性质

设备事故按其发生的性质可分为三类。

① 责任事故。凡属人为原因，如违反操作维护规程、擅离工作岗位、超负荷运转、维护修理不良等，致使设备损坏停产或效能降低，称为责任事故。

② 质量事故。凡因设备原设计、制造、安装等原因，致使设备损坏停产或效能降低，称为质量事故。

③ 自然事故。凡因遭受自然灾害致设备损坏停产或效能降低，称为自然事故。

不同性质的事故应采取不同的处理方法。自然事故比较容易判断，责任事故与质量事故直接决定着事故责任者承担事故损失的责任，因此一定要进行认真分析，必要时邀请制造厂家一起来对事故设备进行技术鉴定，做出准确的判断。一般情况下企业发生的设备事故多为责任事故。

5.2.2　装备事故的调查分析及处理

装备事故调查处理是为了找出事故发生的原因，查明责任，以便从中吸取教训，采取有效的防范措施，杜绝类似事故重复发生。

(1) 设备事故调查应遵循的原则

设备事故的调查应当按照实事求是、尊重科学的原则，及时、准确地查清事故原因，查明事故性质和责任，总结事故教训，提出整改措施，并对事故责任者提出处理意见。具体原则如下：

① 事故是可以调查清楚的，这是事故调查最基本的原则。

② 事故调查应实事求是，以客观事实为依据。

③ 应坚持“四不放过”的原则：事故原因分析不清不放过、事故责任者没有受到严肃处理不放过、群众没有受到教育不放过、防范措施没有落实不放过。

④ 根据相关法规的规定，事故调查专家成员应具有事故调查所需要的相关专业知识和经验，同时不应与事故本身、事故发生单位及相关人员存在任何利益或者利害关系。

同时，设备事故的调查处理应按照相关法规条例依法进行。例如，对锅炉、压力容器等特种设备的事故调查主要法规依据有：《中华人民共和国安全生产法》、《特种设备安全监察条例》、《锅炉压力容器压力管道特种设备事故处理规定》、《国务院关于特大安全事故行政责任追究的规定》、《企业职工伤亡事故报告和处理规定》（国务院令第75号）、《国务院关于特别重大事故调查程序暂行规定》（国务院令第34号）等。

（2）设备事故调查的基本程序

① 设备事故调查的一般程序。设备事故发生后，经抢救和事故现场保护，就应立即展开对事故的调查，一般的调查程序如图5-7所示。主要程序包括成立专门调查组，进行现场勘察、人员询问调查、事故鉴定，必要情况下进行模拟试验等，并搜集各种物证、人证、事故事实材料（如人员、现场作业环境、设备、管理、事故过程材料等）。调查结果作为进行事故分析时的基础材料。

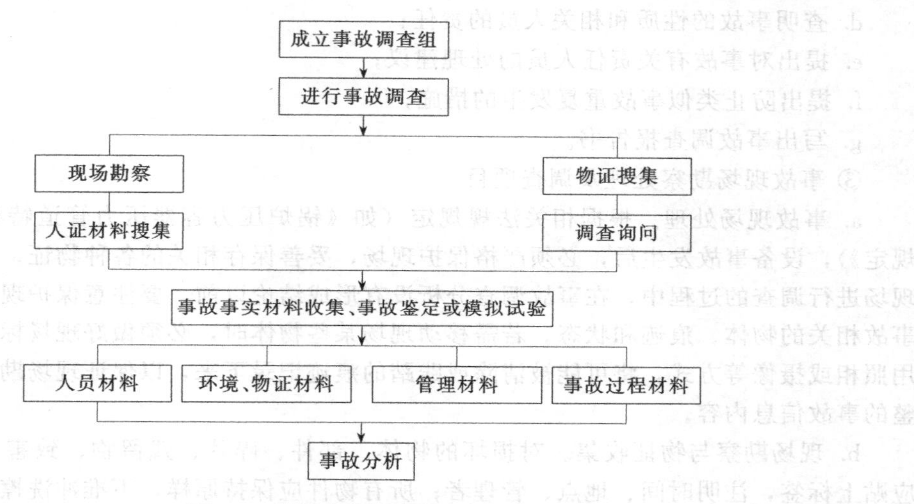

图5-7　设备事故调查的一般程序

② 事故调查组的组织和任务。以锅炉压力容器等特种设备为例，根据《锅炉压力容器压力管道特种设备事故处理规定》的要求，应按事故的严重程度，组织成立事故调查组。具体如下：

特别重大事故按照国务院的有关规定由国务院或者国务院授权的部门组织成立特别重大事故调查组，国家质量监督检验检疫总局参加。

特大事故由国家质量监督检验检疫总局会同事故发生地的省级人民政府及有关部门组织成立特大事故调查组，省级质量技术监督行政部门参加。

重大事故由省级质量技术监督行政部门会同事故发生地的市（地，州）人民政府及有关部门组织成立重大事故调查组，市（地，州）质量技术监督行政部门参加。

严重事故由市（地，州）质量技术监督行政部门会同事故发生地的县（市，区）人民政府及有关部门组织成立事故调查组，县（市、区）质量技术监督行政部门参加。

一般事故由事故发生单位组织成立事故调查组。

上一级质量技术监督行政部门认为有必要的，可以会同有关部门直接组织成立事故调查组。

组织成立事故调查组需要聘请有关专家时，则参加事故调查组的专家应符合下述条件：具有事故调查所需要的相关专业知识；与事故发生单位及相关人员不存在任何利益或者利害关系。

事故调查组成立以后，应迅速开展事故的深入调查和分析，按照《锅炉压力容器压力管道特种设备事故处理规定》中应履行、完成的职责和内容，查明事故各个环节的实际情况，以便作出设备事故的正确调查分析结论。通过细致、认真的调查，调查组应进行实事求是的科学的分析，以确定事故的直接原因和主要原因，作出事故的各项结论。根据《锅炉压力容器压力管道特种设备事故处理规定》要求，事故调查组应履行下述职责并完成相应调查内容：

a. 调查事故发生前设备的状况；

b. 查明人员伤亡、设备损坏、现场破坏以及经济损失情况（包括直接经济损失和间接经济损失）；

c. 分析事故原因（必要时应当进行技术鉴定）；

d. 查明事故的性质和相关人员的责任；

e. 提出对事故有关责任人员的处理建议；

f. 提出防止类似事故重复发生的措施；

g. 写出事故调查报告书。

③ 事故现场勘察处理及调查项目

a. 事故现场处理。根据相关法规规定（如《锅炉压力容器压力管道特种设备事故处理规定》），设备事故发生后，必须严格保护现场，妥善保存相关的各种物证。调查组进入事故现场进行调查的过程中，在事故调查分析没有形成结论以前，要注意保护现场，不得破坏与事故相关的物体、痕迹和状态。若需移动现场某些物体时，必须做好现场标记，必要时应采用照相或摄像等方式，将可能被清除或践踏的痕迹记录下来，以保证现场勘察调查能获得完整的事故信息内容。

b. 现场勘察与物证收集。对损坏的物体、部件、碎片、残留物、致害物的位置等，均应贴上标签，注明时间、地点、管理者；所有物件应保持原样，不准冲洗擦拭；对健康有害的物品，应采取不损坏原始证据的安全保护措施。

c. 事故现场摄影的技术要求。现场摄影应做好以下方面的拍照：方位拍照，要能反映事故现场在周围环境中的准确位置；全面拍照，要能反映事故现场各部分之间的联系；中心拍照，反映事故现场中心情况；细目拍照，解释事故直接原因的痕迹物、致害物等；人体拍照，反映伤亡者主要受伤或造成死亡的伤害部位。

d. 事故图绘制。根据事故特点和调查工作需要，应绘制出事故调查分析所必需的信息示意图，如建筑物平面图、剖面图、事故现场涉及范围图、设备或工、器具构造简图、工艺流程图、受害者位置图等。

e. 人证材料搜集。应尽快搜集证人口述材料，并认真考虑其真实性，注意听取单位领导和职工群众意见。

f. 事故事实材料收集。主要有以下两个方面的材料。

• 与事故鉴别、记录有关的材料，包括事故发生单位、地点、时间、受害人和肇事者的基本材料；受害者和肇事者的技术情况、接受安全教育情况；事故发生当日，受害者和肇事者什么时间开始工作、工作内容、工作量、作业程序、操作时的动作或位置；受害者和肇事者过去的事故记录等。

• 事故发生的有关事实材料。包括：事故发生前设备、设施等的性能和质量情况；必要时对使用的材料进行物理性能或化学性能的实验分析；有关设计和工艺方面的技术文件、工作指令和规章制度方面的资料及执行情况；关于事故环境方面的情况，如照明、温度、湿度、通风、声响、色彩、道路、工作情况以及工作环境中的有毒有害物质取样分析记录；个人防护措施状况及个人防护用品的有效性、质量、使用范围；事故发生肇事者和受害者的个人健康状况和精神状态；其他有可能与事故有关的细节或因素。

5.3 装备故障诊断和事故处理实例

5.3.1 装备故障诊断案例

M326B 型丙烯制冷压缩机，简称 C401 冰机，是由美国 York 公司制造生产的水平剖分式工业用压缩机，是某石油化工厂丙烯腈车间的一台关键设备，单机运行，其运行正常与否，直接影响到全厂的经济效益。

5.3.1.1 机组结构与性能

M326B 型丙烯制冷压缩机组结构简图如图 5-8 所示。

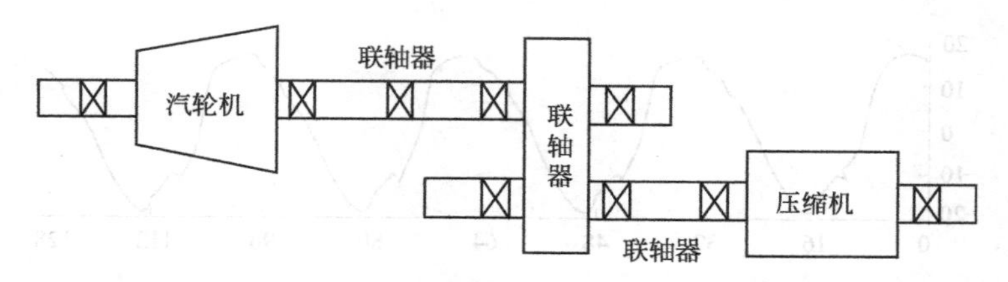

图 5-8 M326B 型丙烯制冷压缩机组结构简图

整台机组由汽轮机、增速器、压缩机组成。汽轮机为多级凝汽式，输出功率额定值 525kW，转速 4800～5390r/min，级数 5 级。增速器传动比为 21512：1。压缩机为水平剖分式，输入功率 512kW，压缩介质为丙烯气，进口压力为 0146MPa，出口压力为 1150MPa，转速 12270r/min，一阶临界 15849r/min，级数 3 级，报警值 33μm，联锁停车值 38μm。轴瓦为圆柱瓦，驱动端允许的径向间隙为 0.104～0.108mm，油槽端径向间隙为 0.105～0.113mm。增速器与压缩机之间的联轴器为 1 根 ϕ35mm×450mm 的细长挠性短轴。

该机组从 2001 年 8 月初大检修以来，压缩机的两轴承振动值从检修后的 26μm 经过半年的时间，渐渐地爬升到 37～38μm，远远超出了其报警值 33μm，在联锁停车值 38μm 附近波动，严重地影响了机组的正常运行。在 2002 年 3 月，机组曾出现两次因超过联锁值而停机，为此不得不把原来的联锁值调升至 43μm。

5.3.1.2 故障测试与分析

（1）使用设备

Entek 公司提供的 IRD890 监测仪是通过磁性传感器从机壳上获取信号，信号的真实程度与传递途径有关。由于压缩机壳体离轴承较远（>500mm），从压缩机壳体测出的频谱图上看，其频率变化甚微，压缩机轴振动缓变升高这一状况在一段时间内的频谱图上根本无法体现，图谱数据的真实程度也值得怀疑（实际验证图谱是不正确的）。由于机组振动的持续上升，而另线设备无法获得压缩机的正确图谱。为此，对 C401 压缩机安装了深圳某公司生产的 S8000 在线监测系统。

S8000 监测系统主要是从本特利表（包括 7200、3300、3500 表）中获得机组的轴振动、轴位移、键相等电压信号。将电压信号中交流信号通过滤波器过滤掉，获取直流信号，调理后再经过模数转换，由可编程逻辑器件送到数据处理软件进行处理，最终形成轴位移相关数据列表；同样，过滤掉直流信号，将交流信号调理放大后，经处理最终形成轴振动的相关图谱、数据列表；对键相信号中的脉冲信号予以保留，滤去其他信号，经处理最终形成相应的转速数据及相位图谱。该系统所获得的图谱数据相当全面，可以得到波形频谱图、轨迹图等多种图谱，是大型转机故障诊断的有力工具。

（2）现场信息的收集

① 压缩机振动持续偏高，振值在 37μm 左右，具有缓变升高的特点。

② 机组启动后 15min 内，即压缩机转速为 0～3700r/min 时，压缩机两轴瓦振动值较高，持续在 60μm 以上，大大地超出了压缩机的联锁停车值 38μm。所以必须把联锁摘除才能开机。当转速再往上爬升至正常转速 12300r/min 时，机组振动值又重新降了下来。

（3）设备所采集的波形频谱图

S8000 在线监测系统采集的波形频谱图如图 5-9～图 5-11 所示。每幅图中均有上下 2 幅图。上图为波形图，其纵坐标单位为 μm，横坐标为光标点（转子旋转 1 周有 32 个光标点），下图为频谱图，其纵坐标单位为 μm，横坐标为频率比。

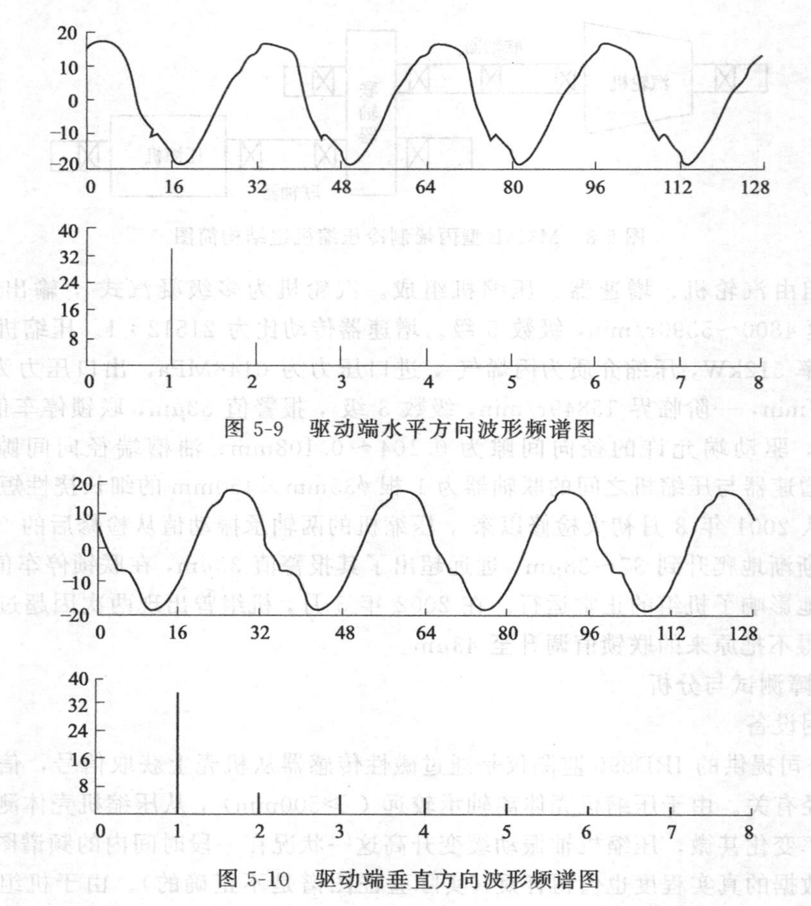

图 5-9　驱动端水平方向波形频谱图

图 5-10　驱动端垂直方向波形频谱图

（4）故障诊断分析

① 零线监测分析。由于汽轮机与增速器的轴承壳体离轴瓦较近（＜50mm），且传递途径比较简单，故其图谱比较接近实际图谱。从汽轮机与增速器的轴承壳体上测得的频谱图来看（图略），汽轮机东侧与低速轴西侧的两轴承振动频谱图均显示了两倍频高起，谐波成分居多，而且各谐波幅值均占一定百分比：一倍频 50%，二倍频 45%。据这一情况判断，认

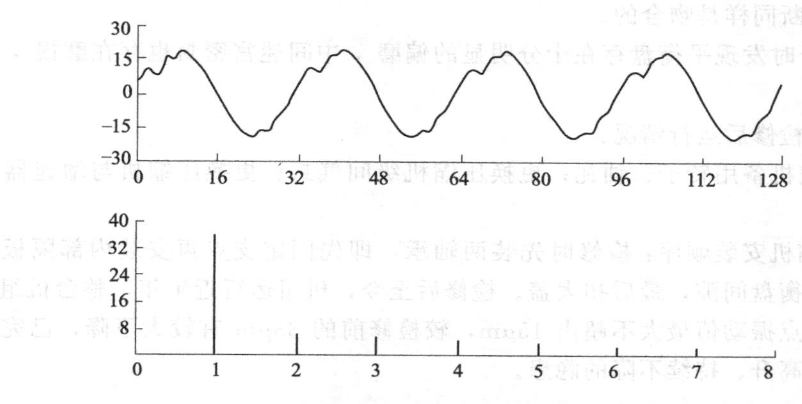

图 5-11 非驱动端水平方向波形频谱图

为机组存在不对中现象，并波及压缩机转子，对其振动产生影响。

② 在线监测分析。一般情况下工频振动的原因有：转子质量不平衡；转子弯曲；不对中；共振等。从图 5-9～图 5-11 可知，压缩机主振频率为工作转速频率（简称工频），并且工频成分绝对占主导地位，在 35μm 左右；图 5-9、图 5-10 波形的峰峰值均接近 40μm，在联锁停车值 38μm 附近波动；结合压缩机转子在启动过程中随转速升高振动值增大的症状，判断转子存在不平衡。同时考虑到驱动端峰峰值明显大于非驱动端，所以判断转子的不平衡部位靠近驱动端，由此也可以判断出压缩机驱动端轴瓦磨损量较大。

由于压缩机轴承座与压缩机壳体的连接方式为端镶式，且没有定位销。这种结构方式注定压缩机内部的间隙跟安装的步骤和方法有极大的关系。正确的安装顺序应为：基于轴承座不动的条件下，调节压缩机内部各部位间隙。而历次检修，安装的顺序恰恰相反，在调整完内部间隙后再去调整轴承座，这样就失去了基准。结合工频占主导地位，因此判断压缩机同时存在气隙偏心。

（5）机组拆开后检查到的问题

机组拆开后检查发现以下问题：

① 汽轮机与增速器对中不良。图 5-12 表明了实际情况。图中圆内数据为两轴端面度，圆外数据为两轴同轴度。从图 5-12 中可以看出，两轴实际对中的径向偏差很大，轴向偏差也不小，这一点与预计的诊断是一致的。

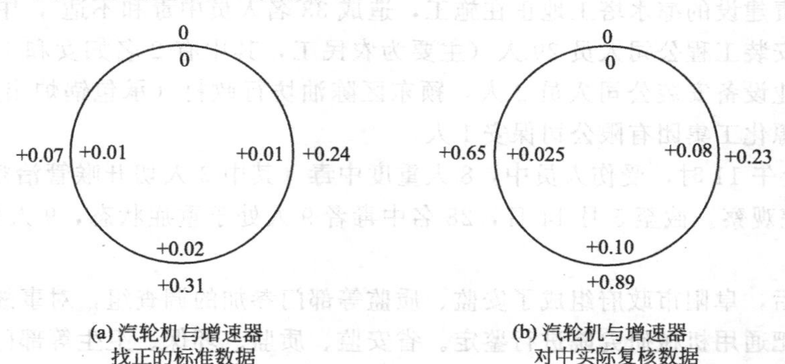

(a) 汽轮机与增速器找正的标准数据　(b) 汽轮机与增速器对中实际复核数据

图 5-12 汽轮机与增速器对中数据

② 驱动端轴瓦间隙为 0.111mm，较去年安装时间隙大 0.104mm；油槽端（非驱动端）轴瓦间隙为 0.111mm，较去年安装时间隙大 0.101mm，两相比较，驱动端轴瓦存在较大磨

损。这一点与诊断同样是吻合的。

③ 检查转子时发现平衡盘存在十分明显的偏磨，中间迷宫密封也存在磨损，轴在轴瓦处同样存在磨损。

现场处理及检修后运行情况：

① 更换压缩机备用转子、轴瓦；更换压缩机级间气封；更换压缩机与增速器间的连接短轴。

② 调整压缩机安装顺序：检修时先装两轴承，即先固定支点再安装内部隔板，调整级间气封间隙、平衡盘间隙，最后扣大盖。检修后至今，机组运行近半年，整台机组运行相当平稳。所有振动点振动值最大不超出 15μm，较检修前的 38μm 有较大下降，已完全消除了检修前振值缓变高升、持续不降的隐患。

结论：

预知维修在维修领域中是一种级别最高的维修，它可针对现有的故障，把采集的信号转换成可识别的相关数据、图谱，并依此作出诊断，再制订相应的措施、方案，使设备在最短的时间内维修到最佳程度，最大限度地提高设备的利用率，保证生产的正常或高产运行。在线监测和故障诊断技术正是达到这一目标强有力的手段，它可对机组实施全天候的监控，机组一旦出现故障，监测设备便能记录下故障状态下的相关信息、图谱，并对此进行分析、诊断，得出故障的原因、类别、程度、部位等，然后再研究、制订具体的措施、方案，进行维修。对于 M326B 型丙烯制冷压缩机组的故障处理就是一个很好的实例，并取得了很好的效果。

5.3.2　事故处理案例

(1) 事故概况

2007 年 5 月 4 日 0 时 02 分，安徽昊源化工集团有限公司液氨球罐区，向 2 号液氨球罐输送液氨的进口管道中安全阀装置的下部截止阀发生破裂，管道内液氨向外泄漏，造成 33 人因呼入氨气出现中毒和不适，住院治疗和观察。事故发生后，该公司进行紧急处置，用 9.5min 时间，制止了泄漏。

事故发生时，截止阀底部发生破裂，底部一块直径 100mm 的圆形阀体外壳破裂飞出，液氨大量泄漏。

事故截止阀的破裂口直对正北方向，而西北方向的 30～35m 处，由阜阳市水利建筑安装工程公司负责建设的凉水塔工地正在施工，造成 33 名人员中毒和不适，中毒人员中，阜阳市水利建筑安装工程公司人员 29 人（主要为农民工，其中有 2 名妇女和 1 名 8 岁男童），江都市桥台工业设备安装公司人员 2 人，颍东区陈油坊行政村（承包锅炉出渣人员）1 人，此外，还有昊源化工集团有限公司保安 1 人。

5 月 7 日上午 11 时，受伤人员中，8 人重度中毒（其中 3 人切开喉管治疗），14 人中度中毒，4 人住院观察。截至 5 月 14 日，28 名中毒者 9 人处于重症状态，9 人处于中症状态，10 人留院观察。

事故发生后，阜阳市政府组成了安监、质监等部门参加的调查组，对事故进行调查，事故阀门委托合肥通用机械研究院进行鉴定。省安监、质监、环保、卫生等部门派人赶赴现场指导事故调查和伤员抢救工作。

(2) 事故调查

① 工厂情况。安徽昊源化工集团有限公司始建于 1970 年，由原阜阳化工总厂改制而成，是股权结构多元化大型化工企业。公司下设塑业、制气、机械制造等四个子公司，占地

面积52万平方米，员工1400余人，拥有总资产6.83亿元，主要产品有尿素、碳酸氢铵、甲醇、吗啉以及余热发电30MW和塑料编织袋等，是一个典型的危险化学品生产经营企业。

该公司原生产能力为：尿素合成氨系统（18万吨/年液氨联产7万吨/年甲醇，含1台400m³液氨球罐）。已取得危险化学品生产许可。

② 新建、扩建项目情况。2005年来该公司进行生产新建与扩建，其中40万吨/年尿素生产装置（含20万吨/年尿素生产装置一套、2台6M50压缩机、650m³液氨球罐2台、ϕ1800mm氨合成系统一套，在建的ϕ1600mm甲醇合成系统一套、变压吸附脱碳装置和脱硫装置各1套）建设项目已完成20万吨/年的尿素的投产，项目已签订安全预评价合同，未进行安全设施设计、竣工安全验收、试生产方案未进行备案。

液氨球罐群属于40万吨/年尿素生产装置技术改造项目内容。包括：2台650m³液氨球罐和附属液氨管线。

③ 设计、制造、安装、使用情况。该套液氨管道系统是安徽昊源化工集团有限公司设计室设计（有管道设计许可，证号：SPG皖007-08），江苏江都市侨台工业设备安装公司安装（安装许可证号：GAZ苏-005-07）。

该管线系统2005年8月安装，管道安装未进行安全性能监督检验。

该管线系统2006年8月方投入运行，使用未办理使用登记手续。截止事故发生共运行近9个月时间。

该岗位作业人员经考试发证，持证上岗。

球罐设计压力2.6MPa，设计温度－15～50℃；液氨管道设计，取液氨管道工作压力2.3MPa，实际运行压力（查生产记录）2.2～2.3MPa。

液氨管线直径为133mm，在管线上配有安全阀，安全阀与管道之间设有截止阀。选用上海宏祥空调设备厂（原名：朱行阀门厂）制造的J41B-2.5-80截止阀（DN80，PN25，材质为灰口铁）。同时购置的同规格型号的阀门有4只，并于2005年8月13日进行了试漏试验，2005年8月安装到系统上，安装后，系统分别进行了水压试验（试验压力3.75MPa）和气密性试验（试验压力2.875MPa），2006年8月与系统同时投入使用。

④ 事故过程。5月3日11：45左右，安徽昊源化工集团联合车间合成工段四班班长和一班班长进行交接班倒罐操作，操作结束离开现场后，行至11万伏变电所时（5月4日0：02分），听到氨库方向一声异常响声，2[#]氨罐进口管一安全阀下部截止阀阀体突然开裂，液氨泄漏。

两人发现氨泄漏后，一班班长跑到ϕ1800mm合成岗位关闭放氨阀，四班班长跑到合成岗位迅速佩戴空气呼吸器到氨库关闭2[#]氨罐进口阀，岗位操作人员佩戴防氨毒面具关闭补充气阀，进行紧急停车处理。从泄漏发生至关闭阀门处理结束，历时约9.5min，泄漏氨量约5.5m³，事故发生时安全阀未启跳。

事故现场位于昊源化工集团有限公司厂区西北角氨储罐区，罐区四周分别是：北部是冷却塔施工现场，西部是厂区围墙，南部是脱碳装置安装施工工地，东部是厂区空地，西北角距罐区约60m处是阜阳市水利建筑安装工程公司冷却塔施工临时工棚，冷却塔北部、南部各有一条安全疏散通道，其中南部通道被冷却塔施工土方堆积堵塞。事故当天风向为西南风，事故发生时冷却塔施工现场和工棚内共有29人。

经计算，这次泄漏液氨量达5.5m³，若按标准状态下液氨相对密度0.771计，泄漏液氨达4.24t（当时球罐介质温度为16℃）。与安徽省2007年4月8日铜陵发生的液氨罐车安全阀撞断事故比，铜陵事故罐车安全阀撞断，导致安全阀接口气相泄漏时间达4h36min，泄漏液氨1.85t。而本次事故泄漏时间仅有9min30s，足可见液相泄漏的危害性更大。

事故发生后，安徽昊源化工集团有限公司立即启动了“氨泄漏应急救援预案”，并向市政府和有关部门进行了报告，在进行紧急停车处理的同时，对事故现场周围人员进行紧急疏散，并与赶到的公安、消防、医疗人员一起对现场及周围进行搜寻和救护，将中毒人员立即送有关医疗机构观察救治。由于当班工人处置熟练迅速果断，没有造成更大危害。

⑤ 现场调查。查该公司生产操作记录，该管道实际运行压力为2.2～2.3MPa，没有发现有超压情况的证据；发生事故的液氨工艺管线总长267m，规格为ϕ133mm×7mm，安装安全阀的支管规格为ϕ89mm×4.5mm。安全阀型号为：A41H-40（微启式安全阀），*DN*80，*PN*40。事故发生时安全阀没有起跳。对事故截止阀上部的安全阀进行试验，安全阀开启压力为2.5MPa，符合要求；现场检查发现该事故阀门底部脆断飞出，断口呈圆形，直径100mm，现场搜寻，未找到阀体底部爆炸碎片；对断口表面目视检查发现有一处原始陈旧裂纹，深度超过阀门壁厚的2/3。从事故截止阀的外形看，全启状态下的阀杆有一段呈金属本色，说明事故状态下，截止阀处于半关闭或全关闭状态，否则该段阀杆会有锈蚀痕迹。由此，有疑似关闭的嫌疑。

（3）事故分析

① 事故阀门鉴定分析。委托合肥通用机械研究院进行技术鉴定。经该院鉴定分析，存在以下问题。

a. 宏观检查结果表明，阀体底部在爆裂时整体脱落，断裂部位未见塑性变形，呈明显脆断特征。目视检查断口，有一长42mm，深8.5mm，陈旧性裂纹，沿内壁向外壁扩展，该部位实测壁厚为11mm，裂纹深度为壁厚的77%。

b. 对事故阀门断裂处进行厚度测量，最小厚度为8.8mm。最大厚度为12.6mm。阀体厚度不均匀。

c. 对于公称压力为2.5MPa，公称直径为80mm的球墨铸铁截止阀和铸钢截止阀，GB 12233—2006《通用阀门 铁制截止阀与升降式止回阀》规定阀体最小壁厚分别为10mm和9.9mm，而事故截止阀的阀体最小壁厚仅为8.8mm，明显偏薄。

d. 该事故截止阀公称直径80mm，公称压力2.5MPa。GB 12233—2006《通用阀门、铁制截止阀与升降式止回阀》对于阀体材料为灰铸铁的截止阀推荐最高压力等级为1.6MPa等级。对于公称直径80mm，公称压力2.5MPa的铁制截止阀GB 12233—2006规定阀体材料应选用比灰铸铁性能更好的球墨铸铁或铸钢。

e. 化学成分分析：阀体材料碳含量为4.75%，超过GB 9439—2010《灰铸铁件》中对灰铸铁碳含量≤3.8%的要求。

f. 拉伸试验结果：阀体铸件抗拉强度仅为71MPa，低于GB 9439—2010《灰铸铁件》对灰铸铁中最低牌号HT100的标准抗拉强度不低于100MPa的要求。

g. 冲击试验结果：阀体铸件常温冲击功仅为2J左右，几乎没有韧性。

h. 硬度试验时，试件一压就裂。

i. 微观断口检查，目视检查发现的陈旧裂纹断口上具有陈旧性断口特征，该部位应为启裂处，断口上石墨断面占有很大比例。

阀体断口呈现三个部位：启裂区、扩展区和交汇区。启裂在陈旧裂纹部位，交汇在断口突出的台阶处。

启裂部位有致密的泥状腐蚀产物，其他部位为疏松的Fe_2O_3，为断口受污染后的新鲜腐蚀产物。

断口内有大量片状石墨。石墨与钢相比，其力学性能低，因而可以将其视为无数个微裂纹，这些微裂纹将金属基体割裂，当受到外力时，在裂纹尖端引起应力集中，容易产生破裂。在灰铸铁中石墨越多，片状石墨越大，分布越不均匀，则强度和塑性就越低。

② 液氨输送工艺分析。安徽昊源化工集团有限公司的液氨输送工艺是：从冷交换器出口排除的液氨，通过气动薄膜调节阀调节，由高压转换为中压后，液氨从放氨管线进入液氨球罐。

为了了解工艺情况，笔者专去与昊源化工集团有限公司相同生产工艺的安徽四方化工集团公司进行调研，与工艺、设备人员进行了座谈，并沿液氨输送管线查看了液氨管线输送流程。

安徽四方化工集团公司的液氨输送工艺是：

a. 氢氮气在合成塔（p 设 32MPa）反应成为合成气（10%～20%氨气，80%～90%氢氮气），合成气经过分离后，进入冷交换器（p 设 32MPa，壳程与管程压差为 2.0MPa），在冷交换器进一步冷却后，液氨从冷交换器底部流出。

b. 高压减压阀进口连接冷交换器底部出口管，出口连接放氨总管（直径 133mm），经过高压减压阀减压，液氨压力由 32MPa 减为 2.2～2.6MPa，减压后的液氨通过放氨总管，进入中继槽。生产过程中冷交换器出口阀门的开与关，采取 GCS（中心仪表控制室）自动控制和操作人员手动控制（在仪表失灵时）。

c. 中继槽为 16.3m 的卧式储罐（$p_{设}$ 2.55MPa），其起到缓冲、计量、保持液位，防止氢氮气窜入的作用。中继槽设安全阀、放空管、流量计、电磁气动阀、液位计，安全阀开启压力设定为 2.75MPa。

d. 从中继槽出来的液氨，通过流量计，进入液氨管道输送至液氨球罐（$p_{设}$ 2.45MPa）。

由于少量合成尾气（氢、氮气）也随液氨进入氨储存系统，由此，放氨管线、中继槽和液氨球罐的系统压力不单纯是液氨的饱和蒸气压。而是饱和蒸气压加上尾气的压力。因此对这类液氨系统的设计、制造、安装、使用、检验等，应与氨制冷系统的压力容器、压力管道有所区别。

安徽昊源化工集团有限公司的液氨输送管道中间没有设置缓冲装置。据了解，还有一些尿素生产企业使用此种工艺。此外昊源化工集团有限公司的安全阀设计配置不当。该管线介质为液氨，而安全阀选择为微启式安全阀，直接安装在管道上，一旦液氨介质超压，安全阀起跳，由于介质汽化吸热，容易造成安全阀冻结，失去安全泄放作用。

在合成氨生产实际中，每班要进行产量指标考核，因此需要对生产液氨进行计量。安徽四方化工集团公司由于配置了中继槽，具有计量功能。而安徽昊源化工集团有限公司没有计量装备，采取各班生产的液氨分别输送到不同球罐的方法计量。这样就产生了在交接班时需要切换球罐的液氨进口阀门，企业称为倒罐作业。在倒罐作业中，若操作不当，极易造成液氨管线系统超压。

举一例说明：如甲班为小夜班，乙班为大夜班，甲班生产的液氨输送到 1 号球罐，乙班生产的液氨输送到 2 号球罐，在甲班与乙班交接班倒罐作业时，正常操作是先打开 2 号球罐的进口阀，再关闭 1 号球罐的进口阀。如果操作程序颠倒，先关闭 1 号球罐的进口阀，再打开 2 号球罐的进口阀，则造成液氨管线急速超压（此时的超压是液态超压，由于液体的可压缩性小，会在较短的时间内液氨管道压力急剧升高，就像水压试验）。这种作业完全靠人工控制，在化肥企业，此类超压情况时有发生，通常的形态是安全阀起跳。

对安徽昊源化工集团有限公司 5.4 事故调查中，没有发现有超压情况的证据，按照以事实为依据，以法律为准绳的事故调查原则，和无证据不判定的准则，排除超压原因。

(4) 事故初步结论

综上分析，这是一起典型的危险化学品泄漏事故和特种设备重大事故，也是一起危险化学品安全责任事故和特种设备安全责任事故。

① 事故直接原因。截止阀存在原始缺陷，在应力作用下，加之材料没有韧性，裂纹扩展，在达到临界尺寸时，裂纹贯穿，液氨泄漏，由于液氨汽化吸收热量，造成截止阀温度降低，导致阀体在低温下发生低应力脆性断裂，液氨大量泄漏。

② 事故主要原因。在制造、安装、使用等环节上的违章违规。

a. 管道元件设计选型错误，设计违标。

• 该管道系将合成系统液氨输送至液氨球罐的工艺管道，液氨球罐的设计压力为2.6MPa，液氨管道的设计应当与球罐设计压力同等级或略高，而该管道截止阀的选型为*PN*2.5，降低了一个压力等级。

• 按照GB 12233—2006《通用阀门 铁制截止阀与升降式止回阀》规定，对阀体材料为灰铸铁的铁制截止阀的可用压力登记，标准推荐最高选用到1.6MPa，而事故截止阀的公称压力却为2.5MPa，公称通径为80mm。对于公称压力为2.5MPa，公称通径为80mm的铁制截止阀，标准规定阀体材料应选用球墨铸铁或铸钢。

b. 制造违标，产品质量低劣。

• 如上所述，该截止阀制造单位违反标准，制造超过标准推荐范围之外的*PN*25，*DN*80的灰铸铁截止阀。

• 按照灰铸铁最低牌号HT100的要求，事故截止阀存在碳含量超标、抗拉强度低于标准规定值、阀体实际最小壁厚小于标准规定最小壁厚、阀体壁厚不均匀等质量问题。

c. 安装违规，压力管道安装未履行备案手续，安装未进行监督检验。

国家质检总局《压力管道安装安全质量监督检验规则》（国质检锅［2002］83号）规定：新建、改建、扩建的压力管道（含附属设施及安全保护装置，下同）应进行安装安全质量监督检验；压力管道安装开工前，建设单位应填写《压力管道安装安全质量监督检验申报书》向地方安全监察机构办理备案手续。而该压力管道于2005年8月开始安装，工程建设单位一直没有履行安装监督检验申报备案手续，安装未经安全质量监督检验就投入运行。

d. 违规使用。

国家质检总局《压力管道使用登记管理规则（试行）》（国质检锅［2003］213号）规定，压力管道均应进行使用登记；新建、扩建、改建压力管道在投入使用前或者使用后30个工作日内，使用单位应当填写压力管道使用登记申请书和压力管道使用注册登记汇总表，向安全监察机构申请办理使用登记。该压力管道2006年8月投用至今，没有办理压力管道使用登记手续。

③ 事故次要原因。安徽昊源化工集团有限公司和阜阳市水利建筑安装工程公司危险化学品生产场所和施工现场管理混乱，在危险化学品危险区域设置建筑工人工棚，无关人员进入生产、施工现场，疏散通道被人为堵塞等。

(5) 防范对策

① 需要肯定的工作。从另一个角度看，这起事故的应急处置是成功的。2007年3月，该企业就在事故发生地点，组织了液氨泄漏事故应急演练，演练时模拟的事故条件与这起事故形态相似，事故发生时，由于当班人员经过演练，应急处置得当，1名工人报警，1名工人关闭出口阀门，另1名工人穿上重装防化服关闭进口阀门，仅用9.5min就制止了泄漏，

否则，事故造成的伤害会更大。可以说，此是不幸中的万幸，如果应急处置时间再长一些，或应急不当，液氨会按每分钟 0.4t 泄漏量向外扩散，现场 33 人可能无一生还。应急救援体系建设是今后特种设备安全生产工作的重要内容，真正做到防为上，救次之，戒为下。

② 工作措施。针对这起事故暴露的问题，5 月 7 日，安徽省质监局与安徽省安监局决定派出化工设计、化工工艺、化工生产、压力容器和管道检验等方面的专家组对该企业进行全面检查。安徽省安监局对该公司做出指令，对老系统存在的隐患，采取边生产和边整改方式，5 月完成管道在线检验，8 月完成到期压力容器和压力管道全面检验。对新建项目立即停产和建设，补办设计、评价、验收手续和进行隐患整改。由企业拟订停产方案，阜阳市安监局监督实施。

③ 安全技术措施。此种液氨输送工艺的安全技术对策：

a. 管线的设计压力要求控制在 2.6MPa 以上，管线的压力管道元件禁止使用灰铸铁材料。

b. 管道装置应设置具有计量、缓冲、安全泄放功能的计量缓冲罐。

c. 高压减压阀、压力、液位等控制仪表和安全阀应严格定期检定和定期维修，并备有足够备件。

（6）行政措施

① 经安徽省安监、质监两部门商议，5 月 14 日省安监局向省政府提出专题报告，提出对安徽昊源化工集团有限公司新建、扩建项目停产整顿的意见。

② 5 月 23 日安徽省安监局印发了事故通报。

③ 5 月 31 日安徽省质监局发出事故通报，部署开展专项检查、隐患排查工作，并暂停了安徽昊源化工集团有限公司压力管道设计资格。

④ 国家质检总局发出文件，一是责成制造厂对同类产品召回处理，二是对同工艺的压力管线元件使用提出要求。

思 考 题

1. 设备故障的一般规律是什么？
2. 加强设备故障管理有什么重要意义？
3. 设备故障常规管理有哪些主要内容？
4. 设备故障的监测和诊断技术主要有哪些？
5. 课外查找并搜集资料，列出目前常用的设备诊断技术及其应用情况。
6. 事故调查处理应遵循的原则和依据的法规各有哪些？
7. 事故的一般调查程序是怎样的？
8. 由教材中所列举的设备事故案例，谈谈如何杜绝和防范设备事故隐患。

6 过程装备检修管理

学习指导

【能力目标】

- 能根据标准、规范编制装备检修计划，并对检修进行施工管理；
- 能制订合理的维修费用控制措施和使用计划。

【知识目标】

- 理解点检定修制和状态检测维修、定期维修的含义及内容；
- 掌握装备检修计划的编制、实施与考核方法；
- 熟悉装备技术管理的内容和维修费用管理内容。

过程装备在日常使用和运转过程中，由于外部载荷、内部应力、磨损、腐蚀和自然侵蚀等因素的影响，使装备的精度和功能不断降低，技术状态劣化，甚至发生故障或事故，使生产陷于停顿。为了及时消除缺陷和故障，充分发挥装备的生产效能，延长装备的使用寿命，必须对装备进行科学检修。

装备检修的经济效益取决于设备维修性的优劣；修理人员技术水平的高低；修理组织系统及装备设施的完善程度。对于在用设备，必须贯彻预防为主的方针，并根据企业的生产性质、装备特点及其在生产中所处的地位，选择适当的维修方式。修理中应积极采用新工艺、新技术、新材料和现代科学管理方法，以保证修理质量、缩短停歇时间和降低修理费用。同时结合修理对装备进行必要的局部改进设计，以提高其可靠性和维修性，从而提高装备的可利用率。

6.1 装备的维修方式与分类

6.1.1 装备的维修方式

6.1.1.1 预防维修方式

为了防止装备性能和精度的劣化，降低故障率，按事先规定的计划和相应的技术要求所进行的修理活动，称为预防维修。通常又分为定期修理、状态检测维修和点检定修。

(1) 定期修理

定期修理是一种以时间为基础的预防修理方式。它具有对设备进行周期性修理的特点，根据设备的磨损规律，事先确定修理类别、修理间隔期及修理工作量和所需的备件、材料，预先确定修理时间，因此对修理计划有较长时间的安排。但定期维修具有一定的缺点：检修过于频繁使维修费用上升；对磨损程度不同的装备统一实行定期维修可能造成某些装备的过度维修，有些装备也可能在定期维修间隔期之内突发故障，同时所需备品配件库存量过大，容易造成资金积压等。

定期修理方式适用于已掌握设备磨损规律和在生产过程中平时难以停机进行维修的流程生产、动能生产、自动线以及大批量生产中使用的主要设备。

(2) 状态检测维修

状态检测维修是一种以装备技术状态为基础的预防维修方式。它是根据设备的日常点检、定期检查、状态检测和诊断提供的信息，经过统计分析、处理，来判断设备的劣化程度，并在故障发生前有计划地进行适当的修理。由于这种维修方式对设备适时地、有针对性地进行维修，不但能保证设备经常处于完好状态，而且能充分利用零件的寿命，因此比定期维修更为合理。但由于进行状态检测往往需要停机和使用价格昂贵的监测仪器，故它主要是用于连续运转的设备、利用率高的重点设备和大型、精密设备。

(3) 点检定修

① 点检定修方式。点检定修是全员、全过程对设备进行动态检修管理的与状态检修、优化检修相适应的预知维修方式。它是在设备点检的基础上，必须在主作业线设备停机（停产）的条件下，或对主作业生产有重大影响的设备在停机条件下，按设备定修模型进行计划检修或定期的系统检修。是对主作业线设备与生产物料协调和能源平衡的前提下所进行的规定时间的停产计划检修。

设备点检定修制与其他检修体制的根本区别是要获得设备的健康状态，采集设备健康状态的参数是设备点检定修的基础。在这种维修方式中点检是为了把握设备的各种状况，揭示其状态变化的一般规律和特殊规律，及时发现设备隐患，实现预知性检修；而定修则是根据生产要求、装备需要以及点检结果统筹安排计划修理，确定定修周期、定修时间、工序组合、定修日期、修理负荷对修理工程实行标准化程序管理。点检与定修相互依赖，定修中检修计划的立项来自于点检结果，如果只点检不定修，点检就失去意义；如果不进行点检，定修就无法进行。

② 点检定修管理的目标。有效地掌握设备的各种状态，防止“过维修”和“欠维修”，减少设备的故障发生率，保证设备系统安全稳定运行，延长设备使用寿命，实现设备“零故障”，降低维修费用。

③ 推行点检定修制的步骤：

a. 统一思想，导入点检知识。

b. 制订点检定修管理制度，全面推进规划。

c. 落实点检检查人员；落实点检“五定”工作，编制和完善维修技术标准、点检标准、给油脂标准和维修作业标准四大标准。

d. 进行点检员综合知识和专业知识培训。

e. 制订检修维护人员职责。

f. 实行点检定修规范运行，实现 PDCA 循环管理。即计划 P，制订点检标准和计划；实施 D，按标准和计划实施点检和修理；检查 C，检查实施结果，进行实绩分析；处理 A，在实绩检查分析基础上，制订措施，自主改进。

g. 建立健全日常点检机构，开展全员设备管理。

h. 实施设备劣化倾向管理，积极开展预知维修。

④ 推行点检定修制的措施。提高点检管理意识，不断完善点检机构；深入开展全员维修；制订点检相关表格和预定目标值；积极开展定修，使点检和定修紧密结合起来，形成一个完整体制；做好人员培训工作，提高人员素质。

6.1.1.2　事后修理方式

设备发生故障或性能、精度降低到合格水平以下时所进行的非计划性修理，称为事后修理，亦称为故障修理。

生产设备发生故障后，往往会给生产造成较大损失，也会给修理工作造成被动和困难。但对于故障停机后再修理并不会给生产造成损失的设备，则采用事后修理方式往往更经济。例如，对利用率低、修理不复杂、能及时提供备件、实行预防修理经济上不合算的设备，便可采用这种修理方式。

6.1.2　装备修理的类型

修理类别是根据修理内容和要求以及工作量大小，对装备修理工作的划分。预防维修的修理类别有大修、项修、小修。

（1）大修

装备大修是工作量最大的一种计划修理。大修时，需要将装备的全部或大部分部件解体；修复基准件；更换或修复全部不合用的零件；修理、调整设备的电力系统；修复设备的附件以及翻新外观等，从而达到全面消除修前存在的缺陷，恢复设备的规定精度和性能。

（2）项修

项目修理（简称项修）是根据装备的实际技术状态，对状态劣化已难以达到生产工艺要求的零部件，按实际需要进行针对性的修理。项修时，一般要进行部分拆卸、检查、更换或修复失效的零件，必要时对基准件进行局部修理和校正坐标，从而恢复所修部分的性能和精度。项修的工作量视情况而定。

项修优点包括：①避免计划检修造成的过度修理或到期失修。②可缩短停修时间和降低修理费用。③对单一关键设备，可以利用生产间隙时间（节假日）进行项修，从而保证生产的正常进行。

（3）小修

装备的小修是工作量最小的一种计划修理。

对于实行状态（监测）修理的装备，小修的工作内容主要是针对日常点检和定期检查发生的问题，拆卸有关零部件，进行检查、调整、更换或修复失效的零件，以恢复装备正常功能。

对于实行定期修理的设备，小修的工作内容主要是根据掌握的磨损规律，更换或修复在修理间隔期内失效或即将失效的零件，并进行调整，以保证设备的正常工作能力。

由此可见，两种预防修理方式的小修工作内容，主要均为更换或修复失效的零件，但确定失效零件的依据不同。显然，状态（检测）修理方式比定期修理方式针对性更强，故更为合理。装备大修、项修与小修工作内容的比较见表6-1。

表6-1　装备大修、项修与小修工作内容的比较

修理类别 标准要求	大　修	项　修	小　修
拆卸分解程度	全部拆卸分解	针对检查部位，部分拆卸分解	拆卸、检查部分磨损严重的机件和污秽部位
修复范围和程度	修理基准件，更换或修复主要件、大型件及所有不合格的零件	根据修理项目，对修理部位进行修复，更换不合用的零件	清除污秽积垢，调整零件间隙及相对位置，更换或修复不能使用的零件，修复达不到完好程度的部位
刮研程度	加工和刮研全部滑动接合面	根据修理项目决定刮研部位	必要时局部修刮，填补划痕
精度要求	按大修理精度及通用技术标准检查验收	按预定要求验收	按设备完好标准要求验收
表面修饰要求	全部外表面刮腻子、打光、喷漆，手柄等零件重新电镀	补漆或不进行	不进行

6.2 装备修理的计划管理

6.2.1 装备修理工作定额

6.2.1.1 设备修理复杂系数

设备修理复杂系数是用来表示设备修理复杂程度的假定单位。它认为要确定某类设备的正常修理工作量，首先要确定估算这类设备的修理复杂性。估算修理复杂性相对值的简单有效方法，是将任何设备的大修劳动量与选定标准机床大修劳动量作比较。例如选用台式钻床为标准机床，以之作为1个假定修理复杂性单位。如某机床的大修劳动量10倍于标准机床，即表示其修理复杂性等于10个假定修理复杂单位，称为10个修理复杂系数。由上述可见，修理复杂系数开始仅用于估算设备大修的劳动量，以后逐渐用于估算材料、费用和停歇天数等。我国机器制造企业在设备维修工作中一直沿用修理复杂系数作为制定修理工作定额的依据。

6.2.1.2 制订装备修理工作定额的方法

制订装备修理工作定额的方法有统计分析法和技术测算法两种。两种方法既要从本企业的维修装备及技术水平出发，又要采用先进适用的修理工艺及管理方法，依靠技术进步，提高装备修理的经济效益；根据本企业积累的装备修理记录，经过统计分析，取平均先进值作为定额，力求达到设备修理费用与修理停产损失之间的最佳平衡，这对重点、关键设备尤为重要。

(1) 统计分析法

统计分析法是根据本企业分类设备各种修理类别的修理记录进行统计分析，剔除非正常因素产生的消耗，取平均先进值，制订出分类设备各种修理类别的平均修理工作定额。此法也可以用于指定企业拥有数量较多同型号规格设备（特别是专用设备）的单台（项）修理工作定额。

以机械设备为例介绍制订分类设备平均修理工作定额的方法及使用时应注意的事项。

① 确定修理工作定额的设备分类。根据企业同类设备数量的多少来确定修理工作定额的设备分类，即同类设备数量较多者可列入修理工作定额的设备分类，而同类设备本企业仅有一两台者则不列入修理工作定额的设备分类。目前，我国机器制造企业通常将机械设备分为金属切削机床、起重设备、铸造设备、锻造设备、输送设备、木工设备等大类。大类下再分成若干小类。例如，金属切削机床可再分为车床、铣床、钻床、镗床、磨床等。分类较粗，所制订的定额准确性较低；分类过细，则往往受拥有量较少的限制。合理的做法应视企业设备拥有量的实际情况而定。

② 确定修理复杂系数的分级。根据有关资料介绍，在同类设备中，单位修理复杂系数实际消耗的工时大于材料及费用，修理复杂系数多的设备高于修理复杂系数少的设备，且随修理复杂系数的增多而增加。因此，把同类设备按修理复杂系数的多少分为若干级，有利于提高修理工作定额的相对准确性。

③ 统计内容。按机械设备修理工时统计表及停歇时间统计表、机械设备修理备件、材料统计表、机械设备修理费用统计表等表格内容进行统计。分别求出单位机械修理复杂系数和单位电气修理复杂系数的平均修理工作定额。这样，可避免把机械和电气修理工作定额混在一起，从而有利于进行经济活动分析。

④ 收集装备修理记录进行统计。在正常情况下，如企业的装备管理部门已经建立并开展了此项统计工作，每月应将上月完工的修理项目按修理记录及有关部门提供的数据填入统计表。如企业尚未建立此项统计工作，应尽可能地收集本企业近三年内的设备修理记录和从有关部门获得需要的数据，逐台登入统计表，然后进行统计。此项统计工作一般在每年三季度内进行，以便为制订下年度修理工作定额做好准备。

⑤ 分析统计数据，制订修理工具定额：

分析统计数据并据以制订修理工作定额时，应着重考虑以下问题。

a. 统计表中列入的设备台数是否太少，所列机型在本企业是否有相当程度的代表性，否则所求得的平均值缺乏代表性。

b. 统计表中求出的最大、最小值如与平均值相差甚多，应分析其原因是否属于非正常现象，例如，某设备结合大修进行了局部改造，其修理费用超过常规修理费较多，此种情况下应扣除改造费。

c. 某些设备在修理中采用新工艺及新的修理组织形式（如承包制）取得了明显效益，应预测定额量的可能降低幅度。

d. 考虑到材料、工时价格的可能提高，可采用工资及物价系数来修正工时费及材料费。

e. 与原来使用的修理工作定额比较，新定额应比原用定额先进。

⑥ 使用分类设备平均修理工作定额应注意事项：

a. 在正常情况下，同型号规格的设备随着使用年限的增加，其大修工作量也相应增加；即对于同一台设备，第二次大修的工作量要比第一次大修时大些。因此，在编制修理计划和确定单台设备修理工作定额时，应考虑使用年限的因素。

b. 应根据设备修理的某些非常规内容，在平均修理工作定额的基础上作适当增减。例如，某设备大修时计划进行局部改装，则该设备的修理工作定额可适当增加。又如某立式车床的左侧刀架长期不使用，经修前检查可不进行修理，确定该立车大修工作定额时可按平均定额适当减少。

c. 尽量缩短重点、关键设备的修理（特别是大修）停歇天数即“力求达到修理费用与停产损失之间的最佳平衡”。例如，在大修重点、关键设备时，对关键路线（指网络计划中的关键路线）上的作业采取两班或三班制作业，往往可以大大缩短停歇天数，从而减少停产损失，但修理工时及费用将比一班制作业有所增加。根据某厂介绍，大修一台关键设备时采用网络计划，对关键路线上的作业采用三班制作业。结果，停歇天数比原计划减少近1/3，多获得的生产利润为修理费增加额的20倍以上。可见，对重点、关键设备的修理不应按平均修理工作定额生搬硬套。

d. 分类设备平均修理材料定额只适用于编制年度综合计划。单台设备修理用备件及材料计划，应以主修技术人员提出的修换件明细表及材料明细表为准。

(2) 技术测算法

技术测算法是在预定的设备修理内容、修理工艺、质量标准和企业现行修理组织方式的基础上，对设备修理的全过程进行技术经济分析和测算，制订出设备的修理工时、停歇天数和费用定额，作为控制修理施工的经济指标。

用技术测算法制订的设备修理工作定额，是根据设备修前的实际技术状况，参照以往同类设备的修理经验，经过具体分析而制订出来的。因此它比用分类设备平均修理工作定额制的单台设备修理工作定额更加切合实际。另一方面，考虑到今后设备修理向社会化发展的需要，按设备修前的实际技术状况和修后应达到的质量标准，编制修理预算和测算停歇天数也势在必行。由此可见，用技术测算法制订设备修理工作定额是今后的方向。下面仍以机械设备为例，介绍用技术测算法制定单台设备修理工作定额的方法。

① 分析测算的内容。根据在设备修前编制的修理技术文件，进行以下分析测算。

a. 分析设备解体程序，测算需要的工种、人数和作业时间。

b. 按部件分析修理作业程序，测算需要的工种及其人数和作业时间。

c. 分析各部件间需进行配修的作业，测算需要的工种及其人数和作业时间。

d. 分析需委托厂内外协作的修理内容，并测算外协劳务费。

e. 分析总装配程序，测算需要的工种及其人数和作业时间。

f. 测算试车、检查、验收需要的工种及其人数和作业时间。

g. 分析并找出全修理过程中的关键路线，算出设备修理的最短停歇天数。

h. 参照以往同类设备修理经验，估测修理中可能临时提出的备件、材料费及劳务费。

i. 在上述测算的基础上，进行以下统计计算工作：

计算出设备修理的停歇天数，即停歇时间定额；统计并计算各工种的总工时，即工时定额；计算设备的修理费，即费用定额。

考虑到设备解体检查后难免会发现事前未预见到的缺损情况，修复它们有可能影响总修理进程并增加修理工作量。因此，确定修理停歇天数时可按测算的关键路线总作业天数增加10%～15%，而统计计算总工时定额数时可按测算的各种工时定额增加15%～20%。

② 修理费用的计算法。下面介绍一种比较简便的修理费用定额计算法，国内不少企业的机修车间均采用此法编制修理费用预算。

a. 按修前编制修换件明细表及所修设备易损件明细表计算出备件费（C_1）。

b. 按修前编制的材料明细表计算出材料费（C_2）。

c. 统计测算出厂内外协作劳务费（C_3）。

d. 估测的临时备件、材料、劳务费（C_4），C_4 也可按下式求出：

$$C_4=K(C_1+C_2+C_3)$$

式中，K 为临时备件、材料、劳务费系数。它是根据以往同类设备修理实际发生的临时费用，经统计分析计算求得的平均值与修前预见且实际发生的 C_1、C_2、C_3 之和的比值。

e. 将预测的各工种工时总数换算为“标准工时”[1]，并计算出“标准工时”总数（总工时，H），按机修车间规定的单位标准工时计划价格[2]乘以总工时 H，计算出人工费（C_5）。

f. 按下列计算式计算出设备修理费预算（C）：

$$C=C_1+C_2+C_3+C_4+C_5$$

上述修理费用计算法也用于修理费用决算，它与计算修理费用预算时其不同在于决算中的各项费用均为实际发生数。

---

[1] 修理车间有钳工、电工、车工、焊工、起重工等工种，各工种单位工时创造的平均生产价值不同。另一方面，修理车间为单件、多品种生产，若按常规计算每项生产任务的成本，工作量相当繁重。为了简化修理费用的预算和决算工作，选择某一工种单位工时创造的平均生产价值作基准，则该基准工时称为“标准工时”。以其他工种单位工时创造的平均生产价值与基准单位工时平均生产价值相比，所得比值称为某工种单位工时折合标准工时系数。按此办法可把车间每月各工种计划（实际）工时折合成标准工时。

[2] 标准工时价格中包括车间工资及附加费、劳保费、车间管理费等，以上各项费用称为车间经费。单位标准工时计划价格按下式计算：单位标准工时计划价格＝年计划车间经费总额/年计划车间生产标准工时总数。修理车间每年制订一次单位标准工时价格，作为计算修理费用预算的依据，并每月计算一次单位标准工时的实际价格，作为计算修理费用决算的依据。

6.2.2　装备修理计划的编制

装备修理计划是企业组织管理装备修理工作的指导性文件，也是企业生产经营计划的主要组成部分，由企业装备管理部门负责编制。

企业的装备修理计划，通常分为按时间进度安排的年、季、月计划及按修理类别编制的大修理计划两类。

年度、季度、月份计划是考核企业及车间修理工作的依据，格式参见表6-2～表6-4。

表6-2　年度和季度装备修理计划表

序号	使用单位	资产编号	设备名称	型号规格	设备类别	修理复杂系数			修理类别	主要修理内容	修理工时定额/h					停歇天数	计划进度												承修单位	备注
																	1季			2季			3季			4季				
						机	电	热			合计	钳工	电工	机工	其他		1	2	3	4	5	6	7	8	9	10	11	12		

厂长（总工程师）　　设备科长　　组长　　计划员

表6-3　月份装备修理计划表

序号	使用单位	资产编号	设备名称	型号规格	设备类别	修理复杂系数			修理类别	主要修理内容	修理工时定额/h					停歇天数	计划进度		承修单位	备注
						机	电	热			合计	钳工	电工	机工	其他		起	止		

厂长（总工程师）　　设备科长　　组长　　计划员

表6-4　装备大修理计划表

序号	工作令号	使用单位	资产编号	设备名称	型号规格	设备类别	修理复杂系数			主要修理内容	修理工时定额/h					停歇天数	计划进度		修理费用/千元	承修单位	备注
							机	电	热		合计	钳工	电工	机工	其他		季	月			

厂长（总工程师）　　设备科长　　组长　　计划员

6.2.2.1　年度修理计划

（1）编制依据

① 装备的技术状况。由车间机械动力师根据日常点检、定期检查、状态监测和故障修理记录所积累的设备状态信息，结合年度设备普查鉴定结果，综合分析后向装备管理部门填报“设备技术状况表”（格式参见表6-5）。对技术状态劣化需修理的设备，应在设备技术状况表上提出列入计划修理意见（包括修理类别及期望安排的修理时间）。

企业的设备普查一般是在每年三季度，由装备管理部门下达编制年度修理计划的通知，各使用单位按通知要求执行。

表 6-5 设备技术状况表

<table>
<tr><td>使用单位</td><td>资产编号</td><td colspan="2">设备名称</td><td>型号规格</td><td>重点或一般设备</td><td>F1</td><td>F4</td><td>F7</td></tr>
<tr><td></td><td></td><td colspan="2"></td><td></td><td></td><td></td><td></td><td></td></tr>
<tr><td rowspan="2">上次修理</td><td>日期</td><td></td><td rowspan="2">使用情况</td><td>班数</td><td></td><td rowspan="2">故障停机率</td><td>机</td><td>%</td></tr>
<tr><td>类别</td><td></td><td>开动率</td><td>%</td><td>电</td><td>%</td></tr>
<tr><td rowspan="7">技术状况及存在的问题</td><td colspan="2">工作精度</td><td colspan="6"></td></tr>
<tr><td colspan="2">传动系统</td><td colspan="6"></td></tr>
<tr><td colspan="2">液压润滑系统</td><td colspan="6"></td></tr>
<tr><td colspan="2">电气系统</td><td colspan="6"></td></tr>
<tr><td colspan="2">各导轨面</td><td colspan="6"></td></tr>
<tr><td colspan="2">操作机构安全装置</td><td colspan="6"></td></tr>
<tr><td colspan="2">附件、外观</td><td colspan="6"></td></tr>
<tr><td colspan="9">主要几何精度项目</td></tr>
<tr><td>检验项目</td><td colspan="2">允差</td><td>实差</td><td>检验项目</td><td colspan="2">允差</td><td colspan="2">实差</td></tr>
<tr><td></td><td colspan="2"></td><td></td><td></td><td colspan="2"></td><td colspan="2"></td></tr>
<tr><td colspan="9">下年度预防修理的意见</td></tr>
<tr><td rowspan="4">使用单位对下年度预防修理的意见</td><td colspan="8">对设备现状的评价</td></tr>
<tr><td>修理类别</td><td colspan="2"></td><td>期望修理</td><td colspan="2"></td><td>承修单位</td><td></td></tr>
<tr><td>主要修理内容</td><td colspan="7"></td></tr>
<tr><td>主管人</td><td colspan="3"></td><td colspan="2">机械动力师</td><td colspan="2"></td></tr>
<tr><td>装备管理部门审查意见</td><td>修理计划员</td><td colspan="3"></td><td colspan="2">主管科(处)长</td><td colspan="2"></td></tr>
</table>

注：本表主要适用于金属切削机床，企业应制定分类设备技术状况表。

② 产品工艺对装备的要求。向企业工艺部门了解下年度新产品工艺对设备的技术要求，如装备的实际技术状况不能满足工艺要求，应安排计划修理。

向质量管理部门了解产品质量的信息，如装备的工序能力指数（CP 值）应大于或等于 1.33，才能保证产品质量的稳定合格。当 CP＜1 时，即表示工序能力不足，须对照装备的实测精度进行检测，如确属精度超差，应安排修理。

③ 安全与环境保护的要求。根据国家标准或有关主管部门的规定，装备的安全防护装置不符合规定，排放的气体、液体、粉尘等污染环境时，应安排改善修理。

④ 装备的修理周期结构及修理间隔期。对实行定期维修的设备，除考虑上述三项因素外，企业规定的修理周期结构及修理间隔期也是编制计划的主要依据。

（2）计划的编制程序

编制年度装备修理计划时，一般按收集资料、编制草案、平衡审定和下达执行四个程序，于每年 9 月着手开始进行。

① 收集资料。编制计划前要做好资料收集和分析工作，主要包括以下三个方面：

a. 装备技术状况方面的资料；

b. 编制计划所需的其他资料，如下年度企业生产计划大纲、修订的分类设备平均修理工作定额、需修设备的已有技术资料及备件库存情况等；

c. 对大修、项修设备，必须充分考虑技术、物资准备的可能性。

② 编制草案。编制计划草案时应遵循的原则是：

a. 充分考虑生产对装备的要求，力求减少重点、关键设备生产与维修时间的矛盾；

b. 对应修设备按轻重缓急尽量安排计划，以达到无失修设备，重点设备要优先列入计划，并采取措施切实保证；

c. 综合考虑装备修理所需的技术、物资、劳动力及资金来源。

根据以上原则统筹安排，制订出下年度修理计划草案。如根据企业本身技术装备条件或维修力量不足，可选择若干项目委托专业修理厂或制造厂修理。正式提出年度修理计划草案前，装备管理部门的修理设计员应组织部门内负责维修技术人员、备件管理人员、设备维护技术人员及车间机械动力师等逐项讨论，认真听取各方面的意见，力求使计划草案满足必要性、可能性和技术经济上的合理性。

③ 平衡审定。计划草案编制完毕后，分发各车间及有关管理部门（生产计划、工艺技术、财务等）讨论，提出项目的增减、轻重缓急、修理停歇时间长短、停机交付修理日期等各类修改意见，经过综合平衡，正式编制出修理计划，送总机械动力师（或装备管理部门负责人）审定，然后报主管厂长批准。在修理计划中，除按规定内容逐项认真填写外，还应编写必要说明，明确指出计划的重点、影响计划实施的关键及解决的具体措施。

④ 下达执行。每年 12 月份以前，由企业生产计划部门下达下年度的装备修理计划，作为企业生产、经营计划的重要组成部分进行考核。

(3) 大修、项修项目的变更及年度修理计划的修订

年度修理计划是经过充分调查研究，从技术和经济上综合分析了必要性和可能性后制订的。它具有一定的严肃性，必须认真执行。但在执行中，由于某些原因对某些大修、项修项目须作必要的变更时，应按规定程序办理申请和修改计划。

① 大修、项修项目的变更。属于下列情况之一者，可申请变更年度大修、项修项目。

a. 由于装备发生事故或突发故障，必须追加安排大修或项修，才能恢复其功能和精度者；

b. 装备技术状态的劣化速度加快，必须追加安排大修或项修，才能保证生产工艺要求者；

c. 经过复查，装备技术状态劣化速度比预测的慢，且计划与实际的差异较大，通过调整小修仍可满足生产工艺要求，在年内可以缓期大修或项修者；

d. 通过采取措施，修理技术及生产准备工作仍不能满足需要，在年内无法按年计划进行大修或项修而需推迟者；

e. 根据修前检查，原定修理类别不当，需变更修理类别者。

对上述 1、2 两种情况，使用单位应及时提出增加大修、项修计划的申请表，报送装备管理部门。经详细分析调查，确认必要后应及时作出决策，按规定工作流程报送主管领导人审定和批准。

对上述 3、4、5 三种情形，在年中检查小结年度修理计划（包括修前技术及生产准备工作）完成情况后，由使用单位或负责修前准备工作部门申请变更年度计划。

② 年度计划的修订。企业装备管理部门根据上半年计划执行情况和大修、项修计划变更申请单，提出年度设备修理计划的修改方案，经与生产计划、财务管理以及使用单位讨论协商以后，制定修改后的年度设备修理计划，报送总机械动力师审定，经主管厂长批准重新下达执行。年终按修改后的年度修理计划考核企业和车间。

6.2.2.2 季度装备修理计划

季度装备修理计划是年度计划的实施计划，必须在落实停修时间、修理技术及生产准备工作以及劳动组织的基础上编制。一般在每季度的第二个月编制下季度计划。编制的程序如下。

（1）编制计划草案

① 具体调查了解以下情况：

a. 本季计划修理项目的实际进度，并与修理单位共同分析预测到本季末可能完成的程度；

b. 年度计划中安排在下季度的大修、项修及安装项目及其技术、生产准备工作实际完成情况，并与有关部门共同分析修前能否保证满足施工要求，对不能满足要求的项目从年度计划项目中提出可替代项目；

c. 计划在下季度修理的重点设备所担负生产任务的负荷率，能否按年计划的日期交付修理或何时可交付修理。

② 按年计划所列小修项目（定期修理）和使用单位提出的小修项目以及精度调整项目进行调查分析，确定列入计划的小修及精度调整项目。

③ 通过全面具体调查，综合分析平衡后编制出下季度计划草案。

（2）讨论审定

计划草案编制完毕后，送生产计划管理部门、使用单位、修理单位及负责修理准备工作的部门征求意见，着重与有关部门讨论以下 3 方面的问题。

① 根据季度生产计划，列入下季度修理计划草案的重点装备能否按计划规定的时间开工及如何调整计划进度。

② 列入计划草案的大修、项修项目的修前技术及生产准备工作能否保证施工要求，对难以满足要求的个别问题采取补救措施。

③ 本着既要保证本季延续到下季竣工项目的按期完成，又不影响下季计划项目的按期开工的原则，按重点装备作业计划进度和一般装备穿插在全面施工中需要劳动力较少时期施工的方式，平衡各工种的能力。如发现有较大矛盾，应提出补偿措施或适当调整计划进度。

经过各方面讨论分析，落实停修日期、修前技术、生产准备工作和劳动力平衡后，正式制定出季度装备修理计划，按规定工作流程报送主管领导人审定和批准。

（3）下达计划

一般应在每季末月的 10 日前由企业生产计划管理部门下达下季度装备修理计划，并作为车间季度生产经营计划的组成部分进行考核。

有的企业对每季第一个月的修理计划按季度计划执行，而不另编制月份计划，这样可以减少计划人员的业务工作量，值得借鉴。

6.2.2.3 月份修理计划

月份修理计划主要是季度计划的分解。在月计划中，列出大修、项修、小修及安装项目的具体开工、竣工日期，以利于组织施工；此外，还包括车间申请需临时增加的小修项目。

一般在每月中旬编制下月份的装备修理计划。编制计划时应注意以下两点：

① 对跨月完工的项目，应预测本月可能完成的程度，以便进行阶段考核；

② 由于生产任务的平衡或某项修理进度提前或拖延，对新项目的开工日期按季计划可适当调整，但必须保证完成季度计划。

月份修理计划编制完毕后，应送生产计划管理部门、使用单位及修理单位会签同意，并按规定工作流程报送企业主管领导人审定和批准。

6.2.3 装备修理计划的实施

装备修理计划的实施包括：做好修前准备工作，组织修理施工和竣工验收。各企业装备修理机制有所不同，对修理计划实施过程的工作内容和方法也因此有所不同。以下着重介绍大修、项修计划实施过程的工作内容及方法步骤，可结合企业实际情况参考使用。

6.2.3.1　修前准备工作

修前准备工作包括技术准备和生产准备两方面的内容。

修前准备工作由主修技术人员负责，包括对需修设备技术状况的修前预检；在预检的基础上，编制出该设备的修理技术文件，作为修前生产准备工作的依据。

修前的生产准备工作由备件、材料、工具管理人员和修理单位的计划人员负责。它包括修理用主要材料、备件和专用工具、检具、研具的订货、制造和验收入库以及修理作业计划的编制等。

修前准备工作的完善程度和及时性，将直接影响设备的修理质量、停歇天数和经济效益。企业装备管理部门应认真做好修前准备工作的计划、组织、协调和控制工作，定期检查有关人员所负责的准备工作完成情况，发现问题应及时研究并采取措施解决，保证满足修理计划的要求。对重点、关键设备的修前准备工作，宜编制修理准备工作计划，下达有关职能科（组）执行，并列为其月份任务之一，进行考核。修前准备工作的程序参见图 6-1。

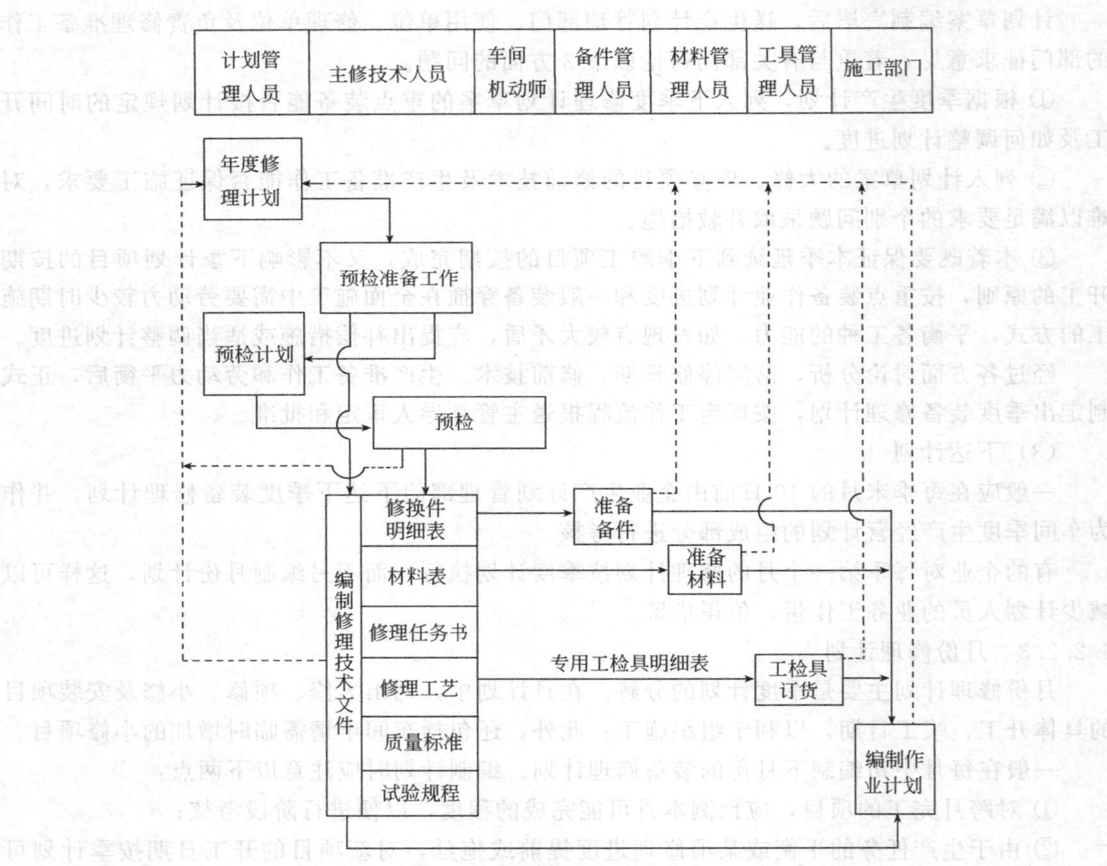

图 6-1　修前准备工作的程序

(1) 装备技术状态及产品技术要求的调查

为了全面深入掌握需修装备技术状态具体劣化情况和修后在设备上加工产品的技术要求，以装备管理部门负责装备修理的技术人员（以下简称主修技术人员）为主，会同装备使用单位机械动力师及施工单位修理技术人员共同进行调查和修前预检。主要内容及步骤如下。

① 向装备操作工人了解装备的技术状态（如精度是否满足产品工艺要求，液压、气动、润滑系统是否正常和有无泄漏，附件是否齐全和有无损坏，安全防护装置是否灵敏可靠等）和装备的使用情况；向维修工人了解装备的事故情况、易发故障部位及现存的主要缺陷等。

② 检查装备的磨损情况，调整部件的磨损量和外露零件，不得有磨损情况。

③ 检查装备的各种运动是否达到规定的速率，特别应注意高速时的运动平稳性、振动和噪声以及低速时有无爬行现象；同时检查操纵系统的灵敏性和可靠性。

④ 对规定检验精度的装备，按出厂精度标准逐项检查，记录实测精度值。

⑤ 检查安全防护装置，包括各指标仪表、安全联锁装置、限位装置等是否灵敏可靠，各防护板、罩有无损坏。

⑥ 部分解体检查（对企业拥有数量较多的同型号规格装备，特别是专用设备，经过相当台次的修理掌握其零件磨损规律后，预检时可视实际情况，亦可不进行局部解体检查，但其他各项预检内容仍须进行），其目的在于了解内部零件的磨损情况，以确定更换件及修复件，同时测绘或校对图纸。

⑦ 设备预检完毕后，对预检中发现的故障隐患应予排除，重新组装，交付生产继续使用。

⑧ 向产品工艺部门了解修后该装备加工产品的技术要求。

⑨ 预检应达到的要求：

a. 全面准确地掌握装备的磨损情况，认真做好记录；明确产品工艺对设备的精度要求；

b. 确定更换件和修复件；

c. 测绘或校对更换件、修复件的图纸应达到准确可靠。

（2）编制修理技术文件

预检结束后，由主修技术人员针对预检中发现的问题，按照产品工艺对装备的要求，为恢复装备的性能和精度编制修理技术文件和绘制配件、工检具图纸。

装备大修理用的修理技术文件及图纸包括：修理技术任务书（见表 6-6）；更换件明细表（包括修复件）（见表 6-7）；材料明细表（不包括辅助材料）；修理工艺；专用工具、检具、研具明细表及图纸；修理质量标准。

表 6-6 设备维修技术任务书

使用单位		$F_{(机/电)}$	
资产编号		维修类别	
设备名称		承修单位	
型号规格		施工令号	
设备修前技术状况：			
主要维修内容：			
需准备的主要材料			
需修换的主要零件			
改装要求			
维修质量要求：			
批准	审查	使用单位机械动力师	主修技术人员
编制	日期： 年 月 日		

注：设备维修技术任务书一式六份，主修技术人员、维修计划员、维修单位、质量检验人员及使用单位各一份，另一份在维修竣工验收后附于竣工验收单归档。

表 6-7 修换件明细表

资产编号		设备名称			型号		F(机/电)				修理类别	
序号	零件图号或型号	名称	材质	数量	质量/kg		更换件储备形式			修复件工艺简介	单价(总价)/元	备注
					单重	总重	成品	半成品	毛坯			
修理计划人员					备件管理人员					主修技术人员		
编制日期： 年 月 日												

对于项修，可按实际需要把各种修理技术文件的内容适当加以综合和简化。

编制修理技术文件时，应尽可能首先完成更换件明细表和图纸以及专用工具、检具、研具图纸，按规定工作流程传递，以利于及早办理订货和安排制造。

(3) 材料及备件准备

① 材料。企业设备主管部门在编制年度修理计划的同时，应编制年度分类材料计划表，提交企业材料供应部门。编制年度材料计划的依据是：

a. 年度修理计划（包括大修、项修、小修，定期修理，清洗换油等计划）所列装备各种修理类别复杂系数之和；

b. 按分类设备各种修理类别每一修理复杂系数历年平均材料消耗量；

c. 按年度大、项修计划中某些项目的修理内容，需用数量较多的某种材料。

按以上三方面综合分析，预测出按大类划分的年度需用材料数量。至于每一大类材料所需用的品种、规格及数量，则可参考历年实际消耗来预测。材料的大类可分为：碳素钢型材；合金钢型材；有色金属型材；电线和电缆；绝缘材料；橡胶、石棉及塑料制品；油漆；润滑油及清洗剂；其他。

年度材料计划是综合计划，从理论上讲，它的构成基础是单台设备，但不可用做单台设备的材料领用依据。

主修技术人员编制的设备修理用材料表是领用材料的依据。材料管理人员在收到某台设备修理用材料表后，应对照年度材料计划，对未列入年计划的材料品种、规格或虽已列入年计划但数量不能满足要求者及时提出（单台）设备修理用材料计划表，交材料供应部门组织供应。材料的代用应征得主修技术人员同意。

② 修换件。备件管理人员接到修换件明细表后，对需更换的零件核定库存量，确定需订货的备件品种、数量，列出备件订货明细表，并及时办理订货。原则上，凡能从机电配件商店、专业备件制造厂或主机制造厂购到的备件应外购，根据备件交货周期及设备修理开工期签订订货合同，力求缩短备件资金周转期。

对必须按图纸制造的专用备件（如改装件），原则上由机修车间或本企业其他车间安排制造。如本企业装备技术条件达不到要求，应寻求有技术装备条件的外企业，经协商签订协议。

对重要零件的修复，如本企业不具备技术装备条件，应与有技术装备条件外企业联系，商定修复工艺，并签订协议，说明设备解体后由该企业负责修复。

(4) 专用工具、检具、研具的准备

工具、检具、研具是保证修理质量的重要手段。检具和研具的精度要求高，应由工具管理人员向工具车间提出订货。工具、检具、研具的毛坯与自制件毛坯一样，应列入企业生产计划考核。

工具、检具、研具制造完毕后，应按其精度等级，经具有相应鉴定资格的计量部门检验合格，并随附检定记录，方可办理入库。

(5) 编制修理作业计划

修理作业计划是组织修理施工作业的具体行动计划，其目标是以最经济的人力和时间，在保证质量前提下力求缩短停歇天数，达到按期或提前完成修理任务。

修理作业计划由修理单位的计划员负责编制，并组织主修机械及电气技术人员、修理工(组)长讨论审定。对一般结构不复杂的中、小型设备的大修，可采用“横道图”式作业计划和加上必要的文字说明；对于结构复杂的高精度、大型、关键设备的大修，应采用网络计划。

① 编制修理作业计划的主要依据是：各种修理技术文件规定的修理内容、工艺、技术要求及质量标准；修理计划规定的工时定额及停歇天数；修理单位有关工种能力和技术水平以及装备条件；可能提供作业场地、起重运输、能源等条件。

② 修理作业计划的主要内容是：作业程序；分阶段、分部作业所需的工人数、工时及作业天数；对分部作业之间相互衔接的要求；需要委托外单位劳务协作的事项及时间要求；对用户配合协作的要求等。

设备大修理的一般作业程序如图 6-2 所示。图中仅示出作业阶段，根据设备的结构特点和修理内容，可以把某些阶段再分解为若干部件，并示出各部件修理的先后程序及相互衔接关系。

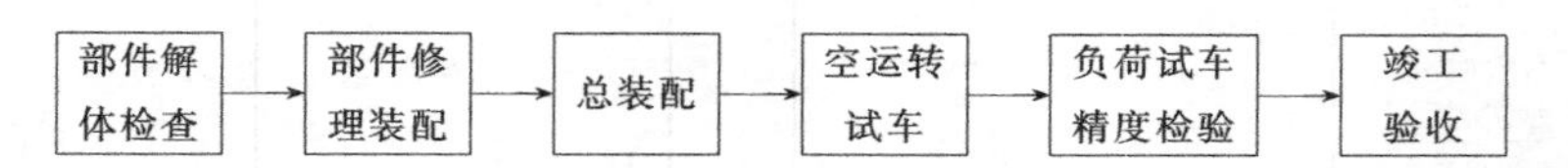

图 6-2　设备大修理的一般作业程序

6.2.3.2　组织修理施工

对单台设备来说，在施工管理中应抓好以下几个环节。

(1) 交付修理

设备使用单位应按修理计划规定的日期，在修前认真做好生产任务的安排，对由企业机修车间或企业外修理单位承修的设备，应按期移交给修理单位。移交时应认真交接并填写“设备交修单”(见表 6-8) 一式两份，交接双方各存一份。设备修理竣工验收后，双方按“设备交修单”清点无误，该交修单即作废。如设备在安装现场进行修理，使用单位应在移交设备前，彻底擦拭设备并把设备所在现场打扫干净，移走产成品或半成品，并为修理作业提供必要的场地。

由设备使用单位维修工段承修的小修或项修，可不填写“设备交修单”，但也应同样做好修前的生产安排，按期将设备交付修理。

(2) 解体检查

设备解体后，以装备管理部门主修技术人员为主，与修理单位修理技术人员和修理工人密切配合，及时检查零部件的磨损、失效情况，特别要注意有无在修前未发现或未预测到的问题，并尽快发出以下技术文件和图纸。

① 修理技术任务书的局部修改与补充，包括修改、补充的修换件明细表及材料明细表。

② 按修理装配先后顺序的需要，尽快发出临时制造配件的图纸和重要修复件图纸。修

理单位计划调度员和修理工（组）长根据解体检查的结果及修改补充的修理技术文件，及时修改和调整修理作业计划。修改后的总停歇天数，原则上不得超过原计划的停歇天数。作业计划应张贴在施工现场，便于参加修理的人员随时了解施工进度要求。

表 6-8　设备交修单

<table>
<tr><td colspan="2">资产编号</td><td>设备名称</td><td colspan="2">型　号</td><td>设备类别</td></tr>
<tr><td colspan="2"></td><td></td><td colspan="2"></td><td>精、大、稀、关、一般</td></tr>
<tr><td colspan="2">修理类别</td><td></td><td colspan="2">交修日期</td><td>年　月　日</td></tr>
<tr><td colspan="6">随机移交的附件及专用工具</td></tr>
<tr><td>序号</td><td>名称</td><td>规格</td><td>单位</td><td>数量</td><td>备　注</td></tr>
<tr><td></td><td></td><td></td><td></td><td></td><td></td></tr>
<tr><td></td><td></td><td></td><td></td><td></td><td></td></tr>
<tr><td></td><td></td><td></td><td></td><td></td><td></td></tr>
<tr><td></td><td></td><td></td><td></td><td></td><td></td></tr>
<tr><td></td><td></td><td></td><td></td><td></td><td></td></tr>
<tr><td></td><td></td><td></td><td></td><td></td><td></td></tr>
<tr><td>需要记载的事项</td><td colspan="5"></td></tr>
<tr><td rowspan="3">移交单位</td><td>单位名称</td><td></td><td rowspan="3">承修单位</td><td>单位名称</td><td></td></tr>
<tr><td>操作者</td><td></td><td>主修工人</td><td></td></tr>
<tr><td>机械动力师</td><td></td><td>修理工长</td><td></td></tr>
</table>

（3）临时配件制造

修复件和临时配件的修造进度，往往是影响修理工作不能按计划进度完成的主要因素。应按修理装配先后顺序的要求，对关键件逐件安排加工工序作业计划，采取有力措施，保证满足修理进度要求。

（4）生产调度

修理工（组）长必须每日了解各部件的修理作业实际进度，并在作业计划上作出实际完成进度的标志（如在计划进度线下面标上红线）。对发现的问题，凡本工段能解决的应及时采取措施解决。例如，发现某项作业进度延迟，可根据网络计划中的时差，调动修理工人增加力量，把进度赶上去。对本工段不能解决的问题，应及时向计划调度人员汇报。

计划调度人员应每日检查作业计划的完成情况，特别要注意关键路线上的作业进度，并到现场实际观察检查，听取修理工人的意见和要求。对工（组）长提出的问题，要主动与技术人员联系商讨，从技术上和组织管理上采取措施，及时解决。计划调度人员还应重视各工种作业衔接。利用班前、班后召开各工种负责人参加的简短“碰头会”，这是解决各工种作业衔接问题的好办法。总之，要做到不发生待工待料和延误进度的现象。

(5) 质量检查

修理工人在每道作业工序完毕经自检合格后，须经质量检查员检验确认合格方可转入下道作业工序。对重要工序，质量检查员应在零部件上作出“检验合格”的标志，避免以后发生漏检质量问题时引起麻烦。

6.2.3.3 竣工验收

(1) 大修竣工验收及技术经济要求

设备大修理完毕经修理单位试运转并自检合格后，按程序办理竣工验收。按规定标准，空运转试车、负荷试车及工作、几何精度检验均合格后方可办理竣工验收手续。

验收工作由企业装备管理部门的代表主持，由修理单位填写设备大修、项修竣工报告单一式三份，随附设备解体后修改补充的修理技术文件及试车检验记录。参加验收人员要认真查阅修理技术文件和修理检验记录，并互相交换对修理质量的评价意见。在装备管理部门、使用单位和质量检验部门的代表一致确认已完成修理技术任务书规定的修理内容并达到规定的质量标准和技术条件后，各方人员在设备修理竣工报告单上签字验收。如验收中交接双方意见不一，应报请企业总机械动力师（或装备管理部门负责人）裁决。如有个别遗留问题，必须不影响设备修后正常使用，并在竣工报告单上写明经各方商定的处理办法，由修理单位限期解决。

设备修理竣工验收后，由修理单位将修理技术任务书、修换件明细表、材料明细表、试车及精度检验记录等作为附件随同设备修理竣工报告单报送修理计划部门，作为考核计划完成的依据。

关于修理费用，如竣工验收时修理单位尚不能提出统计数字，可以在提出修理费用决算书后，由计划考核部门按决算书上的数据补充填入设备修理竣工报告单内。然后，由修理计划部门定期办理归档手续。

设备小修理完毕后，以使用单位机械动力师为主，与设备操作工人和修理工人共同检查，确认已完成规定的修理内容和达到规定的技术要求后，在设备修理竣工报告单上签字验收。设备小修的竣工报告单应附有换件明细表及材料明细表，其人工费可以不计，备件、材料费及外协劳务费均按实际数计入竣工报告单。此单由车间机械动力师报送修理计划部门，作为考核小修计划完成的依据，并由修理计划部门定期办理归档手续。

设备项修是根据设备实际技术状态所采取的针对性修理，其修理工作量和复杂程度往往有很大差别。对于修理工作量大且技术复杂的项修，可参照上述小修理的验收程序办理竣工验收与归档手续。

(2) 竣工后的回访与保修

设备修理竣工验收后，修理单位应定期访问用户，认真听取用户对修理质量的意见。对修后运转中发现的问题，应及时利用生产间隙时间完满地解决。

设备大修后应有保修期，具体期限由企业自定，但一般应不少于3个月。在保修期内如由于修理质量不良而发生故障，修理单位应负责及时抢修，其费用由修理单位承担，不得再计入大修理费用决算内。如发生故障后一时尚难分清原因和责任，修理单位也应主动承担排除故障，经解体检查，修理单位与用户共同分析，如一致认为发生故障的责任属于用户，其修理费用由用户负担。

6.2.4 装备修理计划的考核

企业生产装备的预防维修，主要是通过完成各种修理计划来实现的。在某种意义上，修理计划完成率的高低反映了企业装备预防修理工作的优劣。因此，对于企业及其各生产车间和机修车间，必须考核年、季、月修理计划的完成率，并列为考核车间的主要经济技术指标。

考核修理计划的依据是装备修理竣工报告单，由企业装备管理部门的计划组（科）负责考核。考核修理计划时，对不同修理类别的项目应分别统计考核，用各种修理类别台（项）数之和来计算完成率是不妥的。

设备修理计划的考核指标参见表 6-9。此外，还可按计划定额考核工时及维修费用完成率。

表 6-9　设备修理计划考核指标

序号	指标名称	计算式	考核期	按年初计划考核的参考值	备注
1	小修计划完成率	实际完成台数×100%	月、季、年		
2	项修计划完成率	计划台数 实际完成套数×100%	月、季、年	±10%	
3	大修计划完成率	计划完成修理装备之和	月、季、年	±5%	
4	大修费用完成率	实际大修费用×100% 计划大修费用	季、年		<105%
5	大修平均停歇天数/$F_{机}$	完成大修项目实际停歇天数 大修项目/$F_{机}$ 之和	季、年		与计划值比较
6	大修理质量返修率	保修期内返修停歇台时 返修设备实际大修停歇台时×100%	季、年		<1%

注：1. 序号 2、3 中的"按年初计划考核的参考值"是指允许增减项目的幅度，不可理解为按修订后的年计划，允许少完成 10%或 5%。

2. 大修、项修按修订后的年计划考核，小修按月计划累计考核。$F_{机}$ 为机械设备的修理复杂系数。

6.3　装备维修的技术管理

装备维修技术管理工作的主要内容是：装备维修技术资料的管理；编制装备修理图册；编制装备的典型维修工艺规程和备件制造工艺规程；制定各种维修技术标准；装备修前技术准备工作；在装备维修中推广应用新技术、新工艺、新材料；装备技术改造和局部改装设计管理；专用装备的设计审查；装备维修用工、检、量具管理；装备维修质量管理等。

6.3.1　装备维修技术资料管理

装备维修技术资料管理的主要内容是：收集、编制、积累各种维修技术资料；及时向企业工艺部门及装备使用部门提供有关装备使用修理的技术资料；建立资料管理组织及制度并认真执行。

6.3.1.1　装备修理用主要技术资料

装备修理用主要技术资料见表 6-10。其中如设备图册、动力管网图、设备修理工艺、备件制造工艺、修理质量标准等均应有底图和蓝图，各种资料在资料室均装订成册。

（1）技术资料的收集和编制

企业的修理技术资料主要来源于以下方面。

① 购置设备（特别是进口设备）时，除制造厂按常规随机提供的技术资料外，可要求

制造厂供应其他必要的技术资料，并列入合同条款。

② 在使用过程中，按需要向制造厂、其他企业、书店和专业学术团体等购买。

③ 企业结合预防修理和故障检修，自行测绘和编制。

表 6-10　设备修理用主要技术资料

序号	名　称	主要内容	用途
1	设备说明书	规格性能 机械传动系统图 液压系统图 电气系统图 基础布置图 润滑图表 安装、操作、使用、维修的说明 滚动轴承位置图 易损件明细表	指导设备安装、使用、维修
2	设备图册	外观示意图及基础图 机械传动系统图 液压系统图 电气系统图及线路图 组件、部件装配图 备件图 滚动轴承，液压元件，电气、电子元件，皮带，链条等外购件明细表	供维修人员分析排除故障，制定修理方案，购买、制造备件
3	各动力站设备布置图、厂区车间动力管线网图	变配电所、空气压缩机站、锅炉房等各动力站设备布置图 厂区车间供电系统图 厂区电缆走向及坐标图 厂区、车间蒸汽、压缩空气、上下水管网图	供检查，维修
4	备件制造工艺规程	工艺程序及所用设备 专用工具、卡具图纸	指导备件制造作业
5	设备修理工艺规程	拆卸程序及注意事项 零部件的检查修理工艺及技术要求 主要部件装配和总装配工艺及技术要求 需用的设备、工检具及工艺装备	指导修理工人进行修理作业
6	专用工具、检具图	设备修理用各种专用工具、检具、研具及装备的制造图	供制造及定期检定
7	修理质量标准	各类设备磨损零件修换标准 各类设备修理装配通用技术条件 各类设备空运转及负荷试车标准 各类设备几何精度及工作精度检验标准	设备修理质量检查和验收的依据
8	动能、起重设备和压力容器试验规程	目的和技术要求 试验程序、方法及需用量具及仪器 安全防护措施	鉴定设备的性能、出力和安全规程是否符合国家有关规定
9	其他参考技术资料	有关国际标准及外国标准 有关国家技术标准 工厂标准 国内外设备维修先进技术经验、新技术、新工艺、新材料等有关资料 各种技术手册 各种设备管理与维修期刊等	供维修技术工作参考

(2) 收集编制资料时注意事项

① 技术资料应分类编号。编号方法宜考虑适合计算机辅助管理。

② 新购置设备的随机技术资料应及时复制、进口设备的技术资料应及时翻译和复制。

③ 根据实际情况出发，制订各种修理技术文件的格式及内容和典型图纸的技术条件，既有利于技术文件和图纸的统一性，又可节约人力。

④ 严格执行图纸、技术文件的设计（编制）审查、批准及修改程序。

⑤ 重视外国技术标准与我国技术标准的对照和转化，以及我国新旧技术标准的对照和转化。

⑥ 对设备修理工艺、备件制造工艺、修理质量标准等技术文件，经过生产验证和吸收先进技术，应定期复查，不断改进。

⑦ 设备图册是设备修理工作的重要基础技术资料。编制积累设备图册时应注意以下几点：

a. 尽可能地利用修理设备的机会，校对已有的图纸和测绘新图纸。

b. 拥有量较多的同型号设备，由于出厂年份不同或制造厂不同，其设计结构可能有局部改进。因此，对早期编制的图册应与近期购入的设备（包括不同制造厂出品的设备）进行必要的核实，并在修理中逐步使同型号设备的备件通用化。

c. 注意发现同一制造厂系列产品的零部件的通用化。

d. 建立液压元件、密封件、滚动轴承等外购件统计表，将各种设备所用上述外购件按功能、型号规格分别统计并注意随设备增减在统计表上增补或删除，以利于在设备修理中通过改换逐步扩大通用化和进口设备外购件的“国产化”。

e. 设备改装经生产验证合格后，应及时将改装后的图纸按设计修改工作程序纳入图册。

6.3.1.2 资料室及其管理制度

企业装备修理技术资料室由装备管理部门领导，业务上接受企业技术档案管理部门指导，也可由企业技术档案管理部门直接领导。资料室应设有保管室和阅览室，负责修理技术资料的保管、借阅与复印服务，并按业务量配备专职或兼职具有工程图基本知识和熟悉技术档案管理业务的资料员。资料室应具备防火和良好通风条件，方便、适用的资料架柜及阅览设施，重要技术资料采用缩微法保管。

资料室管理制度要点：严格执行资料入库、出库及借阅手续。资料入库或修改时，须经有关技术负责人签字并仔细清点无误，建立资料账、卡，并定期（至少每年一次）清点，以保证资料的正确性和完整性，做到账卡一致，发现丢失，应及时报告主管领导处理。修理技术资料入库单及修改通知单格式见表 6-11、表 6-12。

表 6-11 修理技术资料入库单

名称						
编号						
入库数量	图纸(张)					
	合计	目录	$0^{\#}$	$1^{\#}$	$2^{\#}$	
资料员		技术组长		经办人		

注：入库单一式两份，经资料员清点无误后签收，一份交主管部门，一份入库作为入账依据。

表 6-12　技术资料修改通知单

资料名称	资料编号		修改内容、要求、修改日期		
蓝图及底图的编号或页次	修改		撤换		
资料员		技术组长		修改人	

注：本通知单一式两份，修改人和资料员各一份，资料修改后，资料员留一份存档。

6.3.1.3　装备维修的技术文件

装备维修用技术文件的用途：修前准备材料、备件的依据；制订工时定额和费用预算的依据；编制修理作业计划的依据；指导修理作业；检查和验收修理质量的标准。

装备大修常用的维修技术文件包括：修理技术任务书、修换件明细表、材料明细表、修理工艺规程及修理质量标准。对于设备项修，可按修理内容繁简，把上述各种修理技术文件的内容适当合并简化。

维修技术文件正确性和先进性是衡量企业设备修理技术水平的主要标准之一。装备管理部门要组织编制好修理技术文件，认真执行，设备修理解体检查后如发现磨损情况与事先预测的情况有出入，应对修理技术文件作必要修正。设备修理竣工验收后，应将修理技术文件随竣工验收报告单归档。对于专用设备和负荷稳定、连续运转的设备，做好修理技术文件的积累、统计和分析尤为重要。

（1）维修技术任务书

维修技术任务书规定了装备主要维修内容、应遵守的维修工艺规程和应达到的质量标准。它不但是维修工人进行维修作业的依据，也是检查验收维修质量的准绳。编制维修技术任务书时，应从设备修前的实际技术状况出发，采用切实可行的维修工艺，以达到预期的质量要求。

① 编制程序：

a. 编制维修技术任务书前，应详细调查了解设备修前技术状况，存在主要问题及生产、工艺对设备的要求。

b. 针对设备磨损情况，分析确定采用的维修方案，主要零部件维修工艺及修后质量要求。制定维修技术任务书草案时，机械和电气部分可分别编写，但应注意协调一致。

c. 将草案送使用单位机械动力师征求意见并会签，然后送主管工程师审查，并由有关技术负责人批准。一般设备的维修技术任务书由装备管理部门的技术组长批准；高精度、大型关键设备的维修技术任务书由总机械动力师或装备管理部门的主管领导批准。

② 格式和内容。要写明设备修前技术状况和主要维修内容，见前述表 6-6。

③ 维修质量要求。逐项说明应按哪些通用、专用维修质量标准检查和验收。通用质量标准应说明其名称及编号（国标、部标或企业标准编号）；专用质量标准应附于维修技术任务书后。

④ 修正与归档。设备解体检查后所确定的维修内容，一般不可能与维修技术任务书规定内容完全相同。设备维修竣工后，应由主修技术人员将变更情况作出记录，附于维修技术任务书后，随同维修竣工验收单归档。

（2）修换件明细表

修换件明细表是预测修理时需要更换和修复的零（组）件明细表。它是修前准备备件的依据，应力求准确，既要不遗漏主要备件，以免因临时准备而影响修理工作的顺利进行，又要防止准备的备件过多，修理时用不上而造成备件积压。

(3) 材料明细表

材料明细表是修前准备材料的依据。直接用于设备修理的材料（不包括辅助材料）列入材料明细表，见表 6-13。

表 6-13　材料明细表

资产编号		设备名称		型号规格		$F_{(机/电)}$		修理类别	
序号	材料名称	材质	型号规格	单位	数量	单价/元	总价/元	备注	
管理计划人员			材料管理人员				主修技术人员		
编制日期：　年　月　日									

(4) 装备维修工艺

设备维修工艺即装备维修工艺规程，应具体规定设备的修理程序、零部件的修理方法、总装配试车的方法及技术要求等，以保证达到设备修理整体质量标准。它是设备修理时必须认真执行的修理技术文件。由于各企业修理用技术装备的条件不同，编制修理工艺应从设备修前的实际技术状况和企业自身维修装备及技术水平出发，既要考虑技术上的可行性，又要考虑经济上的合理性，达到保证修理质量、缩短停歇天数和降低修理费用的目的。

(5) 装备维修质量标准

装备维修质量标准，是衡量装备整机技术状态的标准，包括修后应达到的设备精度、性能指标、外观质量及安全环境保护等方面的技术要求。它是检验和评价设备维修质量的主要依据。

各类机械设备大修理质量标准的内容主要包括外观质量、设备空运转试验规程、设备负荷试验规程、几何精度标准以及工作精度标准五个方面内容。

6.3.2　装备维修的质量管理

装备维修的质量管理是指为了保证装备修理后达到规定的质量标准，组织和协调企业有关部门和职工，采取技术、经济、组织措施，全面控制影响装备维修质量的各种因素所进行的一系列管理工作。

6.3.2.1　装备维修质量管理的主要内容

① 制订设备维修的质量标准，即为了达到质量标准所需采取的工艺技术措施。制订质量标准时，既要充分考虑技术上的必要性，又要考虑经济上的合理性。

② 设备维修质量的检验和评定工作。它是保证装备维修后达到规定标准并且有较好可靠性的重要环节。因此，企业必须建立设备维修质量检验组织，按图纸、工艺及技术标准，对自制和外购备件、修理和装配质量、修后精度和性能进行严格检验，并做好记录和质量评定工作。

③ 加强维修过程中的质量管理，如认真贯彻工艺规程，对关键工序建立质量控制点和开展群众性的质量管理小组活动等。

④ 开展用户服务和质量信息反馈工作，统计分析，找出差距，拟定进一步提高设备维修质量的目标和措施。

⑤ 加强技术业务培训，不断提高维修技术水平和管理水平。

为了做好以上各项工作，必须建立健全装备维修的质量保证体系。

6.3.2.2　维修质量的检验与评价

设备维修质量检验工作是保证设备修后达到规定质量，尽量减少返工修理的情况，采用测量、试验等方法，将修后设备的质量特性与规定要求作比较和作出判定的过程。企业应建立、健全设备维修质量的检验组织，配备足够的检验人员，按图纸、工艺及质量标准对零件、部件及整机质量严格检验，并认真做好质量评定工作。

(1) 维修质量检验的组织及人员素质要求

大、中型企业应设置维修质量检查站，小型企业可设置专职检查员。他们归企业质量检验部门领导，也可以由总机械动力师或设备主管部门的主要负责人领导。动力设备较多的企业，可在装备管理部门内设置电工、热工试验组（室），负责动力设备和管线的定期试验和维修质量的检验工作。

质量检验人员应熟悉机械设备零件、部件及整机检验，维修等方面的知识和技能，具有一定的组织能力，责任心强并有良好的职业道德。在工作中能严格把好“质量关”，并协助维修工人预防发生不合格品。

(2) 维修质量检验的主要内容

① 自制配件和修复零件的工序质量检验和终检。

② 外购备件、材料的入库检验。

③ 设备的定期精度检验。

④ 修理过程中零部件和装配质量检验。

⑤ 修理后的外观、试车、精度及性能的检验。

(3) 大修理质量等级的评定

对设备大修理质量通常要评定等级（对项修和小修一般不作评定），其主要指标是：精度、性能、出力和修后初期使用中的返修率（或故障停机率）。评定大修理质量等级的前提是所有质量检验项目必须按质量标准检验合格。目前尚无统一的维修质量等级评定标准，各单位可根据实际情况自行制订。表 6-14 为某机器制造厂设备大修等级评定指标，供参考。

表 6-14　设备大修质量等级评定指标

设备类别	指标			等级
	精度指数	出力	返修率	
金属切削机床	0.5～0.67	—	≤1%	优良
	0.68～1	—	>1%	合格
动力设备	—	>100%	≤1%	优良
	—	—	>1%	合格
其他	—	—	≤1%	优良
	—	—	>1%	合格

6.3.2.3　修后用户服务

修后用户服务指装备修理竣工验收后，为用户消除修理质量缺陷，排除故障，供应配件及提供技术咨询等活动。

无论企业内部或外部，装备大修后应有保修期，具体期限由企业自行规定，国内多数企业为三个月。在保修期内，维修部门应主动向用户了解修后发现的质量缺陷，并与用户协商，尽量利用“维修窗口”予以消除。如接到通知，修后设备发生故障造成停产，维修部门应及时派人前往用户现场了解故障原因，属于维修质量造成的故障，应由维修部门承担（由质量成本开支），甚至负担用户的停产损失。如解体检查前难以确定故障原因和责任，维修部门也应承担排除故障的修理，但维修费由确定的责任者一方承担。此外维修部门应建立用户访问制度，定期进行用户访问，认真听取意见。对质量返修和用户提供的质量信息的技术、经济组织措施，经过 PDCA 循环，逐步提高装备的修理质量和经济效益。

6.3.3 装备维修量检具管理

为了监测诊断装备的技术状态，检验装备性能和维修质量，企业需配备必要的量具、仪器、检具及专用工具（简称量检具），并做到科学管理，使其经常处于良好技术状态；及时满足修理需要。

6.3.3.1 装备维修用量检具管理的主要内容

① 根据本企业装备构成情况和自己承修的设备范围，合理地选择和配备通用量具、检具、仪器的品种、精度和数量。

② 按装备维修计划的要求，及时办理维修专用工具的订货，保证维修需要（见本书 6.2.3.1 修前准备工作）。

③ 建立管理组织和制度，做到正确保管，定期检定和维修，及时向使用部门提供合理量检具。

6.3.3.2 量检具管理制度要点

① 企业装备维修用量检具、仪器及专用工具一般由机修、电修车间集中管理，大、中型企业的生产车间（分厂）也可配备少量的常用量检具。机修、电修车间应设置量检具室或由工具室负责，配备专职人员负责量检具的订货、保管及借用。

② 严格执行入库手续，凡新购置或制造的量检具及仪器入库时，必须随带合格证和必要的检定记录，入库后应及时涂油防锈。

③ 建立借用和租用制度。

④ 高精度仪器、量具应由经过培训的人员使用。

⑤ 对借出的量检具，归还时必须仔细检查有无损伤；如发现异常，应经检定合格后方可再借出使用。

⑥ 按有关技术规定，定期将量检具送计量部门检定，不合格者须经修理并检定合格后方可借出使用。对变形磨损严重，无修复价值者，经有关技术人员鉴定，主管领导批准后报废，并及时更换。

⑦ 建立维护保养制度，经常保持量检具清洁、防锈和合理放置，以防腐蚀和变形。

⑧ 建立量检具、仪器账卡，定期（至少每年一次）清点，做到账、卡、物一致；如发现丢失应及时报告主管领导查找处理。

6.4 年度停车大检修的施工管理

在过程装备检修施工中，系统（装置）大修及年度全厂停车大检修的实施与管理最为复杂，而且质量和安全等各方面要求很高。

年度大检修包括各系统（装置）的工艺停车、降（加）温、置换、清洗、检修、试压、置换、升（降）温、耐压、调试、工艺开车等全过程，其中“停车、置换、检修、试压开车”四个过程施工尤为重要。

年度大检修的施工以施工调度为中心，主要抓好三个环节：即检修施工前的技术准备、生产现场准备工作；加强施工现场的管理；搞好检修后的验收、交工及总结工作。检修前准备、施工管理与竣工验收相关内容在单台设备维修已介绍，此处仅就年度大检修现场管理和安全管理注意事项加以强调。

6.4.1 年度大检修施工现场的管理组织和制度

(1) 管理组织 年度大检修工作由主管厂长全面负责，施工现场设立“大检修指挥部”，如图 6-3 所示。指挥部内必须有图表和数据来指导检修，并做到规格化，摆放整齐。一般设置的图表有：施工现场平面布置图；重点项目施工负责人员表；大修工程项目计划；大修置换方案的编制与落实；大修施工方案及停、开车方案的编制与落实；大修计划进度；大修施工组织方案设计；重点项目施工网络图；系统大修、停车、检修、开车网络图；系统大修质量验收规定；大修期间物资管理规定；外来施工队伍进厂需知；大修期间临时接线规定；外来施工队伍安全要求；大修期间安全要求；外来施工队伍安全协议；系统大修安全规定，系统大修保卫工作规定及技术交底，做好施工前的准备工作检查与落实工作。某企业大检修施工准备工作的检查落实内容见表 6-15。

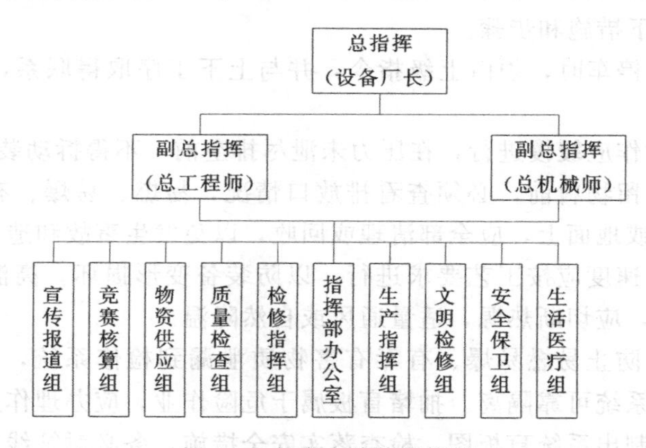

图 6-3 年度大检修指挥部

表 6-15 某企业大检修施工准备工作的检查落实

序号	受检部门	检查内容
1	装备动力科	检修项目的布置、交底、落实；施工方案；重点项目的施工网络图；施工图纸；备件、预制件、大型机具进场，按规定位置摆放
2	化工生产车间	检查自修项目及外委托项目落实情况
3	装备材料科	各种施工材料(钢材、木材、建材)、备件、外协件的进场；现场设立小五金材料供应点
4	机修车间	承修项目的施工安排；机具、工器具(电焊机、卷扬机、乙炔瓶、氧气瓶等)就位
5	劳动工资科	外借劳动力及本厂内部借用检修人员的落实
6	运输队	设立现场运输点，卡车×部，汽车吊×部
7	厂容办公室	配备清理现场工业垃圾及废钢回收的拖拉机×部
8	保卫科	配备保卫执勤人员及现场交通管理员
9	厂工会	现场广播室
10	行政科	外借检修人员生活安排；现场午餐供应；现场急救医疗点、救护车
11	土防车间	现场脚手架施工
12	安技科	对起重机械、吊具、索具的安全检查；高空作业脚手架及安全标志是否符合要求；电器防护设施；动火、动土、罐内作业的办证；高压水汽的使用、放射性、易燃易爆有毒有害物质的处理；个人安全防护用具(安全帽、安全带等)、防毒面具、急救措施和消防器材等的准备就绪

(2) 管理制度

① 实行作业岗位责任制。为保证检修质量并按时或提前完成检修任务，大检修指挥部可以同施工单位订立内部经济承包合同，明确任务要求、完工日期以及按时或提前完成任务给予的物质奖励。施工单位同作业施工班组或个人也可以订立具体的作业合同与结点合同，把任务落实到班组与个人。

② 搞好施工调度。在检修的整个过程中要以施工调度为中心，对施工进行全面管理，以保证检修计划的完成。施工调度人员必须深入现场，随时掌握检修施工工程的进展情况。要善于发现作业矛盾、解决矛盾，把阻碍作业进行的问题解决在作业开始之前。同时还要做好各作业工序的衔接工作，保证作业的顺利进行。大检修期间要开好“三个会”，即动员会、调度会、总结会。

6.4.2 严格落实检修施工的安全措施

(1) 解除危险因素

凡运行中的装备，带有压力盛有物料或卸料后未经安全处理的装备，都不能随便检修。操作工必须解除其危险因素，将装备恢复常态，如常压、常温、无毒、无害、无燃烧爆炸才能检修。通常采用以下措施和步骤。

① 停车。在执行停车时，须由上级指令，并与上下工序取得联系，按停车方案规定的停车程序执行。

② 卸压。卸压操作应缓慢进行，在压力未泄尽排空前，不得拆动装备。

③ 排放。在排残留物料前，必须查看排放口情况，易燃、易爆、有毒、有腐蚀性物料不能任意排入下水道或地面上，应全部清理或回收，以免发生事故和造成污染。

④ 降温。降温的速度应按工艺要求进行，以防装备变形损坏。高温装备的降温，不能立即用冷水直接降温，应切断热源，适量通风或自然降温。

⑤ 抽堵盲板。为防止易燃易爆、有毒有害物质泄漏到检修系统，凡需要检修的装备，必须装设盲板和运行系统可靠隔离。抽堵盲板属于危险作业，应办理作业许可证，并指定专人制订作业方案，绘制出系统盲板图，检查落实安全措施，务必对管线来龙去脉、物料性质和工艺参数了解清楚。盲板的制作必须符合实际规范要求，严格把关。抽堵盲板施工前应仔细检查装备和管道内是否有剩液和余压，并防止形成负压以免空气吸入发生爆炸。作业过程中要指定专人巡回检查，并落实防火、防爆、防中毒及防坠落等安全措施。抽堵盲板的人员必须经过专门训练，持有《安全作业证》。抽堵盲板工作要建立台账，盲板按工艺序号编号，做好登记核查工作。堵上的盲板一一登记，记录地点、时间、号码、数量、作业人员姓名；抽取盲板时，也应逐一记录，记录地点、时间、号码、数量、作业人员姓名；抽去盲板时，也应逐一记录，对照系统盲板图和抽堵盲板方案核查。漏堵会导致检修作业中发生事故；漏抽将造成试车或投产时发生事故。

⑥ 置换和中和。置换通常是指用水、蒸汽、惰性气体将装备、管道里的可燃性或有毒有害气体彻底置换出来的处理方法。为保证检修动火和罐内作业的安全，装备检修前必须进行置换处理。对介质为酸、碱等腐蚀性液体，或经酸洗或碱洗后的装备，则应进行中和处理，以保证施工安全和防止装备腐蚀。

置换作业一般应在抽堵盲板可靠隔离之后进行。置换前应制订置换方案，绘制置换流程图。置换过程中应按照置换流程图上标明的取样分析点取样，一般取置换系统的终点和易形成死角的部位附近。

⑦ 吹扫。又称扫线，对可能积附易燃、有毒介质残渣、油垢或沉淀物的装备，用置换

方法不易置换干净，置换后还应进行吹扫作业。它是利用蒸汽来吹扫装备、管道内残留的物质。作业前也要制订吹扫方案，绘制流程图，办理审批手续。

⑧ 清洗和铲除。经置换和吹扫无法清除的沉积物，要采取清洗的方法。如果任何清洗方法均无效，则以人工铲除的方法予以清除。采用人工铲除法时，装备应符合罐内作业安全规定。若沉积物是可燃物，则要用木质、铜质、铝质等不产生火花的铲、刷、钩等工具刮除；若是残酸、有毒沉积物，应做好个人防护，铲刮下来的沉积物及时清扫并妥善处理。

⑨ 检验分析。清洗置换后的装备和工艺系统，为检查是否达到安全要求，必须进行检验分析。取样要有代表性，要正确选取样点，定时取样分析，确保清洗置换的可靠性。分析结果是检修作业的依据，所以应有记录，经分析人员签字才能生效。只有在分析合格、符合安全要求的规定时方可进行检修作业。

⑩ 切断电源。对一切需要检修的装备，检修前必须切断电源，并在启动开关上挂上“禁止合闸”的标志牌。照明使用安全灯、电动工具要接地良好。

⑪ 检修现场修理。道路必须保持畅通，地面油污、易燃物品、积雪冰层要清除；凡属危险地区，如沟、坑、井、陡坡、悬崖及高压电器装备必须采取安全措施，阴井、地沟应设安全防护栅栏或做好安全标记，夜间要设红灯信号。

(2) 严格办理安全施工签证

施工单位在检修前必须按规定办理以下几种常用签证。

检修任务书：任何检修项目都要办理检修任务书。装备解除危险因素后，经装备交出者在任务书上签字，表明装备已达到安全检修要求，施工人员才能进行检修施工。

进塔入罐证：如需进入塔、罐及管道内部施工，必须办理“进塔入罐证”。装备经安全处理和分析，有害气体在允许浓度范围内，经安全管理人员签字后才能进入装备内施工。

动火许可证：施工时需要动火（如电焊、气割）、使用强烈照明灯或金属敲击，都必须办理“动火许可证”。经审查批准签字后，方可在规定时间内开工动火，并在规定时间内结束，超过时间必须重新办理签证。

动土许可证：地下管道检修或开挖地坪，必须办理“动土许可证”。其目的是保护地下设施（电缆、通信线路、上下水管、煤气管道等）不受动土施工破坏而酿成事故。办理签证时，必须由生产车间和动力车间共同审查签字后方为有效。

封塔封罐证：塔、罐或管道内施工结束需封人孔或封盖时，需办理“封塔封罐证”。对主要项目或装备，必须由化工车间、装备动力科、安全科、保卫科四方人员到场检查，确认检修工作完毕，内部没有留人或遗物，共同在证上签字后，在四方人员监督下才能封闭。对一般项目由化工车间组织检查。

(3) 开展施工现场安全施工检查

检修现场的监督检查是现场安全管理的重点，必须充分重视。各级安全员要分片包干，责任到人，在各自所辖范围进行巡回检查和监督，每次检查还应有所侧重。监督检查的重点：查规章制度、安全措施、组织纪律、违章情况。在监督检查中，发现问题应坚持“四个服从”、“四个不能”、“四个不准”，即安全与检修、安全与进展、安全与装备、安全与任务发生矛盾时要服从安全；安全部门布置的任务不能不完成，强调的问题不能不注意，下达的指令不能不执行，禁止的事任何人都不能干；不经批准的方案不准施工，不符合安全规定不准作业，不落实安全措施不准检修，不经检查合格的机具不准使用。对重点项目重点分析，全面防范，做到防火、防爆、防中毒、防触电、防窒息、防灼伤、防击伤、防坠落，以确保检修施工安全。

6.4.3 严格控制检修施工质量

检修施工要实行全面质量管理，认真执行《设备维护检修规程》。对单台装备的检修，应严格执行6.2.3中相关规定；对一些主要装备以及关键装备的检修还必须执行专门的检修规程。压力容器的检修还必须执行压力容器安全技术管理的有关规定。

检修施工时，首先应对某些关键部位进行技术检查，做好记录。并按照检修规程所明确质量标准严格把关，实行“自检、班组长检、专业人员检”的三级质量检查制。同时，检修中要注意保护好防腐层，装备及管道的保温层。对施工中发现的不符合标准要求的装备、备件、紧固件、各种阀门、材料等以及没有审批手续的变更，检修施工人员有权拒绝使用。

6.4.4 做好科学文明检修工作

(1) 文明检修施工

检修施工必须做到科学检修、文明施工，做到以下几点。

“五不乱用”：不乱用大锤、管钳、扁铲；不乱拆、乱拉、乱顶；不乱动其他装备；不乱打保温层；不乱拆其他装备的零部件。

“三条线”：装备的零件摆放一条线；材料物质摆放一条线；工具、机具摆放一条线。

“三不见天”：润滑油脂不见天；洗过的机件不见天；拆开的装备、管口不见天。

“三不落地”：使用的工具、量具不落地；拆下的零件不落地；污油赃物不落地。

“三净”：停工场地净；检修场地净；开工场地净。

(2) 清理现场

检修完毕，检修工要检查自己的工作有无遗漏，同时要清理现场，将火种、油渍垃圾、边角废料全部扫除，不得在现场遗留任何材料、器具和废物，做到“工完、料净、场地清”。此外，要将栏杆、安全防护罩、装备盖板、接地、接零等安全设施全部恢复原状，但验收交工前不得拆除悬挂的警告牌和开启切断的物料管道阀门。

施工机具撤离现场应有计划地进行，所在生产车间要配合协助。在清理和撤离过程中应遵守有关规定，防止物体打击等事故发生。

(3) 全面检查

装备或系统在验收交工前必须进行全面检查。对一个生产系统，应按工艺顺序或装备前后顺序进行检查，以免遗漏。重点检查内容一般有：检查有无漏掉的检修项目，检修质量是否符合规定要求；按图检查该抽堵的盲板是否已抽堵；装备、部件、仪表、阀门等有无错装，其位置方向是否符合工艺要求；安全装置、设施是否灵敏、齐全、牢固、可靠；各种装备、管道内是否有遗留物；各种阀门是否处于开车生产前的正常开闭状态；电机接线是否正确，转动装备盘车是否正常；冷冻系统、润滑系统是否良好；装备安装固定是否牢靠等。

试车必须在经过上述全面检查并做好系统管道和单体设备内部的吹扫，对其完好、干净、畅通确认无误后才能进行。试车的规模有单机试车、分段试车和联动试车，内容有试温、试压、试漏、试安全装置、仪表灵敏度及化工联动试车等。

6.4.5 验收交工

年度停车大检修由指挥部组织有关业务部门和人员进行质量总验收，做出大检修鉴定，提出是否可以开车的建议。

系统投料开车是整个大检修的最后一环，必须精心组织、统筹安排。开车前要对操作工进行必要的安全教育，使他们弄清楚装备在检修中的变动情况。开车时必须按开车方案及绘制的开车指示图表，送水、电、汽指示图表等逐一检查落实，再按程序下达开车指令。检修部门要指派专人配合开车人员负责处理开车中出现的装备问题。开车成功，检修管理的程序和内容即告结束，生产恢复正常后转为生产管理。

6.4.6 大检修总结

年度大检修后应对检修计划实施情况进行全面检查和综合分析，认真总结经验，不断加强和提高装备管理与维修的水平。总结中，在管理上应对检修计划项目、内容、网络图、平面布置图、检修进度、安全措施、检修费用和各类定额等进行重点分析；在技术上，要对装备、零部件的使用寿命、效率、故障、精度、材质等进行全面技术经济分析，必要时进行检验，测定并找出问题所在和提出改进方法，为下一步检修作准备。

年度大检修的经济评价表见表6-16。大检修结束后应将交工资料整理归档，资料必须完整、准确、整洁，有完备的签章手续。具体内容举例如下：检修任务书（一般项目兼验收单）；重点项目验收单；装备竣工图；管道检修竣工图；封塔封罐证；一级、二级施工网络图；年度大检修计划；重点项目检修方案；压力容器检测记录及检测报告；压力容器水压试验卡；安全阀校验卡；装备、装置检修记录；电气、仪表检修记录；大检修项目费用及检修人工结算表；年度大检修工作总结。

表 6-16 年度大检修经济评价表

单位	检修项目	检修费用		检修起讫日期		停产天数		计划减产损失				实际减产损失			较计划增减数			备注
		计划/万元	实际/万元	计划月、日~月、日	实际月、日~月、日	计划	实际	产品名称	数量/t	产值/万元	利润/万元	数量/t	产值/万元	利润/万元	数量/吨	产值/万元	利润/万元	
总计																		

6.5 网络计划技术在装备检修管理中的应用

网络技术是一种计划协调技术，是现代化管理系统工程的重要组成部分，是组织生产和进行计划管理的科学方法。它是把研制的规划（或某项工程任务）和控制过程作为一个系统加以处理，把组成系统的各项任务的各个阶段，按先后顺序，以网络图形式统筹规划，安排进度，并分轻重缓急对整个系统进行协调，使此系统对资源（人力、物力、资金）进行合理安排，达到以最少的时间和资源消耗，完成整个系统的预期目标，取得良好的经济效果。

网络计划技术是以生产（工作）任务所需的时间为基础，用网络图形来表示生产中各工序之间的相互关系和整个生产计划，通过计算，找出影响生产任务的关键工序，据以对计划作出统筹安排，达到以最少的时间和资源消耗，完成整个系统的预期目标。它是科学地组织生产的新方法。网络计划具有以下优点：

① 不仅反映每一工序的进展，而且反映了各工序的先后顺序和相互关系；

② 它能指出生产任务的关键工序和路线，便于在组织实施计划时抓住重点；

③ 它能用时差表示出不影响计划完工期的机动时间；

④ 编制网络计划，不但是安排进度和平衡能力的过程，也是优化计划的过程。

实践证明，对于大型、复杂设备的大修，应用网络计划技术可以缩短停修时间和降低修理费用。

6.5.1 网络计划技术的基本规则

编制网络计划应遵循的基本规则，包括网络图组成和画法，网络计划的编制程序及时间参数的计算等。

6.5.1.1 网络图的组成

网络图由作业（工序）、事项和路线组成，如图 6-4 所示。

(1) 作业（工序）

它泛指一项需要人力、物力、时间的具体活动过程，在网络图中用“→”表示。作业名称标注在“→”的上面，如图 6-4 中的 A，B，C，…，I；作业时间则标注在“→”的下面，如图 6-4 中的 1，2，3，4。又如塔设备检修中的工艺处理，搭脚手架、拆卸塔体，吊装、搬运、清洗等，都是工序。

有的活动过程不消耗人力、物力而只需要时间，如混凝土浇灌后的养护，防腐层干燥等技术性工休，也是一项作业（工序）。还有一种虚作业，它不消耗人力、物力、时间，只表示前后两个作业（工序）之间的逻辑关系，虚工序一般用虚箭线表示。

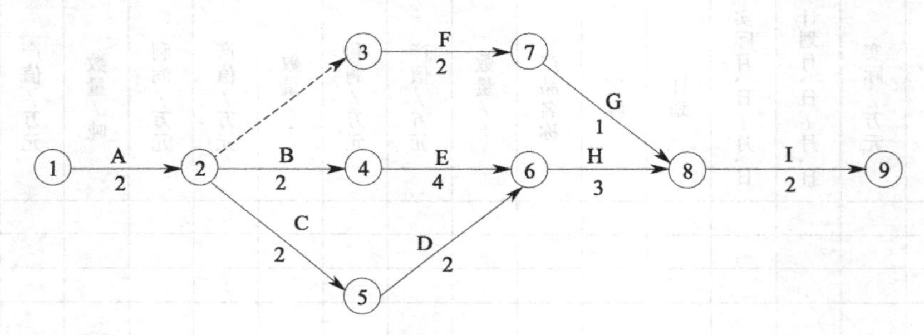

图 6-4 网络图

(2) 事项

它是一项作业开始或完成的瞬时，用“○”表示，如图 6-4 中的①、②、③，…，⑨。在图 6-4 中，①称为起点事项，而⑨称为终点事项。

(3) 路线

它是指从起点事项开始，顺着箭头所指方向，通过一系列事项和箭线，到达终点事项的一条通路。在网络图中，时间最长的路线称为关键路线，如图 6-4 中①→②→④→⑥→⑧→⑨。关键线路在网络图上一般用红箭线或双箭线标出，关键线路上的工序称为关键工序。

6.5.1.2 绘制网络图的基本规则

① 网络图中不允许出现循环路线，如图 6-5 所示。

② 网络图中不允许出现编号相同的箭线，如图 6-6(a) 所示，应改为如图 6-6(b) 所示。

③ 网络图中一般只有一个起点事项和终点事项。

④ 箭线的首尾均应有事项，不允许从箭线的中间引出另一条箭线。

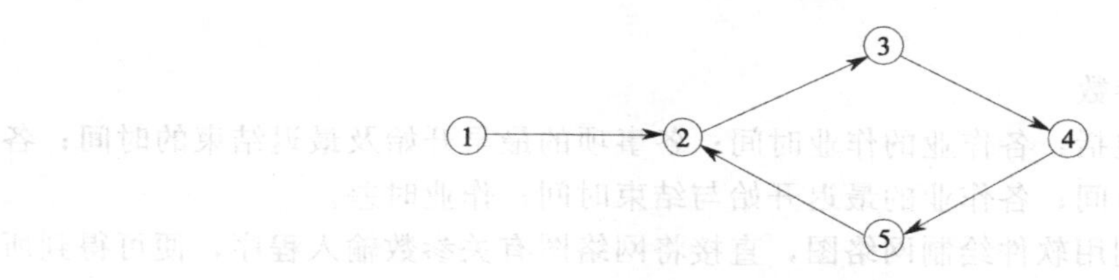

图 6-5　循环路线

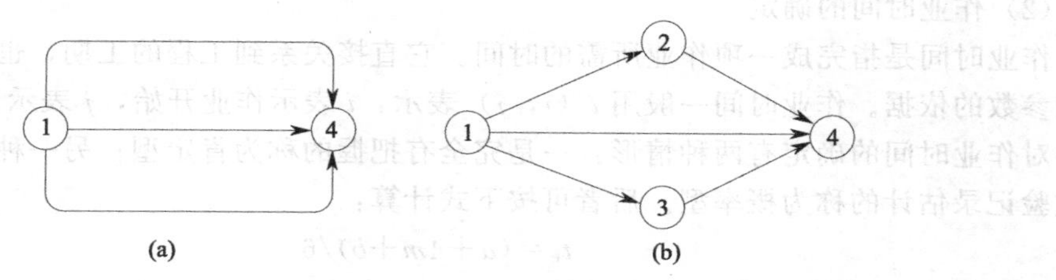

图 6-6　编号相同的箭线

⑤ 交叉作业的画法如图 6-7 所示。该图表示一项工程由挖沟和埋设管道两个作业组成。计划交叉作业，挖好一段沟后就埋设一段管道。

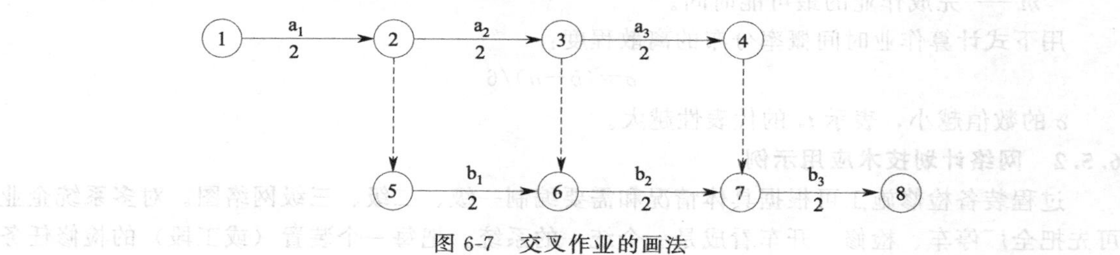

图 6-7　交叉作业的画法

6.5.1.3　编制网络计划的步骤

（1）任务的分析与分解

通过分析，把一项任务分解为许多作业。有时可以把总任务分解为若干分任务，然后再把分任务分解成作业。

分析与分解任务的目的，在于确定各项作业的相互关系和每项作业时间。任务分解后，应编制出全部作业明细表，其格式参见表 6-17。

表 6-17　×××工程作业明细表

序　号	作业代号	作业名称	紧前作业	作业时间/h	计划工时/h

编制人　　年　　月　　日

（2）绘制网络图

根据作业明细表中列出的作业先后顺序和相互关系，从起点作业开始，按作业的逻辑顺序连接箭线，画出网络图。

（3）网络图的编号

绘出网络图后，即可进行事项编号。编号时应注意：

① 一根箭线的箭头事项编号必须大于其箭尾事项编号；

② 为箭头事项编号时，必须在其前面的所有箭尾事项都已编好后方可进行；

③ 一个网络图中的所有事项不可出现重复编号。

6.5.1.4 网络图的参数

(1) 网络图的时间参数

网络图的时间参数包括：各作业的作业时间；各事项的最早开始及最迟结束的时间；各作业的最早开始与结束时间；各作业的最迟开始与结束时间；作业时差。

现在可借助计算机利用软件绘制网络图，直接将网络图有关参数输入程序，便可得到所需网络图。

(2) 作业时间的确定

作业时间是指完成一项作业所需的时间。它直接关系到工程的工期，也是确定其他各项时间参数的依据。作业时间一般用 $t(i, j)$ 表示，i 表示作业开始，j 表示作业结束。

对作业时间的确定有两种情形：一是完全有把握的称为肯定型；另一种是凭经验或过去的试验记录估计的称为概率型。后者可按下式计算：

$$t_e=(a+4m+b)/6$$

式中 t_e——完成作业的期望平均时间；

a——完成作业的最短时间；

b——完成作业的最长时间；

m——完成作业的最可能时间。

用下式计算作业时间概率分布的离散程度：

$$\sigma=(b-a)/6$$

σ 的数值越小，表示 t_e 的代表性越大。

6.5.2 网络计划技术应用示例

过程装备检修施工可根据具体情况和需要编制一级、二级、三级网络图。对多系统企业可先把全厂停车、检修、开车看成是一个统一的系统，把每一个装置（或工段）的检修任务看成是一道工序，编制全厂停车检修开车网络图（一级网络图）。然后对施工难度大、涉及工种多，有可能拖延整个工期的厂控重点项目（装置或工段）进一步分解，绘制出施工检修二级网络图。若有必要还应进一步对大型、复杂的单台装备编制检修施工三级网络图。对单系统（装置）停车大检修可以编制两级网络图，简单的也可编制一级网络图。

一般将正式网络图制成蓝图公布执行。

以某厂合成氨系统年度停车大检修为例，介绍网络计划技术的具体应用。

某化工厂 10 万吨合成氨系统（包括造气车间、合成车间、尿素车间以及相应的水汽、电气、仪表系统）年度停车大检修。计划日期是 9 月 6～20 日，包括停车在内共 15 天。其中停车置换 1 天，检修 12 天，开车 2 天。总的检修项目有 1472 项，其中重点项目有 14 项。在系统大检修中进行压力容器无损检测的有 32 台。参加施工的有 15 个（本厂 13 个，外单位 2 个）部门。参加检修的人员有 2000 余人。大检修所需的预制件 726 台（套、件），所需钢材 386t，木材 $30m^3$。检修规模较大。

该厂经过对生产、检修各种情况的详细分析，编制了一个由两级网络图组成的网络计划体系。总的大检修周期按一级网络图（合成氨系统停车、检修、开车网络图）控制，如图 6-8 所示，重点项目还需编写二级网络图。具体步骤如下。

6.5.2.1 任务的分析与分解

(1) 准备工作

首先确定计划负责人和完成任务的目标。负责人要了解任务的特点和要求，全面掌握装备、人力、材料、工机具、作业场地及安全设施等。然后列出施工项目准备工作清单，备品配件材料和工机具明细表（见表6-18～表6-20），由有关单位分头准备，保证在检修中及时供应。

表 6-18　准备工作清单

项目名称：氨合成塔检修

项目编号：________　　　　年　　月　　日

序号	工作内容	要求完成日期	施工单位	施工负责人	备注
1	搭脚手架				
2	电葫芦试车、修理				
3	拆保温层				
⋮	⋮				

批准________　审核________　制表________

表 6-19　备品配件材料明细表

项目名称：________

项目编号：________　　　　年　　月　　日

序号	备品配件及材料名称	型号或规格	数量	使用日期	领用单位	备注
1	螺栓					
2	垫片					
3	⋮					
⋮						

表 6-20　工机具明细表

项目名称：________

项目编号：________　　　　年　　月　　日

序号	名称	规格	数量	使用日期	使用单位
1	吊车	5t	2		
2	卷扬机	5t	1		
3	汽车	130t	2		
⋮	⋮				

表 6-21　工序明细表

项目名称：________

项目编号：________　　　　年　　月　　日

工序编号	工序内容	作业时间					作业人员分配			工机具			关键备件主材	安全质量保证对策	成本核算					负责人		
		最快 t_n	最慢 t_b	最可能 t_m	平均 t_e	机动 t_o	钳工	仪表	…	吊车	电焊机	…			人工费	材料费	设备费	其他	合计	施工	检查	指挥
A																						
B																						
C																						
⋮																						

（2）分解任务，列出全部工序明细表

每项任务都是由许多单一的工序组成。分解任务，应根据需要分解一定数目的工序。分解时要注意施工内容（如吊运、拆除、清洗、修理等）不同、使用的材料和工机具（如吊车、卷扬机、汽车等）不同、工种（起重工、钳工、电工、仪表工等）不同的都要分开，不要混杂在一项工序内。工序可大可小（如“工艺处理”一项可分为“倒空物料”、“置换”、“蒸汽吹扫”等几项小工序）；可简单可复杂，但不论怎样分解，分解的工序要全，不能漏项。任务分解后，按表6-21列出工序明细表。

(3) 进行工序分析，列出工序分析表

工序明细表列出后，需要对表中每项工序进行认真的分析，确定各个工序之间的相互联系和制约关系，即确定各工序的紧前工序或紧后工序。紧前工序就是当某件工作开始前，它前面必须先期完成的工序。紧后工序即当某项工序完成后，它后面紧接着要开始的工序。另外，还应注意有哪些工序可以同时交叉或平行进行。然后将工序分析结果按表 6-22 列出工序分析表。

表 6-22　工序分析表

项目名称：＿＿＿＿＿　项目编号：＿＿＿＿＿　　　　年　月　日

工序编号	事项编号		紧前工序事项编号	工序内容	作业时间	所需工种工时							事项时间值		关键工序	备注
	开始	结束				钳工	管工	铆工	仪表	电气	工艺	电焊	开始	结束		
A	①——	②	○—○												√	
B	①——	③	○—○												—	
C	②——	③	○—○												—	
⋮	⋮	⋮	⋮													

6.5.2.2　作图

根据上述工序分析表，即可绘制网络图。按照表中所列各工序的先后顺序，在相邻工序的衔接处画上一个事项符号“O”，然后用箭线相连，将每项工序名称（或代号）写在箭线上面，将每项工序时间标注在箭线下面，就画出了网络图。

6.5.2.3　编号

绘出网络图后，即可按工艺过程进行事项编号。如图 6-8 所示为合成氨系统停车、检修开车的一级网络图。

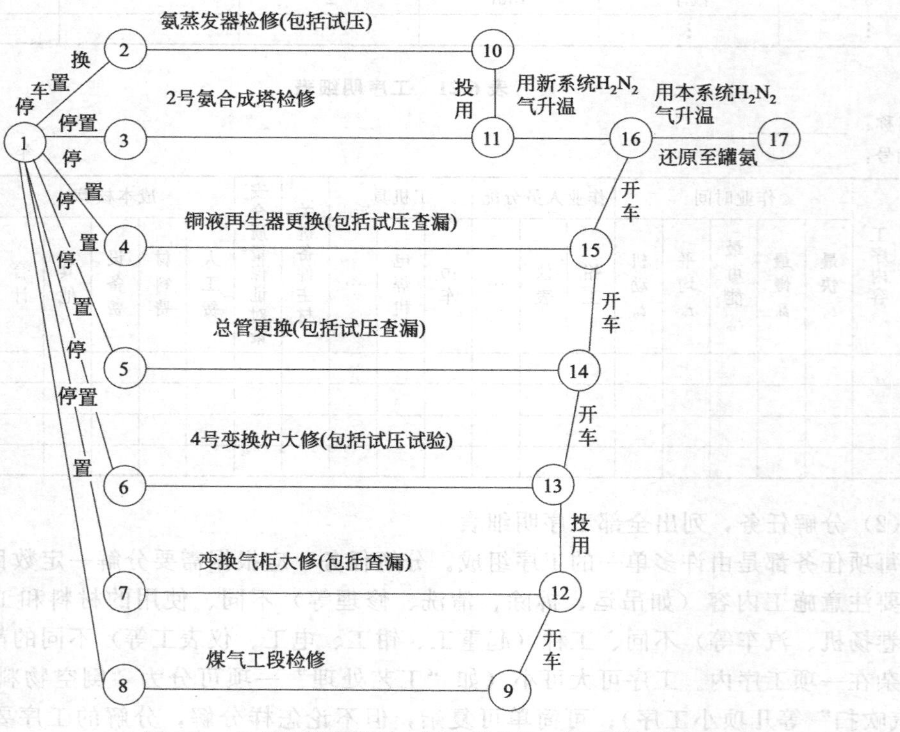

图 6-8　合成氨系统停车、检修开车的一级网络图

6.6 装备维修的费用管理

装备维修费用包括大修费用及日常修理费用。在同行业中，比较企业维修费用的指标是万元产值维修费用或单位产品（或产量）维修费用。

装备维修费用管理主要包括：建立工时记录统计制度、备件材料领用制度和各种原始记录凭证的传递流程；制定各类设备维修费用定额及厂内计划价格；配备必要的计量器具和统计、核算人员，并严格贯彻执行上述制度、流程和定额。通过PDCA维修费用管理工作循环，在不断提高设备可利用率前提下，降低维修费用。

装备维修费用管理工作的中心环节是：收集、整理并检查各种原始记录、凭证填写的完整性与准确性；提出统计报表；进行费用核算并及时反馈给维修费用的管理部门和使用部门。维修费用的管理部门和使用部门按照维修费用的构成、对比定额与实际耗用额，找出差异的原因。对定额（或预算）中不合理部分作出记录，为以后修正定额（或预算）积累资料，对实际耗用的不合理部分提出改进措施，防止重复发生，从而不断提高设备维修费用的管理水平。

6.6.1 装备大修费用的管理

对企业内部的设备大修项目，大修费用是大修时所支付的各项费用总和。它包括工资及附加费、备件材料费、协作劳务费、能源费及车间经费等。对于外企业委托的大修项目，大修费用总额中除包括上述各项费用外，还应包括企业管理费、税金及利润。

企业内部设备大修理费用由企业大修理基金中开支。设备大修理费用管理的内容主要是：大修理基金的提存与使用，大修理费用计划的编制、使用控制与核算等。

6.6.1.1 设备大修理基金

大修理基金是根据设备在预计使用年限内大修理费用的总和，计算出提存率，根据规定的提存率，按月从产品成本中预提而形成的专用基金。这样，可避免设备大修理费用较多时一次摊入产品成本影响产品成本的波动较大。预提的大修理基金应专户存储，供大修理专用。

（1）大修理基金提存率

大修理基金提存率计算公式如下：

大修理基金年提存率＝设备预计使用年限内大修理费用的和/（设备预计使用年限×设备原值）×100％

大修理基金月提存率＝大修理基金年提存率×(1/12)

按单台设备计算大修理基金提存率，符合设备的具体特点，最为合理。但计算提存率和按月提存时计算工作量大，应采用微机计算，迅速准确。目前，国内企业多采用全厂设备固定资产大修理基金综合提存率或分类设备大修理基金提存率，按月初固定资产原值提存大修理基金。

（2）大修理基金的使用范围

设备大修理基金是专用基金，不应挪作他用。

对于单台设备大修（特别是老旧设备），经过精确测算，如大修费用过高经济上不合理，应考虑更新而不大修。

设备大修时，往往要结合修理进行局部改装，以提高设备的精度、性能、可靠性和维修性。如改装费不超过大修费的30%，可以从大修基金中开支，如改装费超过大修费的30%，则应由折旧基金或企业技术改造资金安排解决。

设备项修费用，一般从车间维修费中开支。精密、大型、稀有设备一次项修费用较多，可达到正常大修费的40%～60%，目前有的企业也从大修理基金中开支。

6.6.1.2 大修理费用的计划与核算

大修理费用计划是指年度设备大修理计划项目所制订的单台设备费用及总费用计划。其作用有二：一是衡量企业储备和可能预提的大修理需要并采取平衡措施；二是控制大修理费用在施工中的合理使用。

(1) 单台设备大修理计划费用的测算法

单台设备大修理计划费用的测算法有定额法和技术测算法两种。

所谓定额法，即按企业规定的分类设备单位修理复杂系数平均大修理费用定额，乘以需大修设备的机械、电气、热力修理复杂系数，其乘积之和即为该设备大修理的计划费用。技术测算法是根据设备大修理技术任务书规定的修理内容、修理工艺、质量标准、修前编制的换件明细表及材料表等修理技术文件以及修理工期的要求，通过技术测算来确定设备大修理计划费用。技术测算法又称测算法，其准确性高于定额法。

(2) 大修理费用计划的编制

大修理费用计划是企业年度大修理计划的组成部分，由企业装备管理部门负责编制。一般采用定额法计算每一大修项目的计划费用，把所有项目计划费用汇总起来，即形成年度大修理费用计划（格式参考表6-23）。经与财务管理部门协商平衡资金来源后，报主管厂长审批下达执行。

表6-23 年度大修理费用计划

编制日期	设备编号	设备名称	设备型号	设备类型	部门	维修日期	维修单位	材料费	修理费	劳务费	费用合计

采用技术测算法编制设备大修理费用计划的企业，在年中修改调整年度设备大修理计划时，应按测算的单项设备大修理计划费用，同时调整年度大修理费用计划。

(3) 大修理费用的控制使用

大修理计划费用为大修成本规定了一个目标值，施工过程中必须加强监督和控制，主要应做好以下几方面的工作。

① 设备修理解体检查后，及时修订修理技术任务书及备件、材料明细表。

② 严格按备件、材料表限额领料，计划外用料须经主修技术人员签字同意后方可发放。

③ 合理组织施工，减少待工、窝工损失。

④ 尽量采用修复技术，节约备件费用。

⑤ 加强质量管理，避免返工及废品损失。

⑥ 回收旧件，修旧利废。

⑦ 改进管理工作，节约车间经费。

⑧ 把降低修理成本与修理部门及修理人员的利益挂钩，实行设备大修理质量、进度、

费用综合承包奖励办法。

(4) 大修理费用的核算

设备大修理完工后，必须按实际发生的费用，进行单台设备大修理成本核算。核算的依据是：

① 施工命令单及完工通知单；

② 工时统计表；

③ 各种物料领用单；

④ 材料计划价格与实际价格差异账单；

⑤ 劳务转账单；

⑥ 车间经费。

单台设备的大修理成本原则上不应超过计划费用。在修理车间全年完成的大修理项目中，对单台设备的实际大修理成本允许“以盈补缺”，但必须控制总实际成本不超过费用计划。如总实际成本低于费用计划，其差额为修理车间的“企业内部利润”，作为考核机修车间综合奖励的指标之一。由于设备大修理费用是按实际发生额结算的，上述“差额”仍在大修理专用基金财务科目内，将继续用于来年的设备大修。

6.6.2　车间装备维修费用的管理

车间装备维修费用是指除大修理费用外，生产车间用于设备维护、小修、项修以及故障修理等有关的一切费用，是车间经费中的一个科目。车间维修费用应由企业装备管理部门与财务部门从控制全厂万元净产值维修费用指标出发，根据各车间平均计划月产值及设备构成的特点，并考虑设备利用率等因素，参照历史统计资料进行指标分解，于每年12月将指标下达到车间。对车间维修费用应实行厂、车间、维修工段分级管理。车间由机械动力师负责，做到有计划地限额使用，并逐月进行核算。

6.6.2.1　车间装备维修费用的组成

车间维修费用主要包括备件材料费和协作劳务费。

① 备件材料费：包括领用的各种原材料、润滑油脂，领用的备件、自制备件工时费等。按领料单上填写的价格或厂内计划价格计算。

② 协作劳务费：包括委托修理车间或其他部门协作的劳务费，按劳务费结算价格计算。

车间维修费用中还应包括维修工时费。

6.6.2.2　车间装备维修费用限额的制定

目前企业的生产车间所负责的维修任务，一般为日常维修、定期维修、定期检查、定期精度调整、小修、项修和故障维修。这些维修工作的工时及费用定额，主要靠实际记录资料的积累和统计分析来确定。但多数企业过去忽视系统地开展这方面的记录统计工作，故缺少足够的可靠数据供分析确定车间维修费用限额。许多企业是在财务部门统计数字的基础上，结合车间设备技术状况，如故障率、预计来年需要小修、项修的台次数等因素凭经验估计确定的。显然，这种方法缺少具体的科学分析，故今后应加强维修记录和维修费用的统计核算工作，据以制定分类设备日常点检、定期维护、定期检查、定期精度调整及预防性试验周期，再加上故障修理的统计资料，就可以更科学而具体地制定车间维修费用限额。

6.6.2.3　车间装备维修费用的控制使用

车间装备维修费用应实行限额控制使用和节约有奖的办法，由车间机械动力师具体掌握使用。根据当月维修任务，可按区域维修组分配一定的数额，车间留下一定数额机动使用。

一些企业对车间维修费的使用采取以下控制方法。

① 费用限额卡　由车间机械动力师会同车间有关会计人员签发给维修小组，当发生材料备件费和劳务费时，逐项登记，随时结算出余额。月末送会计人员按领料单和劳务结算单审核，并计算出超支或节约额，按规定奖罚。车间维修费用限额卡的格式见表6-24。

② 维修资金券　由车间机械动力师按限额发给各维修组维修资金券。领用备件、材料或委托劳务协作时，均以维修资金券付“款”。月末通过企业内部银行进行部门间的结算。

表6-24　车间维修费用限额卡

________维修组

本月限额____加（或减）上月结余（或超支）____本月实际可用____元

月	日	凭证	摘要	支用金额	限额结余	经办人

6.6.2.4　车间装备维修费用的统计与核算

车间装备维修费用的统计与核算工作，由负责设备维修的统计员或机械动力师会同车间财会人员负责。

（1）统计核算的依据

车间维修费用的统计核算，主要依据以下资料：

① 故障修理记录；

② 日常点检记录；

③ 定期维护记录；

④ 定期检查记录；

⑤ 定期精度调整、定期预防性试验竣工报告单；

⑥ 小修、项修竣工报告单。

（2）统计核算方式

统计核算方式推荐采用设备维修情况（不包括大修）统计卡，其格式见表6-25。这种方法是把一台设备在一年内所进行的维修工作，按维修记录或竣工报告逐月登记入卡，按季累计，年末总计。

表6-25　设备维修情况统计卡

使用单位：　　资产编号：　　设备名称：　　型号规格：

年		定期维护						定期检查						小修、项修						故障修理						定期精调、预防性试验					
季	月/日	停歇天数	工时(钳/电)	费用/元				停歇天数	工时(钳/电)	费用/元				停歇天数	工时(钳/电)	费用/元				停歇天数	工时(钳/电)	费用/元				停歇天数	工时(钳/电)	费用/元			
				合计	工时费	劳务费	材料费			合计	工时费	劳务费	材料费			合计	工时费	劳务费	材料费			合计	工时费	劳务费	材料费			合计	工时费	劳务费	材料费
一	1/		/						/						/						/						/				
	2/		/						/						/						/						/				
	3/		/						/						/						/						/				
	累计		/						/						/						/						/				

续表

年		定期维护						定期检查						小修、项修						故障修理						定期精调、预防性试验					
季	月/日	停歇天数	工时(钳/电)	费用/元				停歇天数	工时(钳/电)	费用/元				停歇天数	工时(钳/电)	费用/元				停歇天数	工时(钳/电)	费用/元				停歇天数	工时(钳/电)	费用/元			
				合计	工时费	劳务费	材料费			合计	工时费	劳务费	材料费			合计	工时费	劳务费	材料费			合计	工时费	劳务费	材料费			合计	工时费	劳务费	材料费
二	4/		/						/						/						/						/				
	5/		/						/						/						/						/				
	6/		/						/						/						/						/				
	累计		/						/						/						/						/				
三	7/		/						/						/						/						/				
	8/		/						/						/						/						/				
	9/		/						/						/						/						/				
	累计		/						/						/						/						/				
四	10/		/						/						/						/						/				
	11/		/						/						/						/						/				
	12/		/						/						/						/						/				
	累计		/						/						/						/						/				
合计			/						/						/						/						/				

注：工时单位为小时；月/日栏斜线下方填维修开始日；定期维护如每月2次可将两次工时费及停机天数相加后填入；项修在停歇天数栏左上角加▲记号。

每月登记完毕后，再编制出月份车间维修费用统计表（格式见表6-26），报送车间财务部门审核材料、备件及劳务费的价差是否超过限额，并报送企业设备管理部门。

表6-26 月份车间维修费用统计表

______厂______车间

序号	资产编号	设备名称	修理类别	停歇天数	修理工时(钳/电)	维修费用/元			
						合计	工时费	劳务费	备件材料费

机械动力师：　　　　　　　　　　　　统计员：

装备维修情况登记卡不但是制定车间各类设备维修定额的依据，而且可在一定程度上提供设备可靠性的信息，如能用微机存储，积累数年将大有用处。

6.6.3 装备维修活动的经济分析

装备维修活动的经济分析，是对所采取维修活动耗用的时间、人力、费用及取得的成果进行分析并评价其经济效益。在保证设备功能满足生产要求的前提下，优化的维修应是以最少的维修费用达到最高的设备可利用率，即获得最佳的维修经济效益，这是设备设计、制造及维修的目标。

目前评价装备维修经济效益时主要是用维修计划、时间、质量、费用等技术经济指标来衡量。

6.6.3.1 维修经济效益指标

(1) 考核单项维修活动的经济效益指标

对单项维修活动，主要是考核装备大修和工作量大的项修。

对设备大修理，应考核质量、停修日数及费用。在保证修理质量要求的前提下，对停歇天数与修理费用，一般用实际发生数与计划数的比值来分别衡量单项设备维修活动的经济效益，比值越小，则经济效益越好。按照前面所说的“停产损失与维修费用之和为最小”的原则，推荐用下式以停歇天数与修理费用综合衡量评价经济效益。

$$V=K_t(T_p/T_a)+K_c(C_p/C_a)$$

式中 V——综合经济效益指数；

K_t——停产损失（间接损失）加权系数；

T_a——实际停歇天数；

T_p——计划停歇天数；

K_c——修理费用（直接损失）加权系数；

C_a——实际修理费用；

C_p——计划修理费用。

在上式中，$K_t+K_c=1$。对于高精度、重型稀有及关键设备，应取 $K_t>K_c$；对于一般设备可取 $K_t\leqslant K_c$。K_t 与 K_c 的具体数值，应根据设备每生产一天可获得的平均利润与修理费用定额分析测算确定。

应用上式求得的 V 值，当：

$V=1$ 时，表示达到预期的经济效益；

$V>1$ 时，表示比预期的经济效益好，其数值越大越好；

$V<1$ 时，表示比预期的经济效益差，其数值越小越差。

【例 6-1】 某重型机床大修，$T_p=70$ 天，$T_a=60$ 天，$C_p=75000$ 元，$C_a=78500$ 元，$K_t=0.6$，$K_c=0.4$，则：

$$V=0.6\times(70/60)+0.4\times(75000/78500)=1.08$$

由计算结果可见，该机床大修虽然修理费用超过了计划指标，但由于缩短了停歇天数，为生产多获利润创造了条件，故综合经济效益比预期的好。

(2) 在考核期内，对企业维修活动的综合经济效益指标

① 维修计划方面：

a. 定期维护计划完成率；

b. 定期检查计划完成率；

c. 小修计划完成率；

d. 项修计划完成率；

e. 大修计划完成率。

② 维修时间方面：

a. 计划维修停机率（时间）；

b. 故障修理停机率（时间）；

c. 维修总停机率=计划维修停机率+故障修理停机率。

按上述停机率可得：

设备可利用率=1−维修总停机率

③ 维修质量方面：

a. 设备大修返修率；

b. 设备项修（工作量大的）返修率。

④ 维修费用方面：

a. 分类设备大修理费用（元）/修理复杂系数；

b. 车间维修费用（元）/万元产值（或单位产品、产量）；

c. 企业维修费用（元）/万元产值（或单位产品、产量）。

⑤ 设备技术状态方面：

a. 设备完好率；

b. 设备故障率。

在上述各项指标中，综合反映企业维修活动经济效益的重要指标是：设备完好率；设备可利用率；企业维修费用（元）/万元产值（或单位产品、产量）。

6.6.3.2 提高装备维修经济效益的途径

① 设备前期管理中，在满足产品工艺要求和生产率的前提下，选择可靠性、维修性好的设备是设备选型的重要原则。选型不当会给维修管理带来困难，故搞好前期管理是提高维修经济效益的前提。

② 在设备使用中，正确操作、合理使用、精心维护设备，可防止设备的非正常磨损与损坏，并减缓磨损速度，从而可延长修理间隔期和减少维修费用。

③ 做好设备预防维修的关键在于掌握设备的磨损规律，准确判断实际磨损状况，适时地进行维修，既不出现失修现象也不出现过剩现象。运用状态检测和诊断技术（包括人的五官感觉和简单仪表等手段）定期检查设备，是掌握设备实际磨损状况的科学方法。企业应根据本企业设备的具体情况，积极推广应用，并通过实践，按检查记录统计分析，合理确定设备的检查周期和检修时间。

④ 积极而又慎重地进行改善维修，提高设备的可靠性和维修性，从而减少停机损失和维修费用。

⑤ 积极推广装备维修新技术、新工艺、新材料，提高维修质量和修理作业效率。

⑥ 积极推广应用价值工程、网络计划技术等现代管理方法，在维修设备时合理组织和使用人力、物力，以缩短检修时间。

⑦ 加强维修费用使用的控制、监督和核算，定期进行经济分析，并将分析结果及时反馈给相关部门。

⑧ 合理确定大修理的经济界限，适时地进行设备更新。

⑨ 合理的劳动组织与科学的管理体制是提高维修经济效益的重要保证，企业应从自己的具体情况出发，不断改进组织与管理制度，建立健全装备维修各级经济责任。

6.7 装备外委修理的管理

设备委托修理是指企业中内部独立核算的生产单位（如分厂、分公司等），由于本单位在维修技术条件或维修能力方面不能满足修理任务要求，或本单位自行修复不如委托专业修理单位进行修理更为经济合算时，往往需要将这些修理任务委托给设备专业修理厂或专业设备制造厂等其他单位进行修理。有关这些方面的业务，称为设备外委修理的管理。

6.7.1 企业设备管理部门对外委修理的职责

企业对设备外委修理的管理方式一般分为两种情况：一是由企业设备管理领导部门

统一组织管理；二是分散管理方式即由企业内部各独立核算单位的设备维修部门自行负责管理。

设备管理、生产调度、财会管理等部门共同审定，主管厂长批准年度外委设备修理计划；分管设备外委修理的部门按外委修理计划负责对外联系，办理委托修理合同，协调计划的实施。具体负责办理外委修理的人员应熟悉设备修理业务，充分了解经济合同法。

6.7.1.1 装备外委修理的主要原则

① 本企业设备修造厂及各专业厂可以承修的设备修理任务，原则上应安排由本企业完成，以尽可能发挥企业内部潜力。

② 对需要进行对外委托的设备修理项目，要通过调查研究，选择取得国家有关部门资质认定证书，并持有营业执照，修理质量高，能满足进度要求，费用适中，服务信誉好的承修企业。

③ 优先考虑本地区的专业修理厂、设备制造厂。

④ 对于有特殊专业技术要求的委托修理项目，如起重设备、锅炉等，承修单位必须有主管部门颁发的生产、制造、安全许可证。

⑤ 对于重大、复杂的工程项目及费用超过一定额度的大项目，应通过招标来确定承修单位。

6.7.1.2 承修单位应具备的条件

① 承修企业必须取得国家有关部门资质认定证书并持有营业执照，修理质量高，能满足进度要求，费用适中，服务信誉好。

② 对于有特殊专业技术要求的委托修理项目，如起重设备、锅炉、电梯、受压容器等，承修单位必须有主管部门颁发的生产、制造、安全许可证。

③ 修理场地、工艺装备及其他设施必须达到承修任务所必需的基本要求。

④ 必须拥有与承修任务相关的技术资料、质量标准，同时应拥有相应数量的、经验丰富、掌握多方面知识和技能的中高级设备工程师及工人技师，指导或参与设备修理作业。

⑤ 要有符合实际需要的质量保证体系和完善的检测手段。

⑥ 要有计算承修费用的价格标准、规范方法及有关规定，作为委托与承修单位双方协议价格的基础。

6.7.2 外委修理管理程序

6.7.2.1 外委维修计划管理

设备委托修理计划是企业年度、季度设备检修计划的重要组成部分。应在编制年度设备大修计划的同时，根据委托修理的原则，将本年度的托修项目按季、月和修理类别（大修、项修、改造），编制出年度设备委托修理计划。

（1）委托修理计划的编制

根据年度修理计划的安排，由机械、动力师提出委托修理计划方案，计划预修员汇总整理，编制分厂设备委托修理年度计划。经机动、生产、财务等部门从人力、物力、财力及时间安排等方面综合平衡并会签后，由分管厂长批准，定期报总厂机动科（处）组织审定。经总厂有关部门与厂长审定批准后的年度委修计划，作为实施与考核的依据。

委托修理计划的编制依据、程序以及修前准备工作与大修计划基本上相同。

外委设备年（季）度修理计划见表6-27。

表 6-27 外委设备年（季）度修理计划

序号	设备所在单位	设备资产编号	设备		设备类别		修理复杂系数				计划修理		计划修理时间		实际完成		承修天数	修理费用/元			备注合同编号等
			名称	型号规格	分类	精大稀	F_j	F_a	F_r	F_g	类别	主要内容	月份	停歇天数	月份	停歇天数		计划	合同	决算	

计划编制单位： 委修主办单位： 编审完成时间： 年 月 日

（2）费用预算

外委修理费用预算是委托单位的计划人员根据外委修理技术文件中提出的修理项目、内容和技术要求，参考以往同类委修实际支付费用根据现行有关定额计算的修理费用，在年度计划中列入预算的计划费用。承修单位则通过修前预检，提出施工工艺方案，按照设备维修行业通用的规范计算出修理工程成本和运营费用。双方在有准备的基础上议定合同价格，以便根据进度进行拨款和竣工后的结算。费用预算质量直接影响委托方的支出与承修方的收入，双方必须认真对待，慎重从事。

6.7.2.2 委托修理实施

（1）承修单位的选择

委托单位根据年度设备外委修理计划、托修应掌握原则、承修单位应具备的条件，初选承修单位进行业务联系，对各初选单位反馈信息作综合分析，重点从生产安排、修理质量、费用支付、服务信誉等方面权衡利弊，最后择优确定承修单位。对所选承修专业修理厂、设备制造厂，应考虑建立较长期稳定的协作关系。

（2）承修单位专项修理费用预算与报价

承修单位根据修理技术文件和现场预检结果，制订修理工艺和施工方案，同时参照地区颁发的规定，编制工程费用预算，在预算基础上提出报价。托修单位应及时审查预算质量，双方协商解决有关问题，议定合同价格，为签订合同创造条件。工程竣工验收后作出的决算，应对照预算找出较大的差异及其产生的原因，作出盈亏分析，以便吸取经验教训，纠正差错。

（3）双方签订设备委托修理合同

① 托修单位（甲方）向承修单位（乙方）提出“设备修理委托书”（也可以“设备大修卡”代替）。内容包括：设备的资产编号、名称与型号、规格、制造厂及出厂年份；修理复杂系数；设备加工工艺及技术要求；设备存在的主要缺陷；要求修换的主要零部件与外购配套件目录（其中包括托修单位可提供的备件项目）；设备动力部分的修理改装要求；设备精度检验记录；修后应达到的质量标准和要求；计划的停歇天数及修理安排的时间范围；联系人及电话等。

② 乙方到甲方现场实地调查了解设备状况、作业环境及拆装、搬运条件等，如乙方提出局部解体检查及其他需要配合的要求，甲方应给予协助。

③ 双方就设备是否要拆运到承修单位进行修理，主要部位修理工艺、质量标准、停歇天数、验收方法及相互配合事项等进行协商。

④ 乙方在确认可以保证修理质量改装要求及停歇天数要求的前提下，提出修理费用预算（报价）。

⑤ 通过协商，双方对技术、价格、进度及合同中必须明确规定的事项取得一致意见后，签订合同。

⑥ 合同内容应包括双方单位名称、地址、法人，所签合同的时间与地点，所修设备的资产编号、名称与型号、规格、数量，修理作业地点，主要修理内容，甲方应提供的条件及配合事项，合同成交额及付款方式，验收标准和方法，乙方在修理验收后应提供的技术记录和图纸资料等以及修后的服务内容及保修期，安全施工协议的签订及乙方人员在施工现场发生人身事故的救护，技术资料、图纸的保密要求，包装与运输要求及费用的负担等。设备大修合同书格式参考表 6-28。

表 6-28 设备大修理合同书

<table>
<tr><td>设备名称</td><td colspan="2"></td><td>设备型号</td><td></td></tr>
<tr><td>设备规格</td><td colspan="2"></td><td>设备编号</td><td></td></tr>
<tr><td rowspan="2">复杂系数</td><td>机械</td><td></td><td>制造厂</td><td></td></tr>
<tr><td>电气</td><td></td><td>出厂日期</td><td></td></tr>
<tr><td>设备现有技术状况</td><td colspan="4"></td></tr>
<tr><td>修理部位</td><td colspan="4"></td></tr>
<tr><td>改装要求</td><td colspan="4"></td></tr>
<tr><td>修理质量要求</td><td colspan="4"></td></tr>
<tr><td>修理期限</td><td colspan="2"></td><td>修理费用</td><td></td></tr>
<tr><td colspan="3">托修单位(盖章)及负责人(签字)</td><td colspan="2">承修单位(盖章)及负责人(签字)</td></tr>
<tr><td colspan="3">年 月 日</td><td colspan="2">年 月 日</td></tr>
</table>

有些内容若在乙方标准格式的合同用纸中难以写明时，可另写成附件，并在合同正本中说明附件是合同的组成部分。

(4) 执行合同应注意事项

在执行合同中，双方都应认真履行合同规定的责任，并应着重注意以下事项。

① 设备解体后，如发现双方在签订合同前均未发现并在委托书中没有标明的严重缺损状况，乙方应立即通知甲方商定，甲方应主动配合乙方研究措施补救，并对修理内容及质量要求修改补充，以保证按期完成修理合同。

② 甲方要指派人员到修理现场监督检查修理质量及进度，如发现问题，及时向乙方提出并要乙方采取措施纠正或补救。

③ 在企业内部负责委托修理的部门要做好工艺部门、使用单位和设备管理部门之间的协调工作，以保证试车验收工作顺利进行。

④ 修理验收投产后，甲乙双方要经常保持联系，特别是在保修期内发生较大故障时，承修单位接到通知后，应立即派人赶赴现场分析原因，采取积极措施予以排除。

⑤ 对于支出费用较大的工程，一般在开工前支付 30%的预付款，工程验收后再支付 60%，暂留 10%作为质量保证金，待保修期满合同完全履行后再支付给承修方。对于特大工程可根据工程进度分期支付工程进度款，但合同付款方式中要有说明。对于小工程可不规定预付款。

(5) 修后质量检查及竣工验收

委托修理验收是保证设备修后达到规定的质量标准和要求，减少返工修理，降低返修率的重要环节。承修、托修双方在工作中一定要严把质量关，把质量问题发现并解决在修理作业场地。

思 考 题

1. 过程装备检修的基础技术工作包括哪些内容？
2. 大检修施工前的准备工作包括哪些方面？简述其工作内容。
3. 大检修施工现场的管理包括哪些内容？
4. 请针对企业某一装备的磨损情况编制装备检修书，列出更换零部件的明细。
5. 通过调查企业装备检修情况，自行编制1～2份装备年度（或季度、月份）检修计划。
6. 请调研一个企业的设备检修管理情况，并编制出该企业设备检修管理的流程图。

7 过程装备的备件管理

学习指导

【能力目标】

- 能合理确定备件的储备品种、储备形势和储备定额，及时提供合格备件；
- 能合理编制备件计划，并能组织实施进行库存管理。

【知识目标】

- 熟悉备件技术资料管理内容，备件储备品种确定原则；
- 掌握备件计划编制方法及实施注意事项；
- 熟悉库存资金核定方法及设备备件库存管理方法。

备件管理是维修工作的重要组成部分，科学合理地储备备件，及时地为设备维修提供优质备件，是设备维修必不可少的特质基础，是缩短设备停修时间、提高维修质量、保证修理周期、完成修理计划、保证企业生产的重要措施。

7.1 备件管理概述

7.1.1 备件的含义与分类

7.1.1.1 备件的含义

在设备维修工作中，为缩短修理的停歇时间，根据设备的磨损规律和零件使用寿命，将设备中容易磨损的零、部件，事先加工、采购和储备好，这些事先按一定数量储备的零、部件，称为备件。

7.1.1.2 备件的分类

生产中备件的种类很多，为了方便管理和领用，一般将备件与设备、工具、材料和低值易耗品区分开来，并对备件按不同的方法进行分类。

(1) 根据备件的技术特性分类

① 标准件：指结构、规格及各项技术参数均符合国家标准或行业标准，在各种设备中广泛采用系列制造的零部件。如V带、链条、滚动轴承、螺纹、键、管件等，一般外购。

② 专门件：指按主机制造厂特定的标准或系列而制造的零部件。

③ 特制件：指按非标准而特制的零部件。

(2) 根据备件的使用频率分类

① 易损备件：指那些易磨损、易腐蚀、常损耗的备件。

② 常用备件：指那些在中、小修时定期更换的备件，这类备件数量最大。

③ 大修备件：指设备大修理时需要更换的备件。

④ 事故备件：指为了防止设备的重要部位发生突发故障造成停产而做的备件准备。这

类备件往往是设备的关键件，在正常使用情况下，其寿命较长，但一旦损坏，必须有备件予以更换。否则，将造成严重停产事故，因而，须有一定的储备。

(3) 根据备件的来源分类

① 自制件：通常指企业自行设计、测绘、制造的专用备件。

② 外协件：指企业委托主机制造厂或第三方设备制造厂生产的专门零件。

③ 外购件：指企业通常在市场上可直接购入的零件，这类产品均有国家标准或具体的型号规格，有广泛的通用性。

(4) 根据管理学中的ABC分类法分类

① A类备件。其在企业的全部备件中所占品种少，占全部品种的10%～15%，占用的资金额较大，一般占用备件全部资金的80%左右。对于A类备件必须严格控制，运用存储理论确定合适的存储量，尽量缩短订货周期，增加采购次数，以加速备件储备资金的周转。

② B类备件。其品种类别比A类多，占全部品种的20%～30%；占用的资金比A类少，一般占用备件全部资金的15%左右。对B类备件的储备只需适当控制，根据维修的需要，可适当延长订货周期、减少采购次数，以做到两者兼顾。

③ C类备件。其品种很多，占全部品种的60%～65%；但占用的资金很少，一般仅占备件全部资金的5%左右。对C类备件，根据维修的需要，储备量可大一些，订货周期可长一些。

究竟什么备件储备多少，科学的方法是按存储理论进行定量计算。但以上ABC分类法，可作为粗略区分各类备件的简单方法，以便于分类管理。在通常情况下应把主要工作放在A类和B类备件管理上。

7.1.2　备件管理的目标、任务与内容

7.1.2.1　备件管理的目标

备件管理的目标是用最少的备件资金，科学合理经济的库存储备，保证设备维修的需要，减少设备停修时间，并做到以下几点：

① 把设备突发故障所造成的生产停工损失减少到最低程度。

② 把设备计划修理的停歇时间修理费用降低到最低限度。

③ 把备件库储备资金压缩到合理供应的最低水平。

④ 备件管理方法先进，信息准确，反馈及时，满足设备维修需要，经济效果明显。

7.1.2.2　备件管理的主要任务

① 建立相应的备件管理机构和必要的设施，科学合理地确定备件的储备品种、储备形式和储备定额，做好备件的保管供应工作。

② 及时有效地向维修人员提供合格的备件，重点做好关键设备备件供应工作，确保关键设备对维修备件的需要，保证关键设备的正常运行，尽量减少停机损失。

③ 做好备件使用情况的信息收集和反馈工作。备件管理和维修人员要不断收集备件使用的质量、经济信息，并及时反馈给备件技术人员，以便改进和提高备件的使用性能，备件采购人员要随时了解备件市场货源供应情况、供货质量，并及时反馈给备件计划员及时修订备件外购计划。

④ 在保证备件供应的前提下，尽可能减少备件的资金占用量。影响备件管理成本的因素有：备件资金占用率和周转率；库房占用面积；管理人员数量；备件制造采购质量和价格；备件库存损失等。备件管理人员应努力做好备件的计划、生产、采购、供应、保管等工作，压缩备件储备资金，降低备件管理成本。

7.1.2.3　备件管理的工作内容

备件管理工作的内容按其性质可分为以下几个方面。

(1) 备件的技术管理

技术基础资料的收集与技术定额的制订工作包括：备件图纸的收集、测绘、整理，备件图册的编制；各类备件统计卡片和储备定额等基础资料的设计、编制及备件卡的编制工作。

(2) 备件的计划管理

备件的计划管理指由提出备件自制计划或外协、外购计划到备件入库这一阶段的工作，可分为：年、季、月自制备件计划；外购备件年度及分批计划；铸、锻毛坯件的需要量申请、制造计划；备件零星采购和加工计划；备件的修复计划。

(3) 备件的库房管理

备件的库房管理指备件入库到发出这一阶段的库存控制和管理工作。包括：备件入库时的质量检查、清洗、涂油防锈、包装、登记上卡、上架存放；备件收、发及库房的清洁与安全；订货点与库存量的控制；备件的消耗量、资金占用率、资金周转率的统计分析和控制；备件质量信息的搜集等。

(4) 备件的经济管理

备件的经济核算与统计分析工作，包括：备件库存资金的核定、出入库账目的管理、备件成本的审定、备件消耗统计、备件各项经济指标的统计分析等。经济管理应贯穿于备件管理的全过程，同时应根据各项经济指标的统计分析结果来衡量检查备件管理工作的质量和水平，总结经验，改进工作。

7.2　备件技术管理

7.2.1　备件技术资料的内容

备件技术资料的内容见表7-1～表7-7。

表7-1　备件技术资料的内容

类别	技术资料名称和内容	资料来源	备注
备件图册 维修图册	机械备件零件图 主要部件装配图 传动系统图 液压系统图 轴承位置分布图 电气系统图	1. 向制造厂家索取 2. 自行测绘 3. 设备使用说明书中的易损件图或零件图 4. 向描图厂家购买 5. 机械行业编制的备件图册 6. 向兄弟厂家借用	1. 外来资料应与实物进行校核 2. 编制图册的图纸应在图纸适当位置标出原厂图号
备件卡片	机械备件卡(自制备件卡、外购备件卡) 轴承卡 液压元件卡 皮带链条卡 电器备件元件卡等	1. 备件图册 2. 设备使用说明书 3. 机械行业有关技术资料 4. 向兄弟单位借用 5. 自行测绘、编制	自制备件卡见表7-2 外购备件卡见表7-3 轴承卡见表7-4 电器备件卡见表7-5
备件统计表	备件型号、规格统计表 备件类别汇总表	1. 备件卡 2. 备件图册 3. 设备说明书 4. 同行业互相学习 5. 设备台账 6. 机械行业有关资料	备件型号、规格统计表见表7-6 备件类别汇总表见表7-7

表 7-2　自制备件卡

<table>
<tr><td colspan="2">设备名称</td><td></td><td>型号</td><td></td><td>规格</td><td></td><td colspan="2">制造厂</td><td colspan="2"></td><td colspan="2">出厂日期</td><td colspan="2"></td><td>台数</td><td></td></tr>
<tr><td rowspan="2">序号</td><td rowspan="2">所在部位</td><td rowspan="2">备件名称</td><td colspan="2">图号</td><td colspan="2">数量</td><td rowspan="2">主要规格</td><td rowspan="2">单件重量</td><td rowspan="2">材料</td><td rowspan="2">备件来源</td><td rowspan="2">制造周期</td><td rowspan="2">储备形式</td><td rowspan="2">计划价格</td><td colspan="2">储备定额</td><td rowspan="2">备注</td></tr>
<tr><td>制造厂号</td><td>本厂号</td><td>单台</td><td>合计</td><td>最小</td><td>最大</td></tr>
<tr><td></td><td></td><td></td><td></td><td></td><td></td><td></td><td></td><td></td><td></td><td></td><td></td><td></td><td></td><td></td><td></td><td></td></tr>
<tr><td></td><td></td><td></td><td></td><td></td><td></td><td></td><td></td><td></td><td></td><td></td><td></td><td></td><td></td><td></td><td></td><td></td></tr>
</table>

表 7-3　外购备件卡

<table>
<tr><td colspan="2">设备名称</td><td colspan="3"></td><td colspan="2">型号</td><td colspan="2"></td><td colspan="2">规格</td><td colspan="2"></td><td>台数</td><td></td></tr>
<tr><td rowspan="2">序号</td><td rowspan="2">备件名称</td><td colspan="2">备件型号</td><td rowspan="2">精度</td><td rowspan="2">主要规格</td><td colspan="4">所在部位</td><td colspan="2">数量</td><td colspan="2">储备定额</td><td rowspan="2">备　注</td></tr>
<tr><td>原型号</td><td>代用号</td><td>床头箱</td><td>走刀箱</td><td>溜板箱</td><td>进刀箱</td><td>单台</td><td>合计</td><td>最小</td><td>最大</td></tr>
<tr><td></td><td></td><td></td><td></td><td></td><td></td><td></td><td></td><td></td><td></td><td></td><td></td><td></td><td></td><td></td></tr>
<tr><td></td><td></td><td></td><td></td><td></td><td></td><td></td><td></td><td></td><td></td><td></td><td></td><td></td><td></td><td></td></tr>
</table>

表 7-4　轴承卡

<table>
<tr><td colspan="2">设备名称</td><td></td><td>型号</td><td></td><td>制造厂</td><td></td><td colspan="2">出厂日期</td><td></td><td>台数</td><td></td></tr>
<tr><td rowspan="2">序号</td><td rowspan="2">轴承名称</td><td rowspan="2">型号</td><td rowspan="2">图别</td><td rowspan="2">精度等级</td><td rowspan="2">主要尺寸</td><td colspan="2">数量</td><td rowspan="2">安装部位</td><td colspan="2">储备定额</td><td rowspan="2">备　注</td></tr>
<tr><td>单台</td><td>累计</td><td>最小</td><td>最大</td></tr>
<tr><td></td><td></td><td></td><td></td><td></td><td></td><td></td><td></td><td></td><td></td><td></td><td></td></tr>
<tr><td></td><td></td><td></td><td></td><td></td><td></td><td></td><td></td><td></td><td></td><td></td><td></td></tr>
</table>

表 7-5　电器备件卡

<table>
<tr><td colspan="2">设备名称</td><td></td><td colspan="2">型号</td><td colspan="2"></td><td colspan="2">制造厂</td><td></td><td colspan="2">出厂日期</td><td></td><td>台数</td></tr>
<tr><td rowspan="2">序号</td><td rowspan="2">备件名称</td><td rowspan="2">型号</td><td colspan="4">技术规格</td><td colspan="2">数量</td><td rowspan="2">安装部位</td><td colspan="2">储备定额</td><td rowspan="2">代号</td><td rowspan="2">备注</td></tr>
<tr><td>V</td><td>A</td><td>极</td><td>其他</td><td>单台</td><td>累计</td><td>最小</td><td>最大</td></tr>
<tr><td></td><td></td><td></td><td></td><td></td><td></td><td></td><td></td><td></td><td></td><td></td><td></td><td></td><td></td></tr>
<tr><td></td><td></td><td></td><td></td><td></td><td></td><td></td><td></td><td></td><td></td><td></td><td></td><td></td><td></td></tr>
</table>

表 7-6　备件型号、规格统计表

<table>
<tr><td colspan="2">备件名称</td><td></td><td>型号及规格</td><td></td><td colspan="2">精度等级</td><td colspan="3"></td></tr>
<tr><td colspan="2" rowspan="2">各类设备上同型号备件的统计总数</td><td rowspan="2"></td><td rowspan="2">计量单位</td><td rowspan="2"></td><td colspan="2">计划价格</td><td colspan="3"></td></tr>
<tr><td>储备定额</td><td>最大</td><td></td><td>最小</td><td></td></tr>
<tr><td rowspan="2">序号</td><td colspan="3">装有此型号、规格备件的设备</td><td rowspan="2">单台数</td><td rowspan="2">合计数</td><td colspan="4" rowspan="2">备　注</td></tr>
<tr><td>设备名称</td><td>型号</td><td>现有台数</td></tr>
<tr><td></td><td></td><td></td><td></td><td></td><td></td><td colspan="4"></td></tr>
</table>

表 7-7　备件类别汇总表

<table>
<tr><td rowspan="2">序号</td><td rowspan="2">备件名称</td><td rowspan="2">备件型号</td><td rowspan="2">规格</td><td rowspan="2">单位</td><td rowspan="2">全厂设备拥有量</td><td rowspan="2">其中重点设备拥有量</td><td colspan="2">储备定额</td><td rowspan="2">备注</td></tr>
<tr><td>最小</td><td>最大</td></tr>
<tr><td></td><td></td><td></td><td></td><td></td><td></td><td></td><td></td><td></td><td></td></tr>
<tr><td></td><td></td><td></td><td></td><td></td><td></td><td></td><td></td><td></td><td></td></tr>
</table>

7.2.2 确定备件储备品种的原则和方法

7.2.2.1 确定备件储备品种的基本原则

确定备件储备品种是一项技术性和经济性很强的工作，确定的基本原则是：从企业实际出发，满足设备维修需要，保证设备正常运转，减少库存资金。一般下列各类零件可列入备件储备范围：

① 如滚动轴承、传动带、链条、皮碗油封、液压元件、电气元件等。

② 设备说明书中所列出的易损件。

③ 传递主要负载而自身又较薄弱的零件，如小齿轮、联轴器等。

④ 经常摩擦而损耗较大的零件，如摩擦片、滑动轴承、传动丝杠副等。

⑤ 保持设备主要精度的重要运动零件，如主轴、高精度齿轮和丝杠副、涡轮副等。

⑥ 受冲击负荷或反复载荷的零件，如曲轴、锤头、锤杆等。

⑦ 制造工序多、工艺复杂、加工困难、生产周期长、需要外单位协作或制造的复杂零件。

⑧ 因设计结构不良而故障频率高的零件。

⑨ 在高温、高压及有腐蚀性介质环境下工作，易造成变形、腐蚀、破裂、疲劳的零件，如热处理用底板、炉罐等。

⑩ 生产流水线上的设备和生产上的关键（重点）设备，应充分储备的易损件或成套件。

由于各企业的生产性质及具体情况不同，当地维修备件市场供应情况不同，致使同一机型的设备在不同企业中应储备的备件品种也不完全相同。因此，企业的备件工作者在确定备件储备品种时除应考虑上述备件储备原则外，还应结合本企业的实际情况，不断积累资料，总结经验，并考虑以下因素。

① 企业产品类型及设备加工对象、生产性质和使用特点，这些都关系到零件的使用寿命。

② 企业设备的拥有量和设备的开动台时及工作环境。新设备多的企业，备件储备品种应逐步从少到多。

③ 使用、维护条件，修理技术水平及地区供应情况。机修加工能力强的企业，从经济角度出发，应尽量减少储备品种和数量；同时，要充分利用地区的有利供应条件和协作能力，能购到的不自制，能及时外购的，不储备或少储备。

④ 设备在生产中的作用。重点设备及停工损失很大的设备，其备件应优先储备，储备品种也应适当增加。

⑤ 同型设备的数量。若企业中同型设备较多，在已掌握了零件磨损规律和技术资料比较齐全情况下，为减少大修预检工作量和时间，可适当扩大备件的储备品种。

⑥ 零件的通用化程度。生产厂家不同、出厂年月不同、机型不同的设备，凡能通用或互相借用的零件，应统一考虑，以减少备件的储备品种。

⑦ 同时技产设备的数量。企业的设备很多是同时投产的，当设备使用到一定年限时，某些零件将会出现同时达到磨损极限的情况，即出现消耗高峰，在此之前，应适当增加备件的储备品种和储备量。

⑧ 关键、重点、进口设备生产厂家备件的提供情况，合同规定的备件供应品种和供应办法。

⑨ 本地区备件的集中生产和市场供应的情况。

7.2.2.2 确定备件储备品种的方法

① 根据零件结构特点、运动状态的结构状态分析法。

结构状态分析法就是对设备结构和运动状态进行技术分析，判明哪些零件经常处在运动状态，其受力情况如何，容易产生哪类磨损，磨损后对设备精度、性能和使用的影响以及零件结构、质量、易损等因素，再与确定备件储备品种的原则结合起来综合考虑，确定出应储备的备件项目。

② 根据维修换件情况的技术统计分析法。

技术分析法就是对企业日常维修、项修和大修更换件的消耗量进行统计和技术分析（需较长时间地积累准确资料），通过对零件消耗找出零件的消耗规律。在此基础上，与设备结构情况、确定备件储备品种的原则结合起来进行综合分析，确定应当储备的备件品种。

③ 根据同型号设备备件手册（机械行业出版资料或行业经验汇编）的参考资料比较法。

这种方法适用于一般普通设备，可参看机械行业编制的备件手册、轴承手册和液压元件手册等技术资料，结合本企业实际情况，再结合前两种方法确定本单位的备件储备品种。

7.2.2.3　备件的储备形式

(1) 按备件性质分类

根据备件的性质，储备形式分为以下五种。

① 成品储备。在设备维修中，有些备件要保持原来的尺寸，如摩擦片、齿轮、花键轴等，可制成（或配置）成品储备。有时为了延长某一零件的使用寿命，可有计划地预先把相关的配合零件分成若干配合等级，按配合等级把零件制成成品进行储备。例如：活塞环与缸体及活塞的配合可按零件的强度分成两三种不同的配合等级，然后按不同配合等级将活塞环制成成品储备，修理时按缸选用活塞环即可。

② 半成品储备。有些零件必须留有一定的维修余量，以便拆机修理时进行尺寸链的补偿，如轴瓦、轴套等可以留配刮量储存，也可以粗加工后储存；又如与滑动轴承配合的淬硬轴，轴颈淬火后不必磨削而作为半成品储备等。

半成品备件在储备时一定要考虑到最后制成成品时的加工工艺尺寸。储备半成品的目的是为了缩短因制造备件而延长的停机时间，同时也为了在选择修配尺寸前能预先发现材料或铸件中的砂眼、裂纹等缺陷。

③ 成对（套）储备。为了保证备件的传动和配合，有些机床备件必须成对制造、保存和更换，如高精度的丝杠副、涡轮副、螺旋伞齿轮等。为了缩短设备修理的停机时间，常常对一些普通备件也进行成对储备，如车床的走刀丝杠和开合螺母等。

④ 部件储备。为了进行快速修理，可把生产线中的设备及关键设备上的主要部件，制造工艺复杂、技术条件要求高的部件或通用标准部件等，根据本单位具体情况组成部件适当储备，如减速器、液压操纵板、吊车抱闸、镗床电磁离合器等。部件储备也属成品储备的一种形式。

⑤ 毛坯（或材料）储备。某些机械加工工作量不大及难以预先决定加工尺寸的备件，可以毛坯形式储备，如对合螺母、铸铁拨叉、双金属轴瓦、铸铜套、带轮、曲轴及关键设备上的大型铸锻件以及有些轴类粗加工后的调质材料等，采用毛坯储备形式，可以省去设备修理过程中等待准备毛坯的时间。

(2) 根据库存控制方法，储备形式分下列两种。

① 经常储备。对于那些易损、消耗量大、更换频繁的零件，需经常保持一定的库存储备量。

② 间断储备。对于那些磨损期长、消耗量少、价格昂贵的零件，可根据对设备的状态检测情况，发现零件有磨损和损坏的征兆时，提前订购（生产），作短期储备。

7.2.3 备件的储备定额

7.2.3.1 储备定额的概念和意义

确定备件的储备定额是编制设备维修各类备件计划的基础资料，是指导备件生产、订货、采购、储备以及科学、经济地管理库房的依据。

从广义上讲，储备定额是指企业为保证生产和设备维修，按照经济合理的原则，在收集各类有关资料并经过计算机和实际统计基础上所制定的备件储备数量、库存资金和储备时间等的标准限额，其分类如下。

① 按计量单位不同，分为储备量定额（数量单位：件）；储备资金定额（资金单位：元）；储备周期定额（时间单位：月）。

② 按综合程度不同，分为单件储备定额（根据备件的品种、规格制订）；分类储备定额（根据备件大类划分，用于备件的统计分析）。

③ 按备件来源不同，分为自制备件储备定额；外购备件储备定额。

狭义的备件储备定额，指备件卡中所列的各类备件的储备量定额，它是备件技术管理的一项重要工作。

7.2.3.2 备件储备定额的计算

(1) 备件储备定额计算公式

经常储备哪些备件取决于备件的使用寿命，储备多少则取决于备件的消耗量和本企业的机修能力和供应周期。确定备件储备量定额时，应以满足设备维修需要、保证生产和不积压备件资金、缩短储备周期为原则。一般可按下式计算。

储备量(D)＝系数(K)×备件拥有量(E)×供应周期(Z)/平均使用寿命(C)

由于零件的使用寿命（C）不易掌握，一般以实际备件消耗量（M）代替。即：$M=E/C$。这样上述公式可变为：

$$D=KMZ$$

式中 C——备件平均使用寿命，指同种单个备件从开始使用到不能使用为止的平均寿命时间，以月计算，计算C值需不断积累备件的实际消耗情况并密切结合企业的实际情况，其部分锻压设备备件的平均使用寿命举例见表7-8；

E——备件拥有量，指本企业所有生产设备上所装同一种备件的数量（不是指库存数量），其中，自制备件拥有量＝单台设备装有的相同自制备件数×同型设备台数；外购备件拥有量＝设备备件卡或说明书等资料中统计的单台数×同型设备台数；

M——备件消耗量，指在一定时间内同种备件的实际消耗件数，可用一个大修周期的实际平均消耗量来代替理论上的消耗量；

Z——供应周期，对自制备件指从提出申请至成品入库所需的时间，对外购备件则指从提出申请至到货入库的时间；

K——系数，根据企业的设备管理与维修水平，备件制造能力及制造水平，地区供应及协作条件等确定，条件好的用小数，条件差的用大数。

(2) 自制备件最大、最小储备量和订货点的确定

① 最小（低）储备量（D_{min}）指备件的最低储备限额，即备件供应周期内的备件储备量。

表 7-8　锻压设备备件平均使用寿命实例

设备类别	备件名称	寿命 C/月	设备类别	备件名称	寿命 C/月
平锻机类	顶锻滑块轴瓦	24	自由锻锤类	锤杆	12
	顶锻滑块套筒	24		活塞杆	12
	传动轴轴圈	18		上下锤头铁	40
	内齿轮毂	18		上下锤头楔铁	24
	副摩擦片圆盘	18		枕座楔铁	60
	刹车飞轮摩擦垫片	24		操纵杆弹簧	13
	大型轴承	60		气阀衬套	18
	气动操纵部分:滚子	24	模锻锤类	锤头(小锤)	24
	小轴	24		(大锤)	40
锻压机类	曲轴	120 以上		10t 锤的	48
	连杆	60 以上		5t 锤的	36
	上推杆	36		30t 锤以下的	24
	下推杆	24		活塞	18
	上推部分与凸轮接触的月牙形杠杆套	6		活塞环	4
切边压床	摩擦片	36		汽缸套	24
	离合器部分零件	36		下模座	12
剪床	轴道调整汽缸活塞杆	3		气阀	6
	上压杆	3		气阀衬套	36
	空气垫之活塞杆	42			
	活塞	24			

注：本表为设备按每天工作 16h，全负荷正常情况下使用的寿命推荐值，仅供参考。

$$D_{min}=KMZ$$

② 最大（高）储备量（D_{max}）指备件的最高储备限额，它要求考虑到最经济的加工循环期，经济合理地组织生产批量。一般来说，最大储备量不应超过一年半的消耗量。

$$D_{max}=KMG$$

③ 订货点（$D_{订}$）指库存备件使用到需要补充订货的储备量

$$D_{订}=D_{min}+MZ$$

式中　M——按月计算的备件消耗量；

Z——按月计算的备件供应周期（制造周期）；

G——按月计算的最经济加工循环期（一般选用 6、8、9、10、12 等数字），G 通常指第一次生产某种备件到第二次生产同一种备件最经济的时间；最经济的含义包括两方面，从生产上是减少品种、增加批量；从资金上是减少资金加速周转，只有从这两方面考虑，才可得到最经济的加工循环期，如能与地区性协作组及中心备件库结合起来，则更为经济合理；

K——系数，一般取值为 1～1.5，随管理、制造、维护水平，备件质量和地区协作等条件的优劣而定。

【例 7-1】 C620-1 车床的Ⅰ轴，每台设备 1 件，全厂共有同型设备 60 台，使用寿命为 4 年，制造周期为 2 个月，最经济加工循环期为 12 个月。求最小储备量、最大储备量和订货点。

解　根据给定条件得 $M=E/C=1\times60/(12\times4)=1.25$，取 1 件/月

$Z=2$（月），$G=12$（月），按企业条件选取 $K=1.1$。按公式

$$D_{min}=KMZ$$

$$D_{max}=KMG$$

$$D_{订}=D_{min}+MZ$$

则：最小储备量 $D_{min}=1.1\times1\times2=2.2$，取 2 件。

最大储备量 $D_{max}=1.1\times1\times12=13.2$，取 13 件。

订货点 $D_{订}=2+1\times2=4$（件）。

(3) 外购备件储备定额的确定

外购备件储备定额的计算公式：$D=KMZ$

式中 D——外购备件合理储备定额；

M——外购备件月平均消耗量；

Z——供应周期（一年订货一次为 12，半年订货一次为 6，一季订货一次为 3，进口备件为 24）；

K——系数（一般取 1.1～1.4）。

凡是能修复使用的外购备件应按下式计算：

$$合理储备量=M\times修复周期$$

7.2.3.3　确定备件储备定额应考虑的其他因素

① 备件生产、供应方式转变的影响。

随着备件管理逐步走向集中生产、集中供应，向市场化的转变，外购备件的数量必将增大，供应周期则会更趋缩短，因而在确定储备定额时，企业应根据本地区备件货源情况、质量信息，参考上述公式，确定合理经济的储备定额。

② 设备使用连续性的影响。

例如，两班或三班生产，其备件使用寿命较一班制生产要缩短 1.5～2 年。

③ 关键设备备件、不易购得的备件及有订货起点的特殊备件，可适当加大储备定额。

7.3 备件计划管理

备件计划管理是指备件计划人员通过对备件需求量的预测，结合本企业的生产维修能力、年度设备维修计划及市场备件供应情况来编制备件生产、订货、储备和供应计划等工作；同时，要求做好各项计划的组织、实施和检查工作，以保证企业的生产和设备维修的需要及备件管理的经济性。

7.3.1 备件计划的分类和编制计划的依据

7.3.1.1　备件计划的分类

(1) 按备件来源分类

① 自制备件生产计划。又分为成品、半成品计划；铸、锻件毛坯计划；修复件计划。

② 外购备件采购计划。又分为国内备件采购计划；国外备件采购计划。

(2) 按备件计划时间分类

分为年度备件生产计划；季度备件生产计划 ；月度备件生产计划。

7.3.1.2　编制备件计划的依据

① 各类备件卡片（机械备件卡、轴承卡、电器元件卡、液压元件卡等）；

② 各类备件统计汇总表，包括备件库存表；库存备件领用、入库动态表；备件达到企业规定的订货点和最小储备量时库房提出的备件申请量表；

③ 年、季度设备修理计划；

④ 分厂（或生产车间）机械员提出的日常维修备件申请表；

⑤ 本企业的年度生产计划及机修车间、备件生产车间生产能力、材料供应等的情况分析；

⑥ 库房和修复小组回收可修复件的情况；

⑦ 本企业备件历史消耗记录和设备开动率；

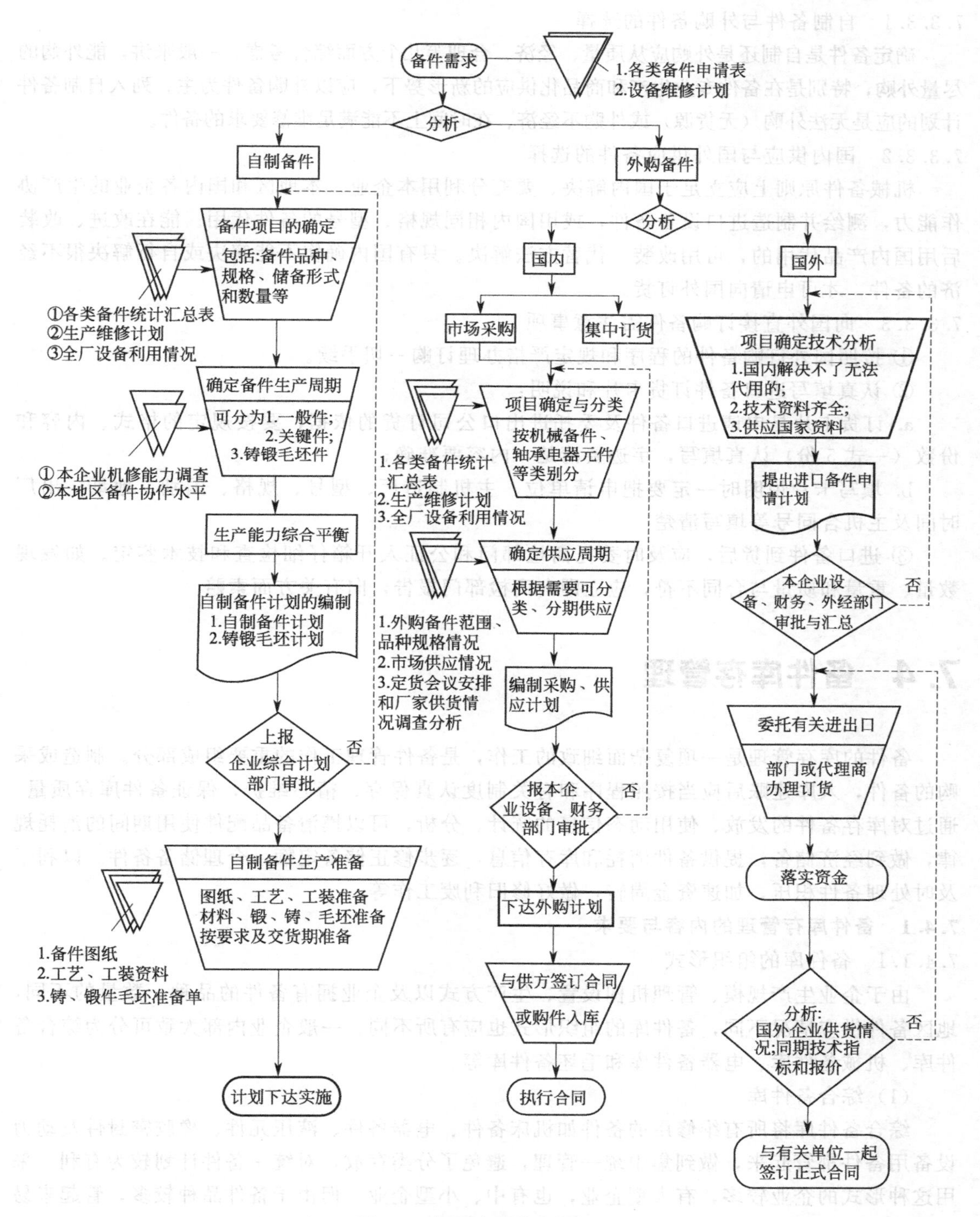

图 7-1　备件计划的编制方法

⑧ 本地区备件生产、协作、供应情况。

7.3.2 备件计划的编制方法（流程）

备件计划的编制方法参见图 7-1。

7.3.3 备件计划编制工作中应注意的问题

7.3.3.1 自制备件与外购备件的选择

确定备件是自制还是外购应从质量、经济、合理等几个方面综合考虑。一般来讲，能外购的尽量外购，特别是在备件专业生产和商品化供应的新形势下，应以外购备件为主。列入自制备件计划的应是无法外购（无货源）或外购不经济、在时间上不能满足维修要求的备件。

7.3.3.2 国内供应与国外供应备件的选择

机械备件原则上应立足于国内解决。要充分利用本企业、本地区和国内各企业的生产协作能力，测绘并制造进口设备备件，或用国内相同规格、型号的备件代用。能在改进、改装后用国内产品代用的，可用改装、代替方法解决。只有国内确实不能解决或自行解决很不经济的备件，才可申请向国外订货。

7.3.3.3 向国外直接订购备件需注意事项

① 按照国外订购备件的程序和规定严格办理订购一切手续。

② 认真填写进口备件订货卡片和说明：

a. 订货卡片是申请进口备件及委托进出口公司订货的依据，要按规定的格式、内容和份数（一式 5 份）认真填写，字迹要清楚，内容要准确；

b. 填写卡片说明时一定要把申请单位、主机制造厂、型号、规格、国别、地址、出厂时间及主机合同号等填写清楚。

③ 进口备件到货后，应及时委托商检部门和公证人开箱仔细检查和技术鉴定。如发现数量、重量和质量与合同不符，应立即向商检部门报告，向有关方面索赔。

7.4 备件库存管理

备件的库存管理是一项复杂而细致的工作，是备件管理工作的重要组成部分。制造或采购的备件，入库建账后应当按照程序和有关制度认真保存、精心维护，保证备件库存质量。通过对库存备件的发放、使用动态信息的统计、分析，可以摸清备品配件使用期间的消耗规律，做到经济储备，提供备件消耗和库存信息，逐步修正储备定额，合理储备备件。以利于及时处理备件积压，加速资金周转，做好修旧利废工作等。

7.4.1 备件库存管理的内容与要求

7.4.1.1 备件库的组织形式

由于企业生产规模、管理机构设置、生产方式以及企业拥有备件的品种、数量的不同，地区备件供应情况不同，备件库的组织形式也应有所不同。一般企业内部大致可分为综合备件库、机械备件库、电器备件库和毛坯备件库等。

(1) 综合备件库

综合备件库将所有维修用的备件如机床备件、电器备件、液压元件、橡胶密封件及动力设备用备件都管起来，做到集中统一管理，避免了分类存放，对统一备件计划较为有利。采用这种形式的企业较多，有大型企业，也有中、小型企业。但由于备件品种较多，管起来易与企业的生产供应部门分工不清，容易造成相互扯皮和重复储备现象。

(2) 机械备件库

机械备件库只管机械备件（齿轮、轴、丝杠等机械零件），其形式较为单纯，便于管理，但维修中常需更换的轴承、密封件、电器等零件，维修人员需到供应部门领取。

(3) 电器备件库

电器备件库储备全厂设备维修用的电工产品、电器电子元件等。储备的品种视具体情况而定，多数企业一般不单独设电器备件库，而由厂生产部门管理。随着数控设备的增加，电子及电器备件的品种和数量将会加大储备。

(4) 毛坯备件库

毛坯备件库主要储备复杂铸件、锻件及其他有色金属毛坯件，目的是缩短备件的加工周期，以适应修理的需要。如果只有少数毛坯备件，一般可不设毛坯备件库而由材料库兼管。

表 7-9 备件库存管理工作的内容和程序

内容	要求	程序(流程示意)
备件入库	1. 入库备件必须逐件进行核对与验收 (1)入库备件必须符合申请计划和生产计划规定的数量、品种、规格 (2)要查验入库零件的合格证明，并做适当的外观等质量抽验 (3)备件入库必须由入库人填写入库单，并经保管员核查 2. 备件入库上架时要做好涂油、防锈保养工作 3. 备件入库要及时登记、挂上标签(或卡片)，并按用途(使用对象)分类存放 *标签可与备件卡片合一，内容要填清楚	备件生产、管理部门 → 备件入库 → 核对与验收（①入库单 ②合格证）→ 涂油、保养 → 分类、上架（挂标签*）→ 登记、上账（备件分类台账、备件卡片）
备件保管	1. 入库备件要由库管人员保存好、维护好、做到不丢失、不损坏、不变形变质、账目清楚、码放整齐(三清、两齐、三一致、四号定位、五五码放) 2. 定期涂油、保管、检查 3. 定期进行盘点，随时向有关人员反映备件使用动态 **使用动态包括达到最低储备定额和领用情况，以及备件处理等方面的情况，各类统计表见表 7-11～表 7-14	备件保管 → 定期检查保养；定期盘点、随时反映动态（①备件使用动态 ②备件资金动态**）
备件发放	1. 发放备件须凭领料票据，对不同的备件，要制定相应的领用办法和审批手续 2. 领出备件要办理相应的财务手续 3. 备件发出后要及时登记和消账、减卡 4. 有回收利用价值的备件，要以旧换新，并制定相应的管理办法	备件发放 → 企业内部（领料票 → 验证单据）；外单位（介绍信及上级部门批示、财务单据 → 验证凭证 → 计价 → 财务结算）→ 发放、减账（备件分类台账、备件卡片）
备件处理	1. 由于设备外调、改造、报废或其他客观原因所造成的本企业已不需要的备件，要及时按要求加以销售和处理 2. 对因图纸、工艺技术错误或保管不善而造成的备件废品，要查明原因，提出防范措施和处理意见，报请主管领导审批 3. 报废或调出备件必须按要求办理手续	备件处理 → 查看报废单据（报废通知单处理）→ 提出备件、减账（备件分类台账、备件卡片）→ 结束

总之，备件库的组织形式应根据企业的特点和客观实际情况适当选择设置。

7.4.1.2　备件库存管理工作的内容与程序

(1) 备件库存管理工作的内容和程序

见表 7-9。

(2) 备件库存管理的各类统计表

① 备件入库单（表 7-10）。此单须由交货人填写，入库备件必须附有质量合格证。

表 7-10　备件入库单

发票/合同号			备件来源				
设备名称型号	备件名称	图号或规格	单位	数量	单价	总价	质量情况
实际价格			计划价格		备注		
发票价格	运杂费	总金额	单价	总价			
财务审核	交库人		仓库保管		年　月　日		

② 备件消耗情况月报（表 7-11）。按领用单位及备件分类（自制备件、轴承、电器等）报给备件技术员，供了解备件消耗情况及作为修改备件定额的依据。

表 7-11　备件消耗情况月报

序号	设备名称型号	备件名称	图号或规格	消耗数量				
				合计	大修	项修	日常维修	事故
本月入库　种　件　元			本月出库　种　件　元			月末库存　种　件　元		
制表						年　月　日		

③ 备件订货表（表 7-12）。将消耗到订货点的各种备件报给备件技术员，以确定下月备件自制或外购计划。

表 7-12　备件订货表

序号	备件名称	图号或规格	现有库存量	储备定额		申请量	要求到货期	备注
				最小	最大			
制表						年　月　日		

④ 闲置备件表（表 7-13）。将已储存一年以上尚未动用及超过最大储备量的备件报给备件技术员，以便进行调剂、处理。

表 7-13　闲置备件表

序号	备件名称	图号或规格	库存量	金额	最大储备量	主机名称型号	上次动用年月	闲置原因分析	处理建议	备注
制表								年　月　日		

⑤ 备件资金动态表（表 7-14）。用以反映备件储备资金周转情况，以利财务部门核对

资金。

表 7-14 备件资金动态表

备件类别	入库备件金额			出库备件金额				备注
	自制	外购	合计	1	2	…	合计	
月末库存备件金额(元)：				本月备件资金周转期(天数)：				
制表				年 月 日				

7.4.2 备件库存资金的核定

备件库存资金是企业用于采购或制造设备维修备件所占用的资金，也称备件储备资金，属于企业流动资金的一部分。

备件库存管理是物资运动与资金运动的统一。备件资金是在维修工作不断循环、周而复始地运动中发生的，因此应按照经济规律和价值形式进行管理。

7.4.2.1 备件资金的核算方法

备件储备资金的核定，原则上应与企业的规模、生产实际情况相联系。影响备件储备资金的因素较多，目前还没有一个较为通用、合理的核定方法。确定储备资金定额指标对设备管理经济性有着重要意义，要求企业根据自身实际情况，如生产任务量、全厂设备配置状况、设备新度、磨损情况、维修能力（包括自制备件能力）和供应协作条件等确定。同时要注意对储备资金定额不断修正，以便较合理地确定企业的备件储备资金。目前核定企业备件资金定额的方法有以下几种。

① 按备件卡规定的储备定额核算。其计算方法来源于备件卡确定的储备定额，故其合理程度取决于备件卡的准确性和科学性。

② 可按设备原购置总值的 0.1%～0.5%估算。其计算依据为企业设备固定资产原值，这种方法计算简单，但要和企业的生产实际情况，特别是设备的利用、维修和磨损情况联系一起，作为一种经验估算的方法。

③ 按照典型设备推算确定。这种方法计算简单，但准确性差。设备和备件储备品种较少的小型企业可采用此种方法，并在实践中逐步修订完善。

④ 根据上年度的备件储备金额、备件消耗金额，结合本年度的设备维修计划，确定本年度的储备资金定额。

⑤ 用本年度的备件消耗金额乘以预计的资金周转期，加以适当修正后确定下年度的备件储备金额。

上述④、⑤两种方法一般为具有一定管理水平、一定规模和生产较为稳定的企业采用，否则，误差较大会影响企业的生产和设备管理工作。

7.4.2.2 备件资金的考核

（1）备件储备资金定额 是企业财务部门给设备管理部门规定的备件库存资金限额。

（2）备件资金周转期 减少备件资金的占用和加速周转具有很大的经济意义，也是反映企业和供应备件公司备件管理水平的重要经济指标，其计算方法为：

资金周转期(年)＝年平均库存金额/年消耗金额

备件资金周转期应在一年左右，周转期应不断压缩。若周转期过长造成占用资金多，企业便需对备件多的品种和数量进行分析、修正。

（3）备件库存资金周转率 它用来衡量库存备件占用的每元资金实际用于满足设备维修

需要的效率。其计算公式为：

$$库存资金周转率=年备件消耗总额/年平均库存金额\times100\%$$

（4）资金占用率　它用来衡量备件储备占用资金的合理度，以便控制备件储备的资金占用量，其计算公式是：

$$资金占用率=备件储备资金总额/设备原购置总值\times100\%$$

（5）资金周转加速率

资金周转加速率＝上期资金周转率－本期资金周转率/上期资金周转率×100％

为了反映考核年度备件技术经济指标的动态，备件库每年都应填报年度备件库主要技术动态表（见表7-15）以便总结经验，找出差距，改进工作。

表 7-15　年度备件库主要技术动态表

项目 年份	年初库存	收入				发出				期末库存	全年消耗量	周转率	周转加速率
		外购	自制	其他	合计	领用	外拨	其他	合计				

7.4.3　备件的ABC管理

备件的ABC管理法是物资管理中ABC分类控制法在备件管理中的应用。它是根据备件品种规格多、占用资金多和各类备件库存时间、价格差异大的特点，采用ABC分类控制法的分类原则而实行的库存管理办法，具体分类如表7-16和图7-2所示。

表 7-16　备件A、B、C分类参考表

备件分类	品种数占库存品种总数的比例/%	价值占库存资金总额的比例/%
A类	10左右	50～70
B类	25左右	20～30
C类	65左右	10～30

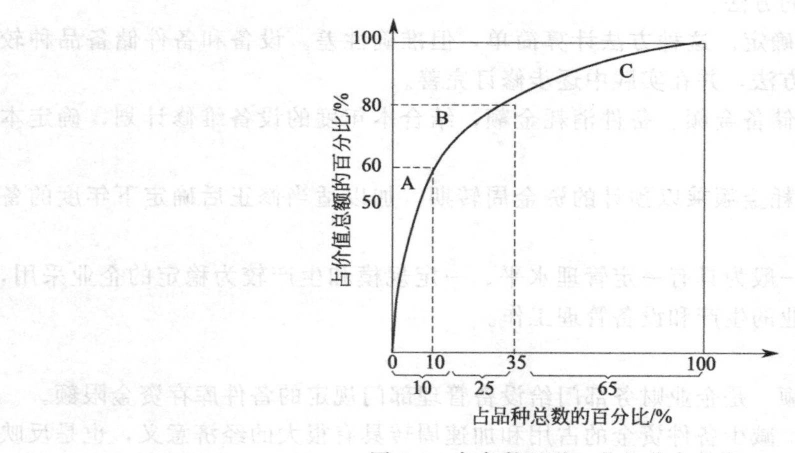

图7-2　各备件品种、价格分布曲线

对不同种类、不同特点的备件，应当采用不同的库存量控制方法。

A类备件的特点一般为储备期长（周转速度慢）、重要程度高、储备件数较少（通常只有一两件）、采购制造较困难而价格又较高的备件。对A类备件要重点控制，应在保证供应的前提下控制进货，尽量按最经济、最合理的批量和时间进行订货和采购。可采取定时、定量进货供应，保证生产的正常需要。对B类备件的控制不如A类那样严格，订货批量可以适当加大，时间可稍有机动，对库存量的控制也可比A类稍宽一些。C类物资由于其耗用资金不太大而品种较多，为了简化物资管理，可按照计划需用量一次订货，或适当延长订货间隔期，减少订货次数。

7.4.4　备件仓库的信息反馈

备件仓库的备件有成百上千个品种，流动性很大，应采用计算机管理，及时进行信息反馈十分必要。备件仓库的信息反馈一般有下列几种。

① 最低储备量的信息反馈。

每种备件都规定了最低储备量，当库存降到最低储备量时，应将此信息及时反馈（可按周、按旬或按月反馈一次），并根据这一信息，按最大储备量提出备件计划，进行第二次备件订货或制造。

按最大储备量、最低储备量的品种，将信息储存起来，隔一定时期后提出备件计划，以减少库存资金。

② 备件入库信息反馈。备件入库后要将这一信息及时反馈给有关人员，以便他们掌握备件计划执行情况，并供执行修理计划时参考。

③ 备件仓库资金活动情况的信息反馈。这类反馈包括资金变动月报、年报等。

④ 备件生产专业化、市场供应社会化情况反馈，以便随时修订备件订货、采购计划和资金准备计划。

7.4.5　备件的专业化生产与商品化供应

备件专业生产和商品化供应将是备件管理工作重要内容。《全国设备管理工作纲要》明确提出了要积极培育设备调剂市场、设备备品配件市场、设备租赁市场和设备技术信息市场等设备要素市场。建立地区性的专业化设备维修公司、备件制造厂、备件总库，负责本地区设备维修及备件的生产供应工作，逐步形成地区性的集中修理、集中供应体制，这是设备维修发展必然趋势。

7.4.5.1　备件的集中生产和商品化供应形式

① 统一生产与供应的组织形式。即在国内一些地区或城市成立专门生产与供应的备品配件公司，集中生产、供应某一行业或几个行业的备品配件。

② 集中生产与集中供应的形式。即在地区或中心城市成立各自独立的专业化生产与供应备件部门。根据当地企业特点和设备维修市场需要，结合企业设备构成情况，成立备件专业生产厂，集中生产某类或几类的备件。

③ 设备生产厂家生产与供应备件的形式。这种形式要求生产设备的厂家，在外销整机的同时，根据市场上企业维修的需要和备件的实际技术要求（如有些备件需供应半成品、毛坯等），安排一定的易损件的生产计划，担负起本地区或全国该单位生产设备的维修用备件的供应工作，也可向备件经销单位提供货源。

④ 单项备件生产与专项备件的供应形式。根据本企业设备的拥有情况、加工能力、生产情况，在广泛了解维修市场特种备件需求的情况下，承担专用设备、流水线和进口设备等特殊零件的生产或工序加工任务，如大齿轮、大轴、套类零件（锻压设备的传动齿轮、曲轴、铜套、油缸等）、精密关键备件等。加工生产的同时，可与备件修复业务如大型零件的扣合修复技术、刷镀、黏结技术、导轨的研伤修补技术等结合起来。

专项备件的供应工作，一般指配套零件的专门供应，如轴承、液压元件、各类密封零件、电器零件（包括进口设备电器元件）等的供应。根据我国进口设备较多的特点，一些地区现已建立了专门经营进口备品配件的供应公司，这些专门专项供应备件的部门也是客观存在的一种供应形式。

7.4.5.2　备件的专业化生产与商品化供应的特点

从经济和技术角度分析，集中生产与集中商品化供应的形式，适合我国国情，可促进备件管理现代化的发展。备件专业化、集中生产与商品化供应备件特点如下：

① 供应的备件品种更为齐全。实行地区性的集中供应，供应备件的对象必然包括许多企业。各企业的设备加到一起数量多，机型也多，可使安排生产、采购、供应的备件品种更为齐全。

② 占用的流动资金相对减少。一个企业维修设备用的备件品种成千、件数上万，由地区性备件生产供应中心集中储备、集中供应，许多备件各企业可不必储备，不仅可以减少各企业流动资金的占用，而且也提高了总体经济效益。

③ 可以提高备件利用率，加速备件储备资金的周转。建立地区性备件生产供应中心后，备件集中储备、集中供应，每种储备数量相对减少。由于地区内同机型设备多，则备件利用率大大提高，同时备件储备资金的周转速度也会大大加快。

④ 备件质量高、成本低。实行备件专业化生产，生产批量大，工装、检具专业化，设备自动化程度高，故制造出来的备件质量高、成本低。

⑤ 可使企业减员增效。实行备件专业化生产和商品化供应，使各企业备件制造人员和备件管理技术人员减少，机构相应精减，为企业减员增效提供条件。

7.4.5.3　备件的商品供应点（备件总库）应开展的业务

① 调查本地区有关企业的设备构成情况，统计设备机型拥有量，确定储备机型，进而确定生产、供应的备件品种、规格和数量。

② 根据确定的储备机型，搜集设备说明书和图纸资料，结合本地区实际情况，编制备件标准图册供本地区使用。

③ 根据编制的备件标准图册、各种备件卡、备件统计表、汇总表，编制本地区备件的集中生产计划。

④ 掌握本地区有关企业的机修生产能力，组织备件的专业化分工生产与协调工作，并组织积压备件的调剂工作。

⑤ 对大型企业或本地区备件使用量集中的机型，实行代存或设立分库，以方便用户。

⑥ 组织交流备件管理工作经验，协助企业提高备件管理的技术水平和管理水平。

⑦ 开展与组织本地区备件的修复工作。

思考题

1. 什么叫经济订货量（EOQ）？如何确定 EOQ？

2. 编制备件计划的主要依据是什么？

3. 请做一次模拟仓管人员业务能力的考核比赛（内容应包括仓管任务、对仓管人员要求等）。

8 过程装备的改造与更新

学习指导

【能力目标】

- 能够对设备技术改造进行技术经济分析。

【知识目标】

- 了解设备磨损及补偿方式；
- 理解设备的经济寿命含义，掌握设备技术改造的技术经济分析方法。

8.1 装备的磨损与补偿

8.1.1 装备的磨损

装备购置后无论使用还是闲置，都会发生磨损，装备磨损分有形磨损和无形磨损。

8.1.1.1 装备的有形磨损（又称物理磨损）

(1) 有形磨损的概念及产生的原因

设备的有形磨损又称“物质磨损”，指设备由于使用和自然力的影响而发生的使用价值和资金价值的损耗（见图 8-1）。设备的有形磨损导致设备的性能、精度等的降低，使得设备的运行费用和维修费用增加，效率降低，反映了设备使用价值的降低。

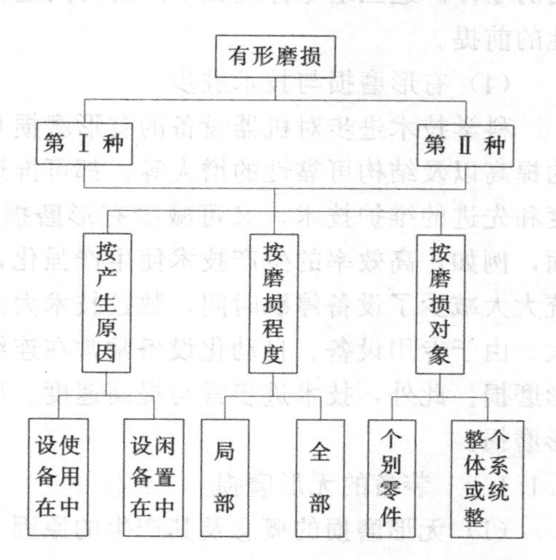

图 8-1 设备的有形磨损

设备在使用中由于力和运动的作用，零部件会发生摩擦、振动和疲劳等现象，会逐渐改变自己的物理性能（如公差、精度）和部分几何形状，甚至完全丧失作为劳动手段的功能。这一种磨损一般又称第Ⅰ种有形磨损，它是由于使用而发生的磨损。

有形磨损一般可分为三个阶段。第一阶段是新机器或大修理后的设备磨损较强的“初期磨损”阶段；第二阶段是磨损量较小的“正常磨损”阶段；第三阶段是磨损量增长较快的“剧烈磨损”阶段。例如机器中的齿轮，初期磨损是由于安装不良、人员培训不当等造成的结果。正常磨损是机器处在正常工作状态下发生的，它与机器开动的时间长短、载荷强度大小有关，当然也与机器零件的牢固程度有关。剧烈磨损是在正常工作条件被破坏或使用时间过长的结果。

在第Ⅰ种有形磨损的作用下，以金属切削机床为例，其加工精度、表面粗糙度和劳动生产率都会劣化。磨损到一定程度就会使整个机器出毛病、功能下降，并使设备的使用费剧增。有形磨损达到比较严重的程度时，设备便不能继续正常工作甚至发生事故。

另一方面，设备在闲置过程中由于自然力的影响（如生锈、腐蚀）和由于管理不善以及维护不当而自然丧失精度和工作能力，这种磨损一般又称第Ⅱ种有形磨损。它与生产过程的作用无关。设备闲置或封存也一样产生有形磨损，这是由于机器生锈、橡胶和塑料老化等原因造成的，时间长了会自然丧失精度和工作能力。

设备第Ⅰ种有形磨损的程度和快慢取决于其工作负荷大小、使用时间长短和本身质量优劣，此外，也同维护和修理水平、工人技术素质、装配与安装质量等因素有关。而设备第Ⅱ种有形磨损的程度一般与闲置时间长短有关。设备的有形磨损一部分是可以通过修理消除的，属于可消除性的有形磨损；另一部分是通过修理也不能消除的，属于不可消除性的有形磨损。

(2) 有形磨损的技术经济后果

有形磨损的技术经济后果是机器设备的价值降低，磨损达到一定程度可使机器完全丧失使用价值。有形磨损的经济后果是机器设备原始价值的部分降低，甚至完全贬值。为了补偿有形磨损，需支出修理费或更换费。

(3) 有形磨损的不均匀性

机器设备使用过程中，由于各组成要素的磨损程度不同，故替换的情况也不同。有些组成要素在使用过程中不能局部替换，只好到平均使用寿命完结后进行全部替换，如灯泡的灯丝一断，即使其他部分未坏也不能继续使用。但对于多数机器设备，由于各组成部分材料和使用条件不同，故其耐用时间也不同，例如有形磨损之后，其零部件的磨损程度大致可分为三组，一是完全磨损不能继续使用的零件；二是可修复的零件；三是未损坏完全可以继续使用的零件。这三组零件应在不同的时间进行修理和更换。这构成了修理的技术可能性和经济性的前提。

(4) 有形磨损与技术进步

科学技术进步对机器设备的有形磨损是有影响的，如耐用材料的出现、零部件加工精度的提高以及结构可靠性的增大等，都可推迟设备有形磨损的期限。同时，正确的预防维修制度和先进的维护技术，又可减少有形磨损的发生。但是，技术进步又有加速有形磨损的一面，例如，高效率的生产技术使生产强化，自动化又提高了设备的利用程度，自动化管理系统大大减少了设备停歇时间，数控技术大大减少了设备辅助时间，从而使机动时间的比例增大。由于专用设备、自动化设备常常在连续、强化、重载条件下工作，必然会加快设备的有形磨损。此外，技术进步常与提高速度、压力、载荷和温度相联系，因而也会增加设备的有形磨损。

8.1.1.2 装备的无形磨损

(1) 无形磨损的概念及其产生的原因

机器设备在使用或闲置过程中，除有形磨损外还遭受无形磨损，后者亦称经济磨损或精神磨损。这是由非使用和非自然力作用引起的机器设备价值的损失，在实物形态上看不出来。造成无形磨损的原因，一是由于劳动生产率提高，生产同样机器设备所需的社会必要劳动消耗减少，因而原机器设备相应贬值；二是由于新技术的发明和应用，出现了性能更加完善、生产效率更高的机器设备，使原机器设备的价值相对降低，此时其价值不取决于其最初的生产耗费，而取决于其再生产的耗费。

为了便于区别无形磨损的两种形式，把相同结构的机器设备由于再生产费用的降低而产生的原设备的贬值，叫做第一种无形磨损；把在技术进步影响下，生产中出现结构更加先进，技术更加完善，生产效率更高，耗费能源和原材料更少的新型设备，从而使原机器设备显得陈旧落后，并产生经济损耗，叫做第二种无形磨损。

(2) 无形磨损的技术经济后果

在第一种无形磨损的情况下，虽然有机器设备部分贬值的经济后果，但设备本身的技术特性和功能不受影响，即使用价值并未因此而变化，故不会产生提前更换设备的问题。

在第二种无形磨损的情况下，不仅产生原机器设备价值贬值的经济后果，而且也会造成原设备使用价值局部或全部丧失的技术后果。这是因为应用新技术后，虽然原来机器设备还未达到物质寿命，但它的生产率已大大低于社会平均水平，如果继续使用，产品的个别成本会大大高于社会平均成本。在这种情况下，旧设备虽可使用而且还很年轻，但用新设备代替过时的旧设备在经济上却是合算的。

(3) 无形磨损与技术进步

无形磨损引起使用价值降低与技术进步的具体形式有关。例如：

① 技术进步的形式表现为不断出现性能更完善、效率更高的新结构，但加工方法无原则变化，这种无形磨损使原设备的使用价值大大降低。如果这种磨损速度很快，继续使用旧设备可能是不经济的；

② 技术进步的表现形式为广泛采用新的劳动对象，特别是合成和人造材料的出现和广泛应用，必然使加工旧材料的设备被淘汰；

③ 技术进步的形式表现为改变原有生产工艺，采用新的加工方法，将使原有设备失去使用价值。

8.1.2 装备磨损的补偿

为了保证企业生产经营活动的顺利开展，应使设备经常处于良好的技术状态，故必须对设备的磨损及时予以补偿。补偿的方式视设备的磨损情况、技术状况和是否经济而定，基本形式是修理、改造和更新，但必须根据设备的具体情况采用不同方式。磨损形式及其补偿方式如图 8-2 所示。

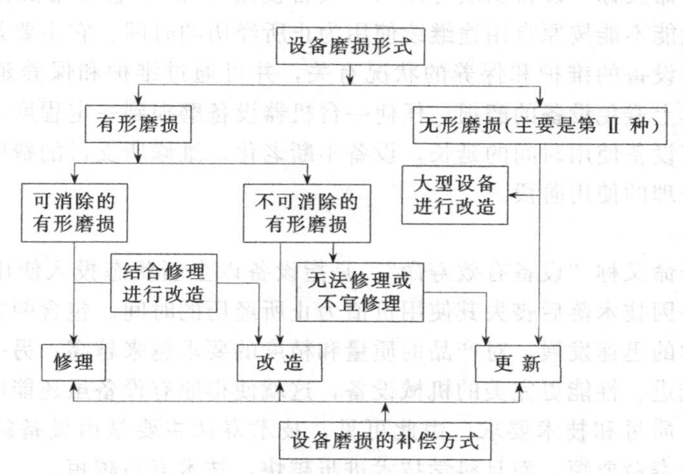

图 8-2 设备磨损形式及其补偿方式

假如设备已遇到严重的有形磨损，而它的无形磨损期还没有到来，这时无需设计新设备，只需对遭到有形磨损的设备进行修理或更换就可以了。

假如设备的无形磨损期早于有形磨损期到来，这时企业面临的抉择是：继续使用原有设备，还是选用先进的新设备更换尚未折旧完的旧设备呢？在技术发展较快的情况下，有些设备更新换代的周期缩短了，就容易产生这种现象。一般地说，这种设备不必再进行大修理，在企业经济条件许可时，可采取逐步更换的办法。

显然最好的方案是有形磨损期与无形磨损期相互接近，这是一种理想的"无维修设计"。也就是说，当设备需要进行大修理时，恰好到了更换的时候。但是在多数情况下，这是难以做到的。

此外，还应看到，第Ⅱ种无形磨损虽使设备贬值，但它是社会生产力发展的反映。这种磨损越大，表示社会技术进步越快。因此，应该充分重视对设备磨损规律性的研究，加快技术进步的步伐。

设备磨损形式不同，补偿磨损的方式也不一样。补偿分为局部补偿和完全补偿。设备有形磨损的局部补偿是修理。设备无形磨损的局部补偿是现代化改革。有形磨损和无形磨损的完全补偿则是更换。对可消除的有形磨损，补偿方式主要是修理，但对有些设备，为满足工艺要求需要改善性能或增加某些功能并提高可靠性时，可结合修理进行局部改造。

对不可消除的有形磨损，补偿方式主要是改造，对改造不经济或不宜改造的设备，可予以更新。

对无形磨损，尤其是第二种无形磨损的补偿方式，主要是更新，但有些大型设备价格昂贵，若其基本结构仍能使用，可采用新技术加以改造。

8.2 装备的经济寿命

设备在使用（或闲置）过程中，由于受无形磨损和有形磨损的影响，呈现三重寿命形态，它们是决定设备补偿时间的依据。

8.2.1 自然寿命

设备的自然寿命又称"设备物质寿命"、"设备使用寿命"。它是指设备以全新状态投入使用开始到技术性能不能按原有用途继续使用为止所经历的时间。它主要是由设备的有形磨损所决定的。它与设备的维护和保养的状况有关，并可通过维护和保养延长设备的自然寿命，但不能从根本上避免设备的磨损，任何一台机器设备磨损到一定程度，都必须进行更新或修理。因为随着设备使用时间的延长，设备不断老化，维修所支付的费用也逐渐增加，从而出现经济上不合理的使用阶段。

8.2.2 技术寿命

设备的技术寿命又称"设备有效寿命"。是指设备以全新状态投入使用开始到由于新技术出现使原有设备因技术落后丧失其使用价值为止所经历的时间。包含两方面的含义，一方面，由于科学技术的迅速发展，对产品的质量和精度的要求越来越高；另一方面，由于不断涌现出技术上更先进、性能更完美的机械设备，这就使得原有设备虽还能继续使用，但不能保证产品的精度、质量和技术要求。由此可见，技术寿命主要是由设备的无形磨损所决定的，它一般比自然寿命要短，而且科学技术进步越快，技术寿命越短。

8.2.3 经济寿命

设备的经济寿命是指设备以全新状态投入使用开始到因继续使用在经济上不合算而提前更新所经历的时间。它主要由设备年消耗成本和设备年运行成本两个因素决定。设备在其自然寿命的后期，由于设备老化，而必须支出过多的维修费来维持设备的寿命，此时就需要计算设备的经济寿命，以便确定设备的最佳更新期。过了经济寿命期而继续使用，在经济上是不合算的，称为恶性使用阶段。设备的经济寿命一般是根据设备每年平均总费用（包括一次投资费和年度维修费）的最低额来确定。

设备年消耗成本就是每年所分摊的设备购置费和资金占用费，它随着设备使用年限增加而降低。

设备年运行成本是指维持设备运行所发生的费用，它随着设备使用年限增加而增加。

在设备使用过程中，年均总成本是时间的函数，这就存在着使用到某一年份，其平均综合成本最低，经济效益最好。在这一时间前后，平均综合成本都将会增高。所以设备的经济寿命（N_0）是从经济的观点确定的设备更新的最佳时刻（图 8-3）。

设备经济寿命的计算应根据不同的设备类型用各种方法求得，主要有：最大总收益法；最小年均费用法；劣化数值法等。下面介绍最简单的估算法。

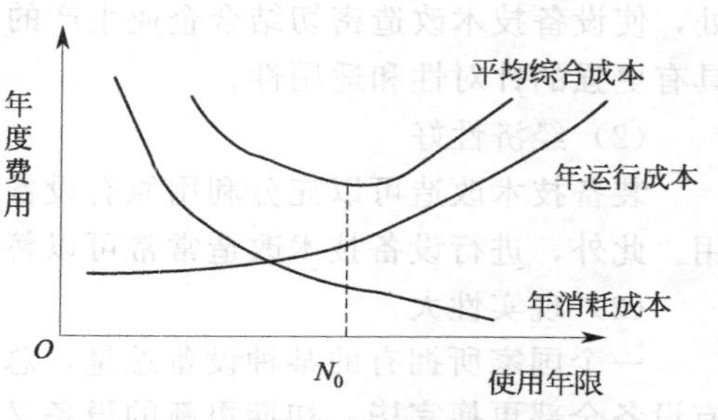

图 8-3　设备年度费用曲线

设备经济寿命估算公式

$$N_0=\sqrt{2(P-L_N)/\lambda}$$

式中　P——设备目前实际价值；

L_N——第 N 年年末的设备净残值；

λ——设备的低劣化值（逐年递增的费用）。

【例 8-1】　某设备的目前价值为 8000 元，设每年运行维护费用的平均超额支出（即劣化增加值）为 320 元，报废后总残值为 600 元。试求设备的最佳更新期。

解　设备的最佳更新期为

$$N_0=\sqrt{2(P-L_N)/\lambda}=\sqrt{2\times(8000-600)/320}=6.80\approx7\ (\text{年})$$

答：该设备的最佳更新期为 7 年后。

如果假定设备经过 N 年使用后的残余价值为零。并以 K_0 代表设备的原始价值，T 代表使用年限。则上式变为

$$T=\sqrt{2K_0/\lambda}$$

此式即为劣化数值法公式。

8.3　装备技术改造

8.3.1　企业装备改造形式

装备改造是指应用现代的技术成就和先进经验，适应生产的需要，改变现有装备的结构，给旧装备装上新部件、新装置、新附件，改善现有装备的技术性能，使之达到或局部达到新装备的水平。

装备改造可以是设备的改装，也可以是设备的技术改造。

装备的改装，是为了满足增加产量或加工要求，对设备的容量、功率、体积和形式的加大或改变。例如，对设备以小拼大，以短接长，多机串联等，设备的改装，是满足生产要求所必需的。它能够充分利用现有条件，减少新设备的购置与制造，节省投资等。但是，单纯地改装并不能提高设备的现代化水平。

设备的技术改造，或叫设备的现代化改造，是把科学技术的新成果，应用于企业的现有设备，克服现有装备的技术陈旧状态，消除第Ⅱ种无形磨损，更新装备的重要方法之一，也是扩大装备的生产能力，创造和发展新技术的途径之一。例如，将旧机床改造为程控、数控机床，或在旧机床上增设精密检测装置等。设备的技术改造，能提高产品质量和生产效率，降低消耗和成本，从而能够全面地提高生产的经济效益。随着设备的技术改造，企业的生产技术将进入一个新的水平，这是装备改造的主要形式。

8.3.2 装备技术改造的特点

(1) 针对性强

企业的装备技术改造，一般是由设备使用单位与设备管理部门协同配合，确定技术方案，进行设计、制造的。这种做法有利于充分发挥他们熟悉生产要求和设备实际情况的长处，使设备技术改造密切结合企业生产的实际需要，所获得的技术性能往往比用同类新设备具有更强的针对性和适用性。

(2) 经济性好

装备技术改造可以充分利用原有设备的基础部件，比采用设备更新的方案节省时间和费用。此外，进行设备技术改造常常可以替代设备进口，取得更加良好的经济效益。

(3) 现实性大

一个国家所拥有的某种设备总量，总是远大于年产这种设备的能力。这就是说，不等原有设备全部更换完毕，初期更新的设备又早已陈旧不堪了。可见，单靠设备更新这种方式显然难以满足企业发展生产的要求。因此，采用设备技术改造具有很大现实性。

由此可知，采用先进的科学技术成果对原有设备进行技术改造，并非是一种权宜之计，而是与设备更新同等重要的用来补偿设备无形磨损并提高装备技术水平的重要途径。

8.3.3 装备改造的做法

从实践经验来看，现有设备改造的做法很多，归纳起来大致有以下几个方面。

① 从设备改造的目标分，有的是为了提高设备的生产率，提高产值；有的是为了保证产品质量；有的是为了降低能源、材料消耗；也有的是为了改善劳动条件和减少环境污染等。

② 从设备的改造项目来源分，有的是通过引进设备加以改造；有的是集中了国内先进企业的成果，成套地用于现有设备的改造；有的则是自己在改造中创造了独具风格的新设备。

③ 从设备组成部位分，有的在主机上革新；有的在传动装置上搞改造；还有的在动力部分挖潜力等。

④ 从设备性能分，有的设备由单一用途改成多种用途；有的由粗用改造为精用；有的提高强度、耐磨、耐腐；还有的以小拼大，以短接长等。

⑤ 从机械化、自动化程度分，有的从半机械化革新为机械化，由机械化革新为自动化；有的由单机自动化改造为自动线；还有的改造为由电子装置实行程序控制等。

此外，还有在现有设备上运用新工艺、新材料。例如，为了减少汽蚀发生，采用液下泵代替离心泵；化工设备采用工程塑料代替钢铁材料，以提高设备防腐能力，延长设备物质寿命；还有的设备采用新流程等。

8.3.4 装备技术改造的基本方向

① 采用新的科学技术成就（例如静压技术，微电子技术、监控技术、机械手、机器人等技术）以提高设备的精度、性能、效率和性能耐久性，并明显地减轻劳动强度；

② 提高设备的机械化、自动化程度；

③ 采用新结构、新材料以改进设备可靠性和维修性；

④ 改变设备的基本工艺用途、扩大设备的工艺可能性；

⑤ 设备专业化改造，提高设备效率；

⑥ 采用新的节能技术，改造老设备；

⑦ 安全生产环境保护要求对老设备进行改造；

⑧ 推广诊断技术和状态监测，实现设备可诊断化。

对于某台设备技术改造的方向，可以是上述多项中的某一项，也可能是多项综合要求，这需按企业的具体情况而定。

设备的生产制造厂和从事技术装备研究和设计的部门要为企业进行技术改造提供各种行之有效的新技术、新部件、新装置，这样能取得较好的技术经济效果。

8.4 装备的更新

8.4.1 装备更新的含义

装备更新是指用技术性能更完善，经济效益更显著的新型设备来替换技术上不能继续使用，或经济上不宜使用的陈旧设备。进行设备更新的目的是为了提高企业技术装备的现代化水平，以提高产品质量，提高设备生产效率，降低消耗和迅速适应企业生产经营目标，加强企业在国内外市场生存和竞争能力。

从广义上讲，设备更新应包括设备大修理、设备更换和设备现代化改装。在一般情况下，设备大修理能够利用被保留下来的零部件，可以节约原材料、工时和费用。因此，目前许多企业仍采用大修理的方法。

设备更换（就是通常所说的设备更新）即狭义的更新，是设备更新最主要的形式，特别是用那些结构更合理、技术更先进、生产效率更高、原材料和能源耗费更少的新型设备去替换已陈旧的设备。

设备更换往往受到设备市场供应和制造部门生产能力的限制，使陈旧的需要更新的设备得不到及时更换，被迫在已经遭受严重无形磨损的情况下继续使用。解决这个问题的有效途径是设备现代化改装。设备现代化改装是克服现有设备的技术陈旧落后、补偿无形磨损、更新设备的方法之一。

从经济意义上来说，在用设备不能不修，但也不能多修。设备多修虽然能延长使用寿命，然而，它有产生无形磨损的客观基础。

随着科学技术的发展，设备更新换代越来越快。在这种情况，为了减少无形磨损的损失，必须适时地更新设备。

8.4.2 装备更新方式

装备更新可以是设备的原型更新，也可以是装备的技术更新。

(1) 装备的原型更新

装备的原型更新又叫简单更新或形式更新。是指用与原有设备结构性能相同的新设备去更换原有设备。这种更新主要用来更换损坏、陈旧的设备。它有利于减少机型、减轻修理工作量。同时，也能够保证原有的产品质量，减少因使用陈旧设备的能源、维修费的支出。但是，它不具有技术更新的性质。因此，如果大量采用这种类型的更新，企业设备的平均寿命虽然很短，然而不能大幅度地提高企业的经济效益。局限在只进行这类更新，也会导致企业技术的停滞。当然，原型更新有时是不可避免的。因为能否有技术上先进的设备供企业进行技术更新，除了决定于企业自行制造的条件，还决定于企业的外部条件。例如，设备制造厂的技术水平等。

（2）装备的技术更新

它是指以技术上更先进，经济上更加合理的新设备，来代替物质上无法继续使用，经济上不宜继续使用的陈旧设备。它不仅能代替原有设备的性能，而且使设备具有更先进的技术水平，具有技术进步的性质，是企业实现技术进步的重要物质技术基础。

在技术发展缓慢的年代，设备更换主要是原型更新，在技术发展迅速的今天，设备更新主要是技术更新。

8.4.3 装备更新的对象

① 役龄过长的设备。设备役龄接近或超过预定的使用年限，往往会使设备的有形磨损和无形磨损都达到相当大的程度，难以恢复设备预定的功能，并使运行费大大增加。这是设备需要更新的首要的直接的因素。在考虑制订设备更新规划时先对设备役龄分析，将超期服役的设备列出清单，再作进一步经济分析。

② 性能、制造质量不良的设备。此类设备由于自身存在着难以消除的缺陷，设备技术性能、可靠性，维修性、经济性都较差。

③ 经过多次大修已无修复价值的设备。设备每进行一次大修理，设备性能要较前差，设备运行费用将会逐步增加，大修理间隙期也将会缩短，大修理费用也将逐次递增。过多大修理不仅在经济上是不合理的，而且还会阻碍技术进步。

④ 技术落后的设备。这主要由无形磨损引起的，设备生产效率低、劳动强度大、性能不稳定，环境污染严重甚至危及安全生产的不宜再继续使用的设备。

⑤ 不能适应于新产品发展的设备。企业的产品更新换代，将会对设备在生产效率、精度、性能方面提出更高的要求，企业原有的部分陈旧设备已不能适应新产品发展的要求，应及时进行设备更新。

⑥ 浪费能源的设备。目前企业中还有不少耗能高的设备，鉴于我国能源供应紧张这一形势在相当长的时期内还会存在，故应特别鼓励通过设备更新，采用节能型的新设备。

凡遇上述各类设备，应该优先列入考虑进行设备更新的清单，但还要通过进一步技术经济分析以后才能作出设备更新决策。

8.4.4 装备更新计划编写依据与内容

确定更新对象后，还需根据企业投资规划、设备改造及大修计划、国内外相关设备现状、国家节能产品及淘汰产品目录、企业现有设备技术性能和经济效益、企业对装备技术要求等制订设备更新计划。

设备更新计划的内容包括更新设备具体情况、理由；现有设备技术状态分析；有关企业使用该类设备技术经济效益和相关信息；可订购到的新设备性能和价格；要求新设备到货及使用时间、资金等。

8.4.5 装备更新资金

装备更新资金是实施设备更新计划的必要经济保证和基本条件。企业财务部门负责设备更新资金的筹措，并对设备更新资金的正确合理使用进行监督检查。

设备更新资金的来源主要有以下几个方面：

① 企业设备资产的基本折旧；

② 从生产发展基金中提取一部分；

③ 在确保完成企业的设备修理计划的情况下，可将大修理基金结余部分用于设备的更新；

④ 设备报废处理时的残值收入和设备有偿调拨后的价款收入；

⑤ 通过贷款或以租赁方式分期付款。

已列入年度的设备更新资金，必须坚持专款专用，不能挪作他用，以确保设备更新工作正常进行。

8.5 装备改造的技术经济分析

装备改造是指应用现代的技术成就和先进经验，适应生产的需要，改变现有装备的结构，给旧装备装上新部件、新装置、新附件，改善现有装备的技术性能，使之达到或局部达到新装备的水平。装备现代化改造是克服现有装备的技术陈旧状态，消除第Ⅱ种无形磨损，更新装备的重要方法之一，也是扩大装备的生产能力，创造和发展新技术的途径之一。

在多数情况下，通过装备现代化改造使陈旧装备达到需要的水平，所需的基本投资往往比用新装备更新为少，因此在多数情况下，装备现代化改造在经济上有很大的合理性。

装备现代化改造具有很大的针对性和适应性。经过现代化改造的装备更能适应生产的具体要求，在某些情况下，其适应具体生产的要求甚至可超过新装备。有时，装备经过现代化改造，其技术特性比新装备水平还高，所以在个别情况下，对新装备也可进行改造。

总之，装备的现代化改造对提高老企业的经营效果，节约基建投资等都是非常有效的。装备改造是装备更新的一种方式，因此研究装备改造的经济性就是与其他更新方法比较，如旧装备原封不动继续使用；旧装备修理；用相同结构新装备更换旧装备；用效率更高、结构更好的新装备更新。

从中选择总成本最小的方案，这就是经济分析决策的任务。

装备改造的经济界限可以由以下方法确定。

(1) 最低总成本法

计算继续使用旧装备、换用同型号新装备、换用高效新型装备、大修旧装备和改造旧装备等各方案的装备总费用，并换算成现值，进行比较，选出最优方案，从中可看出在什么时机进行装备改造最为适宜。

(2) 比较法

从投资、单位产品的装备成本、装备生产率等方面比较，使用符号见表 8-1。

表 8-1　比较装备现代化改造经济性所用参数及其符号

指标名称	方案		
	大修理	现代化改造	更换
基本投资	K_r	K_m	K_n
装备年生产率/(件/年)	q_r	q_m	q_n
单位产品成本/(元/件)	C_r	C_m	C_n

在多数情况下，装备现代化改装与更换、大修理之间有下列关系

$$K_r<K_m<K_n \qquad q_r<q_m<q_n \qquad C_r<C_m<C_n$$

因此在考虑装备更新方案时，可根据下列标准进行决策。

① 当$\frac{K_r}{q_r}>\frac{K_m}{q_m}$及$C_r>C_m$时，现代化改装方案具有较大的经济效果，不仅经营费用有节约，基本投资也有节约，但这种情况较少有。

② 当$\frac{K_r}{q_r}<\frac{K_m}{q_m}$但$C_r>C_m$时，可用投资回收期标准进行决策。

$$\tau=\frac{\frac{K_m}{q_m}-\frac{K_r}{q_r}}{C_r-C_m}$$

式中，τ为投资回收期，年。

如果τ小于或等于企业或部门规定的年数，则选择现代化改装方案。如果相反，即$C_r<C_m$，现代化改装方案也是不可取的。

③ 当$\frac{K_r}{q_r}>\frac{K_n}{q_n}$及$C_r>C_n$时，装备更换是最佳方案。

④ 当$\frac{K_r}{q_r}<\frac{K_n}{q_n}$及$C_r>C_n$时，同样用投资回收期标准进行判断。此时

$$\tau=\frac{\frac{K_n}{q_n}-\frac{K_r}{q_r}}{C_r-C_n}$$

当τ小于或等于企业或部门规定的回收期标准时，更换的方案是合理的。如果超过了回收期标准，则应选择现代化改装的方案。

改造与更换对比，经济上合理的条件是改造后装备的总费用小于更换装备的总费用。

改造后装备总费用包括改造费用、用于改造的第i次大修理费用和改造效果不好更换装备多支的装备使用费；更换装备的总费用包括更换投资（考虑生产率的提高和每个修理周期比改造后的为长）和提前更换未折旧完的原装备净值。

企业对装备进行现代化改造，目的在于提高企业的生产水平，消除生产的薄弱环节。因此，评价装备现代化改造的经济效果时，就不能只考虑该台装备的得失，而必须把它作为生产的一个环节放入生产总体中去进行综合分析，比较部分装备现代化改造前后整个生产总的经济效果。

思考题

1. 什么是设备的有形磨损和无形磨损？简述其产生的原因。
2. 装备技术改造原则是什么？
3. 装备更新计划通常依据什么编制？编制装备更新计划的内容包括哪些方面？

9 特种设备管理

学习指导

【能力目标】

- 能编制企业特种设备安全检查表；并进行质量检验；
- 能编制企业特种设备应急救援预案。

【知识目标】

- 熟悉《特种设备安全法》内容；
- 掌握特种设备安全检查内容。

9.1 概述

特种设备是指对人身和财产安全有较大危险性的锅炉、压力容器（包括气瓶）、压力管道、电梯、起重机械、客运索道、大型游乐设施、场（厂）内专用机动车辆等设备、设施。这些设备的共同特点是具有潜在危险性，易发生爆炸、有毒介质泄漏、失稳、失效、倒塌等事故，造成人员伤亡甚至群死群伤。由于特种设备的特殊性，国家对特种设备的生产（含设计、制造、安装、改造、维修）、经营、使用、检验、检测和特种设备安全的监督管理等提出了明确的要求，实行统一管理，并对特种设备进行质量监督和安全监察。

9.2 压力容器安全管理

压力容器是多种生产工艺中不可缺少的、同时又具有爆炸危险的特种设备之一。为了确保其安全运行，减少和防止事故发生，必须在压力容器设计制造使用直至退役等全过程进行有计划安全管理，保证生产正常进行，提高企业经济效益。

9.2.1 压力容器设计制造管理

9.2.1.1 压力容器安全规范规程及安全保证体系

压力容器是指具备以下条件的容器：最高工作压力 $p \geqslant 0.1\text{MPa}$（不含液体静压力，下同）；内直径（或断面最大尺寸）大于或等于 0.15m，且容积（V）大于或等于 0.025m^3；介质为气体、液化气体或最高工作温度高于或等于标准沸点的液体。

在过程生产中压力容器用来完成反应、储存、换热、分离等工艺过程，多数情况需承受高温、超高压、高压、超低温等恶劣工况，且工艺介质多为易燃易爆、有毒有害物质，工作条件复杂、苛刻，属于具有高度危险性的特种设备，一旦发生爆炸事故，不仅容器本身遭到毁坏，而且会造成人员伤亡、环境污染、重大财产损失等。为加强压力容器安全管理，我国针对压力容器、压力管道、锅炉、电梯、起重机械客运索道等特种设备的设计、制造、安装、改造、使用、检验检测、维修等环节的技术活动颁布了一系列法规、条例、规范、规程和标准，并由国家质量监督检疫总局和地方质量技术监督局等专门机构进行监督检查管理。

(1) 现行有关规范规程

目前我国现行法规：2009年8月由国家质量监督检验检疫总局颁布的特种设备安全技术规范TSG R0004—2009即《固定式压力容器安全技术监察规程》(简称《固容规》)，基本保留原1999版《压力容器安全技术检查规程》结构框架和主体内容，在设计、制造、安装改造维修、使用、检验检测等方面提出基本安全要求，与当前节能减排降耗基本国策相结合，突出本质安全思想。同时调整了适用范围，覆盖《特种设备安全监察条例》范围内尚未纳入安全监察的全部压力容器。另行制定《移动式压力容器安全技术监察规程》，并暂时保留超高压容器、简单压力容器、非金属压力容器等近年颁布的有关压力容器安全技术监察规程。

《特种设备事故报告和调查处理规定》于2009年5月26日国家质量监督检验检疫总局局务会议审议通过并施行。2001年9月国家质量监督检验检疫总局公布的《锅炉压力容器压力管道特种设备事故处理规定》同时废止。

《锅炉压力容器产品安全性能监督检验规则》，由国家质监局颁布，于2004年1月实施；《锅炉压力容器制造监督管理办法》，由国家质检总局颁布，于2003年1月实施；《锅炉压力容器使用登记管理办法》，由国家质检总局颁布，2003年9月实施；还有GB 150—2011《压力容器》、GB 151《管壳式换热器》以及《特种设备行政许可实施办法》等。

(2) 压力容器的质量保证体系

压力容器的质量保证体系应包括四个环节：设计、材料、制造及检验、服役期内的监控或检验。要保证压力容器的质量和安全，要求每个环节都必须合格。

设计是制造的前提，也是质量保证的第一个环节，应当周密地考虑到以后各个环节中可能出现的问题及相应的措施。设计压力容器应具备设计资质，设计计算应严格遵循GB 150.3—2011《压力容器 第3部分：设计》的规定、《固容规》以及国家颁布的有关法律、法规等。

材料的选择是设计中的关键，也是质量保证环节中的重要一环。通常压力容器的受压元件是钢制的，所采用钢材应符合GB 150—2011《压力容器》的规定。应对所选材料有全面深入的了解，如材料的各种物理性能和化学性能，并结合使用条件，确定最合理的材料。

制造是压力容器质量保证体系中最重要的一个环节。制造单位应具备制造的资质，即持有省级以上劳动部门颁发的制造许可证。超高压容器的制造单位，必须持有劳动部颁发的制造许可证。制造单位应严格按照有关技术条件和标准要求进行制造，在材料验收、成形加工、焊接及成品检验等工序中严把质量关。

质量检验合格而投入运行的压力容器，在服役一定时间后，由于疲劳、应力腐蚀、长期高温的原因，往往在定期检修时发现裂纹。而实践也表明，压力容器的爆破事故绝大多数源于裂纹等缺陷的扩展。另一方面，由于材料在服役过程中的性能退化和老化，如金相组织的变化、晶界孔穴或微裂纹的形成、氢侵入、辐射脆化等，这类情况在设计时往往难以预见，因此需要对在役压力容器进行定期检验和监控。

9.2.1.2 压力容器设计的管理

(1) 压力容器设计资质的要求

压力容器的正确设计是保证容器安全运行的第一个环节。凡从事压力容器设计的单位，必须具备与所设计压力容器类别（一类、二类、三类）相适应的技术力量和手段。即必须持有省级以上（含省级）主管部门批准，同级劳动部门备案的《压力容器设计单位批准书》。超高压容器的设计单位，应持有经国务院主管部门批准，并报劳动部质量技术监督局备案的超高压容器设计单位批准书，否则不得设计压力容器。

（2）设计技术要求

从设计技术角度讲，压力容器设计应严格遵循 GB 150《压力容器》的有关规定进行。在压力容器设计过程中，壁厚的确定、材料的选用、合理的结构是影响容器安全性的重要内容。在结构设计中应特别注意防止形状突变，避免局部应力的叠加，避免易产生过大焊接应力或附加应力的结构形式，同时对开孔的形状、大小、位置、数目等应合理确定并加以限制。

（3）设计图纸的要求及管理

压力容器的设计单位，应向用户提供设计图样，必要时还应提供设计、安装（使用）说明书，对中压、高压反应压力容器和储存压力容器，设计单位应向用户提供强度计算书。

压力容器的设计总图上应注明下列内容：压力容器的名称、类别，主要受压元件的材料牌号（总图上的部件材料牌号见部件图），必要时注明材料热处理状态，设计温度、设计压力、最高工作压力、最大允许工作压力（必要时），介质名称（必要时注明其特性），容积，压力容器净重，焊缝系数、腐蚀裕度，热处理要求（必要时），压力试验要求（包括试验压力、介质、种类等），检验要求（包括探伤方法、比例、合格级别等）；铸造压力容器的缺陷容许限度和修补要求，对包装、运输、安装的要求（必要时）。此外，某些容器还应注明特殊要求：例如，换热器应注明换热面积和程数；夹套容器应分别注明壳体和夹套的试验压力，允许的内外压差值，以及试验步骤和要求；装有催化剂的反应容器和装有填充物的大型压力容器，应注明使用过程中定期检验的要求；由于结构原因不能进行内部检验的，应注明设计厚度和耐压试验的要求。

压力容器设计总图上应有设计、校核、审核人员的签字。三类压力容器的总图应有设计单位总工程师或压力容器设计技术负责人批准。

设计总图（蓝图）上必须盖有压力容器设计资格印章。设计资格印章中应注明设计单位名称、技术负责人姓名、《压力容器设计单位批准书》编号及批准日期。

企业单位的在用压力容器设计资料和图纸的复用或测绘出图必须有企业对容器的实际运行工况重新校核，并经原设计单位或有相应类别的压力容器设计资格的单位审核签字后方可复用。国外引进装置压力容器的设计资料与图纸应有国内对口设计单位审核签字后方可复用。购买外单位的设计资料和图纸，凡已盖“仅供参考”图章或字样的不能视为正规设计图纸，不可直接提供给制造厂，应重新校核签字后方可利用。选用标准的设计和图纸必须按选用介质校核后方可利用。

另外，生产车间向本企业设计部门，企业向专业的设计院和机械厂设计部门委托设计压力容器时所提供的设计条件，应经总机械师或技术负责人审批签字，设计部门也应进一步审核设计条件，并对设计负责。

压力容器的设计是十分严肃的工作，对于因设计不符合安全法规和标准而造成重大损失的责任设计人员，必要时要追究行政责任、经济责任直至刑事责任。

9.2.1.3 压力容器制造的管理

由于制造质量低劣而引发事故的现象在压力容器的使用过程中屡见不鲜。为了确保压力容器制造质量，压力容器应有专业单位制造和现场组焊。国家规定：凡制造和现场组焊压力容器的单位，必须持有省级以上（含省级）劳动部门颁发的制造许可证。超高压容器的制造单位，必须持有劳动部颁发的制造许可证。进行压力容器制造的专业单位必须提出申请，经过主管部门和劳动部门的审定，取得制造许可证，方可按批准的范围（即允许制造和组焊一、二或三类压力容器）从事制造和组焊。压力容器制造许可证有效期4年，期满作废，原发证机构应予注销。要更换制造许可证，应在有效期满前3～6个月提出更换并待批。

取得制造许可证的单位相应的应具有与所制造和现场组焊的压力容器类别、品种相适应的技术力量、工装设备和检测手段；具有健全的制造质量保证体系和质量管理制度；能严格执行有关规程、规定、标准和技术条件，以保证产品的制造质量。

取得制造许可证的专业制造单位必须在压力容器明显部位装设产品铭牌，并留出装设《压力容器注册铭牌》的位置。未装产品铭牌的压力容器不能出厂。产品铭牌上应载明：制造单位名称、制造许可证编号、压力容器类别、制造年月、压力容器名称、产品编号、设计压力、设计温度、最高工作压力、最大允许工作压力、压力容器净重、监检标记等。

(1) 压力容器制造质量管理的主要内容

制造质量取决于材料质量、焊接质量和检验质量。

① 制造压力容器的材料必须有质量合格证书。在投产前应认真核对证书、材料批号和牌号标记，按相应标准规定，认真检查材料表面质量，不合格的不能投入使用。用于制造第三类压力容器的材料必须复验，复验内容至少应包括每批材料的力学性能和弯曲性能、每个炉号的化学成分。具体复验数量由制造单位根据材料质量情况确定。用于制造第一、二类压力容器的材料，有下列情况之一的应复验，缺少的项目应补齐：质量证明书项目不全；制造单位对材料的性能和化学成分有怀疑；设计图样上有要求的；用户要求增加项目的。制造和现场组焊单位对原设计的修改和主要受压元件代用，必须实现取得原设计单位的设计修改证明文件，对改动部位应作详细记载。

② 焊接质量好坏，是容器制造质量保障的重要一环。为保证焊接质量，必须认真编制焊接工艺和进行焊接工艺评定，严格焊接材料的验收、保管、发放、领用手续；做好焊工的培训考试及取证工作。焊接钢制压力容器的焊工必须取得焊工合格证，才能在有效期间担任合格范围内的焊接工作，制造单位应建立相应的焊工技术档案。

③ 压力容器的质量检验主要有焊接表面质量、无损探伤和压力试验三个方面。

a. 焊缝的表面质量，要求形状、尺寸以及外观应符合技术标准和设计图样规定；不得有裂纹、气化、弧坑和肉眼可见的夹渣等缺陷，焊缝上的熔渣和两侧的飞溅物必须清除，焊缝与母材应圆过渡；焊缝表面不得有咬边，或咬边应符合有关标准规定。

b. 压力容器的无损探伤包括射线、超声波、磁粉和渗透探伤等。制造单位应根据《监察规程》和有关标准的规定选择探伤方法。现行压力容器无损检测标准为JB/T 4730.1～4730.6—2005《承压设备无损检测》。其中包括了JB/T 4730.1《承压设备无损检测第1部分：通用要求》、JB/T 4730.2《承压设备无损检测第2部分：射线检测》、JB/T 4730.3《承压设备无损检测第3部分：超声检测》、JB/T 4730.4《承压设备无损检测第4部分：磁粉检测》、JB/T 4730.5《承压设备无损检测第5部分：渗透检测》、JB/T 4730.6《承压设备无损检测第6部分：涡流检测》的有关规定。制造单位必须认真做好无损探伤的原始记录，正确填发报告，妥善保管好底片（包括原返修片）和资料，保存期不少于五年。无损探伤人员应按照《锅炉压力容器无损检查人员资格鉴定考核规则》进行考核，取得资格证书的方能承担与考试合格的种类和技术等级相应的无损探伤工作。

c. 压力容器的压力实验是指耐压实验和气密性实验，耐压实验包括液压和气压实验。压力实验应符合《容规》的有关规定。

压力容器出厂时，制造单位必须向用户提供竣工图样、产品质量证明书、压力容器产品安全质量监督检验证书等技术文件和资料；现场组焊的压力容器，还应提供组焊和质量检验的技术资料，压力容器产品质量证书一般包括以下内容：产品合格证，产品技术特性，压力容器产品主要受压元件使用材料一览表，产品焊接试板力学和弯曲性能检验报告，压力容器外观及几何尺寸检验报告，焊缝射线探伤报告，焊缝超声波探伤报告，焊缝表面探伤报告，钢板、铸锻件、零件无损探伤检验报告，压力容器焊后热处理报告，压力容器压力实验报告。

(2) 压力容器制造的质量保证体系

质量保证体系是为满足用户和第三方监督、审核的要求。使产品生产的全过程都受到系统的管理，各关键环节都处于严格受控状态，由组织机构，职责程序、活动、能力和资源等构成的有机整体。

质量保证体系的书面形式是质量保证手册，此手册是工厂质量管理工作的纲领性文件。手册必须是在实际中实施的质量保证体系的正式叙述并严格实施，成为全体职工从事质量管理活动的准则。

质量保证手册一般要包括下列方面。

① 制造厂的基本情况，包括：厂房面积和规模，职工总数及组成比例、车间和机构设置、主要产品、生产能力和制造历史等。

② 制造厂的技术力量状况，包括：各类技术干部的数量、专业、职称和各类技术工人的数量、等级以及技术力量的比例等。

③ 工装设备和检测手段，包括：各种加工、成型、铆焊、起重、理化实验、热处理、检测和运输设备等数量、规格和性能情况。

④ 产品制造与质量管理制度，包括：图纸审核，材料验收，仪器设备的检查、技术人员和技术工人的考核，制造工艺和制造质量的管理、检验及实验，外协外构件、标准化和资料管理制度，各类人员岗位责任制度以及用户意见反馈制度等。

⑤ 质量保证体系，包括：控制制造质量的机构、人员、职能、权限、工作程序以及按条例、规程、图纸、合同进行监督的方法等。

厂长负责领导和组织质量保证体系，并对本厂生产的压力容器制造质量负完全责任。要设立质量管理办公室，全面检查质量保证手册各项规定的贯彻执行。各部门负责人对本部门的工作质量负全责，并在有条件的单位（三类容器制造单位必须达到）对设计、工艺、材料、焊接、检验、无损探伤、理化实验、热处理等环节必须设置责任工程师。责任工程师对分管的质量保证负全责，对质量保证手册所规定的工作条例、管理制度等进行监督和检查，对有争议的问题作出判断，对所属人员的工作质量和技能水平做出评定。

质量保证体系使容器的制造质量有制度保证，制度有人贯彻执行，人有责任约束，使工作有标准，检查有依据。

(3) 压力容器制造的质量监督

压力容器制造质量的监督，由各级质量技术监督局或其授权的质量技术监督部门进行，监督方式有逐台出厂监督检查、批量性监督检验和定期性监督检验。

逐台性的产品出厂监督检验项目有：设计是否符合要求，是否与产品一致，材料牌号、标记、化学成分、力学性能及厚度是否符合材质证明书及相应标准，压力容器的铭牌、标记、外观质量、几何尺寸是否符合相应标准，焊工、焊工钢印和焊缝的焊工代号印记是否符合要求，焊接工艺评定和产品焊接试板检验是否按规定进行并符合要求，热处理和无损探伤检验的方法、设备和结果以及无损检查人员的资格等是否符合要求，在有监督检查人员在场的情况下，对产品进行的耐压实验是否合格，产品的铭牌及标记是否正确，出厂文件是否齐全，安全附件是否齐全并符合要求，监督检查人员认为必须进行的其他实验或检验。

批量性的产品出厂监督检验项目有：逐台（只）检查产品合格证、外观质量和出厂文件，并按批检查产品材质证明书和检验报告，每批产品应至少任选一台（只）进行几何尺寸检查、无损探伤检验、耐压实验、气密实验和其他必要的出厂实验和检验，若干批产品中应任选一台（只）进行全面技术检验或鉴定性实验，定期或不定期检查焊工和检验人员的技能，制造和检验设备的性能，焊接和热处理的稳定性和产品批量组织情况。

对于不实行出厂监督检验的产品，应进行定期监督检验，每年至少检验一次。定期检验项目与要求可参照批量性和逐台性产品出厂监督检验。

产品质量检验合格后由监督检查人员和部门签发《压力容器产品质量监督检验证书》。并在产品的铭牌或其他规定部位打上产品质量出厂监督检验标记。

9.2.1.4　压力容器的安装

压力容器安装质量的好坏直接影响容器使用的安全。压力容器的专业安装单位必须经劳动部门审核批准才可以从事承压设备的安装工作。安装作业必须执行国家有关安装的规范，安装过程中应对安装质量实行分段验收和总体验收。验收由使用单位和安装单位共同进行。总体验收时，应有上级主管部门参加。压力容器安装竣工后，施工单位应将竣工图、安装及复验记录等技术资料以及安装质量证明书等移交给使用单位。

9.2.2　压力容器的使用管理

9.2.2.1　压力容器使用单位安全技术管理工作主要内容

压力容器的安全技术管理工作的主要内容有：贯彻执行《固容规》及特种设备有关的安全技术规范；建立健全压力容器安全管理制度，并依据生产工艺的具体要求和容器的技术性能制订具体压力容器的安全操作规程；负责参与压力容器的入厂检验、安装、竣工验收及试车；办理压力容器使用登记，建立特种设备技术档案；负责检查压力容器的维护和压力容器安全附件检验情况；组织开展压力容器安全检查，至少每月进行一次自行检查，并且作出记录；编制压力容器的年度定期检验计划，督促安排落实特种设备定期检验和事故隐患的整治；建立健全压力容器的安全技术档案；做好操作人员及相关技术管理人员的安全技术培训工作；向主管部门和当地质量技术监督部门报送当年压力容器数量和变更情况的统计报表，压力容器定期检验计划的实施情况，存在的主要问题及处理情况等。

9.2.2.2　压力容器使用单位的职责

企业设备厂长或总工程师必须对压力容器的安全技术管理负责。应指定具有压力容器专业知识的工程技术人员负责安全技术工作。企业设备动力部门是企业对压力容器安全技术书管理的职能部门，化工等行业的生产车间由设备主任和设备管理员负责。使用压力容器单位对压力容器的安全技术管理工作主要包括以下内容。

① 执行2009《固定式压力容器安全技术监察规程》及有关的压力容器安全技术规范，编制压力容器的安全规章制度。

② 参加压力容器安装的验收和试车。

③ 监察压力容器的运行、维修和安全附件校验情况。

④ 压力容器的检验、修理、改造和报废等技术审查。

⑤ 编制压力容器的年度定期检验计划，并负责组织实施。

⑥ 向主管部门和当地劳动部门报送当年压力容器数量和变动情况的统计报表。压力容器定期检验计划的实施情况，存在的主要问题等。

⑦ 压力容器事故的调查分析和报告。

⑧ 检验、焊接和操作人员的安全技术培训管理。

⑨ 压力容器的使用等登记及技术资料的管理。

9.2.2.3 压力容器安全使用登记

按照《特种设备安全监察条例》和《压力容器使用登记管理规则》规定，新压力容器办理使用登记时，必须填写“压力容器使用登记表”（见表9-1）。压力容器的使用单位应在压力容器投入使用前或投用后30日内携带产品合格证、产品质量证明书、产品竣工图（总图和必要的部件图），检验单位签发的《压力容器产品安全质量监督检验证书》等有关文件、资料，向省（指高压容器及液化气体罐车）、直辖市或设区的市级特种设备安全质量技术监督部门申报和办理使用登记手续。劳动部门认真审查后，按规定核定该压力容器的安全状况等级，并对其编号注册。

压力容器使用登记是在容器检验和核实安全状况等级的基础上，对压力容器进行的注册和发放使用证。

根据压力容器的安全状况，将压力容器分为五个等级，每个等级含义如下。

一级：压力容器出厂技术资料齐全，设计、制造质量符合有关法规和标准的要求，在法规规定的定期检验周期内在设计条件下能安全使用。

二级：对新压力容器要求出厂技术资料齐全，设计、制造质量基本符合有关法规和标准要求，但存在某些不危及安全且难以纠正的缺陷，出厂时已取得设计单位、用户和用户所在地劳动部门质量技术监督局的同意，在法规规定的定期检验周期内，在设计条件下能安全使用；对在用压力容器要求出厂技术资料基本齐全，设计、制造质量基本符合有关法规和标准要求，根据检验报告，存在某些部位及安全可不修复的一般性缺陷，在法规规定的定期检验周期内，在规定的操作条件下能安全使用。

安全状况达不到一级或二级要求的新压力容器，不得办理使用登记手续。压力容器使用证只在检验周期内有效。过期不检，又未按《固容规》规定办理有关审批、备案手续而发生压力容器爆炸事故的应追究使用单位责任。

三级：出厂资料不够齐全，主体材质、强度、结构基本符合有关法规和标准要求，对于制造时存在的某些不符合法规或标准的问题和缺陷，根据检验报告，未发现由于使用而发展或扩大，焊接质量存在超标的体积性缺陷，经检验确定不需要修复，在使用过程中造成的腐蚀、磨损、损伤、变形等缺陷，其检验报告确定为能在规定的时间下，按法规规定的检验周期安全使用，经安全评定确定为能在规定的操作条件下，按法规规定的检验周期安全使用。

表 9-1 压力容器使用登记表

使用登记证号码：__________ 注册代码：

注册登记机构				注册登记日期	
设备注册代码				更新日期	
单位内部编号		使用登记证编号		注册登记人员	
使用单位				使用单位组织机构代码	
使用单位地址		省 市 区(县)		邮政编号	
安全管理部门		安全管理人员		联系电话	
容器名称		容器类别		容器分类	
设计单位				设计单位组织机构代码	
制造单位				制造单位组织机构代码	
制造国		制造日期		出厂编号	
产品监检单位				监检单位组织机构代码	
安装单位				安装单位组织机构代码	
安装竣工日期		投用日期		所在车间分厂	
容器内径	mm	筒体材料		封头材料	
内衬材料		夹套材料		筒体厚度	mm
封头厚度	mm	内衬壁厚	mm	夹套厚度	mm
容器容积	m^3	容器高(长)	mm	壳体质量	kg
内件质量	kg	充装质量	kg	有无保温绝热	℃
壳程设计压力	MPa	壳程设计温度	℃	壳程最高压力	MPa
管程设计压力	MPa	管程设计温度	℃	管程最高压力	MPa
夹套设计压力	MPa	夹套设计温度	℃	夹套最高压力	MPa
壳程介质		管程介质		夹套介质	
氧舱照明		氧舱空调电动机		氧舱测氧方法	
罐车牌号		罐车结构形式		罐车底盘号码	
产权单位				产权单位代码	
主要安全附件及附属设备、水处理设备					
名 称	型 号	规 格	数 量	制 造 厂 家	
检验单位				检验单位代码	
检验日期		检验类别		主要问题	
检验结论		报告书编号		下次检验日期	
事故类别		事故发生日期		事故处理	
设备变更方式		设备变更项目		设备变更日期	
变更承担单位				承担单位组织机构代码	

四级：出厂技术资料不全，主体材质不符合有关规定，或材质不明，或虽属选用正确材料但已有老化倾向，强度经校核尚满足使用要求，主体结构有较严重的不符合有关法规和标准的缺陷，根据检验报告未发现由于使用因素而发展或扩大，焊接质量存在线性缺陷，在使

用过程中造成的腐蚀、磨损、损伤、变形等缺陷，经检验确定为不能在规定的条件下，按法规规定的检验周期安全使用，必须采取有效措施，进行妥善处理，改善安全状况等级，否则，只能在限定条件下使用。

五级：缺陷严重，难于修复或无法修复，无修复价值或修复后仍难以保证安全使用的压力容器，应予以判废。

压力容器判废与报废对经检验安全状况等级为五级的判废压力容器，应及时进行维修或改作非承压设备使用。对存在严重事故隐患，无改造、维修价值或超过安全技术规范规定使用年限的压力容器，由使用单位应填写“设备报废申请书”（表 9-2），经单位负责人审批后连同压力容器使用登记手续，到原办理使用登记的部门办理报废注销手续。

表 9-2 设备报废申请书

主管部门　　　　单位　　　　年　月　日

设备编号		已使用年限	
容器注册号		原值	
设备名称		净值	
规格型号		残值	
制造单位		使用部门	
设备报废原因			
鉴定意见			
报废后处理意见			
生产部门 意见 年　月　日	设备部门 意见 年　月　日	生产部门 意见 年　月　日	安全部门 意见 年　月　日
单位主管负责人审批意见 年　月　日		单位主管部门意见 年　月　日	
备　注			

凡已办理报废手续的压力容器不得再作承压设备使用，更不得转让或转卖给其他单位做压力容器使用，否则一旦发生爆炸事故，原使用单位应承担责任。

9.2.2.4 压力容器的停用与启用

根据企业生产规划需要和设备安全状况评定等级，拟停用一年以上的特种设备如锅炉、压力容器、起重机械、厂内机动车辆的停用及重新启用，必须根据《特种设备安全监察条例》及《锅炉压力容器使用登记管理办法》等规范，按程序申请停用、重新启用行为，防止“假报停、真使用”、逃避法定的定期检验责任，减少事故隐患。

① 特种设备拟停用一年以上的，由使用单位将该报停设备的名称、型号、产品编号、设备注册代码及拟停用期限以书面形式（见表 9-3）上报所在县（市）质量技术监督局办理停用手续，该特种设备的使用证一并上交。所在县（市）质量技术监督局收回使用登记证后，向使用单位发放“特种设备停用封存单”，由使用单位签收并对报停设备进行验证性封

存（停用不满一年的，属于季节性停用，仍要依照法定定期检验要求，按期进行定期检验）。

表 9-3　特种设备停用报告

________县（市）质量技术监督局：

我单位下列特种设备自　　年　　月　　日至　　年　　月　　日报停，清单如下。

序号	设备名称	单位内部编号	型号	出厂编号	使用登记证号	备注
1						
2						
3						
4						
5						
6						

我单位承诺对上述特种设备做好停用的验证性封存工作，在停用期间绝不使用，并接受安全监察机构的现场监督，如违法使用，愿意按照《特种设备安全监察条例》第七十四条规定接受 2000 元以上 2 万元以下罚款。在重新启用前，我单位将自觉提前 1 个月向特种设备检验检测机构申请检验，经检验合格，持检验报告到县（市）质量技术监督局申请启用，领回使用登记证后，再投入使用。

特此报告。

申请单位（公章）：________

经办人：________

联系电话：________

负责人签字：________

年　　月　　日

注：本报告共三份，监察机构、检验机构、使用单位各执一份。

② 特种设备拟重新启用前，使用单位应提前一个月向特种设备检验检测机构提出定期检验申请（按特种设备定期检验申请程序办理），经检验合格后，持定期检验报告向所在县（市）质量技术监督局申请启用，领回使用登记证。检验不合格，应根据检验报告要求进行整改，复检合格后再申请启用，或者报废处理［报废后使用单位亦应书面告知所在县（市）质量技术监督局］。使用登记证遗失的，应向原登记机关申请补办。

③ 特种设备使用单位未经定期检验合格、未向登记机关申请启用、无使用登记证，擅自重新启用报停特种设备的，将按《特种设备安全监察条例》第七十四条责令改正并给予 2000 元以上 2 万元以下罚款。

9.2.2.5　压力容器技术档案

压力容器技术档案是正确、合理使用压力容器的主要依据，建立健全压力容器技术档案是搞好压力容器管理的基础工作。压力容器的使用单位，必须建立“压力容器技术档案”。其中内容包括：

① 压力容器登记卡；

② 压力容器设计技术文件；

③ 压力容器制造、安装技术文件和有关资料；

④ 检验、检测记录以及有关检验的技术文件和资料；

⑤ 修理方案，实际修理情况记录以及有关技术文件和资料；

⑥ 压力容器技术改造的方案、图样、材料质量证明书，施工质量检验及技术文件和资料；

⑦ 安全附件校验、修理及更换记录；

⑧ 有关事故的记录资料和处理报告。

技术档案的记录应完整、准确、有序，在压力容器调拨或转让时，技术档案也应随之移交，同时要避免技术档案记录的脱节。

9.2.2.6 压力容器的安全操作

为保证压力容器正常安全地运行，一方面，应加强安全操作方面的教育，制订压力容器工艺操作规程及岗位操作规程，明确安全操作要求；另一方面要求操作人员必须严格遵循并执行操作规程，精心操作和正确使用压力容器。

压力容器安全操作规程应包括以下基本内容：

① 压力容器的操作工艺指标（如最高工作压力、最高或最低工作温度等）；

② 压力容器的岗位操作方法（如开、停车的操作程序和注意事项）；

③ 压力容器运行中应巡回检查的项目、部位以及检查要求；

④ 压力容器运行中可能出现的异常现象和防止措施以及紧急情况的报告程序。

压力容器使用单位应对操作人员进行安全教育与考核，操作人员必须持证上岗。

压力容器运行过程中，操作人员应坚守岗位，严禁脱岗。操作压力容器时要集中精力，勤于监察与调节。操作动作应平稳、缓慢，避免温度、压力等参数指标的骤然升降，以防止压力容器产生疲劳破坏。开启阀门要谨慎小心，开关状态及开关顺序不可出错。操作人员与维修人员必须加强压力容器的日常维护，以听、摸、看、闻、测、比等方法进行定时、定点、定线、定项的巡回检查。遇有异常现象，应及时进行调节处理，以满足工艺要求，同时认真填写值班记录。

操作人员具体操作、检查时，要求严格控制各种工艺参数，严禁超压、超温、超负荷运行，严禁冒险试验、试探。主要检查项目：操作温度、压力、流量、液位等工艺指标是否正常；容器法兰等部位是否泄漏；容器防腐层是否完好，有无变形、鼓包、腐蚀等缺陷和可疑迹象；容器及连接管道有无振动、磨损；安全阀、爆破片、压力表、液位计、紧急切断阀以及安全联锁、报警装置等安全附件是否齐全、完好、灵敏、可靠。

压力容器操作运行中，若出现下列异常现象之一时，操作人员应立即采取紧急措施，停止运行，并按规定的报告程序，及时向企业有关部门报告：

① 压力容器工作压力、介质温度超过许用值，采取措施仍不能得到有效控制；

② 压力容器的主要受压元件发生裂缝、鼓包、变形、泄漏等危及安全的缺陷；

③ 安全附件失灵、失效；

④ 接管断裂、紧固件损坏，难以保证安全运行；

⑤ 发生火灾直接威胁到压力容器的安全；

⑥ 过量充装；

⑦ 液位失去控制；

⑧ 压力容器与管道严重振动，危及安全运行。

停止容器的运行，一般应切断进料，泄放容器内介质，使压力下降。对于工艺上属连续生产性质的压力容器，紧急停止运行前必须与前后工段做好联系协调工作。

9.2.2.7 压力容器的维护与保养

压力容器的维护与保养工作一般包括防止腐蚀，消除“跑、冒、滴、漏”，做好压力容器停运期间的保养。

压力容器通常会受到来自于内部的工作介质、外部大气、水或土壤等的腐蚀。目前，大多数压力容器采用防腐层来防止腐蚀，如金属涂层、无机涂层、有机涂层、金属内衬和搪瓷玻璃等。检查和维护防腐层的完好情况，是做好防腐工作的关键。例如，容器的防腐层脱落或损坏，腐蚀介质和容器本体直接接触，则腐蚀速度成倍加快。因此，日常巡检时，应及时发现问题，消除影响。同时，应及时清除积附在容器、管道、阀门及安全附件上的灰尘、油污、潮湿、腐蚀性物质等，经常保持其洁净和干燥。

过程装备的"跑、冒、滴、漏"现象不仅浪费原料和能源，污染环境，同时又往往造成容器、管道、阀门及安全附件的腐蚀。因此，正确选择连接方式、垫片材料、填料等，减轻振动和摩擦，及时消除"跑、冒、滴、漏"现象，是做好容器保养工作的重要内容。

另外，还应重视压力容器停运期间的保养工作。容器停运后，要将内部的介质排放干净，对于腐蚀性介质，要经排放、置换（或中和）、清洗等技术处理，有条件情况下，应采用氮气封存。根据停运时间长短、设备情况及周围环境，容器可采用内外表面涂刷油漆等保护层，或放置吸潮剂等措施进行保存保养。

9.2.3　压力容器的定期检验

压力容器的定期检验是指在压力容器的使用过程中，每隔一定期限采用各种适当有效的方法，对容器的各个承压部件和安全装置进行检查和必要的试验。通过检验及时发现容器缺陷，以消除隐患，防止发生事故，保证压力容器安全运行。

9.2.3.1　定期检验的内容和周期

（1）定期检验类型及内容

① 外部检查。指专业人员在压力容器运行中定期的在线检查。检查的主要内容是：压力容器的本体、接口部位、焊接接头等处的外表面是否存在裂纹、过热、变形、泄漏情况；外表面的腐蚀情况；防腐层是否完好；保温层是否破损、脱落、潮湿、跑冷；检漏孔、信号孔是否漏液；压力容器与相邻管道或构件是否存在异常振动、响声与摩擦；安全附件的检查；支承或支座是否损坏，基础是否下沉、倾斜、开裂，紧固螺栓是否完好；排放装置（疏水、排污）完好情况；运行参数是否符合安全技术操作规程；运行日志与检修记录是否保存完整等。

② 内、外部检验。指专业检验人员在压力容器停机时的检验。检验内容除了外部检查的内容之外，着重检查以下部位：封头，封头与筒体连接处，方形孔、人孔、检查孔及其补强，法兰，角接、搭接、布置不合理的焊缝，换热器管板与换热管的连接处，膨胀节，筒体变径部位，支座或支承，排污口；同时也包括腐蚀、磨损、裂纹、衬里情况，壁厚测量，金相检验，化学成分分析和硬度测定等项目。

③ 全面检验。全面检验除内、外部检验的全部内容外，还包括焊缝无损探伤和耐压试验。焊缝无损探伤长度一般为容器焊缝总长的20%，如发现裂纹或影响安全使用的埋藏缺陷，则应增加探伤比例，直至100%，最后进行耐压试验。耐压试验是承压设备定期检验的主要项目之一，目的是检验设备的整体强度和致密性。绝大多数承压设备用水作为耐压试验的介质，也常称为水压试验。

（2）压力容器定期检验周期

根据容器的制造和安装质量、使用条件、维护保养以及安全等级等情况确定检验周期。一般情况下，压力容器每年至少做一次外部检查，每三年做一次内外部检验，每六年做一次全面检验；检验周期也可根据容器实际运行情况，进行适当的延长或缩短。例如，有以下情况之一者，内外部检验周期应适当缩短：

① 介质对压力容器材料的腐蚀程度不明，介质对材料的腐蚀速率大于0.25mm/a，以

及设计所确定的腐蚀数据严重不准确；

② 材料焊接性能差，制造时曾多次返修；

③ 首次检验；

④ 使用超过 15 年，经综合评定确认不能按正常检验周期使用的容器；

⑤ 企业的管理水平低或使用条件很差的容器。

有下列情况之一的压力容器，内外部检验合格后必须进行耐压试验：

① 用焊接方法修理或更换主要受压元件的；

② 改变使用条件且超过原设计参数的；

③ 更换衬里在重新启用前；

④ 停止使用两年以上重新使用的；

⑤ 新安装的或移装的；

⑥ 无法进行内部检验的；

⑦ 使用单位对压力容器的安全性能有怀疑的。

9.2.3.2 定期检验的一般程序

(1) 检验前的准备工作

检验前，检验人员应到现场检查容器铭牌、编号、注册牌等，并认真查阅受兼容器的相关技术资料，如设计资料、运行情况记录、重大修理或改造情况的记录、历次检验报告资料等，以便了解其使用情况和管理中的问题。同时，为保障检验人员的人身安全和检验工作的顺利进行，检验前，受检单位必须完成下列准备工作。

① 检定与检验工作相应的安全措施。

② 将容器内部介质清除干净，用盲板隔断与其相连接的设备和管道，并设置明显的隔断标志。

③ 盛装易燃、有毒、剧毒或窒息性介质的容器，必须经过置换、中和、消毒、清洗等处理，并取样分析，保证容器空间中易燃或有毒介质的含量符合有关标准规定。压力容器内部的气体含氧量应在 18%～23%（体积比）之间。必要时，应配备通风、安全救护设施。

④ 必须切断与容器有关的电源，并做出明显标志，设专人管理。

⑤ 容器内部检验所有照明应是 12V 或 24V 的低压防爆安全灯。检验仪器和修理工具额定电源电压超过 36V 时，必须采用良好的软线和可靠的接地线，容器外面必须有专人监护。

⑥ 换热器若有结垢现象，应将垢层清除干净。

⑦ 影响内外表面检验的保温层及附设部件或其他物体，应按检验要求进行清理或拆除，并将表面清扫干净。

⑧ 内部有可动部件的压力容器，应锁住开关，固定牢靠，专人负责。对槽、罐车应采取措施防止车体移动。

⑨ 根据检验工作要求，搭设安全牢固的脚手架、软硬梯等设施。

检验单位开始检验前，必须做好下列工作：

制定检验方案；检查受检单位准备工作是否符合要求；依据现场情况，作出检验人员现场安全工作规定，办理好进罐证、动火证和登高作业证；现场射线探伤应隔离出透照区，设置安全标志；检查检验用的仪器、设备是否在有效的检定期内。

(2) 检验的程序、要求和内容

① 一般程序。压力容器检验的一般程序如图 9-1 所示。这是检验工作的常规要求，检验人员可根据实际情况确定检验项目，进行检验。

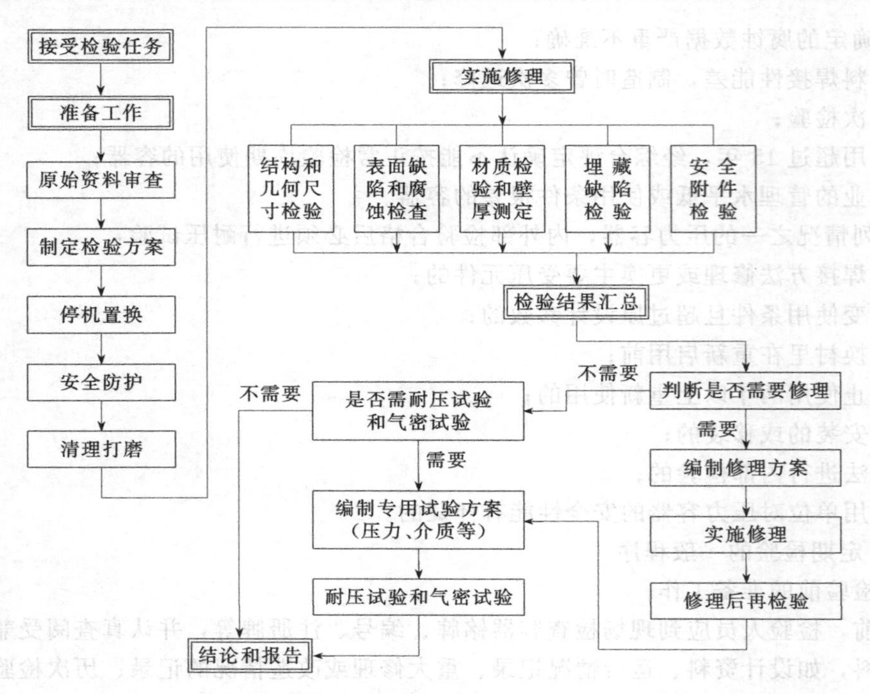

图 9-1 压力容器检验的一般程序

② 检验的基本要求。役前检验应以原始资料审查和外部宏观检查为主，必要时可进行无损探伤抽查。

在线检验应以宏观检查为主，必要时可进行测厚、壁温检查和腐蚀性介质含量测定等。

内外部检验应以宏观检查、壁厚测定、表面探伤为主，必要时可采用射线探伤、超声波探伤、硬度测定、金相检验、材质成分分析、涡流检测、应力测定、声发射检测、耐压试验等检验方法。

应根据本次内外部检验结果，结合该容器的历史资料进行综合分析，提出今后安全使用的指导性意见。

③ 容器的在线检验内容。容器的在线检验内容有：压力容器的本体、接口部位、焊接接头等的裂纹、过热、变形、泄漏等；外表面的腐蚀；保温层的破损、脱落、潮湿、跑冷；检漏孔、信号孔的漏液；压力容器与相邻管道或构件的异常振动、响声，相互摩擦；安全附件检查；支承或支座的损坏，基础下沉、倾斜、开裂以及紧固螺栓的完好情况；排放（疏水、排污）装置完好情况；查阅操作记录，了解运行的稳定情况。

④ 容器内外部检验的内容：

a. 在线检验的全部检查项目。

b. 结构检查重点检查下列部位：封头、筒体与封头的连接处，方型孔、人孔、检查孔及其补强；法兰，角接、搭接、布置不合理的焊缝，换热器管板与换热管的连接处，膨胀节，筒体变径部位，支座或支承，排污口。

c. 几何尺寸检查。应根据原始资料审查情况，结合纵、环焊缝对口错边量，棱角度，焊缝余高，角焊缝的焊缝厚度和焊脚尺寸，同一断面上最大直径与最小直径，封头表面凹凸量、直边高度和纵向皱褶，不等厚板（锻）件对接接头未进行削薄过渡的超差情况，直立压力容器和球形压力容器支柱的垂直度，绕带式压力容器相邻钢带间隙等内容进行检查，并做好记录。凡是已进行过几何尺寸检查的，一般不再复查，对在运行中可能发生变化的，应重点检查。

d. 表面缺陷检查。如区域性溃疡腐蚀、孔蚀及分散型的局部腐蚀、表面裂纹及其他表面缺陷检查。

e. 壁厚测定。

f. 材质检查。

g. 焊缝埋藏缺陷检查。

h. 容器本体上的锻件进行表面探伤和超声波探伤检查。

i. 紧固件检查。

j. 内件检查。

对于无法进行内部检查的容器，除进行宏观检查和壁厚测定外尚应对外表面焊接接头进行至少20%的表面和埋藏缺陷的无损探伤抽查，如发现裂纹或影响安全使用的埋藏缺陷，则应增加探伤比例，直至100%，最后进行水压试验。

⑤ 强度校核 有下列情况之一者，应进行强度校核。

a. 存在大面积腐蚀。

b. 强度计算资料不全或强度设计参数与实际情况不符。

c. 错边量或棱角度有严重超标情况。

d. 结构不合理且已发现严重缺陷。

e. 无法进行耐压试验的容器。

f. 检验员对强度有怀疑的。

9.2.4 压力容器安全附件管理

每台压力容器都有自己所特定的工作压力和工作温度。从安全的角度出发，必须要求压力容器在不超过设计参数的情况下运行。这就要求压力容器必须装置测量操作压力和操作温度和液位的监测装置，以及异常工况时的安全保护装置。这些装置统称为压力容器安全装置，或安全附件。

压力容器的安全装置可分为安全泄压装置、截流止漏装置和参数监测装置等三大类。

安全泄压装置是为了保证压力容器安全运行、防止超压的一种安全器具，其原理是当容器在正常压力下工作时能保持良好的密封，而当压力容器内的压力一旦超过规定的数值，就能自动地将容器内部的介质迅速泄放出来，使容器内的压力始终保持在最高允许范围之内。典型的安全装置有安全阀和爆破片等。

截流止漏装置主要包括截止阀、紧急切断阀、快速排泄阀及其执行机构。

参数监测装置，主要包括压力表、温度计和液位计三大类，是测试和监督容器内操作参数的必不可少的装置元件和控制手段。

9.2.4.1 安全阀

压力容器在正常工作压力下运行时，安全阀保持严密不漏；当压力超过设定安全值时，安全阀在压力作用下自行开启，使容器泄压，以防止容器或管线的破坏；当容器内压力泄至正常值时，它又能自行关闭，停止泄放。压力容器在运行中，由于火灾、生产或操作故障造成压力容器内压力超过其设计压力时，就可能造成事故，因此，压力容器应设置安全阀。

安全阀按其整体结构和加载机构，可分为杠杆式和弹簧式两种。

弹簧式安全阀的加载装置是弹簧，通过调节螺母，可以改变弹簧的压缩量，从而调整压紧力，以确定其开启压力的大小。弹簧式安全阀结构紧凑，体积小，动作灵敏，对振动不太敏感。缺点是弹簧在高温时，其弹性有所降低。

杠杆式安全阀靠移动重锤的位置或改变其质量来调节安全阀的开启压力。它具有结构简单、调整方便、比较准确和适应高温的优点。但比较笨重，不适合用在高压容器上。

(1) 安全阀的设置原则

① 对于设计压力低于压力来源的压力容器，如果生产过程中可能因物料的化学反应或受热使其内压增加，并在压力来源处没有装设安全阀时，则该压力容器必须设置安全阀。

② 盛装液化气体的容器必须设置安全阀。

③ 一个压力系统有几个设备时，若系统中无隔断阀，系统管径适宜，且无堵塞可能时则按一个系统考虑，只在关键设备上设置安全阀。

④ 若系统中有隔断阀，可能由于操作失误形成两个压力系统，则按每一系统均设安全阀处理。

⑤ 由于停水、停电和控制仪表失灵造成温度、流量变化的系统或高压系统串压到低压系统而形成超压的系统，则应在关键设备或低压设备上设置安全阀。

⑥ 加热炉进出口管线，一般不设置安全阀，这是因为在进口端装设会因安全阀泄放致使炉管停止进料而结焦。但出口管线上装有隔断阀或调节阀，则在出口端应设置安全阀。

⑦ 若安装安全阀后不能可靠地工作时，应装设爆破件或采用爆破片装置与安全阀组合共用结构。

(2) 安全阀的选用

安全阀的制造单位，必须有国家劳动部颁发的制造许可证才可制造。产品出厂应有合格证（或质量证明书），合格证上应有质量检查部门的印章及检验日期。安全阀的选用应根据容器的工艺条件及工作介质的特性从安全阀的安全泄放量、加载机构、封闭机构、气体排放方式、工作压力范围等方面考虑。其中安全阀的排放量是选用安全阀的关键因素，安全阀的排量必须不小于容器的安全泄放量；另外，应根据容器工作压力范围，选用相匹配的安全阀；同时还应考虑气体的排放方式，如对盛装有毒、易燃或污染环境的介质容器，应选用封闭式安全阀。

(3) 安全阀的安装、维护和检验

新安全阀在安装之前，应根据使用情况调试之后，才准予安装使用。

① 安全阀应铅直向上安装在压力容器本体的液面以上气相空间部位，或与连接在压力容器气相空间上的管道相连接。

② 若安全阀不便装在容器本体上，而用短管与容器连接时，则短管的直径必须大于安全阀的进口直径，接管上一般禁止装设阀门或其他引出管。

③ 压力容器的一个连接口上装设数个安全阀时，则该连接口入口的面积应至少等于数个安全阀的进口面积总和。

④ 安全阀装设位置应便于检查和维修。

⑤ 压力容器与安全阀之间不宜装设中间截止阀门。对于盛装易燃、有毒程度为极度、高度、中度危害或黏性介质的压力容器，为便于安全阀的更换、清洗，可在压力容器与安全阀之间装设截止阀。

⑥ 对易燃、毒性为极度、高度或中度危害介质的压力容器，应在安全阀（或爆破片）的排出口装设导出管，将排放介质引至安全地点，并进行妥善处理，不得直接排入大气。

为使安全阀在使用中保持齐全、灵敏、可靠，应加强日常维护保养，保持洁净，防止腐蚀和油垢及脏物堵塞。为防止阀瓣和阀座粘牢，可根据容器的实际情况制定其手动排放制度，排放时的压力最好在规定最高工作压力的80%以上。发现安全阀泄漏时应及时调换或检修，严禁用加大载荷（如中锤外移或过分拧紧调节螺钉）的办法来消除泄漏，并应经常铅封，防止他人随意移动重锤或拧动调节螺钉。气温过低时应检查有无冻结的可能性。安全阀要定期检验，每年至少校验一次。定期检验工作包括清洗、研磨、试验和校正。

9.2.4.2 爆破片和爆破帽

爆破片又称为防爆膜、防爆板，是一种断裂型的安全泄压装置。当容器发生超压并达到爆破片的规定爆破压力时，爆破片即自行爆破，容器内的介质迅速外泄，压力很快下降，从而使容器得到保护。与安全阀相比，爆破片装置结构简单、动作迅速，且具有超压破裂之前能保证容器完全密封，开放泄压时动作滞后的惯性小，排放能力不受限制等优点。由于它是靠膜片的断裂来泄压的，泄压后不能继续使用，容器也被迫停止运行。因此通常只是在不宜安装安全阀的压力容器上使用爆破片装置或与安全阀组合使用。如容器有可能存在爆燃或异常反应而使压力突然倍增，安全阀由于惯性来不及动作；又如容器运行中产生大量的沉淀物或黏附物，易妨碍安全阀动作。在这些情况下，可采用爆破片。

爆破片的结构比较简单。它的主零件是一块很薄的金属板，用一副特殊的管法兰夹持着装入容器引出的短管中，也有把膜片直接与密封垫片一起放入接管法兰的。容器在正常运行时，爆破片有一定变形甚至有较大变形，但仍能保持严密不漏；当容器超压时，膜片即断裂排泄介质。

爆破帽，也叫防爆帽，也是一种断裂型安全泄压装置。其主要元件是一个一端封闭、中间具有一薄弱断面的厚壁短管。当容器的压力超过规定值时，爆破帽即从薄弱断面处断裂，气体从管孔中排出。

9.2.4.3 压力表

压力表是测量压力容器中介质压力的一种计量仪表。压力表的种类很多，压力容器中大多使用弹性元件式的弹簧管压力表。

(1) 压力表的选用

压力表的主要工作参数是量程、精度、表盘直径和使用介质条件等，应根据被测压力的大小、安装位置、介质的性质（如工作温度、黏度、腐蚀性、脏污性、是否易燃易爆等）等具体情况来选择合适的压力表。一般情况下，安装在压力容器上的压力表其表盘刻度极限值应为容器最高工作压力的1.5～3倍，最好为2倍。压力表的精确度是以它的允许误差占表盘刻度极限值的百分数按级别表示的（如精确度为1.5级的压力表，其允许误差为表盘刻度极限值的1.5%）。精度级别一般都标注在表盘上。低压容器所用的压力表，其精度不应低于2.5级，中压及高压容器使用的压力表精度不应低于1.5级。为了使操作工人能准确地看清压力值，压力表的表盘直径不应过小，一般情况下，压力表的表盘直径不应小于100mm。如果压力表装得较高或较远，表盘直径则应增大。如超高压容器的压力表表盘直径不应低于150mm。

(2) 压力表的安装

为便于操作人员观察，应将压力表安装在最醒目的位置，并要有充足的照明，同时应注意避免受辐射热、低温、振动等影响。压力表一般应垂直安装，刻度盘与操作人员的视线垂直。若安装位置较高时，应向操作人员方向向前倾斜15°～30°，压力表接管应直接与容器本体相接。为便于卸换和校验压力表，压力表与容器之间应装设三通旋塞。用于水蒸气介质的压力表，在压力表与压力容器之间应装设存水弯管，避免高温蒸汽直接冲击压力表。盛装高温、强腐蚀及凝结性介质的容器，在压力表与容器连接管路上应装设隔离缓冲装置，使高温或腐蚀性介质不和弹簧弯管直接接触。

(3) 压力表的使用、维护、检查和校验

使用中的压力表应根据设备最高工作压力，在其刻度盘上画明警戒红线，但不要涂画在表盘玻璃上。运行中的压力表应保持表盘洁净，玻璃应明亮透明，容易观察。压力表在使用过程中，有可能由于物料堵塞、指针变形或弹簧管因超压变形等引起指示不灵或不准确的现象，因此，在容器运行期间，应定期吹洗压力表。若发现压力表指示失灵，刻度不清，表盘玻璃破裂，不回零位，铅封损坏等情况，应立即校正或更换。压力表的维护和校验应遵循国家计量部门的有关规定。压力表的定期校验，每年至少进行一次。一般情况下，每6个月校验一次，压力表上应有校验标记，注明下次校验日期或校验有效期，校验后的压力表应铅封。未经校验合格和无铅封的压力表不准安装使用。

9.2.4.4 液面计

液面计是用来观察和测量设备内液面位置变化情况的测量仪表。它不但是工艺生产中监察、测量料位，以保证工艺生产正常进行的重要设施，在某些情况下，也是保证容器安全的重要附属装置。例如许多气液相反应器、储罐、锅炉气包等压力容器上都装有液面计。

液面计应用广泛，种类很多。一般压力容器的液面计多选用玻璃板液面计，石油化工装置中的压力容器，常选用各种不同作用原理、构造和性能的液位指示仪表。不论选用何种类型的液面计或仪表，均应符合有关标准的规定，并符合下列要求：

① 应根据压力容器的介质、最高工作压力和温度正确选用。

② 在安装使用前，低、中压容器用液面计，应进行1.5倍液面计公称压力的水压试验；高压容器用液面计应进行1.25倍液面计公称压力的水压试验。

③ 盛装0℃以下介质的压力容器，应选用防霜液面计。

④ 寒冷地区室外使用的液面计，应选用夹套型或保温型结构的液面计。

⑤ 用于易燃、毒性程度为极度、高度危害介质的液化气体压力容器，应采用板式或自动液面指示计，并应有防止泄漏的保护装置。

⑥ 要求液面指示平稳的，不应采用浮子式液面计。

另外，液面计应安装在便于观察的位置。液面计的最高和最低安全液位，应做出明显标记。作为压力容器操作人员，应加强液面计的维护管理，经常保持液面计的完好和清晰，防止假液位。应对液面计实行定期检修制度。当液面计出现下列情况之一的，应停止使用：超过检验周期；玻璃板（管）有裂纹或破碎；阀件固死；经常出现假液位。

9.3 特种设备安全检查

安全检查是建立良好的安全生产作业环境和秩序的重要手段之一，也是保证设备设施正常运行的重要手段之一，尤其是危险性较大的特种设备，更需加强安全检查。通过安全检查，及时发现不安全因素（包括设备设施、作业环境场所、作业人员行为等各种不安全因素），采取有效措施，从而减少或防止人员伤亡。

9.3.1 特种设备使用单位安全检查依据

特种设备使用单位安全检查的依据是特种设备安全法规标准体系。我国特种设备法规标准体系的结构分为A、B、C、D、E五个层次，由E至A，法律效力逐级升高。A层次：法律；B层次：行政法规；C层次：部门规章；D层次：特种设备安全技术规范；E层次：技术标准。

现行法律中涉及特种设备安全和特种设备安全监察工作的主要有《特种设备安全法》、

《安全生产法》、《劳动法》、《产品质量法》、《商品检验法》、《行政许可法》、《标准化法》。

现行行政法规中与特种设备有关的主要有《危险化学品安全管理条例》、《生产安全事故报告和调查处理条例》等。

现行有关特种设备安全的部门规章主要有《特种设备现场安全监督检查规则》、《特种设备重点监控工作要求》、《特种设备作业人员监督管理办法》、《锅炉压力容器制造监督管理办法》、《气瓶安全监察规定》、《小型和常压热水锅炉安全监察规定》、《压力管道安全与监察规定》、《特种设备质量监督与安全监察规定》、《起重机械安全监察规定》等。

特种设备安全技术规范是指国家质检总局依据《特种设备安全监察条例》，对特种设备的安全性能和相应设计、制造、安装、改造、维修、使用和检验检测等活动制定颁布的强制性规定。

9.3.2 特种设备使用单位安全检查要求

特种设备使用单位进行安全检查的目的是，按照有关法律法规、规程规定的要求，及时发现事故隐患并消除，保证特种设备的安全运行，从而防止事故发生。

安全检查的重点环节包括：制造、安装、使用、气体充装、气体运输等。安全检查的重点设备包括：石油化工装置、大型储罐、公用管道、电梯、电站锅炉等。

特种设备使用单位在检查过程中，应当按照检查表（见表9-4～表9-10）的内容做好记录。检查的主要内容如下。

① 查验相关证件和有关资料：设备档案是否齐全；设备使用登记证是否在有效期内；操作人员的资格证件是否有效；设备定期检验报告是否表明设备使用在有效期内；设备的日常维修记录是否及时，项目是否符合规定；是否有人员培训记录，是否及时进行人员培训。

② 现场安全管理基本情况：现场安全标志是否符合要求；现场安全防护装置是否齐全、可靠；各项规章制度是否齐全；设备的运行记录、交接班记录是否及时，内容是否完整，各种签字手续是否齐全；现场操作人员是否持证；紧急处理措施、设置是否符合要求。

③ 设备安全状况：设备的合格标记是否符合要求；安全附件、安全保护装置是否齐全，是否灵敏可靠；设备运行参数是否在规定的范围内；紧急处理装置是否满足要求；设备的本体是否符合安全运行的条件。

表9-4 特种设备使用单位安全检查表

检查项目	检查内容	检查评价
安全责任	1. 是否建立领导责任制 2. 是否按照规定定期开安全工作会议，研究安全工作，会议记录是否齐全	
设备档案	1. 设备档案是否齐全，保管是否良好 2. 特种设备作业人员是否进行登记，有关证件是否在有效期内 3. 设备的定期检验报告是否表明设备使用在有效期内，所提出的问题是否整改 4. 设备的日常维修是否及时，记录是否齐全，项目是否符合规定 5. 是否有人员培训记录，是否及时进行人员培训	
管理制度	1. 是否建立以岗位责任制为中心的各项规章制度 2. 是否建立事故防范措施，是否建立紧急事故的处理制度，有无紧急处理的演习记录	
现场安全管理	1. 现场安全标志是否符合要求 2. 设备使用登记证是否按规定悬挂 3. 现场安全防护装置是否齐全、可靠 4. 各项规章制度是否齐全，是否能在现场看到 5. 设备的运行记录、交接班记录是否及时，内容是否完整，各种签字手续是否齐全 6. 现场操作人员是否持证 7. 紧急处理措施、设置是否符合要求 8. 气瓶等移动式设备是否按规定保管	
其他情况		

检查人员：　　　　检查时间：　　年　　月　　日

表 9-5 锅炉安全检查表

检 查 项 目	检 查 内 容	检查评价
合格标记	是否有锅炉使用证，并固定在锅炉房的醒目位置，其上是否有检验有效期的标记	
安全附件	1. 水位表是否有最高、最低水位标记明细，水位是否显示清楚，操作位置是否能够观察到 2. 安全阀的安装位置是否符合要求，定期检查的铅封是否完整，并在有效期内 3. 压力表表盘直径是否符合规定，最大刻度是否允许运行参数的 1.5 倍至 3 倍；压力表的精度是否符合规定，是否经计量部门校验并在有效期内 4. 热水锅炉是否按规定装设温度计，是否完好、灵敏可靠	
安全保护装置	是否按规定安装水位、压力温度报警连锁装置并灵敏可靠	
设备运行参数	1. 设备的运行参数，包括压力、温度及其蒸发量，是否在允许范围内，是否存在超压、超温和高水位等运行 2. 一些运行的仪器仪表的运行参数是否正常，是否与直读的水位表、压力表一致 3. 运行记录上的各项参数记录是否与实标一致，是否在允许的参数内	
设备本体状况	1. 是否有漏气、漏水现象 2. 设备的本体，包括炉墙，是否有明显的损坏	
其他情况		

检查人员： 检查时间： 年 月 日

表 9-6 压力容器安全检查表

检 查 项 目	检 查 内 容	检查评价
合格标记	是否有压力容器使用登记证，并固定在醒目位置，其上是否有检验有效期的标记	
安全附件	1. 直读式的液位计其液位是否显示清楚，是否能够观察到 2. 安全阀的安装位置是否符合要求，定期检验的铅封是否完整，并在有效期内 3. 压力表表盘直径是否符合规定，最大刻度是否与运行参数相匹配 4. 压力表的精度是否符合规定，是否经计量部门校验并在有效期内 5. 按规定装设的温度计是否完好、灵敏可靠 6. 按规定应当装设爆破片的压力容器，其爆破片是否完好，是否定期更换	
安全保护装置	1. 铁路、汽车罐车装设的紧急切断装置是否完好、灵敏可靠 2. 反应釜、医用消毒柜等快开门结构的压力容器，其防止常压开门的装置是否可靠	
设备运行参数	1. 设备的运行参数，包括压力、温度是否在允许范围内，是否存在超压、超温等运行 2. 一些运行的仪器仪表的运行参数是否正常，是否与直读液位计、压力表一致 3. 运行记录上的各项参数记录是否与实标一致，是否在允许的参数内 4. 气瓶在充装时，其充装量是否得到保证，充装前后是否能够进行严格检查并做好记录	
紧急处理装置	盛装易燃介质的储存设备，特别是球罐，其喷水降温装置是否完好，其实际演示是否运行可靠，其他消防措施是否完好	
设备本体状况	1. 设备本体状况是否存在介质泄漏现象 2. 设备的本体是否有明显的损坏	
其他情况		

检查人员： 检查时间： 年 月 日

表 9-7 压力管道安全检查表

检 查 项 目	检 查 内 容	检查评价
合格标记	是否有压力管道使用登记证或者登记表，是否有检验有效期的标志，是否按照规定予以标识	
安全附件及安全保护装置	1. 按规定装设的减压阀是否可靠，在压力发生变化期间，其上的压力表是否符合要求，指示的压力是否符合规定 2. 安全阀的安装位置是否符合要求，定期检查的铅封是否完整，并在有效期内 3. 压力表表盘直径是否符合规定，最大刻度是否允许运行参数的 1.5 倍至 3 倍；压力表的精度是否符合规定，是否经计量部门校验并在有效期内 4. 按规定装设的温度计，是否完好、灵敏可靠 5. 按规定装设的爆破片是否完好 6. 按规定装设的阴极保护装置是否完好	
设备运行参数	1. 设备的运行参数，包括压力、温度及其蒸发量，是否在允许范围内，是否存在超压、超温和高水位等运行 2. 一些运行的仪器仪表的运行参数是否正常，是否与直读的液位计、压力表一致 3. 运行记录上的各项参数记录是否与实标一致，是否在允许的参数内	
紧急处理装置	输送 易燃介质的压力管道，其紧急处理装置是否完好，其全消防措施是否完善	
设备本体状况	1. 是否存在介质泄漏现象 2. 管道的防腐或者绝热层是否完好，是否存在破损、脱落，绝热层有无跑冷现象 3. 是否存在异常振动 4. 是否存在异常变形 5. 支吊架是否完好，是否存在异常现象，有关配件是否有损坏 6. 有关阀门、膨胀节、法兰是否完好，有无腐蚀和松动现象	
其他情况		

检查人员：　　　　　　　　检查时间：　　年　　月　　日

表 9-8 电梯安全检查表

检 查 项 目	检 查 内 容	检查评价
合格标记及警示标记	1. 是否有安全检验合格证，并固定在电梯内乘坐人员能够观测到的醒目位置，是否在有效期内使用 2. 在醒目位置，是否设置使用须知和警示标记	
安全装置	1. 电梯内设置的报警装置是否可靠，联系是否畅通，应急照明系统是否可靠 2. 呼层、楼层等显示信号系统功能是否有效，指示是否正确 3. 超载装置是否可靠 4. 防止夹人装置是否可靠 5. 机房内，因停电或者电气系统发生故障时，其手动或者电动操作移动装置措施，操作是否可靠 6. 自动扶梯和自动人行道手及手指保护装置是否可靠，人口处是否有安全开关	
设备运行	1. 运行感觉是否平稳 2. 是否存在夹人或者未关运行现象 3. 通风是否良好 4. 停靠楼层是否正确	
设备本体状况	1. 运行轿厢内各种按钮是否灵活 2. 设备的本体没有明显损坏 3. 自动扶梯及自动人行道各项标志是否完善，围裙板是否有明显变形	
其他情况		

检查人员：　　　　　　　　检查时间：　　年　　月　　日

表 9-9 起重机械安全检查表

检查项目	检查内容	检查评价
合格标记	是否有安全检验合格证，并固定在醒目位置，是否在有效期内使用	
安全装置	1. 高度、行程、起重量、速度等保护装置是否完整、灵敏可靠 2. 各种缓冲装置是否完整、牢固 3. 紧急报警装置是否可靠 4. 各种联锁保护装置是否可靠，是否保证进入起重机的门或者司机室门开时，总电源不能接通	
设备本体状况	1. 基础或者轨道是否存在损坏、变形 2. 钢结构是否存在损坏、变形、腐蚀、开裂现象 3. 吊钩、抓斗等吊具有无损伤 4. 钢丝绳润滑是否良好，有无变形，其断丝数是否超过规定 5. 各种制动器零部件是否完整、良好，制动装置运行是否可靠 6. 各传动部分运行是否正常，润滑是否良好 7. 各种电气设备及元件是否完整，固定是否牢固，接地是否符合规定，布线是否合理，是否有损坏现象；与使用环境是否相适应 8. 照明是否符合规定 9. 驾驶室结构是否牢固，是否有变形、损坏现象，是否有良好的视野，通风良好	
其他情况		

检查人员： 检查时间： 年 月 日

表 9-10 场（厂）内机动车辆安全检查表

检查项目	检查内容	检查评价
合格标记	是否有安全检验合格证，是否在有效期内使用，是否取得有效牌照	
设备本体状况	1. 车辆有关装备、安全装置及附件是否齐全有效 2. 车辆转向系统是否符合有关规定、转向是否灵活 3. 车辆及挂车是否有彼此独立的行车和驻车制动系统，是否可靠 4. 整车的制动装置是否可靠 5. 车辆的照明系统是否符合规定 6. 车辆的减振系统是否符合要求 7. 车辆的离合、变速系统是否正常 8. 驾驶室的技术状况是否符合规定，视线是否良好 9. 车辆的传动系统装置的技术状况是否保持良好的状况 10. 易燃、易爆车辆是否备有消防器材和相应的安全措施，并喷有“禁止烟火”字样	
其他情况		

检查人员： 检查时间： 年 月 日

9.4 特种设备应急救援预案

特种设备使用单位事故应急救援预案是针对可能发生的重大事故所需的应急准备和响应行动而制订的指导性文件，目的是为了尽量减少事故发生所造成的人员伤害和财产损失。应急救援预案包括综合预案、专项预案和现场处置预案，并进行定期演练，以应对各种突发事件。

9.4.1 应急救援预案的编制要求

特种设备使用单位事故应急救援应在预防为主的前提下，贯彻统一指挥、分级负责、区域为主、企业自救与社会救援相结合的原则。

预案编制应分类、分级制定预案内容；上一级预案的编制应以下一级预案为基础。

特种设备使用单位必须对潜在的重大事故建立应急救援预案，包括对作业场所进行潜在事故分析，对锅炉、压力容器、压力管道、起重机械等设备进行危险性分析和评价，对锅炉、压力容器设备等进行危险性计算评价，还需要对有毒有害气体、放射性物质和其他有害物质引起的急性危害事故，以及其他危害事故进行分析。

预案编制应体现科学性、实用性、权威性的要求。科学性就是在全面调查基础上，实行领导与专家相结合的方式，开展科学分析和论证，制订出严密、统一、完整的事故应急救援方案；实用性就是事故应急救援预案应符合本企业的客观实际情况，具有实用性，便于操作，起到准确、迅速控制事故的作用；权威性就是预案应明确救援工作的管理体系，明确救援行动的组织指挥权限和各级救援组织的职责、任务等，保证救援工作的统一指挥。制订的预案经相应级别、相应管理部门批准后实施。

预案在编制和实施过程中不能损害相邻利益。如有必要可将本企业的预案情况通知相邻地域单位，以便在发生重大事故时能相互支援。预案编制要充分依据危险源辨识、风险评价、安全现状评价、应急准备与响应能力评估等方面调查、分析结果。同时，要对预案本身在实施过程中可能带来的风险进行评价。

预案编制完成后要认真履行审核、批准、发布、实施、评审、修改等管理程序。

9.4.2 应急救援预案的编制步骤

编制步骤分为编制准备、预案编制、审定与实施、预案的演练、预案的修订与完善。

(1) 编制准备

① 成立编写组织机构。应急救援预案编制工作涉及面广、专业性强，是一项非常复杂的系统工程，需要安全、工程技术、组织管理、医疗急救等各方面知识，其编制人员要由各方面的专业人才或专家组成，需要成立一个由各专业人员组成的编写组织机构。

② 制订编制计划。一个完整的事故应急救援预案文件体系要由总预案、程序、作业指导书、行动记录四级文件体系组成。内容上既涉及本企业的应急能力和资源，也涉及主管上级、区域以及相邻的应急要求，需要制订一个详细的工作计划。内容包括：工作目标、控制进程、人员安排、时间安排，并应突出工作重点。

③ 搜集整理信息。即对所涉及的区域进行全面调查，搜集和分析现有影响事故预防、事故控制的一些信息资料。

④ 初始评估。对本单位现有救援系统进行评估，找出差距，为建立新的救援体系奠定基础。初始评估一般包括明确适用的法律法规要求，审查现有的救援活动和程序，对以往的重大事故进行调查分析等。

⑤ 危险源辨识与风险评价。危险分析包括危险源辨识、脆弱性分析、风险评价，其目的是明确本企业应急对象，存在哪些可能的重大事故、性质及影响范围、后果严重程度等，为应急准备、应急响应和减灾措施提供决策和指导依据。危险分析应按照国家法规要求，结合本企业的具体情况进行。

⑥ 能力与资源评估。通过分析已有能力的不足，为应急资源的规划、配备、签订互助协议和预案提供指导。

(2) 预案编制

按照事故应急救援预案的文件体系、应急响应程序、预案内容，以及预案的级别（6级）和层次（综合、专项、现场）要求进行编写。

(3) 审定与实施

完成预案编写后，要进行科学评价和审核、审定。编制的预案是否合理，能否达到预期效果，救援过程中是否产生新的危害等都需要经过有关机构和专家进行评定。

(4) 预案的演练

为全面提高应急能力和对应急人员进行教育，应急训练和演习是一项必不可少的工作步骤。应急演练包括基础培训与训练、专业训练、战术训练及其他训练等。通过演练、评审，为预案的完善创造条件。

(5) 预案的修订与完善

应急预案是事故应急救援工作的指导文件，同时又具有法规的权威性，需要定期或在应急演习、应急救援后对之进行评审，针对实际情况的变化以及预案中暴露的缺陷，不断地更新、完善和改进应急预案文件体系。

9.4.3 应急救援预案编制内容及格式

应急救援预案编制内容主要包括方针与原则、应急策划、应急准备、应急响应、现场恢复、预案管理以及评审改进和附件七大要素。

① 方针与原则。应急救援预案应有明确的方针与原则作为指导应急救援工作的纲领，体现保护人员安全优先、防止和控制事故蔓延优先、保护环境优先。同时，体现事故损失控制、预防为主、常备不懈、统一指挥、高效协调以及持续改进的思想。

② 应急策划。应急策划是事故应急救援预案编制的基础，是应急准备、响应的前提条件，同时它又是一个完整预案文件体系的一项重要内容。在事故应急救援预案中，应明确企业的基本情况，以及危险分析与危险评价、资源分析、法律法规要法度等内容。

a. 基本情况。主要包括企业的地址、经济性质、从业人数、隶属关系、主要产品、产量等内容，周边区域的单位、社区、重要基础设施、道路等情况。

b. 危险分析。主要指危险目标及其危险特性对周围的影响。危险分析结果应提供：地理、人文、地质、气象等信息，企业功能布局及交通情况，重大危险源分布情况，重大事故类别，特定时段段、季节影响，可能影响应急救援的不利因素。对于危险目标可选择对重大危险装置、设施现状的安全评价报告，健康、安全、环境管理体系文件，职业健康管理体系文件，重大危险源辨识、评价结果等材料来确定事故类别并综合分析危害的程度。

c. 资源分析。根据确定的危险目标，明确其危险特性及对周边的影响到以及应急救援所需资源，明确危险目标周围可利用的安全、消防、个体防护的设备、器材及其分布和上级救援机构或相邻可利用的资源。

d. 法律法规要求。法律法规是开展应急救援工作的重要前提保障。列出国家、省、市级应急各部门职责要求以及应急预案、应急准备、应急救援有关的法律法规文件，作为编制预案的依据。

③ 应急准备。在事故应急救援预案中应明确下列内容：

a. 应急救援组织机构设置、组成人员和职责划分。

b. 在事故应急救援预案中应明确预案的资源配备情况，包括应急救援保障、救援需要的技术资料、应急设备和物资等，并确保其有效使用。

c. 事故应急救援预案中应确定应急培训计划，演练计划，教育、训练、演练的实施与效果评估等内容。

d. 互助协议。当有关的应急力量与资源相对薄弱时，应事先寻求与外部救援力量建立正式互助关系，做好相应安排，签订互助协议。

④ 应急响应。应急响应包括以下内容：

a. 报警、接警、通知、通信联络方式。依据现有资源的评估结果，确定 24 小时有效的报警装置；24 小时有效的内部、外部通信联络手段；事故通报程序。

b. 预案分级响应条件。依据事故的类别、危害程度的级别和从业人员的评估结果，可能发生的事故现场情况分析结果，设定预案分级响应的启动条件。

c. 指挥与控制。建立分级响应、统一指挥、协调决策的程序。

d. 事故发生后应采取的应急救援措施。根据生产操作安全技术要求，确定采取的紧急处理措施、应急方案；确认危险物料的使用或存放地点，以及应急处理措施、方案；重要记录资料和重要设备的保护；根据其他有关信息确定采取的现场应急处理措施。

e. 警戒与治安。预案中应规定警戒区域划分、交通管制、维护现场治安秩序和程序。

f. 人员紧急疏散、安置。依据对可能发生事故场所、设施及周围情况的分析结果，确定事故现场人员清点、安置等。

⑤ 现场恢复。由生产部门组织相关部门和专业技术人员进行现场恢复，包括现场清理和现场恢复所有功能。清理现场要制订相应计划和防护措施，防止发生二次事故；恢复现场前应进行必要调查取证工作，必要时进行录像、拍照、绘图等。

⑥ 预案管理。包括对应急预案编制准备工作的实施、应急预案计划编制与实施、应急预案技术资料管理等内容。

⑦ 评审改进和附件　特种设备使用单位应组织对应急预案和相关程序进行评审及修订，使其不断完善，提高应急应变能力。附件包括组织机构名单；值班联系电话；组织应急救援有关人员联系电话；危险化学品生产单位应急咨询服务电话；外部救援单位联系电话；政府有关部门联系电话；本单位平面布置图；消防设施配置图；周边区域道路交通示意图和疏散路线、交通管制图；周边区域单位、社区、重要基础设施分布图及有关联系方式，供水供电单位的联系方式；保障制度等。

思考题

1. 特种设备安全管理有关的主要法规和规程有哪些？
2. 特种设备使用单位安全检查依据是什么？
3. 特种设备使用单位日常管理的内容包括什么？
4. 压力容器设计、制造安装单位各应具备哪些基本条件？
5. 压力容器质量控制主要包括哪些内容？
6. 压力容器使用单位应做好哪些安全管理工作？
7. 压力容器技术档案应包括哪些内容？压力容器安全操作规程应包括哪些内容？
8. 压力容器定期检验有哪些内容？请说明压力容器停用与其用的管理程序。
9. 请调研企业特种设备管理情况，并针对某具体特种设备编制其安全检查表。

10 动力与能源管理

学习指导

【能力目标】

- 能够编制企业动力设备管理技术文件，并能进行检验与验收；
- 熟悉企业能源管理内容和基本要求。

【知识目标】

- 了解动力管理范围、特点及主要任务，熟悉动力设备日常管理要求、制度及考核体系；
- 了解能源管理相关的基本概念，熟悉企业节能管理及用能管理基本要求。

10.1 动力管理概述

10.1.1 动力管理的重要性

动力设备是指企业内所有用于发生、转换、分配、传输各种动能或耗能工质（如电能、热能、压缩能、水、煤气等）及其他各种气体、液体的设备和管线。动力管理主要目的是使各种动力设备正常运转，不断地供应符合生产需要的各种动力，充分发挥各种能源的作用。

动力设备及其传输管线是企业生产活动的心脏和动脉，动力设备的技术状况管理及维修将直接影响企业的安全生产、能源消耗、工艺质量、职工人身安全和环境保护，以及企业的经济效益和社会效益。只有确保动力设备安全可靠、经济合理地运行，才能保证企业生产的正常进行，这对保证节约能源、提高产品工艺质量和提高经济效益都具有十分重要的意义。

10.1.2 动力管理的范围

动力管理范围包括电（电力系统、电子信息系统）、水（热水、自来水、下水等）、气（蒸汽、压缩空气、煤气、天然气等）以及冷冻空调载能体转换、输送和使用等，具体包括：

（1）电气系统

包括发电、变配电和输送的电气装置；机械设备的电气部分；电气工艺设备；通信设备及其网络系统等。

（2）蒸汽系统

指锅炉房的全部设备；生产用蒸汽加热设备等。

（3）煤气或天然气系统

包括煤气发生设备及输送管道；天然气流量装置、调压装置、控制阀及输送管道等；燃烧煤气及天然气设备等。

（4）压缩空气系统

指空气压缩机、循环水泵、冷凝器和冷却设备、蓄气缸等以及压缩空气全部输送管道。

(5) 氧气、乙炔气和二氧化碳等供应系统

指氧气站和乙炔站全部设备，有关氧气、乙炔输送管道和车间乙炔气瓶（或乙炔发生器）等。

(6) 供水系统

包括水泵站的全部设备和设施。

(7) 所有动力网络、线路、管道等。

10.1.3 动力系统的特点

企业中的动力发生变换设备、动力分配传输设备以及动力使用消耗设备，三者互相连通，形成企业的动力系统。动力系统种类繁多，但有以下共性：

(1) 系统性与高可靠性

由于动能的发生、转换、分配、传输和使用过程及相应设施、管网构成企业动力系统，接入动力系统（网）的一切装置、设备元件（不论使用或备用状态）一旦发生故障，都可能影响整个系统工作。这种系统性使管理工作复杂化，因此动力管理强调系统的高可靠性，强调把各动力系统同全系统联系起来并注意系统的完整性，这样才能确保动力系统的正常运行。

(2) 工作连续性

动力系统大多全年连续运行（例如供电系统）或季节性连续运行（如采暖锅炉、制冷机等），也有的按生产需要连续运行。为此，应严格运行管理，确保连续运行。

(3) 安全性

动力系统大多处在高温、高压或易燃、易爆工作环境或输送有毒物质的情况下，整个系统的安全十分重要。

(4) 经济性

主要表现在设备运行效率和设备能力两方面，两者统称为设备效能。动力设备的效能指标特别重要：设备能力是其动能好坏的集中反映，能力不足不仅影响企业生产，还会造成人力和物力的浪费；动力设备的运行效率对企业的能源消耗影响极大，企业中由于效率不高而造成的损失一般占总能耗的50%以上，有的甚至高达80%。因此对动力设备效能的管理是动力设备管理的重点。

10.1.4 动力管理的主要任务

主要任务是保证动力系统正常连续运行，经济合理地供应生产所需的各种动力。具体内容包括以下几个方面：

(1) 安全可靠方面

① 明确划分动力系统的分工管理范围，将动力系统的各个环节都要明确划分到有关单位和人员的管理范围，作为建立岗位责任制、制订操作规程和联系制的依据。

② 编制一套以岗位责任制为中心的、完整科学的规章制度，认真贯彻执行，并根据情况不断总结、修订和完善。

③ 加强对人员的技术培训考核，组织学习有关职责条例、规程、制度及基础理论，定期进行操作和演习；严格执行操作合格证制度，及时组织运行管理人员对事故进行分析讨论，提高其事故处理和预防能力。

④ 认真贯彻动力系统及设备的维修工作，使之处于良好技术状态。要突出“预防为主”，定期开展预防性试验，利用生产停歇时间和节假日认真搞好设备维修工作。

必须指出，属特种设备的管理和维修要按国务院发布的《特种设备安全监察条例》执行。

(2) 经济合理方面

① 根据生产工艺要求及所用动力设备和系统，确定各种动力设备的最佳经济运行参数，定出允许波动范围，以减少能耗。

② 充分发挥设备效能，合理利用能源，达到节能效果。

③ 充分利用动力设备的容量和网络的输送能力，提高生产率，降低消耗。例如组织用户负荷的均匀平衡，提高动力站房的机械化和自动化程度，搞好科学管理等。

④ 加强生产组织调度，搞好动能供耗管理。开展企业的能量平衡测试，建立能量平衡图（表）和能量流图；搞好动能的计划分配，制订动能消耗定额；加强动能计量仪表管理，加强动能供耗负荷和数量统计分析，开展经济核算。

10.2 动力设备的运行管理

10.2.1 动力设备运行管理规章制度

在生产、技术、调度及日常运行管理工作中必须集中统一指挥，严格落实动力设备的规章制度，才能保证设备运行安全可靠、经济合理。企业动力设备的规章制度包括岗位责任制、技术操作规程、安全操作规程，交接班制度，巡回检查制度，定期技术检验制度，设备运行经济技术指标的管理与考核办法等。

10.2.2 动力设备运行调度体系

动力设备运行管理比较严密复杂，企业在外部要接受主管业务部门的技术监督和调度，在内部为使各动力设备相互协调，建立正常的运行秩序，也必须相应建立运行调度体系。上与外部供电、供热、供水、供燃气等主管部门的调度单位衔接，下管到企业各个动力站，各种动力传输管网，直到重点耗能设备。

具体的调度方式可根据企业实际制订。例如涉及采取各种安全措施的操作，应采用调度工作单方式：属于停送动力的调度，允许口头或电话调度；在紧急情况下，允许口头调度及现场调度，先操作后补记录；在特别紧急的情况下，现场运行人员可以先操作，然后向调度室报告等。调度室和运行管理人员所在现场，应设置模拟板，明显标示系统运行状况，使系统运行状况一目了然，防止调度管理出现差错。

10.2.3 动力设备的日常管理

动力设备日常管理和维护应达到：

① 建立运行制度、操作规程、安全规程、岗位责任制等。

② 设备运行状态参数符合设备出厂、生产需要、运行安全可靠、节能及环保的有关规定。

③ 安全装置、保护元件、监测仪表及自动化器件齐全、完整，工作稳定可靠。所有阀门关闭灵活，严密，所有管道及附属装置标志明确，环境清洁整齐。

④ 设备运行正常，无异常振动、噪声、温升和润滑不良，工作可靠，无跑、冒、滴、漏现象。

10.2.4 动力设备运行经济技术指标和考核体制

动力设备各级运行管理单位实行目标管理工作之一是针对各动力站、各耗能单位和耗能设备建立动力运行的各项经济技术指标和考核体制。

动力运行经济技术指标主要用于动能发生转换装置，使其经常处于或接近最佳运行工况，减少损耗，以最少的能源消耗获得最佳效果。经济技术指标应根据燃料、原料的品质，设备技术状态，人员技术水平，计算仪器以及同行业先进指标等条件，通过试验、比较和分析来确定。执行过程中应进行考核分析，不断总结经验，定期测试、修改提高，以逐步降低燃料、原料消耗和生产成本。

10.2.5 动力设备故障和事故管理

动力设备在运行中，因故障中断运行，必须及时分析情况，查明原因，确定为误工操作、故障、设备事故或运行事故中的哪一种，并应及时组织有关人员按规定认真处理。在事故处理时，要进行现场调研、分析，分清原因及责任，做到“三不放过”。重大、特大事故按上级主管部门规定办理。

10.3 动力设备的经济管理

动力设备经济管理的主要工作是企业动力设备维修费用和动能费用的核算。

10.3.1 动力设备经济管理目标

① 要健全经济责任制，把动力设备管理与维修的各个环节的经济活动纳入经济核算的内容，要通过制订有关动力设备的运行、维修等方面的经济指标，逐步掌握动力设备各项费用在企业总成本中的比例关系，从而找出降低动力设备费用的正确途径。

② 要加强对动能消耗和维修费用的管理，做好动能成本、维修费用的核算与经济分析工作。

③ 结合动力设备大修进行技术改造，其费用超过正常大修费用时，应按规定办理增值手续。

④ 按规定认真做好动力设备完好率、故障停机率、万元产值维修费、大修理费用、大修理计划完成率等指标的统计、分析和考核工作。

⑤ 做好动力设备的资产管理工作，建立各种动力设备台账，建立各种流量计卡片及动能计量装置网络分布图等。

10.3.2 动能的经济核算

动能指企业动力部门负责供应、管理、使用于生产过程中的各种能源及载能体，一般包括水、电、煤气、蒸汽、压缩空气、氧气、乙炔、燃料油等。动能经济核算的目的是促使动能生产部门降低动能生产成本，合理、节约使用动能，降低动能消耗费用和产品生产成本。

动能经济核算的主要内容是：建立动能生产与消耗统计记录，并进行统计分析，实行定额管理；搞好修理及运行费用的预算；核算动能生产成本，进行成本控制。

(1) 动能生产与消耗统计

① 建立各动力站房动力设备运行记录及燃料、动能的耗用记录，进行统计汇总，计算出生产单位动能的耗能量，以便检查和修改消耗定额。同时绘出各种动能的日负荷曲线，计算出每天的小时最大负荷和小时平均负荷，据此计算出全厂用能负荷率和动能设备利用率。

全厂用能负荷率＝平均负荷/最大负荷×100％

全厂动能设备利用率＝平均负荷/动能设备总量×100％

② 建立各用能部门的耗能记录，计算出全厂和各车间的年度、月度单位产品（产值）动能消耗量，以便检查修改动能消耗定额，并计算出各用能车间的最大负荷与平均负荷，从而算出车间用能设备利用率。

车间用能设备利用率（负荷率）＝车间平均负荷/车间用能设备总容量×100％

（2）修理及运行费用的预算

动力部门每年要按动力设备和动力管线的类型、种类，必要时还应按每个类别来编制动力设备及管线的修理和运行费用预算。费用预算一般包括：基本工资、奖金及其他福利费；材料、备件和外购成套件的费用；车间和全厂性的杂项开支等。

（3）核算动能生产成本

动能生产成本一般包括：原材料、辅助材料；燃料和动力费用；工资及其附加费；车间管理动力站房生产成发生的各项费用等。以上四项均发生在动力部门内，称为车间成本，作为企业结算动能单价用。如果企业对外转供动能，则动能价格应在车间成本的基础上，加上企业管理费用的分摊部分及利润率。

10.3.3 动力部门经济活动分析

搞好动力部门及其所属各修理、运行工段的经济活动分析并进行评价，以及制订改善经济指标的措施，都具有很重要的意义。对相当长时期内积累的修理及运行费用等资料进行分析，可得到计划预修的实际发生费用和非计划修理发生的费用，以及两者之间的某些动态规律。在企业生产稳定的情况下，随着对动力设备和管线计划预修制的实行，修理及运行费用会逐渐趋向合理或下降，可应用计算机辅助经济活动分析。

10.4 能源管理

10.4.1 能源概述

10.4.1.1 能源的定义及其分类

自然界在一定条件下能够提供机械能、热能、电能、化学能等某种形式能量的资源叫作能源。能源的种类很多，也有多种分类方法。按照能源的生成方式可分为一次能源和二次能源。

一次能源又称自然能源。它是自然界中以天然形态存在的能源，是直接来自自然界而未经人们加工转换的能源，例如煤炭、石油、天然气、太阳能、水能、风能等。一次能源还可以按照其是否可以再生分为可再生能源和不可再生能源。可再生能源是指在自然界中能不断再生并有规律地得到补充的能源，例如太阳能、风能、水能、生物质能等；不可再生能源则是指短期内不能再生，并将随着人类的不断开发利用越来越少的能源，例如煤炭、石油、天然气等。

二次能源。由一次能源经过加工转换而得到的能源产品称为二次能源，例如蒸汽、电能、煤气、焦炭、汽油、柴油等。

此外，按照各种能源在社会经济生活中的地位，人们还常常把能源分为常规能源和新能源两大类。技术比较成熟，已被人类广泛利用，在生产和生活中起重要作用的能源称为常规能源，例如煤炭、石油、天然气、水能、核裂变能等。目前尚未大规模开发利用，还有待进一步研究试验与开发利用的能源称为新能源，例如太阳能、风能、核聚变能等。

10.4.1.2 能源特点

能源是经济发展不可缺少的重要物质基础，是现代化生产的主要动力来源。从使用角度能源有以下特点：

① 必要性和广泛性。从生产到生活，各行各业、家家户户都离不开能源。随着社会的

发展，能源的需用量将越来越大，使用能源的必要性和广泛性也越来越突出。

② 连续性。生产的连续性要求动能必须连续供应。连续生产的现代化企业一旦能源中断，会迫使生产停顿，甚至造成重大经济损失和事故。

③ 一次性和辅助性。目前广泛应用的绝大多数能源是非再生能源，使用是一次性的，而且能源并不构成产品本身实际，生产过程中只发挥辅助性功能。

④ 替代性和多用性。各种能源的形态在一定条件下可以互相转换，应对能源利用的经济性作比较，在满足生产工艺的前提下，尽可能以一次能源代替二次能源、低品位能源代替高品位能源。大多数能源既可用作燃料，又可用作原料或辅助材料，应根据不同的用途，按照经济合理的原则对所用的能源进行选择。

⑤ 不易储存性。在目前技术条件下，有些能源例如电能、蒸汽能等不易储存，要求生产、运输、使用过程中必须在时间上保持一致，数量上基本平衡，否则会造成浪费。

10.4.1.3 能源与环境保护

能源是人类赖以生存的基础，但在其开发、输送、加工、转换、利用和消费过程中，都直接或间接地改变着物质平衡和能量平衡，必然对生态系统产生各种影响，从而成为环境污染的主要根源。能源对环境的污染主要表现在：温室效应、酸雨、臭氧层破坏、热污染、放射性污染等。

世界各国在利用能源的同时，大力治理能源造成的环境污染。例如：减少 CO_2 的排放，控制 SO_2 和 NO_2 的排放，减少各种废热的排放，严格防治放射性污染等。

10.4.2 能源管理的内容

10.4.2.1 能源管理的概念

能源管理指运用能源科学和经济科学原理和方法对能源系统全过程的各环节进行规划、组织、调节和调度等，以实现经济、合理的开发和利用。宏观能源管理是指综合性大系统的能源管理，例如对一个国家或地区的能源管理，或对某一类能源管理等。微观能源管理是指企业的能源管理，目的是提高企业能源利用率，实现增收节支。

能源管理主要内容：

① 贯彻执行国家的“能源法”、“节能法”等法规。

② 制订能源管理网络和能源管理规章制度。

③ 做好能源管理的基础工作，例如：制订企业的能源消耗定额；加强能源的统计分析；加强能源计量管理；认真进行能源分析，开展能量平衡工作；制订节能规划并将其与企业发展规划、技术改造规划紧密结合等。

④ 按照合理用能的原则，均衡、稳定、集中、协调地组织生产，避免能源损失浪费；组织好能源的供应和调配工作，严格执行计划用能和核销工作。

⑤ 新建、改建、扩建的项目，必须采用合理用能的生产工艺设备。积极开展以节能为中心的技术改造，组织好节能应用技术的研究和推广，积极开展节能宣传和组织节能方面的全员培训。

⑥ 在能源生产、使用、传输等过程中密切注意其对环境的影响，减少废气、废水、废渣的排放，降低噪声污染及热污染。

10.4.2.2 能源计量管理

能源计量管理是企业能源管理和重要技术基础，企业应遵守国家颁布的有关能源计量及管理法规。

① 明确能源计量范围和计量级别。能源计量范围包括一次能源、二次能源和耗能工质

所耗能源。能源计量级别分为三级，即一级计量（以企业为核算单位进行计量）、二级计量（以车间为核算单位进行计量）、三级计量（以班组为核算单位进行计量）。

② 编制能源计量点网络图。按国家规定，完整的能源计量网络图应包括：企业平面分布示意图；能源消耗统计表及能流图；产品生产工艺流程图；能源计量器具配备汇总表等。

③ 合理配备能源计量器具。企业能源计量器具的配备率（指已配备的台数与应配备的总台数之比）一般不应低于95%。凡需要进行用能技术经济分析和考核的设备均需单独安装计量器具。除以上要求外，还应对检测率提出要求，对计量器具进行定期检查。

10.4.2.3 能源消耗的定额管理

能源消耗定额是反映企业能源利用经济效果的综合性指标，它是企业在一定生产技术和组织条件下，为生产一定质量和数量的产品或完成一定量的作业而规定的能源消耗标准。

(1) 能源消耗

企业的生产能耗包括基本生产能耗（即生产工艺过程中直接消耗的能量）和辅助生产能耗（指为保证生产正常进行的辅助设备和辅助部门消耗的能量)。以上两部分能耗之和即为企业的总能耗。

(2) 企业能耗指标

① 总单项能耗，指企业在统计报告期内某种单项能源的总消耗量。

② 单位单项能耗，指企业在统计报告期内某种单项能源的单位消耗量。

③ 单位综合能耗，指企业在统计报告期内生产单位产品或单位产量所有消耗的各种能源综合计算量。

④ 可比单位综合能耗，指同行业中实现能耗可比而计算出的综合能耗量。

要指出的是，计算耗能时必须将各种能源折算成标准煤量(kgce)。按国家标准规定，其折算方法是：标准煤量＝能源量×折算系数

式中，折算系数＝单位某种能源的等价热量(MJ)/29.27(MJ)

(3) 能源消耗定额的制定和考核

企业应根据企业的实际情况，参照国家主管部门制订的综合能耗考核定额和单项能耗定额，以及国内外同行业的能源消耗指标制订出适合本企业的各种能源消耗定额。

能源消耗定额应分级执行，将企业能耗的总定额分解成若干份定额，层层落实到车间、班组、各道工序及主要耗能设备。

能源消耗定额的考核实行分级考核，并应和奖惩制度结合。

10.4.3 企业节能

目前，能源资源的供求矛盾日益突出，能源带来的环境污染也日益严重。节约能源、反对浪费、发展循环经济已成为我国经济发展的一项战略国策。工业企业是能源消耗大户，重视节能、加强节能管理已成为现代企业增强市场竞争力的重要保证。

10.4.3.1 节约能源法

1998年1月1日起，我国正式实行“中华人民共和国节约能源法”。

节约能源法指出：节能是国家发展经济的一项长远战略方针，并重申了能源节约与能源开发并举，把能源节约放在首位的能源政策。该法还规定，固定资产投资工程项目的可行性研究报告应包括合理用能的专题论证，达不到合理用能标准和节能设计规范的不予验收。该法还明确指出：国家鼓励开发、利用新能源和再生能源，并支持节能科学技术的研究和推广。

节约能源法的颁布实施，对于推广全社会节约能源，提高能源利用效率和经济效益，保

护环境，保障国民经济和全社会的可持续发展，满足人民生活需要，具有重要和深远的意义。

10.4.3.2 企业节能措施

企业节能措施主要有：

① 加强能源科学管理。建立能源管理体制、抓好节能基础工作，如加强能源计量管理、搞好企业能量平衡、加强能源定额管理、合理组织生产、加强用能设备管理、合理使用能源。

② 以节能为中心进行技术改造和设备更新。以节能为中心的技术改造和设备更新项目主要有：集中供热和热电联产；改造中低压发电机组；更新改造低效的锅炉、工业炉窑、风机和水泵；加强用能设备的保温设施；合理利用低热值燃料；余热利用；改造技术落后、能耗高的生产工艺和生产装置等。

③ 开发和采用节能新技术。

10.4.4 用能管理

10.4.4.1 用能设备管理

用能设备指所有转化、传输和利用能源，从而实现其自身功能的设备总称。例如工业锅炉、风机、水泵、空气压缩机等。为了提高用能设备的能源利用效率，达到节能降耗的目的，必须加强用能设备的全面管理。

用能设备通用管理制度有以下几种：

① 建立完善的用能设备质量控制体系。用能设备质量的好坏，直接影响用能设备事故率、维修率以及用能单位生产的正常运行，必须建立完善的用能设备质量控制体系。该体系主要内容包括组织保障体系、制度体系及约束机制。

② 用能设备的使用和维护保养制度。包括用能设备使用规程、维护规程、规程的贯彻执行三部分内容。其中使用规程主要包括用能设备操作规程、技术状况管理、润滑管理及运行动态管理等；维护规程主要包括用能设备的维修与保养规程、缺陷处理等；规程的贯彻执行指利用一系列相应制度，监督、督促其使用规程和维护规程的落实情况。

③ 用能设备档案管理制度。包括用能设备技术资料的收集、记录、填写、积累、整理鉴定、归档、统计、提供利用等具体要求和管理办法。

④ 用能设备点检和巡检管理制度。

⑤ 用能设备节能监测制度。用能设备运行过程中必须进行节能监测，用来掌握用能设备的性能、运行状况、技术指标等，为用能设备管理和技术改造提供科学依据。

⑥ 用能设备经济运行评价制度。按照用能设备能效限定值和能效等级，针对用能设备各自运行特点，制订出相应的经济运行标准，定期评价用能设备经济运行状况。

⑦ 用能设备经济运行管理制度，包括用能设备的基础管理、工艺操作管理、节能改造管理、节能监测管理及能效管理。

10.4.4.2 节能监测

节能监测是指依据国家有关节能法规（或行业、地方规定）和标准，对用能单位的能源利用状况所进行的监督、检查、测试和评价工作。我国节能监测起源于 20 世纪 80 年代初，国务院 1986 发布《节约能源管理暂行条例》，提出要对企业生产、生活用能进行监测和检查。

节能监测遵照《节能监测技术通则》(GB/T 15316—2009)标准执行。

节能监测范围：对重点用能单位应定期进行综合节能监测；对用能单位的重点用能设备

应进行单项节能监测。

节能监测的内容：用能设备的技术性能和运行状况；能源转换、输配与利用系统的配置与运行效率；用能工艺和操作技术；用能单位能源管理技术状况；能源利用的效果；供能质量与用能品种。

10.4.4.3 能量平衡

能量平衡是考察一个体系的输入能量与有效能量、损失能量之间的平衡关系。

企业能量平衡是以一个企业为对象，对输入的全部能量与输出的全部能量在数量上的平衡关系的研究，也包括企业能源在购入、贮存、加工转换、输送分配、终端使用各个环节与回收利用和外部各能源的数量关系进行的考察、定量分析企业的用能情况。

10.4.4.4 能源审计

能源审计是指能源审计机构依据国家有关能源法规和标准，对用能单位能源利用的物理过程和财务过程进行的检验、核查和分析评价。对用能单位能源利用效率、消耗水平、进行监测、诊断和评价，从而最大限度地挖掘节能潜力，提高能源利用效率。

10.4.4.5 能效对标

对标管理，又称“标杆管理”、“基准管理”，是指企业不断寻找和研究业内一流公司在产品、服务、生产流程、管理模式等方面的最佳实践，并以此为标杆与本企业进行比较、分析、判断，学习标杆企业先进理念和做法，改进自身不足，使本企业核心竞争力不断提高，追赶或超越标杆企业，并形成持续产生优秀业绩的动态循环管理流程。

根据国家对能效对标的要求，2007 年我国部分重点耗能行业启动了能效对标工作。截至目前，水泥、钢铁、烧碱、火力发电、有色金属等高耗能行业的试点企业在行业协会和其他相关单位指导帮助下，已经成功开展能效对标工作，并取得了良好效果。目前，我国部分省份已经对辖区内的重点耗能企业分批次开展能效对标工作。

思考题

1. 了解动力设备运行管理规章制度包括哪些内容？
2. 请说明动力设备运行的经济技术指标和考核体系。
3. 说明企业节能管理与用能管理的基本要求。

附录A 设备管理流程图例

1. 设备维护保养管理流程

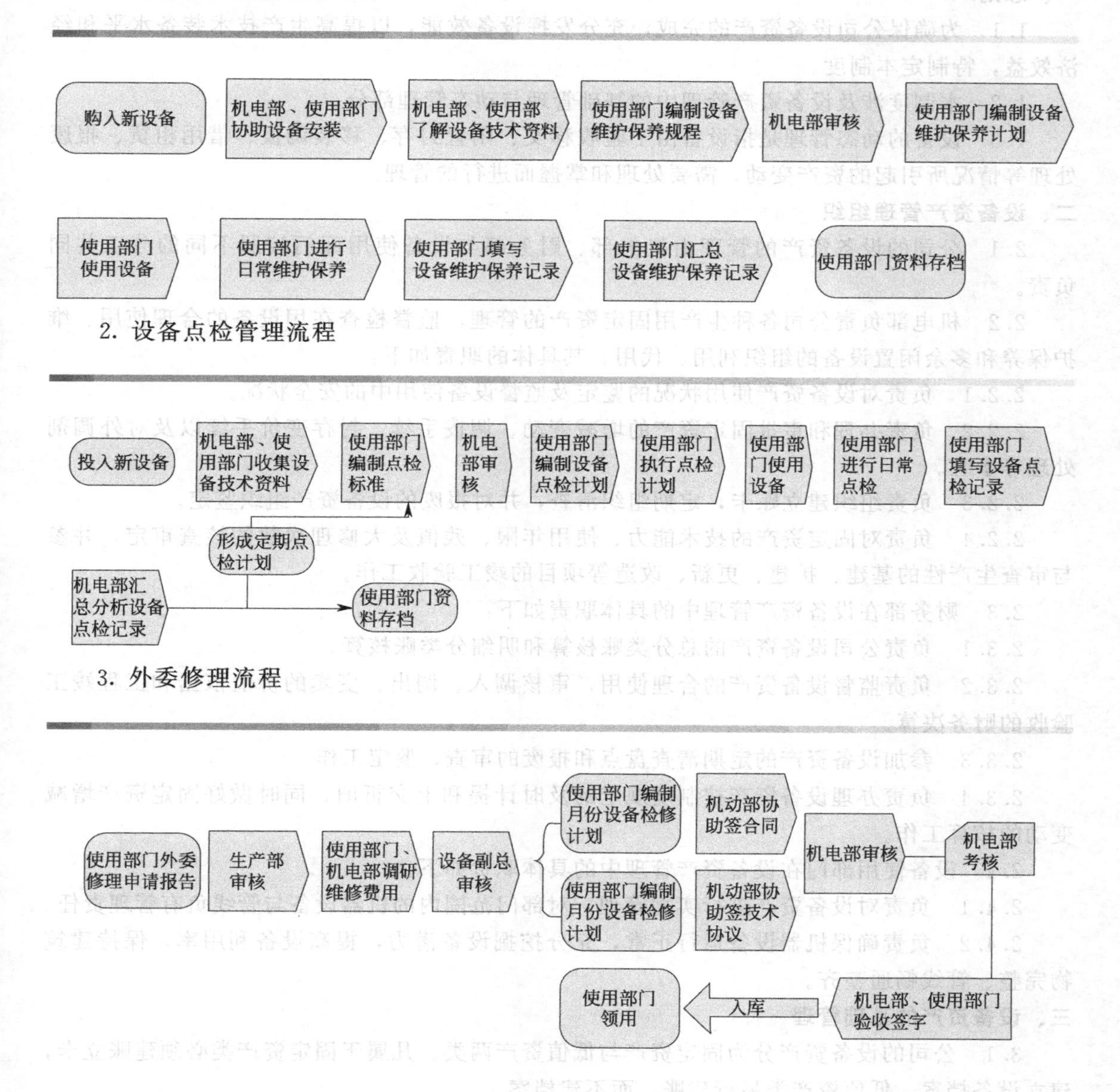
购入新设备
机电部、使用部门协助设备安装
机电部、使用部了解设备技术资料
使用部门编制设备维护保养规程
机电部审核
使用部门编制设备维护保养计划
使用部门使用设备
使用部门进行日常维护保养
使用部门填写设备维护保养记录
使用部门汇总设备维护保养记录
使用部门资料存档
2. 设备点检管理流程
投入新设备
机电部、使用部门收集设备技术资料
使用部门编制点检标准
机电部审核
使用部门编制设备点检计划
使用部门执行点检计划
使用部门使用设备
使用部门进行日常点检
使用部门填写设备点检记录
形成定期点检计划
机电部汇总分析设备点检记录
使用部门资料存档
3. 外委修理流程
使用部门外委修理申请报告
生产部审核
使用部门、机电部调研维修费用
设备副总审核
使用部门编制月份设备检修计划
机动部协助签合同
使用部门编制月份设备检修计划
机动部协助签技术协议
机电部审核
机电部考核
机电部、使用部门验收签字
入库
使用部门领用

附录B 设备资产管理制度实例

一、总则

1.1　为确保公司设备资产的完成，充分发挥设备效能，以提高生产技术装备水平和经济效益，特制定本制度。

1.2　本制度涉及设备资产管理中的基础管理与动态管理部分。

1.3　设备的动态管理是指设备由于验收移交、闲置封存、移装调拨、借用租赁、报废处理等情况所引起的资产变动，需要处理和掌握而进行的管理。

二、设备资产管理组织

2.1　公司的设备资产的管理由机电部、财务部与设备使用部门按照不同的分工共同负责。

2.2　机电部负责公司各种生产用固定资产的管理，监督检查在用设备的合理使用、维护保养和多余闲置设备的组织利用、代用。其具体的职责如下：

2.2.1　负责对设备资产使用状况的鉴定及监督设备使用中的安全状况。

2.2.2　负责办理和审批固定资产的增减变动、调拨手续、封存变价手续以及对外调剂处理等事宜。

2.2.3　负责组织建立账卡，定期组织清查，并对报废的设备资产组织鉴定。

2.2.4　负责对固定资产的技术能力、使用年限、残值及大修理次数的核查审定，并参与审查生产性的基建、扩建、更新、改造等项目的竣工验收工作。

2.3　财务部在设备资产管理中的具体职责如下：

2.3.1　负责公司设备资产的总分类账核算和明细分类账核算。

2.3.2　负责监督设备资产的合理使用，审核调入、调出、变卖的价值依据和工程竣工验收的财务决算。

2.3.3　参加设备资产的定期清查盘点和报废的审查、鉴定工作。

2.3.4　负责办理设备资产按制度规定的及时计提和上交折旧，同时做好固定资产增减变动的核算工作。

2.4　设备使用部门在设备资产管理中的具体职责如下：

2.4.1　负责对设备资产进行实物管理，对部门范围内的机器设备与管线负有管理责任。

2.4.2　负责确保机器设备运行正常，充分挖掘设备潜力，提高设备利用率，保持建筑物完整、管线畅通整齐。

三、设备资产的基础管理

3.1　公司的设备资产分为固定资产与低值资产两类。凡属于固定资产类必须建账立卡，建立设备档案，低值资产类另行建账，而不建档案。

3.2　为方便对公司设备的资产管理，机电部应给每台设备确定独产的编号。

3.3　公司的设备资产编号由两段数字组成，前一段数字为设备的代号，后一段数字为该代号的设备顺序号，中间用一横线连接。其中，设备的顺序号应按照设备进入公司的时间先后进行排列。

3.4　公司设备安装调试完成后移交设备使用单位时，机电部与财务部应建立统一的单台设备的资产卡片。设备资产卡片的要求如下：

3.4.1　设备资产卡片中应登记设备编号、基本数据及设备的变动记录，并按使用单位的顺序建立设备卡片册。

3.4.2　随着设备的调查动、调拨、新增和报废，设备资产卡片位置可以在卡片册内调整、补充或注销。

3.5　为准确掌握设备资产的拥有量及变动情况，机电部需要按照设备使用部门的顺序编制设备台账，凡是高精度、大型、重型、稀有及进口设备必须另行编制台账，以方便管理。

3.6　机电部在编制设备台账的同时需要保管好设备的原始记录，如设备的验收移交单、调拨单等。

3.7　机电部应会同设备使用单位与财务部定期对设备进行清点，必须做好设备的账账相符，账、卡、物相符。

3.8　机电部还需为每台设备建立档案，记录设备从规划、设计、制造、安装、调试、使用、维修、改造、更新直至报废过程中所形成的图纸、文字说明、凭证等资料。设备档案分为设备前期档案与设备后期档案，具体要求内容如下：

3.8.1　设备的前期档案包括以下内容：

(1) 设备可行性分析报告
(2) 设备选型与技术经济论证资料
(3) 设备购置合同（副本）
(4) 设备检验合格证及有关附件
(5) 设备装箱单及设备开箱检验记录
(6) 设备安装调试记录、精度测试记录和验收移交书
(7) 设备初期运行资料及信息反馈资料复印件

3.8.2　设备的后期档案包括以下内容：

(1) 设备登记卡片
(2) 设备故障维修记录
(3) 单台设备故障汇总单
(4) 设备事故报告单及有关分析处理资料
(5) 设备点检与维护资料
(6) 设备日常运行检测记录
(7) 设备定期检修及大修记录
(8) 设备改装及技术改造资料
(9) 设备封存单、设备报废单及公司认为应该存入的其他设备资料

3.9　公司对设备档案管理的要求如下：

3.9.1　机电部需要指定专门的人员负责设备档案的管理，并制订详尽的设备档案的借阅办法。

3.9.2　机电部相关人员需要及时收集设备的相关资料，并经过分类后定期更新设备档案，同时需要建立设备档案的目录与卡片，以方便设备档案的查找与使用。

3.9.3　未经设备档案管理人员同意，任何人不得擅自抽动设备档案，以防止其失落。

3.9.4　机电部的相关人员需要加强对重点设备（精、大、稀设备）的档案的管理工作，

使其能够满足生产的需要。

四、设备资产的动态管理

4.1 在设备的安装调试与设备移交中，设备工程师需要收集手续合格的各种设备单据(如设备合格证、设备移交单等)，以作为设备资产管理的凭证之一。

4.2 设备移交中设备的附件与各种辅助工具、量具等必须经设备工程师进行建账登记后，方可交由设备使用部门保管使用。

4.3 设备调拨时，设备工程师应将设备的附件、专用备件及使用说明书等资料一同随机移交给调入单位，并及时更新设备档案。

4.4 公司的封存设备，应由设备工程师在设备上粘贴明显的封存标志，并制订专人负责保管、检查。

4.5 机电部应定期对设备进行评估，估算其经济价值，进行折旧处理，并根据科学的评估结果更新设备卡片与档案，使公司能够准确地掌握设备的现有价值。

附录C 设备点检定修管理制度实例

一、总则

1.1 为了提高设备管理效率和劳动生产率，降低设备维修成本，增加企业的经济效益，特制订本管理制度。

1.2 设备点检定修制是国内外先进企业实行的一种现代化设备管理体制和现代化的设备管理方法。它是以专（兼）职点检员为核心的按照设备管理检修模型开展维修，实行全员设备维修管理的基本制度。

1.3 设备点检是设备点检定修制的核心工作，也是设备运行管理的核心工作，它对于准确掌握设备状态，适时合理地维修设备，减少设备故障停机次数和停机时间，降低设备维修费用，提高设备效率起着十分重要的作用。它是以采用“定点、定法、定标、定期、定人”的“五定”方法，对设备实行日常点检、定期点检和精密点检的全员设备管理。

二、定义

2.1 设备定修：就是在设备点检的基础上，必须在主作业线设备停机（停产）的条件下，或对主作业生产有重大影响的设备在停机条件下，按设备定修模型进行计划检修或定期的系统检修。是对主作业线设备与生产物料协调和能源平衡的前提下所进行的规定时间的停产计划检修。

2.2 设备日修：是指凡不影响主作业线生产，随时可安排停机进行的计划检修。

2.3 定修包括日修、定（年）修两种检修。

2.4 按点检周期设备点检分为日常点检、定期点检和精密点检三类。

日常点检：主要是操作人员依靠人体的“五感”对设备的运行状态进行的检查。

定期点检：是专业点检员（或专业工程师）按着设备的点检周期依靠人体的“五感”或简单检测仪器对重要设备及重要部位实施的点检。

精密点检：就是在不解体设备的前提下，运用精密仪器或采用特殊方法对设备进行定量测试分析掌握设备劣化程度和劣化倾向。同时通过失效分析等测试方法，剖析设备故障的原因。

三、管理职责

3.1 机电部是公司设备点检定修工作的主管部门。

3.2 机电部的设备点检定修工作的主要职责：

3.2.1 制订公司设备点检工作的管理制度，负责公司设备点检定修工作的推进实施工作。

3.2.2 监督、检查、考核各单位设备点检定修工作的开展实施情况。

3.2.3 根据公司给定的维修计划值，组织编制公司的设备定修（年修）计划（含长期、年、季、月定修计划）。

3.2.4 负责对各单位定修业绩的掌握和分析，对定修计划值管理及考核工作。

3.2.5 负责对各单位主要生产设备的开动率、设备事故、故障停机率、设备维修费用等计划指标的制订与考核。

3.3　各单位是员工培训的主管部门

负责组织设备点检管理人员、专业点检员（或专业工程师）的培训工作。

3.4　公司设备技术负责人是各单位设备点检定修工作主管领导

各单位设备技术负责人的主要职责是：

3.4.1　在本单位领导的领导下贯彻执行公司设备点检定修工作的规章制度，制订本单位设备点检定修工作的实施细则。

3.4.2　监督、检查、考核各作业区设备点检定修工作的开展情况。

3.4.3　编制设备点检工作标准。

3.4.4　组织本单位设备点检定修业务培训和业务考试工作。

3.4.5　负责对生产操作人员的日常点检工作的指导检查工作。

3.4.6　负责定修业务的管理、组织、实施、验收工作。

3.4.7　负责本单位设备维修费用的使用和管理工作。

3.4.8　负责本单位的设备开动率、设备事故、故障停机率及杜绝发生特大、重大设备事故管理工作。

3.4.9　负责编制设备定修（日修、定修、年修）计划。

3.4.10　负责编制设备定修资材（备件材料）需用计划。

3.4.11　负责编制设备定修费用（年季月）的预算计划。

3.4.12　负责设备点检定修工作的数据、资料收集保管和归档工作。

3.4.13　组织参加设备事故分析及处理，提出设备修复方案及事故预防措施。

3.4.14　负责协调定修时的生产、检修的关系，使定修工作安全优质高效地进行。

3.4.15　负责编制各作业区的点检设备的各种点检标准、表卡和主要设备定修模型。

3.4.16　按点检标准，实施专业点检工作，并做好点检资料数据的记录收集、归纳、整理和存储工作。

3.4.17　编制设备点检计划、定修计划和资材计划。

3.4.18　负责各作业区内操作人员的日常点检的指导、检查和监督工作。

3.4.19　负责紧急事故的调查、处理联络、备件资材的准备及组织试车验收等工作。

3.4.20　负责日修管理，进行三方安全确认联络，工程协调、施工质量监督与验收、试车等工作。

3.4.21　负责点检设备维修费用预算承包。

3.4.22　做好设备维修的技术准备，备件资料准备和组织准备，有效地实施各种计划检修。

四、点检定修制实施

4.1　操作人员的日常点检维护。操作人员的日常点检维护是全员设备维修管理中不可缺少的一方面。

4.1.1　操作人员应该掌握所操作设备的性能、主要结构、主要参数。

4.1.2　操作使用标准化，应将设备逐台制订作业标准，操作人员必须严格按标准操作，严禁违章操作和拼设备现象。

4.1.3　维护保养标准化。制订每台设备的维护保养标准，并且落实到具体操作人员。要与维修人员密切配合，认真做好设备维护保养工作。

4.1.4　操作人员要对所使用（操作）的设备，按照设备点检卡、点检路线认真进行点检，并做好点检记录。

4.1.5　操作人员要实行操修结合，维护好设备，一旦发现设备异常，除及时通知专业点检员、维修人员外，还能自己动手排除异常，进行小修理。

4.2　专业点检员的专业点检，是设备维修管理的核心。专业点检员既从事实际的点检作业，又担当设备基层管理工作。

4.2.1　点检区域划分，各单位必须实行生产设备的点检管理，以生产作业区设备来划分点检作业区，对于专业性较强的设备可以以专业来划分点检作业区。做好点检基础工作。

4.2.2　做好设备的“五定”工作，即定点、定法、定标、定期、定人。

4.2.2.1　编制设备的“四大标准”，即点检标准、给油脂标准、维修技术标准、维修作业标准。

4.2.2.2　编制点检计划，点检路线、点检检查表。

4.2.3　点检的实施，每个点检人员应做到认真点检，一丝不苟，不轻易放过任何异常的迹象，认真分析处理，做好记录。

4.2.4　点检的实绩管理，按点检的结果，做好各种报表，对点检结果进行分析，切实掌握设备状态及劣化发展趋势，在编制维修计划、备件计划时，要充分反映点检结果。

4.2.5 采用PDCA循环工作方法。通过PDCA循环，在点检员不断积累工作经验和提高自身的素质的同时，点检工作不断完善，更加科学合理，从而不断推动点检工作质量的提高。

4.2.6　在点检工作中实行马氏点检法，即调查现状、发现问题、制订计划、措施保证、实施管理、实绩统计、巩固改进的七步工作法。循环一次有成效、多次循环会提高。

4.2.7　点检工作要执行七事一贯制。

4.2.7.1　点检实施。

4.2.7.2　设备状况情报收集整理及问题分析。

4.2.7.3　日、定修计划编制。

4.2.7.4　备件资材计划制订、准备。

4.2.7.5　日定修工程委托及管理。

4.2.7.6　工程验收、试运转。

4.2.7.7　点检、日、定修数据汇总、实绩分析。

4.2.8　点检工作要实行七项重点管理

4.2.8.1　点检管理。

4.2.8.2　日定修管理。

4.2.8.3　备件资材管理。

4.2.8.4　维修费用管理。

4.2.8.5　安全管理。

4.2.8.6　故障管理。

4.2.8.7　设备技术管理。

4.3　专业技术人员的精密点检

专业技术人员的精密点检及精度测量检查是在日常点检、定期专业点检的基础上，定期对设备进行严格的精密检查、测定、调整和分析。

4.3.1　精密点检的项目内容、周期、方法以及标准要列入点检标准。

专业点检员根据点检标准，选择编制精密点检计划，由设备主管领导统一平衡，交各作业区具体实施。

4.3.2 精密点检要实行计算机管理。

4.4 设备技术诊断

设备技术诊断是一种在运转时或非解体状态下，对设备进行点检定量测试，帮助专业点检员作出决策，防止事故发生。

4.4.1 对有在线监测仪的设备，点检人员要加强在线监测仪器维护、保养工作，保证在线监测仪器仪表的正常运行。

4.4.2 对需要进行技术诊断的设备，各单位设备负责人向生产技术部申报，由生产技术部组织有资质的人员进行。

4.5 设备定修

设备定修包括设备日修和定（年）修。

4.5.1 开展设备定修必须具备的条件：

4.5.2 要有科学的定修模型和合理、精确的定修计划，以保证定修在能与生产计划充分协调的前提下，按修理周期、时间以最精干的检修力量完成维修活动。

4.5.3 要有以作业长制为中心的现代化基层管理方式，以确保定修管理、组织流程的畅通。

4.5.3.1 要有一套严格具体的安全检修制度，以确保检修中人身和设备安全。

4.5.3.2 要有一套完善有效的定修工程标准化管理方式，在定修的委托、接受、实施、验收记录等顺序中有一套标准的程序，以保证定修活动顺利、有条不紊地展开，充分提高检修效率。

4.5.3.3 要有相应的检修管理体制和组织机构，以及高效率、高质量、高技术的检修部门积极配合，以确保定修高效率、高质量地完成。

4.5.3.4 在定修的管理上采用PDCA工作方法，使定修管理不断得到修正、提高、完善。

4.5.4 在点检基础上对必须在主作业停机（停产）条件下或对主作业线生产有重大影响的设备，按定修模型进行定期系统计划检修，即实行定修。

4.5.5 对不影响主作业线生产、随时可安排停机进行计划检修的设备（即普通作业线设备）实行日修。

4.5.6 主要作业线设备的检修模型由各单位设备专工编制，报机电部审查、备案。

4.5.7 机电部根据各单位的检修计划，与生产部门协调，编制公司年、季、月设备定修计划，由生产技术部组织实施。

4.5.8 日修计划由各单位编制，上报机电部审核。

4.5.9 维保厂承担定修、日修及事故抢修工作。

4.6 事故抢修

4.6.1 在生产过程中发生紧急突发设备故障、事故使生产停止时，操作人员要立即向生产调度室报告，并向点检维修人员报告，点检维修人员依据故障情况、事故原因，应积极组织维修人员及生产人员进行抢修，恢复生产。

4.6.2 对于维修人员处理不了的故障、事故，点检维修人员应立即通知协力单位的抢修班，积极组织设备事故、故障抢修，尽力使设备抢修工程及时顺利进行，减少停机损失。

4.6.3 在设备抢修过程中，生产要积极配合，为抢修创造条件。

4.6.4 事故抢修班在有关方面配合协作下，根据点检维修人员所拟定的抢修方案，高效率地进行抢修施工，尽快恢复设备运转。

4.6.5 事故抢修后，三方（点检维修人员、协力单位、生产人员）会同对抢修恢复的设备进行试运转，试运转合格后，交付生产正常使用。

参 考 文 献

[1] 《中华人民共和国特种设备安全法》，2013.

[2] 洪孝安．设备管理与维修工作手册．长沙：湖南科学技术出版社，2007.

[3] 《化工企业设备管理》编写组著．化工企业设备管理．北京：中国纺织出版社，2008.

[4] 吴华．化工企业设备管理百科全书．吉林：吉林电子出版社，2007.

[5] 尹洪福．过程装备管理．北京：化学工业出版社，2005.

[6] 魏新利，尹华杰．过程装备维修管理工程，北京：化学工业出版社，2004.

[7] 高志坚．设备管理．北京：机械工业出版社，2002.

[8] 赵艳萍，姚冠新，陈骏．设备管理与维修．北京：化学工业出版社，2009.

[9] 高克勤，李敏．设备管理与维修．北京：机械工业出版社，1987.

[10] 郁君平．设备管理．北京：机械工业出版社，2010 年．

[11] 机修编委会．机修手册，第 3 版第 8 卷．北京：机械工业出版社，2009.